Jochen K. Michels (Hrsg.)

BioKernSprit Umsteigen statt Aussteigen!

Jochen K. Michels (Hrsg.)

BioKernSprit Umsteigen statt Aussteigen!

Mobile Energie aus Biomasse mit GAU-freier Kernenergie

Südwestdeutscher Verlag für Hochschulschriften

Imprint
Any brand names and product names mentioned in this book are subject to trademark, brand or patent protection and are trademarks or registered trademarks of their respective holders. The use of brand names, product names, common names, trade names, product descriptions etc. even without a particular marking in this work is in no way to be construed to mean that such names may be regarded as unrestricted in respect of trademark and brand protection legislation and could thus be used by anyone.

Publisher:
Südwestdeutscher Verlag für Hochschulschriften
is a trademark of
International Book Market Service Ltd., member of OmniScriptum Publishing Group
17 Meldrum Street, Beau Bassin 71504, Mauritius

Printed at: see last page
ISBN: 978-3-8381-2248-9

Copyright © Jochen K. Michels (Hrsg.)
Copyright © 2010 International Book Market Service Ltd., member of OmniScriptum Publishing Group

Umsteigen statt Aussteigen!

Mobile Kraft

aus Biomasse,

Kohle

und Kernenergie

Sprit aus Biomasse, mit Kernwärme erzeugt
Stand Dezember 2010

Zusammengestellt durch:
Jochen Michels, Dipl.-Wi.-Ing, Unternehmensberatung
Konrad-Adenauer-Ring 74, D-41464 Neuss
jochen.michels@jomi1.com
www.biokernsprit.org

Sprit mit Kernwärme aus Biomasse und Kohle

Kraftstoff-Erzeugung mit Hochwärme

INHALT

1 DIE LÖSUNG EINES ENERGIEPROBLEMS	11
1.1 Kraftstoff-Erzeugung mit Hochwärme	12
1.1.1 Kraftstoff-Erzeugung	12
1.1.2 Umwelt-Einflüsse	13
1.1.3 Tankstellen	13
1.1.4 Fahrzeuge -Motoren	13
1.2 Biomasse – Bedarf, Verfügbarkeit, CO_2	13
1.2.1 Sprit-Bedarf	13
1.2.2 Mengen und Vorräte	13
1.2.2.1 Biomasse - Wald	14
1.2.2.2 Biomasse – Landwirtschaft	14
1.2.2.3 Kohle und sonstige Einsatzstoffe	14
1.2.2.4 Gewinnung und Transport	15
1.2.2.5 Wirtschaftlichkeits-Rechnung Bio-Sprit	15
1.3 Hochwärme und Strom	15
1.3.1 Wärme-Erzeugung durch ungefährliche Reaktion	15
1.3.2 Reaktoraufbau bietet Sicherheit	16
1.3.3 geschichtliche und politische Entwicklung	17
1.3.4 Stand der Forschung, Entwicklung und Nutzung	17
1.3.5 Sicherheit	18
1.3.5.1 Sicherer Reaktions-Prozess	18
1.3.5.2 kein waffenfähiges Material (wie z.b. Plutonium)	19
1.3.5.3 keine Terror- und Katastrophengefahr	19
1.3.5.4 Risiko-Versicherung	20
1.3.5.5 Versorgungs-Sicherheit	20
1.3.5.6 Lagerung von Abfällen	20
1.3.6 Umwelt-Einflüsse	20
1.3.7 Kosten und Wirtschaftlichkeit	21
1.3.7.1 Investition, Bauphase inklusive Rückbau	21
1.3.7.2 Kosten der Brennstoffe	21
1.3.7.3 andere Betriebskosten	21
1.3.7.4 Wirtschaftlichkeits-Rechnung HTR	22
1.3.7.5 Dualer Vorteil Wärme und Strom	22
1.3.7.6 Kosten der Verteilung – die Netze	23
1.4 Komplette Energie-Bilanz	23
2 DOKUMENTATION	25
2.1 Treibstoff für Mobilität	25
2.1.1 Biokraftstoffe - aus CLAASVision	25
2.1.1.1 Biokraftstoffe: Visionen werden wahr.	26
2.1.1.2 Rapsöl – die Alternative auch für den kleinen Bereich.	27
2.1.1.3 Kohlendioxid wird zum Rohstoff - Handelsblatt 5. Nov. 2009	28
2.1.1.4 Die Fischer-Tropsch-Sysnthese	30
2.1.1.4.1 Verfahren	31
2.1.1.4.2 Synthesebedingungen	32

3

2.1.1.4.3 Treibstoff-Synthese in Deutschland		33
2.1.1.4.3.1 Geschichte		33
2.1.1.4.3.2 Verfahren		35
2.1.1.4.3.3 Verwendung in der Luftfahrt		36
2.1.1.5 Synthetische Kraftstoffe: flüssige Biomasse für den Autotank.		36
2.1.1.6 Bioenergie		37
2.1.2 Heizwerte in Biomasse - Quelle: Bumin. Wirtsch./ Technologie		38
2.1.3 Bergius-Pier-Verfahren nach Wikipedia		39
2.1.4 Prognose des Mineralöl-WV zum Treibstoffverbrauch		40
2.1.5 Treibstoff-Verbrauch in Deutschland		51
2.1.6 Well-to-Wheel		51
2.1.7 Stellungnahme des ADAC vom 22. Okt. 2009		51
2.1.8 Bioenergie und Nahrungsmittel		52
2.1.9 Wasserstoffherstellung		61
2.1.10 EUROMASS: Biomasse für Heizen und Verkehr – Ein Aufruf		68
2.1.11 Nachwachsende Rohstoffe		75
2.1.12 Kohle aus Biomasse – Das Wissensmagazin - www.scinexx.de		77
2.1.13 Hydrothermale Karbonisierung - DLF am 8. Nov.2009,16:30 Uhr:		88
2.1.14 Choren und Sundiesel		89
2.1.15 CO_2 als Chemierohstoff hilft Abfall zu vermeiden		92
2.1.16 Verschiedene Quellen zur weiteren Information		97
2.1.17 Ethanol-Kraftstoff – aus Wikipedia		102
2.1.17.1 Verwendung, Einsatzgebiete, Technik		102
2.1.17.2 Geschichte		103
2.1.18 Ethanolproduktion		104
2.1.18.1 Trockenverfahren		104
2.1.18.2 Nassverfahren		105
2.1.19 Ethanol und Biodiesel als KFZ-Treibstoff		105
2.1.20 Antrieb durch die Jatropha-Pflanze		107
2.1.21 Autos mit Ethanol-Antrieb		110
2.2 Biomasse		**112**
2.2.1 Biomasse – Grunddaten und Zusammenhänge		112
2.2.2 Verfügbarkeit von Holz-Biomasse		114
2.2.3 Symposium; Holz - Rohstoff der Zukunft		115
2.2.4 Energiegehalt von Biomasse		117
2.2.4.1 Quelle: DENA - Deutsche Energie-Agentur		117
2.2.4.2 Quelle: Gesamtverband Deutscher Holzhandel e.V.		118
2.2.5 Energetische Nutzung von Biomasse		118
2.2.6 Überlegungen zur Methanol-Herstellung		119
2.2.7 RWE pflanzt Energie-Pappeln		128
2.3 Kugelbett-Reaktor oder –Ofen ?		**131**
2.3.1 Generationen der Kern-Reaktoren.		131
2.3.2 Prof. Dr. Rudolf Schulten		132
2.3.3 Hochtemperatur-Reaktor		140
2.3.3.1 Funktionsprinzip		140
2.3.3.2 Reaktoraufbau		141

2.3.4 Exkurs: geschichtliche Entwicklung (nach Wikipedia) 142
2.3.5 Uranvorräte auf der Erde 143
2.3.6 Thorium - die vergessene Alternative 147
   2.3.6.1   Eingebaute Sicherheit 147
   2.3.6.2   Fazit 149
   2.3.6.3   inhärente HTR-Sicherheit 150
2.3.7 Nutzung von Atommüll – Endlagerung 150
   2.3.7.1   Endlagerung und Plutonium 151
2.3.8 Literatur zur Wasserstofferz.Kohlevergas mit Hochtemperatur,KKW 152
2.3.9 Proliferation 210
2.3.10 Hochtemperaturreaktor mit Kugelbrennelementen 212
2.3.11 Der THTR – 300 – eine vertane Chance ? 231
2.3.12 Die Technik der Hochtemperatur-Reaktoren 239
2.3.13 Der NHTT – Auszug aus Vortrag Dr. Cleve 27. März 2010 248
2.3.14 DIE WELT: Atomkraft - aber in Grün 257
2.3.15 Internationale Entwicklungen zum Hochtemperaturreaktor 261
   2.3.15.1 Ein neues Zeitalter der Kernkraft in Südafrika 266
      2.3.15.1.1 Strom - Kraft zum Leben 266
      2.3.15.1.2 Die Alternative: Kernkraft 269
      2.3.15.1.3 PBMR-Modul Größenvergleich 271
      2.3.15.1.4 Die Entscheidung Südafrikas 271
      2.3.15.1.5 Gegebenheiten in Südafrika 272
      2.3.15.1.6 Der Hintergrund der Entscheidung für einen PBMR 274
      2.3.15.1.7 Wie funktioniert eine solche Anlage? 274
      2.3.15.1.8 Brennstoffherstellung 276
      2.3.15.1.9 Vorteile des PBMRs 279
      2.3.15.1.10 Zeitplan für den Bau eines PBMRs 281
      2.3.15.1.11 Bestehende internationale Erfahrung 281
      2.3.15.1.12 Maßnahmen gegen Weiterverbreitung 283
      2.3.15.1.13 Lagerung des abgereicherten Brennstoffs 283
      2.3.15.1.14 Ausfuhrmöglichkeiten 284
      2.3.15.1.15 Ausfuhr in Länder der Ersten Welt 285
      2.3.15.1.16 Lizenzen 286
      2.3.15.1.17 Schlussfolgerungen 286
      2.3.15.1.18 Referenzliteratur 286
   2.3.15.2 Südafrika – Status etwa Mitte 2009 (www.pbmr.co.za) 288
   2.3.15.3   HTGR PROJECTS IN CHINA 292
      2.3.15.3.1 1. INTRODUCTION 293
      2.3.15.3.2 HTR-10 TESTS 293
         2.3.15.3.2.1 Operation Tests 293
         2.3.15.3.2.2 Safety Tests 296
      2.3.15.3.3 HTR-PM PROJECT 297
         2.3.15.3.3.1 General Plan 297
         2.3.15.3.3.2 3.2 Design of HTR-PM 298
         2.3.15.3.3.3 Power Generation System 299
      2.3.15.3.4 4. HTR-10GT PROJECT 301
         2.3.15.3.4.1 Introduction 301
         2.3.15.3.4.2 Design Features 301
         2.3.15.3.4.3 Component R&D 306
         2.3.15.3.4.4 Turbocompressor 306
         2.3.15.3.4.5 4.3.2 AMB Technology 309
      2.3.15.3.5 CONCLUSIONS 312

2.3.16 Chinas HT – gasgekühlter Reaktor HTR-PM		314
2.3.17 Beiträge von Dr. Werner von Lensa, Jülich		325
2.3.17.1 Veranstaltung - 02.11.2005 in Aachen		325
2.3.17.2 Zur aktuellen Lage im Sept. 2009		330
2.3.18 Sicherheit bei Kernreaktoren		332
2.3.18.1 Versicherbarkeit von Atomrisiken		333
2.3.18.2 Sicherheitseigenschaften		334
2.3.19 Angaben zum Jülicher Versuchsreaktor		338
2.3.19.1 Technische Daten des Versuchsreaktors		338
2.3.20 Atompolitik und Deutschland		339
2.3.21 BDI Manifest für Wachstum und Beschäftigung		341
2.3.22 zum Kugelbett-Reaktor – Auszug aus Wikipedia		343
2.3.22.1 Safety features		346
2.3.22.2 Containment		347
2.3.22.3 Production of fuel		348
2.3.22.4 Criticisms of the reactor design		349
2.3.22.5 History		350
2.3.22.6 Germany		351
2.3.22.6.1 AVR		351
2.3.22.6.2 Thorium High Temperature Reactor		351
2.3.22.7 China		351
2.3.22.8 South Africa		352
2.3.22.9 Mobile power systems		354
2.3.22.9.1 Romawa		354
2.3.22.9.2 Adams Atomic Engines		355
2.3.22.9.3 Other issues		355
2.3.22.10 See also		355
2.3.22.11 South Africa		357
2.3.23 Zum Laufwellen Reaktor		358
2.3.24 Zur Areva Gruppe – aus Wikipedia		362
2.3.24.1 Konzernstruktur		362
2.3.24.2 Geschichte		363
2.3.24.3 Kritik		363
2.3.24.4 Weblinks		363
2.3.25 Rohstoff-Sicherung erfordert immer Energie, oft Hochtemperatur		363
2.3.26 Stellungnahme von Greenpeace		387
2.3.27 Literatur zum Hochtemperatur-Reaktor		388
2.4	Energieversorgung: zentral oder dezentral	391
2.4.1 Neue Versorgungstechnik, der Schlüssel		391
3	**TABELLEN-ANHANG**	**407**
3.1	Wirtschaftlichkeitsrechnung für Hydrierwerk	408
3.2	Wirtschaftlichkeitsrechnung für Hochtemperatur-Kugelbett-Reaktor	410
3.3	MWV Prognose Treibstoff-Verbrauch in Deutschland bis 2025	412
3.4	Treibstoff-Verbrauch bis 2005 nach UPI - Umwelt- und Prognose-Institut e.V	413
3.5	Durchblick	414
3.6	Basisdaten Biokraftstoff	425
3.7	Investitions-Kosten von Kraftwerken.	432

Geleitwort

Die wirtschaftliche Entwicklung ist ohne Energie nicht denkbar. Die Energieversorgung der Zukunft muss jedoch folgende Probleme gleichzeitig lösen:
Die Weltbevölkerung und ihre wirtschaftliche Entwicklung steigen und damit der Energiebedarf, gleichzeitig soll die Versorgung mit Energie jedoch zuverlässig, umweltschonend, nachhaltig und effizient sein und natürlich in ausreichenden Mengen preisgünstig zur Verfügung stehen.

Dies zu verwirklichen entspricht einer wirtschaftlichen Revolution und beeinflußt alle Bereiche des Lebens. Wir müssen alle umdenken, sparsamer mit Energie umgehen und die F&E Arbeiten erheblich intensivieren, um schnelle Fortschritte zu erzielen. All dies wird nur gelingen, wenn man nicht ideologisch verbohrt, sondern technikfreundlich und sachlich an die Probleme herangeht.

Dieses Buch ist ein Beitrag in diese Richtung und ich wünsche dem Verfasser ein großes Interesse an dem Buch.

Prof. Dr. Peter Kausch

Sprit mit Kernwärme aus Biomasse und Kohle

Zum Geleit

Vor ca. 50 Jahren war es das Genie von Professor Dr. Rudolf Schulten und die Einsicht von 15 Stadtwerken, die den GAU vorausschauend eindämmen wollten. Er ließ für die Konstruktion der Kugelbett-Öfen ausschließlich keramische Einbauten zu. Sie werden im Gegensatz zu den Meilern kontinuierlich von oben beladen und ebenso kontinuierlich nach unten entsorgt. Und sie können vor allem mit Thorium beschickt werden. Auch für die Endlagerung wurden keramisch verkapselte Panzerkörner mit einer Haltbarkeit für Millionen Jahre vorgesehen. Seit 1960 haben wir in Aachen und Jülich mit größten Erfolgen an den Kernreaktoren der vierten Generation geplant und gearbeitet.

In Deutschland kam es dann zu der Meinung, die in Amerika entwickelten Leichtwasserreaktoren seien sicher genug. Das aber hat sich im Laufe der Jahrzehnte als Irrtum erwiesen. Denn die Menschheit kann es sich nicht länger leisten, die Kernreaktoren mit großen Restrisiken beliebig zu vermehren.

Die Errungenschaften von Jülich sind bei uns von Anfang an verdrängt worden. Derzeit herrscht dazu bei uns noch immer eine Schweigespirale.

Die chinesischen Erfolge mit dem HT- Kugelbett- Ofen haben nun auch in Amerika eine Wende in der Erkenntnis gefördert. Wir brauchen in der Zukunft große Wasserstoffindustrien um hocheffiziente mobile Energiespeicher zu bekommen. Mit Hilfe von Kugelbettöfen, am besten mit Thorium befeuert, geht das am sichersten und schnellsten. Und eine Fülle von Wasserstoff kommt auch den nachwachsenden Brennstoffen und anderen erneuerbaren Energiequellen zugute. Durch Wasserstoffträger wie Ethanol, Methanol und Butanol können schon mittelfristig die notwendigen Energiespeicher entstehen.

Der Weg für eine wachsende Menschheit ist frei.

Hermann Josef Werhahn

Vorwort

Um der Wahrheit die Ehre zu geben: Die Idee stammt nicht von mir, sie wurde mir eher beiläufig bekannt. Aber sie faszinierte! Ist „BioKernSprit" irgendwie realisierbar? Das war die Frage.
So begann das Recherchieren. Als Laie auf den hier berührten Gebieten, wie:
- Autos und Motoren
- Tankstellen und Transportnetze
- Landwirtschaft und Forstwirtschaft
- Logistik und Sammelstrukturen
- Umwelt, Lärmschutz, Landschaftsbild
- Stromnetze und Energie-Erzeugung
- Hoch-Temperatur, Prozesswärme, Thermodynamik
- Fischer-Tropsch, Bergius, Hydrierverfahren
- Kernenergie, Physik und Strahlen
- Atompolitik, Energiepolitik

war von Grund auf anzufangen. Den oft interessen- oder angstgeleiteten Äußerungen wollte ich nicht folgen. Und da kamen zur Hilfe nicht nur das Internet, Wikipedia und viele einschlägige Websites – sondern auch Verbände und Institutionen wie Greenpeace, Atomforum, Kerntechnische Gesellschaft, ADAC, halbstaatliche oder freie Agenturen, zum Beispiel für nachwachsende Rohstoffe. Auch Unternehmen, wissenschaftliche und europäische Institute, Professoren, Wissenschaftler und Ingenieure ließen mir freigiebig ihre Erkenntnisse zukommen.

Ihnen allen gebührt aufrichtiger Dank!

Es gab wichtige Hinweise, das Eine oder Andere musste korrigiert, allzu optimistische Annahmen angepasst werden.

Dennoch zeigt sich, Stand heute, unter dem Strich ein lohnendes Ergebnis.

Energie wird immer mehr zu einer **Existenzfrage**, und deshalb wird es nun einer breiteren Öffentlichkeit vorgelegt.

Mit sicherer Wärme, umweltneutral und billig, wird heimische Biomasse zu Motor-Kraftstoff!

Das klingt zu schön um wahr zu sein – oder?

Sehen wir uns die Einzelheiten an:
Moderne Energiegewinnung in **mittelständischer Struktur**[1] ist das Grundprinzip für „BioKernSprit". Wasserstoff wird noch lange Hauptenergieträger für den Autoverkehr bleiben. Gebunden an Kohlenstoff übertrifft seine Energiedichte alle anderen denkbaren Speicher und Batterien. Explosionsgefahr oder die Bindung an fossiles C stehen bisher im Wege. Binden wir ihn in Ethanol oder Methanol – so vermeiden wir beides. Die Prozesse sind bereits langjährig erprobt, die meisten schon in der Produktion. Man braucht dafür aber sehr heiße Prozesswärme. Die war bisher nicht verfügbar oder zu teuer. Das ändert die katastrophenfreie Kernwärme. Jetzt gilt es, die Prozesse zusammenzuführen, um aus der Kombination mehrfachen Nutzen für Deutschland und Europa zu gewinnen.

Das postfossile Zeitalter braucht preiswürdig und massenhaft Wasserstoff, Strom und Wärme.
Kernwärmequellen der 4. Generation arbeiten kontinuierlich auch für mittlere Industriebetriebe.

Es gilt auch, die bisherigen Meiler abzulösen – umzusteigen, nicht auszusteigen - denn: *„es ist nicht ganz richtig, wenn gesagt wird, es gäbe überall Restrisiken. Für Atomkraftwerke sind riesige Restrisiken – wie heute - nicht mehr hinzunehmen, auch nicht bei geringster Wahrscheinlichkeit."*

sagt hierzu Hermann Josef Werhahn aus Neuss.

Diese Schrift will Fachleute und Entscheider anregen, das Nötige zu tun, damit unsere Energieversorgung sicherer wird. Details sind in der Dokumentation verfügbar.

1 Die Lösung eines Energieproblems

Wir fokussieren uns darauf, am Beispiel Auto-Treibstoff aufzuzeigen, wie die Energieversorgung den wesentlichen

---

[1] Dokumentation 2.4.1

Forderungen aus Politik, Gesellschaft und Wirtschaft nachkommen kann:

1.1 Kraftstoff-Erzeugung mit Hochwärme

Ziel ist die Treibstoff-Herstellung aus nachwachsenden Rohstoffen, wie Pappeln im Kurzumtrieb[2], Raps, Chinaschilf, Abfallholz und Stroh, ohne die Lebensmittel-Versorgung zu bedrohen. Auch Raffinerieabfälle, Bitumen, Erdpech, Gichtgas kommen in Frage, sowie für den Anlauf auch Braun- und andere Kohle. Schon 1943 bis 45 wurde das in Leuna und Wesseling gemacht. Den Kohlenstoffträgern wird Wasserstoff mit Hoch-Wärme hinzugefügt. Diese Hydrierung macht den Energieträger flüssig, manchmal über ein Zwischengas. Hydrierter Kohlenstoff in Flüssigform ist Kraftstoff für Autos.

Schon im 2. Weltkrieg wurde Kraftstoff durch Hydrierung gewonnen. Das lohnt sich ab einem Ölpreis von 4o €/Barrel.

1.1.1 Kraftstoff-Erzeugung

Besonders geeignet sind Methanol und Bio-Ethanol (Äthanol, (Vinyl-) Alkohol). Vorerst dem Benzin in steigendem Anteil beigemischt – bis zu 100 %. Bevorzugt wird ein gleitender Übergang. E85–Flexifuel gibt es schon. Zur Herstellung von Methanol/Ethanol sind mehrere Verfahren nach Bergius-Pier[3]/Fischer–Tropsch[4]: bereits seit längerem weltweit im Einsatz. Sie können weiter optimiert werden, um heimische Pflanzen noch besser zu verarbeiten. **Nahrungsmittel wie Zuckerrohr (Brasilien) oder Mais (USA) sind nicht erforderlich.** Angaben der Renewable Fuel Assoc. in Washington D.C. zeigen schematisch[5] wie Ethanol aus stärkehaltiger Biomasse gewonnen wird. Die Koppel-Destillate und das CO_2 führt man verschiedenen Zwecken zu, u. a. der Nahrungs- und Futtermittel-Industrie (Softdrinks, Trockeneis).[6] Für die CO_2-Bilanz ist dies neutral – entgegen fossilem Sprit. Die Fa. Choren[7] und das CUTEC-Institut arbeiten an entsprechenden Verfahren auch für Diesel aus Biomasse.

---

[2] Dokumentation 2.2.7 RWE pflanzt Energie-Pappeln
[3] Dokumentation 2.1.3
[4] Dokumentation 2.1.1, 2.1.1.4
[5] Dokumentation 2.1.18
[6] Dokumentation 2.1.17
[7] Dokumentation 2.1.14

1.1.2 Umwelt-Einflüsse

Im Endprodukt Ethanol bleiben kaum schädliche Stoffe. Schwefel ist in der Biomasse und den meisten Kohlearten wenig vorhanden.

1.1.3 Tankstellen

Das Tankstellennetz kann für die Verteilung von Ethanol/Diesel mit geringen Änderungen an Tanks und Zapfsäulen verwendet werden.

1.1.4 Fahrzeuge -Motoren

E85-Motoren[8]. werden schon heute gefahren (E85 – Flexifuel). Mit geringen Anpassungen kann man 100 Prozent erreichen. Über Jahre verteilt stellt das kein technisches / wirtschaftliches Problem dar.

1.2 Biomasse – Bedarf, Verfügbarkeit, CO_2

Biomasse sind alle Pflanzen mit hohem Kohlenstoffgehalt, weil sie viel Wasserstoff aufnehmen können. Sie entstehen als Abfall oder mit speziellem Anbau[9]. Hydrier-Projekte zeigen weltweit, dass die CO_2-Gesamt-Bilanz verbessert werden kann, wenn die Prozess-Energie CO_2-neutral beschafft wird[10]. Hochtemperatur ist die Lösung.

1.2.1 Sprit-Bedarf

Der Straßenverkehr in Deutschland verbraucht nach MWV 2025 nur noch 26 Mrd. Liter Diesel und 14 Mrd. Liter Benzin[11]. Diese 40 Mrd. Liter Kraftstoff enthalten ca. 377 Mrd. kWh Energie. Da Ethanol weniger Energie enthält, benötigt man davon 60 Mrd. Liter pro Jahr.

Schon heute reichen Biomasse und Abfälle für 5 Prozent des Kraftverkehrs

Will man zunächst 19 Mrd. kWh (5 % des Jahresverbrauchs) aus Holz verflüssigen, so braucht man dafür 9 Mio. to Holz (à 4,4 kWh/Kg) und Zufuhr-Energie im Umfang von 9 Mrd. kWh für den Hydrierprozess[12].

1.2.2 Mengen und Vorräte

Die Fläche der Bundesrepublik Deutschland beträgt 35,7 Mio. Hektar. 16,7 Mio. ha sind Landwirtschaft, 11,1 Mio. ha sind Wald.

---

[8] Dokumentation 2.1.19.
[9] Dokumentation 2.2, 2.2.7
[10] Dokumentation 2.1.15
[11] Dokumentation 2.1.3
[12] Dokumentation 2.2.4 Umwelt u. Prognose Inst.

1.2.2.1 Biomasse - Wald

11.1 Mio. ha enthalten ein Holzvolumen[13][14] von 3,4 Mrd. m^3 und jährlich wachsen 113,56 Mio. m^3 = etwa 57 Mio. Tonnen Rohdichte nach. Davon werden für Nutzung und Abfall 53,5 Mio. to verbraucht, so dass 3,5 Mio. to für Hydrierung schon jetzt zur Verfügung stehen. Nutzt man den heutigen Abfall mit, kommen etwa 9 Mio. to zusammen, also schon zu Anfang der oben ermittelte Jahresbedarf[15] von 5%.

1.2.2.2 Biomasse – Landwirtschaft

12 Prozent = 2 Mio. ha der Landwirtschaftsfläche werden schon heute für Biomasse genutzt. Der Hektar-Ertrag von heute ca. 2.000 Liter erbringt 4 Mrd. Liter Kraftstoff. Raps eignet sich besonders gut innerhalb der Fruchtfolge, zum Beispiel zwischen Gerste und Weizen.

Zunehmend werden hydrierfähige Bäume und Pflanzen weitere Beiträge liefern[16]. Für gelegentliche Welt-Zucker-Überschüsse ergibt sich eine sinnvolle Verwendung.

Aus Wald und Land können so schon nach heutigen Verhältnissen rund 10 Mrd. Liter Sprit gewonnen werden **ohne die Nahrungsfläche zu beeinträchtigen**. Und man kann die Verhältnisse ändern!

Hochtemperatur ermöglicht die Wasserstoffsynthese mit CO2. Man verarbeitet so:
1. schädliche CO2 Mengen und
2. erreicht man die Verflüssigung von Wasserstoff zu Methanol und Ethanol.

1.2.2.3 Kohle und sonstige Einsatzstoffe

Würde man auch Kohle einsetzen, die wir reichlich haben, kann sogar der **gesamte Spritverbrauch mit heimischen Energieträgern erbracht werden**, ohne die Nahrung einzuschränken. Der entstehende CO_2-Überschuss ist dabei nicht nachteiliger als heute, ist also jedenfalls als **Eingangs-**Lösung akzeptabel. Oder man nutzt (ggf. zusätzlich) die hydrothermale Karbonisierung nach Antonietti[17]; und/oder Raffinerieabfälle, vermutlich ist auch Gichtgas als Input geeignet.

---

[13] Dokumentation 2.2.2
[14] Dokumentation 2.2.4
[15] Dokumentation 2.2.2
[16] Dokumentation 2.2.7
[17] Dokumentation 2.1.13

1.2.2.4 Gewinnung und Transport

Der Transport der Biomasse zu dezentralen Hydrierwerken ist per Saldo nicht aufwendiger als die heutigen kontinentalen Pipelines. Sie werden über Jahrzehnte durch die neuen Energie-Fabriken abgelöst.

1.2.2.5 Wirtschaftlichkeits-Rechnung Bio-Sprit (s.Tabellen-Anhang)

Erfahrungen aus der ersten Ölkrise um 1973 sagen, dass Hydrier-Synthese-Sprit um die 20-30 USD pro Barrel (=0,15 € je l) erzeugt werden kann. Da man ca. 1,5 l Ethanol statt einem Liter Benzin braucht, bedeutet das einen Preis von rund 0,25 € je Liter Benzin-Äquivalent.[18]

Wir rechnen jedoch vorsichtig – siehe Tabellen-Anhang - und kommen bei einem Holzpreis von 80 € je Tonne und Prozesswärme zu 0,03 € je kWh_{th} auf einen Preis von 0,60 € je Liter Benzin-Äquivalent. Deutsche und andere Ingenieure haben schon größere Probleme gelöst. Der ADAC nimmt die Vorschläge wohlwollend auf (Okt. 09)[19].

1.3 Hochwärme und Strom

Wesentlich ist **unterbrechungsfreie** Hochtemperatur. Diese Wärme wird in Kugelbettöfen[20] bei kontinuierlicher Kernreaktion erzeugt. Dazu dient der „selbstlöschende Reaktor" NHTT in der Ring-Core-Form nach Cleve/Kugeler[21].

1.3.1 Wärme-Erzeugung durch ungefährliche Reaktion

Im Gegensatz zu den bisherigen Reaktoren[22] wird beim HTR:

- das Element ^{235}Uran nur für den nuklearen Startprozess verwendet
- das ^{233}Uran als Kernbrennstoff verwendet, statt ^{235}Uran
- das Element ^{232}Thorium während des laufenden Reaktorbetriebes in ^{233}Uran umgewandelt
- kein oder wenig Waffen-Plutonium erzeugt, bei ^{233}U **k e i n** Pu.

---

[18] In den 50er und 70er Jahren hatte man dies genutzt, dann aber wegen des billigeren Erdöl-Preises wieder aufgegeben. Da man ca. 1,5 Liter Ethanol statt einem Liter Benzin braucht, ist Gleichstand bei einem Ethanol Preis von Euro 0,87 zu einem Benzinpreis an der Tankstelle von 1,30 gegeben. Hierzu siehe „Well-to-Wheel - Dokumentation 2.1.6. Die Wirtschaftlichkeitsrechnung für das Hydrierwerk und den Ethanolpreis finden Sie im Tabellenanhang 3.1.

[19] Dokumentation 2.1.6 und 2.1.7

[20] **keine Meiler, wie die heutigen Reaktoren**, sondern **Öfen**. Meiler müssen zur Brennstoff-Auswechselung jeweils viele Wochen stillgelegt werden. Öfern werden dagegen permanent mit neuen Elementen beschickt. Abgebrannte werden unten abgezogen. Ein Stillstand ist für Jahre nicht notwendig.

[21] Dokumentation 2.3.13

[22] Dokumentation 2.3.1

- bei geeigneten MOS Brennelementen auch Plutonium „verbrannt" und so der Waffenproduktion entzogen

Diese Faktoren der Kugelbett-Technik **nutzen** die **Naturgesetze** nicht nur für Energie **sondern auch zum Schutz**. Bisherige Reaktor-Generationen müssen an vielen Stellen gegen die Natur abgesichert werden, z.b. gegen GAU, Kernschmelze, Plutonium, Abfallstrahlung. Die Nutzwärme ist mit rund 950°C fast doppelt so hoch wie bei herkömmlichen Reaktoren. Die oberste Kugelwärme wird über Heliumgas zur Hydrierfabrik transportiert. Ab 650°C nutzt man sie dann zur Stromerzeugung mit Turbinen, den Rest evtl. als Stadt-Fernheizung - dreifacher Nutzen. Ideal wäre eine Kombination mit dem Laufwellen-Reaktor[23], der die Transmutation nutzt.

1.3.2 Reaktoraufbau bietet Sicherheit

Die Hunderttausende „Triso"-Kugeln des HTR mit sechs cm Durchmesser enthalten jeweils 15.000 millimeter-kleine Uran- und Thorium-Körner[24] und eine 5 mm dicke Graphit-Schale. Je Kugel ergibt das:

- 192 g   Kohlenstoff,
- 0,8928 g ^{235}Uran,
- 0,0672 g ^{238}Uran und
- 10,2 g ^{232}Thorium

in keramischen Oxiden mit sehr hohem Schmelzpunkt. Die Körner sind einzeln nochmals mit mehreren Schichten, u. a. aus pyrolytischem Graphit und Siliziumkarbid umhüllt. Ein Graphit-Gitter (Matrix) hält sie bei Aufprall und bei großer Hitze an ihrem Platz. Man spricht von Panzerkugeln und –Körnern[25].

- Graphit hält als Moderator innerhalb des Brennelementes die radioaktive Strahlung des Brennstoffes soweit zurück, dass nur ein relativ ungefährlicher Anteil austritt.
- Das Material des Reaktorkerns verträgt mit mind. 2.500°C eine viel höhere Temperatur, als Betrieb und Störfälle mit sich bringen.
- Die Betriebs-Temperatur wird bei 850 bis 950 °C begrenzt, weil vorerst noch bessere Werkstoffe für Rohre und Behälter fehlen, nicht aber die Kernschmelze zu befürchten ist.

---

[23] Dokumentation Laufwellenreaktor /Transmutation 2.3.23
[24] Dokumentation 2.3.19.1
[25] Dokumentation 2.3.22

- Luft- oder Wassereinbruch sind wegen der „Ein-Behälter" Konzeption als Gefahr praktisch auszuschließen.
- Da das Kühl-Gas Helium ist, braucht man keinen Zwischenkreislauf und vermeidet dadurch weitere Schwachstellen.
- Verbrauchte Kugeln werden **im laufenden Betrieb** unten abgezogen, vermessen und ggf. recycelt. Das ergibt vier Vorteile:
  o das Aufladen mit übergroßem Brennstoffvorrat entfällt (Ofenprinzip)
  o man braucht den Reaktor nicht abzuschalten (kontinuierlicher Prozess, anders als heute)
  o der kontinuierliche Betrieb ermöglicht das Hydrierverfahren (z.B. Fischer-Tropsch)
  o eine hohe Nutzung vermindert den Abfall
- Neben Uran und Thorium kann man voraussichtlich auch **Waffenplutonium** verbrennen – ein Beitrag zum Frieden.
- Kugelbettreaktoren sind schon in **kleinen Einheiten wirtschaftlich**, weil sie weniger Schutzbauten erfordern.

Kernwärme ist nachhaltig gewinnbar, wenn wir kapitale Restrisiken durch Naturnähe vermeiden. Sicherheitstechnik wird reduziert. Das ist sogar marktwirtschaftlich versicherbar.

1.3.3 geschichtliche und politische Entwicklung

Das HTR-Verfahren wurde 1961 bis -88 im Forschungszentrum Jülich (46 MW$_{th}$) durch das „Team Schulten"[26] zur Produktionsreife gebracht. 1983 bis 1988 wurde eine Anlage von 300 MW$_{el}$ in Hamm-Uentrop errichtet und produktiv betrieben. Dann wurde es nicht weiterverfolgt[27].

Es ist jetzt die Zeit, die deutsche Entscheidung zu revidieren und die katastrophenfreie Kerntechnologie endlich wieder aufzunehmen.[28]

1.3.4 Stand der Forschung, Entwicklung und Nutzung

Am Konzept des HTR wird in Deutschland derzeit (2010) praktisch nicht mehr geforscht. Deutsche Personen, Patente, Lizenzen und Unternehmen sind an ausländischen Projekten beteiligt, vor allem in China[29] und

---

[26] Professor Dr. Rudolf Schulten, Dokumentation 2.3.2
[27] Dokumentation 2.3.4, 2.3.7
[28] Dokumentation 2.3.20
[29] Dokumentation 2.3.10

Südafrika[30]. Weil HT-Reaktoren inhärent sicher sind, kann man sie auch siedlungsnah (bis 300 MW$_{th}$) und dezentral wirtschaftlich betreiben. Chinesische Videos zeigen dies auf www.biokernsprit.org. Mit der Ring-Kern Bauweise sollen künftig bis weit über 2.000 MW möglich sein[31].

1.3.5 Sicherheit

Sicherheit ist erforderlich gegen Störungen, Gefahren oder Schäden:
- aus dem Atomreaktions-Prozess selbst
- von waffenfähigen Nebenprodukten (Plutonium)
- aus Abfall-Transport und -Lagerung
- aus Versorgungs-Engpässen für den nuklearen Brennstoff
- durch Flugzeugabsturz, Naturkatastrophen, Terror-Drohung

Thoriumöfen hinterlassen kein Plutonium.

Alle diese Einflüsse sind beim Kugelbettofen weitaus leichter zu beherrschen als bei der bisherigen Atomtechnik (Gen. I bis III).
Wie geschieht das im Einzelnen?

1.3.5.1 Sicherer Reaktions-Prozess[32]

A. Die inhärente Betriebssicherheit ergibt sich aus der Physik und Konstruktion: wenn im Reaktor die Temperatur steigt, erhöht sich die **thermische Geschwindigkeit** der Brennstoffatome. Das **verringert den Neutroneneinfang** durch ^{235}Uran und die Reaktionsrate wird reduziert. Der bekannte negative Temperaturkoeffizient wird im HT-Reaktor auf einzigartige Weise genutzt, wozu hochtemperatur-beständige Materialien (Keramiken) wesentlich beitragen. Sie verlängern das Zeitfenster.

Deshalb sind sie selbst für Kernwaffengegner akzeptabel.

B. Die **Kernleistungsdichte** der Kugeln ist mit **max. 6 MW/m3** deutlich geringer als bei her-

---

[30] Bei Peking (Tsinghua Universiät) läuft ein Prototyp seit 2005. In 2003 beschloss die chinesische Regierung, bis zum Jahr 2020 dreißig Reaktoren dieses Typs zu errichten. Zwei Modulreaktoren à 250 MW$_{th}$ sind in Weihai, (Shandong, Ost China) im Bau. Andere HT- Projekte im Ausland siehe Dokumentation 2.3.15

[31] Bisher baut man HT-Reaktoren eher klein (um 300 MW), dezentral weil inhärent sicher, während herkömmliche Kraftwerke eher oberhalb 800 bis 2000 MW liegen. Man kann Kugelbett-Reaktoren in Serie herstellen und modulartig zusammenschalten. Mit der Ring-Kern Bauweise sollen künftig bis weit über 2.000 MW möglich sein. Siehe auch Dokumentation 2.3.12

[32] Dokumentation 2.3.6

kömmlichen Reaktoren mit 100 MW/m3. Daher reicht bei Ausfall der aktiven Kühlung **allein die passive Kühlung** durch die Aussenluft, um die Temperatur weit unter dem kritischen Punkt zu halten. Dabei spielt das für die Nachwärme-Ableitung gewonnene Zeitfenster die entscheidende Rolle[33].

C. Deswegen kann auch die gefürchtete **Kernschmelze nicht eintreten**. Radioaktive Teilchen werden praktisch nicht frei.[34] Bei einem Störfall müssen nur evtl. beschädigte Brennelemente ausgetauscht werden. Danach ist der Reaktor weiter benutzbar.

D. Statt durch Kontrollstäbe steuert man den Reaktor **durch seine Betriebstemperatur** mithilfe der Menge des durchfließenden Kühlmittels.

Thorium ist preiswürdig und für Waffen unbrauchbar.

E. Weil er im Gegensatz zu heutigen Meilern ein Ofen ist, wird er nie mit einem Vorrat von Spaltmaterial gefüllt, sondern nur mit dem was er jeweils benötigt: weniger Risiko und keine Füllpausen.

F. Auch der verbrauchte Brennstoff und die **Spaltprodukte bleiben in** Körnern und Kugeln doppelt eingeschlossen. Das Kühlmittel Helium nimmt kaum etwas auf. **Die Endlagerung findet auf dem gleichen Grundstück** statt - siehe 1.3.5.6. Selbst bei einem Bruch des Reaktors würde nur wenig Strahlung freigesetzt. Lediglich, um ihn vollständig abzustellen, muss man die Absorberstäbe einführen.

1.3.5.2 kein waffenfähiges Material (wie z.B. Plutonium)

Da im HTR **kein Plutonium entsteht,** ist eine für Deutschland entscheidende Voraussetzung gegeben, um den seit **Adenauer bestehenden Verzicht auf ABC-Waffen**-Herstellung[35] zu erhalten.

Die heute noch in Deutschland Plutonium erzeugenden Atomreaktoren können Schritt für Schritt abgelöst werden[36]. Auf Endlagerungen und Transport kann beim (T)HTR verzichtet werden[37].

1.3.5.3 keine Terror- und Katastrophengefahr

Bei gewaltsamer Zerstörung würden die Panzerkugeln und -körner allenfalls zerstreut. Bei Terrordrohung wird das Core durch Schwerkraft **in**

---

[33] Dokumentation 2.3.10
[34] Dokumentation 2.3.6.3
[35] Dokumentation 2.3.20
[36] Dokumentation 2.3.20
[37] Dokumentation 2.3.5, bis 2.3.18 und folgende

Minuten entleert, die Kugeln fallen unten heraus, so dass die Reaktion sofort erlischt.

1.3.5.4 Risiko-Versicherung

Die Risiken des HTR unterfallen üblicher Industrieversicherung. **Bei bisherigen Reaktoren** sind „**Restrisiken**" **und Schadenhöhe aber unbegrenzt**. Alle setzen **darauf, dass der Fall nicht eintritt**[38] - **unverantwortlich!**

1.3.5.5 Versorgungs-Sicherheit

Uran und Thorium kommen vor allem aus politisch stabilen Regionen (Kanada, Australien). Man kann Uran sogar aus Meerwasser oder aus Kohlekraftwerks-Asche gewinnen. *Thorium verzehnfacht unsere Rohenergiebasis.* Sie werden in mehreren Recycles zu rund 80 % in Energie umgesetzt, viel besser als in heutigen Reaktoren. Daher ist eine **Versorgung** des deutschen, aber auch des weltweiten Bedarfes an Uran und Thorium **auf Jahrhunderte gesichert**. Damit wird auch die Versorgung aller anderen Rohstoffe sicherer, die Hochtemperatur-Energie benötigen[39] [40].

1.3.5.6 Lagerung von Abfällen

Die Endlagerung strahlender Abfälle ist grundsätzlich anders als heute. Weil die Kugeln nach Abbrand kaum Strahlung abgeben, verbleiben sie **auf dem Reaktorgelände** unter Beton zum Abklingen, ggf. für hunderte von Jahren[41]. Durch weitere Forschung wie Transmutation, Spallation, kann man voraussichtlich vorher eine nützliche Verwendung finden[42].

1.3.6 Umwelt-Einflüsse

Nur wenig Wärme geht an die Umwelt. Flüsse werden nicht aufgeheizt. Man kann Kugelbett-Reaktoren nahe Wohngebieten, z.B. bei Stadtwerken betreiben. Die großen Fern-Netze werden entlastet, die „Netzverluste" (heute etwa 10 %) damit reduziert. Abwärme kann zur Gebäudeheizung genutzt werden. Die meisten **Vorteile großer zentraler Kraftwerke** sind bei dieser Lösung **gegenstandslos**.

---

[38] Dokumentation Versicherbarkeit 2.3.18.1
[39] Dokumentation 2.3.14
[40] Dokumenation 2.3.25
[41] Dokumentation 2.3.6.1.
[42] Dokumentation 2.3.7

Eine **Sichtstörung** durch Dampfwolken oder Windrotoren **entfällt**. Meist genügt ein Trocken-Kühlturm, wie in Hamm-Uentrop[43]. **Lärmbelastung** wird weit unter der Toleranzschwelle gehalten.

1.3.7 Kosten und Wirtschaftlichkeit

Selbst ohne Detail-Rechnung liegt auf der Hand, dass durch die entbehrlichen Sicherheitsbauten günstiger als heute gebaut werden kann[44].

Die Endlagerung der Spaltprodukte ist durch SIAMANT-Panzerkörner (Siliziumkarbid) praktisch unbegrenzt.

1.3.7.1 Investition, Bauphase inklusive Rückbau

Der Prototyp in Hamm kostete 2,3 Mrd. Euro, davon zwei Drittel aufgrund inzwischen überflüssiger behördlicher Auflagen. Heute kosten Kohle- oder Kern-KW zwischen 1.000 und 3.000 € pro KW. Wir setzen hier 2.000 € für den Kugelbett-Reaktor an.

1.3.7.2 Kosten der Brennstoffe

Lt. FAZ vom 15. April 2009 kostet 1 Kg. Yellow Cake aktuell unter 100 USD, also unter € 70.000 pro Tonne. Für einen 300 MW_{el} Kugelbettofen werden p.a. rund 75 to Uran verbraucht, wir setzen kaufmännisch vorsichtig einen Preis von 200.000 €, d.h. 15 Mio. € an[45].

1.3.7.3 andere Betriebskosten

Die Betriebskosten liegen unter denen heutiger Kernkraftwerke, weil weniger

Kugelbettöfen aus Jülich bieten seit 1980 endgültig naturgegebene Sicherheit.

---

[43] Dokumentation 2.3.7

[44] Der Hamm-Uentroper Prototyp kostete insgesamt rund 2,3 Mrd. Euro. Davon sind zwei Drittel den behördlichen Auflagen anzulasten, die künftig zu vermeiden sind. Für den HT-Kugelbett-Ofen sind etwa 600 Mio. Euro Investition anzusetzen. Siehe Dokumentation 2.3.7 und Tabellen-Anhang 3.2

[45] Der Preis von Uran wird durch die Abbaukosten bestimmt, die nach Dr. Ulrich Lindner deutlich unter 100.000 Euro je Tonne liegen. Bei Thorium, das 3 Mal häufiger auf der Erde vorkommt, liegt der Preis nicht höher. Bei Meerwasser-Uran rechnet man bis zu 300.000 USD pro Tonne. Lt. FAZ vom 15. April 2009 kostet 1 Kg. Yellow Cake aktuell unter 100 USD, also unter Euro 70.000 pro Tonne.

Für einen 300 MW_{el} Kugelbettofen werden im Jahr rund 75 to Uran zu einem mittleren Preis von 100.000 bis 200.000 Euro verbraucht. Beim HTR reicht eine Tonne wesentlich weiter als bei anderen Verfahren. Siehe auch Dokumentation 2.3.5

Sicherheitsvorkehrungen erforderlich sind, geprüft und gewartet werden müssen[46].

1.3.7.4 Wirtschaftlichkeits-Rechnung HTR (siehe Tabellen-Anhang)

Da es sich um eine neue Ära der Kernkraft handelt, sind Erfahrungen noch kaum gegeben. Dennoch können die Erzeugungskosten bereits grob abgeschätzt werden. Die gesamte Rechnung ist im Tabellen-Anhang 3.2 wiedergegeben. Aus dem Betrieb des HTR 300 in Hamm-Uentrop liegen belastbare Erfahrungen vor, die wir hier nutzen[47]. Die Kosten je MW_{el} reichen heute je nach Energiequelle von Euro 1 Mio. bis über 8 Mio.- wir rechnen mit 2 Mio. nach der Proto-Typ-Phase. Eine Übersicht ist im Tabellen-Anhang 3.7

Kugelbettöfen sind besonders geeignet für:
- *Energieversorgung von Großstädten.*
- *Prozesswärme für chemische Industrie*
- *Sprit aus Biomasse*

Vorsichtig wurde angenommen, dass 30 Prozent der Jahres-Kosten - statt üblicherweise nur 5 % bis 10 %[48] - auf die Brennelemente entfallen. Später werden Investition und Betrieb durch Serienproduktion der Kugelbett-Reaktoren und zunehmende Erfahrung voraussichtlich nochmals sinken. Wo Erfahrungen in Vergessenheit geraten sind, wird mit realistischen Annahmen gearbeitet.

1.3.7.5 Dualer Vorteil Wärme und Strom

Das gesamte Wärmegefälle von etwa $950^{0}C$ hinunter wird in 3 bis 4 Scheiben aufgeteilt; wir rechnen in thermischen kWh:
- etwa 3,25 Mrd. kWh_{th} werden als Wärme mit dem Kühlgas Helium bzw. Dampf an das Hydrierwerk übergeben
- mit 2,3 Mrd. kWh_{th} wird Strom über Turbinen erzeugt, bei 40 % Wirkungsgrad ergeben sich gut 900 Mio. kWh_{el} an Strom
- ein verbleibender Rest von 300.000 kWh_{th} unter 50 ^{0}C ist Abwärme oder kann zur Fernheizung genutzt werden

---

[46] Die Betriebskosten werden unter denen heutiger Kernkraftwerke liegen, weil deutlich weniger Sicherheitsvorkehrungen erforderlich sind, geprüft und gewartet werden müssen. So entfallen Maßnahmen, die bei heutigen Reaktoren gegen eine Überhitzung und für zusätzliche Kühlung getroffen werden müssen. Aufgrund der möglichen Serien-Herstellung werden auch andere Kosten geringer sein.

[47] Dokumentation 2.3.7

[48] Dokumentation 2.3.5

- damit werden 90 % der Jahresstunden (8.760 ./.10 % = 7.884 h) für die Energie-Arbeit genutzt, der Rest ist Wartung und Schwund

Wenn so insgesamt jährlich 5,5 Mrd. kWh$_{th}$ Wärme und für Strom erbracht werden - eine realistische Annahme[49] nach den Erfahrungen von Hamm-Uentrop - stellt sich der Preis auf etwa 3,1 Cent pro KWh$_{th}$ Wärme bzw. 7,8 Cent pro kWh$_{el}$ Strom. Darin sind die Kosten für Rückbau/ Stilllegung/ Endlager bereits enthalten.

Dieser liegt in der Nähe des Preises heutiger Kraftwerke und auch für die zur Sprit-Hydrierung abgeführte Wärme ist dies ein günstiger Satz. **Ins Gewicht fallen aber auch die Verminderung von Öl- und Gas-Importen und die Schaffung sehr guter Arbeitsplätze in Deutschland.**

1.3.7.6 Kosten der Verteilung – die Netze

Die Netze könnten bei dezentralen kleineren Kraftwerken deutlich leichter gebaut werden als heute, wo sie Hunderte Kilometer überbrücken müssen – mit zusätzlichen Risiken und Kosten.

Vorläufig aber werden die bestehenden Netze genutzt. Sie werden in ihrer Belastung geschont und bleiben dadurch länger erhalten. Die heute hohen Verteilungskosten (Netz-Nutzung) werden daher keinesfalls steigen, sondern eher sinken, weil der kosten- und verlustträchtige Ferntransport verringert wird.

1.4 Komplette Energie-Bilanz

Das ganze Verfahren hat Zukunft, wenn die insgesamt **a u f g e w e n d e t e** Energie in einem guten Verhältnis zur **g e w o n n e n e n** steht.

Alle Schritte müssen daher auf ihren Energieverbrauch überprüft werden:
- Anbau und Heranschaffen von Biomasse
  - Landwirtschafts-Maschinen (Herstellung von, und Treibstoff für Traktoren, Erntemaschinen und LKW)
  - Kunstdünger (Herstellung und Transport, Ausbringung auf den Feldern)
- Braunkohle, Steinkohle (Abbau, Aufbereitung, Transport)
- Aufbau und Betrieb der Hochtemperatur-Reaktoren
- Aufbau und Betrieb der Hydrierwerke
- Umrüstung der Tankstellen und Verteilnetze
- Umrüstung der Fahrzeuge und Motoren

---

[49] Dokumentation 2.3.7

Eine technisch/kaufmännisch einwandfreie end-to-end Bilanz dieser Energie-Verbrauche und –Erzeugungen ist bisher nicht bekannt. Es ist aber bekannt, dass die meisten dieser Prozesse bereits heute in der einen oder anderen Form separat betrieben werden und **sich daher je für sich schon rechnen.** Dies geschieht **ohne die günstige HTR-Wärme,** mit heutigen hohen Energiekosten. Vereinigt man die Teilprozesse wie hier beschrieben und führt die günstige HTR-Wärme zu, so kann die **Gesamtbilanz nur deutlich günstiger** werden.

Lediglich bei dem Landwirtschafts-Teil sind durch die heutige Subventionsstruktur die wahren Energieverbrauche nicht in den Preisen ausgewiesen. Dieses Risiko wird aber kompensiert, weil die neu aufzubauende Biomasse-Gewinnung und –Transport-Struktur von vornherein nach optimaler Wirtschaftlichkeit angelegt wird.

Eine absolut neutrale Energiebilanz sollte man im Übrigen auch nicht verlangen, **weil die mobile und autarke Energie immer einen höheren Wert für Verbraucher darstellt, als stationäre Energien.**

Mein besonderer Dank gilt Herrn Hermann Josef Werhahn, Neuss für seine vielfältigen Anregungen und Informationen.

Ebenfalls danken möchte ich den folgenden Personen, die mit konstruktiven und kritischen Hinweisen zu Klärungen und Präzisierungen halfen:

Dr. Hasso Bertram	Prof. Dr. Georg Menges
Dipl.-Ing. Hartmut Bode	Dipl.-Ing. Thom. Michels
Dr. Günther Dietrich	Dr. Frank Umbach
Dipl.-Ing. Franz Ferrari †	Hans-Friedr. Schmeding
Dipl.-Kfm. Gregor Gielen	Michael Wefers
Dr. Klaus J. Hoss	Mr. Zhang Jiagiang
Prof. Dr. Günter Lohnert	Markus Mirgeler

sowie Mitarbeiter unter anderen der folgenden Institutionen:
- www.buerger-fuer-technik.de
- www.energie-fakten.de
- Informationskreis Kern-Energie – Öffentlichkeitsarbeit
- Braunkohle-Forum

Darüber hinaus gibt es zahlreiche weitere Personen und Institutionen, die geholfen haben und nicht ausdrücklich genannt werden möchten.

2 DOKUMENTATION[50]

Dieser Anhang ist als Dokumentation für die Einzelfragen zu verstehen. Er ist nach den drei Haupt-Sachgebieten geordnet:

- Treibstoff
  - Bedarf, Erzeugung, Verteilen, Verwendung, Technik
- Biomasse
  - Vorräte, Gewinnung, Sammeln, Hydrieren
- Hochtemperatur
  - Kugelbett-Reaktor, Prozesswärme,

Exkurs: Energiequellen bei dezentralem Wohnen und Leben

Die Dokumentation wird laufend ergänzt. Zu allen Punkten sind Hinweise und Kritik jederzeit gerne willkommen.

Sollten einzelne Seiten in der Lesequalität oder den Abbildungen nicht genügen, stellt der Herausgeber sie Ihnen auf email-Anfrage kostenlos als pdf zur Verfügung.

2.1 Treibstoff für Mobilität

2.1.1 Biokraftstoffe - aus CLAASVision
„Magazin vom Erntespezialisten Claas'

---

[50] Fremde Urheberrechte oder Copyrights zu verletzen, ist nicht beabsichtigt. Alle Website- oder sonstige mögliche Rechte-Inhaber wurden schon 2009 und wie folgt im Dezember 2010 angeschrieben. „...... In Kürze wird die Broschüre „Umsteigen statt Aussteigen" mit der kompletten Dokumentations-Sammlung als Buch erscheinen. In dieser Sammlung befinden sich auch Texte und Bilder, die im Internet veröffentlicht oder mir persönlich uebergeben wurden. Oft sind Institutionen, Verbände oder Firmen die Website-Betreiber. Die persönliche Urheberschaft ist oft nicht eindeutig zu erkennen. Daher bitte ich Sie, mir umgehend mitzuteilen, falls Sie Bedenken gegen eine ordnungsmässig zitierte Veröffentlichung haben. Gerne sende ich Ihnen dann zur Genehmigung die entsprechenden Stellen zu. Ansonsten gehe ich davon aus, dass Sie keine Einwände gegen eine Veröffentlichung im Rahmen des Buches haben..." Die darauf eintreffenden Hinweise wurden berücksichtigt.

2.1.1.1 Biokraftstoffe: Visionen werden wahr.

Die Geschichte wiederholt sich immer wieder. Heute berühmte Physiker, Chemiker oder Techniker hatten zu ihren Lebzeiten Visionen, die in Vergessenheit gerieten und die wir jetzt erst wiederentdecken. Manche von ihnen werden auch erst heute wahr. So hat zum Beispiel der deutsche Maschinenbauer Nikolaus August Otto 1860 Ethanol als Kraftstoff in den Prototypen seines Otto-Motors verwendet.

Der Amerikaner Henry Ford war der Meinung, dass für sein T-Modell „Tin Lizzy" als „Volks-Auto" Bioethanol der Treibstoff der Zukunft sei: Er war der Ansicht, dass der Treibstoff der Zukunft aus Früchten wie dem Gerberstrauch oder Äpfeln, Unkraut, Sägespänen – geradezu aus allem gewonnen werden könne (siehe 2.1.17.2 Geschichte).

Auch Rudolf Diesel war ein Visionär seiner Zeit. Seinen ersten Motor betrieb er 1886 mit Nussbaumöl und 1912 schrieb er in der Patentschrift zum Dieselmotor: „Der Gebrauch von Pflanzenöl als Kraftstoff mag heute unbedeutend sein. Aber derartige Produkte können im Laufe der Zeit ebenso wichtig werden wie Petroleum und diese Kohle-Teer-Produkte von heute."

Zurück in die Gegenwart:
Bioethanol – eine Frage der Herkunft?

Bioethanol ist Ethanol, das ausschließlich aus Biomasse hergestellt wurde. Für die Bioethanolproduktion eignen sich zucker-, stärke- und lignozellulosehaltige Pflanzen. Derzeit ist nur die Gewinnung aus Zucker und Stärke verbreitet.

Die Gewinnung **aus Lignozellulose ist gegenwärtig noch nicht wirtschaftlich, an der Verbesserung der Technologie wird aber intensiv geforscht.** Ethanol kann normalem Benzin beigemischt werden, in sogenannten „Flexi Fuel"-Motoren kann es auch in Reinform getankt werden.

Einzelne Länder haben Ethanol aus Biomasse von der Mineralölsteuer befreit. Pionierland in der Bioethanol-Nutzung als Kraftstoff ist Brasilien. Hier gab es schon in den 70er Jahren die „Pro Alkohol"-

Kampagne, in der die Herstellung von Bioethanol aus Zuckerrohr massiv gefordert und gefördert wurde – mit den bekannten negativen Umwelt- und sozialen Folgen. Brasilien gehört heute zu den größten Bioethanolproduzenten auf der Welt.
In Europa gibt es seit wenigen Jahren Ethanol-Anlagen, die meist aus Getreide Bioethanol herstellen. Zu den Hauptproduzenten gehören Spanien, Frankreich, Polen und Schweden. Deutschland holt gemeinsam mit Italien, Großbritannien, Österreich und Finnland kräftig auf, während hingegen Belgien, Dänemark, Griechenland oder Portugal keine eigene Produktion haben und auch nicht nennenswert planen.

Vorreiter Brasilien und Island.

Europa hat jedoch, was die Bioethanolproduktion betrifft, einen entscheidenden Nachteil: den Preis. Zuckerrohr liefert pro Hektar und Jahr rund 6000 l Bioethanol, Getreide nur 2.800. **Außerdem benötigt die brasilianische Industrie keine fossilen Brennstoffe zur Herstellung und kommt deswegen mit wesentlich geringeren Energiekosten aus.** So kostet dann das Ethanol aus Brasilien auch nur ca. 35 % des europäischen Ethanols. Das kleine Island hat ebenfalls eine Vorreiterrolle in der Biomassenutzung: 23 l Bioethanol-Treibstoff erzeugt die Insel rein rechnerisch pro Einwohner und Jahr. Zur Herstellung werden bislang ungenutzte Abfallstoffe wie Landschaftspflege-Heu, Gerstenstroh oder Lupinen genutzt und über ein klassisches Verfahren zur Holzverzuckerung mit verdünnter Salzsäure umgewandelt.

Wirtschaftlich ist das Ganze unter anderem, weil die reichlich vorhandene geothermische Energie in die Kreislaufführung der Aufschlusschemikalien durch Destillation und Adsorption einbezogen wird. Das im Herstellungsprozess entstehende CO_2 wird in Gewächshäusern verwertet, der Kreislauf sozusagen geschlossen.

2.1.1.2   Rapsöl – die Alternative auch für den kleinen Bereich.
Eine wachsende Zahl Eigenheimbesitzer nutzt Rapsöl heute in Blockheizkraftwerken zur Strom- und Wärmegewinnung für den Heizungskreislauf und zur Einspeisung in die Stromnetze. Es ist derzeit zwar noch immer etwas teurer als Heizöl, aber ein regional erzeugter

und damit dezentraler Energieträger mit überschaubarem Wirtschafts- und Transportkreislauf.

Technisch ist das Rapsöl jedoch nicht ohne Hindernisse: Das Bioheizöl kann in der Qualität schwanken und es kann bei den Motoren zu Düsenverstopfungen und Verkokungen, also Ablagerungen von Ruß und unverbranntem Öl, führen. Es ist zähflüssiger als das fossile Heizöl und hat seinen Brennpunkt erst bei 220 Grad, während hingegen Heizöl schon bei 80 Grad entflammt und damit leichter kaltstartfähig ist. Abhilfe versprechen hier die neuen europäischen DIN-Normen.

Neben der Öl-Variante eignet sich Rapsöl ebenso wie andere Öle auch zur Veresterung und Umwandlung in Biodiesel (RME). Im Biodiesel- Bereich ist Deutschland weltweit führend. 2005 wurde auf rund 322.000 ha Stilllegungsfläche Raps angebaut, außerdem 122.000 ha Raps als Energiepflanze auf Nichtstilllegungsfläche sowie 877.000 ha Konsumraps, insgesamt ein enormes Rapsöl-Potenzial. Wenn man über den europäischen Tellerrand schaut, sieht man auch weitere Pflanzen, aus denen das Öl für die Biodiesel-Herstellung gewonnen werden kann, die Jatropha-Pflanze oder Purgiernuss, ebenso wie Rizinus- oder Palmöl, um die wichtigsten zu nennen. Neue Studien zeigen jedoch, dass es unwirtschaftlich ist, die Öle dieser Pflanzen nach Europa zu importieren und sie besser in ihren Herkunftsländern wie Indien, Tansania oder Brasilien genutzt werden sollten.

2.1.1.3 Kohlendioxid wird zum Rohstoff - Handelsblatt 5. Nov. 2009

Das Klima retten und gleichzeitig jede Menge Geld verdienen. Das ist die Vision von Wissenschaftlern, die sich mit der Zukunft von Kohlendioxid befassen. Der Klimakiller ist reichlich vorhanden. Er strömt tonnenweise aus Schornsteinen. Können findige Forscher bald nützliche Dinge daraus herstellen?

von Susanne Donner

DÜSSELDORF. Aus den Fabrikschloten steigt schon lange kein Rauch mehr auf. Viel zu schade wäre es, das Kohlendioxid entweichen zu lassen. Aus dem, was einst ein lästiges Abgas war, werden nun Kunststoffe, Farben und Medikamente gemacht – und vor allem wird der Klimawandel entscheidend gebremst.

Zugegeben, diese Sätze sind zum gegenwärtigen Zeitpunkt eine schöne Zukunftsmusik. Doch den darin steckenden Wunschgedanken verfolgt eine Reihe von Chemikern schon jetzt mit großem Ernst.

Sie wollen das unliebsame Treibhausgas zum Rohstoff avancieren lassen, um daraus wertvolle Produkte erzeugen zu können. Auch Politiker haben die wundersame Wandlung als Zukunftschance erkannt. Im Juli startete das Bundesforschungsministerium ein Programm, um aus „Aschenputtel eine Prinzessin" zu machen, wie Staatssekretär Frieder Meyer-Kramer es lyrisch umschrieb. Firmen und Forscher können für fünf Jahre mit 100 Millionen Euro als Mittel zu diesem Zweck rechnen. Wird die Chemieindustrie am Ende zum Klimaretter?

Bis dato verbrauchen nur wenige Chemiefabriken das Treibhausgas. Den mit Abstand größten Beitrag leistet die Erzeugung von Stickstoffdünger. 70 Millionen Tonnen Kohlendioxid reagieren jedes Jahr mit stechend riechendem Ammoniak, um den Stoff entstehen zu lassen, der Weizen und Wein üppig wachsen lässt. Gut für das Klima, weil CO2 verbrauchend, ist auch die Produktion von Aspirintabletten. „Das sind aber keine Mengen, die im Vergleich zu den Gesamtemissionen ins Gewicht fallen", stellt Walter Leitner vom Institut für Technische und Makromolekulare Chemie der Technischen Hochschule Aachen klar. „Es besteht ein erheblicher Forschungsbedarf."

Man schickt sich an, eine harte Nuss zu knacken. Denn Kohlendioxid ist ein höchst widerspenstiger Reaktionspartner. Das unsichtbare und geruchlose Gas ist ausgesprochen energiearm und träge. Es muss zur Reaktion gezwungen werden. Dazu bedarf es entweder großer Mengen Energie oder reaktionsfreudiger Partner. Beide Möglichkeiten drücken aber auf die Energiebilanz eines chemischen Prozesses und schwächen den Klimaschutzeffekt. Damit überhaupt Bewegung in ein Chemikalienduo aus Kohlendioxid und Co. kommt, muss also zusätzlich ein Katalysator zugegen sein, der gewissermaßen die Hemmschwelle senkt, sich miteinander einzulassen.

Mit solch animierenden Tricks bringen Leitners Mitarbeiter im Labor täglich eine farblose Flüssigkeit und Kohlendioxid in Verbindung. In einer Art Dampfkochtopf entsteht aus den Substanzen unter Druck ein Kunststoff, in dessen Molekülstruktur das Treibhausgas fest eingebaut ist.

Die Firma Bayer unterstützt die Forschung. Bald soll das Verfahren im Pilotmaßstab getestet werden. Der Kraftwerksbetreiber RWE wird dafür Kohlendioxid aus seinen Abgasen bereitstellen. Der neue klimafreundliche Kunststoff „hat ausgesprochen interessante neue Eigenschaften", sagt Leitner. Zum Beispiel kann er als Dämmstoff verwendet werden und so auch bei der Nutzung weiter Energie einsparen helfen. „Der eigentliche Vorzug liegt aber in der Wertschöpfung", sagt der Chemiker. Aus dem kostenträchtigen, klimaschädlichen Abfall „Kohlendioxid" wird Nützliches, mit dem sich Geld verdienen lässt.

Kooperationspartner Bayer setzt nicht nur in diesem Projekt auf kohlendioxidbasierte Innovationen. Mit Chemieingenieur Arno Behr von der Technischen Universität Dortmund lotet das Unternehmen die Produktion eines anderen klimafreundlichen Kunststoffs aus. Für die Erzeugung des Ausgangsstoffs, eines ringförmigen Lactons, wird ebenfalls Kohlendioxid verbraucht. Nach vielen Jahren der Forschung kann Behr heute das träge Klimagas sogar schon bei moderaten Temperaturen von 70 Grad Celsius umwandeln. Möglich wird dieses Kunststück dank des Edelmetalls Palladium. „Alles steht bereit, wir brauchen nur noch eine Firma, die das in großem Stil baut", verkündet Behr. Da sich aus dem Lacton auch Dutzende andere Produkte, unter anderem Duftstoffe, ableiten lassen, ist er zuversichtlich, bei der Industrie offene Türen einzurennen. Tatsächlich hat auch schon ein Riechstoffhersteller Interesse bekundet.

Trotz der Fortschritte in den Laboren glaubt kein Forscher ernsthaft, dass die Chemieindustrie alleine den Klimawandel stoppen kann. „Die stoffliche Nutzung kann keine riesigen Mengen binden, weil wir einfach viel, viel mehr Kohlendioxid freisetzen", räumt Behr ein. Derzeit bläst die Menschheit mehr als 28 Gigatonnen Kohlendioxid in die Atmosphäre. Chemiefabriken verarbeiten dagegen nur einen Bruchteil, 120 Millionen Tonnen.

Optimistischen Schätzungen zufolge könnte sich der Bedarf der Chemiewerke nach dem Klimakiller aber immerhin verzwanzigfachen. Dann würde die Branche nicht nur die Erderwärmung bremsen, sondern auch weit mehr Kohlendioxid verbrauchen, als sie selbst freisetzt. Es wäre der erste Industriezweig, der mehr ist als nur klimaneutral.

2.1.1.4 Die Fischer-Tropsch-Sysnthese

Unter dem Weblink (URL):
http://www.volkswagenag.com/vwag/vwcorp/content/de/innovation/fuel_and_propulsion/production/putting_the_sun_into_your_fuel_tank/fischer_tropsch_synthesis.html
gibt die Volkswagen AG eine prägnant treffende Zusammenfassung dieses Verfahrens:

(vorauszuschicken ist Folgendes: Im Text wird der Prozess als „exotherm" bezeichnet, gibt also Wärme ab. Dies gilt allerdings nur für den reinen Hydrierteil, während der gesamte Prozess (Vergasung/ Reformierung; Gasreinigung; Gaskonditionierung; Synthese; Upgrading zum Kraftstoff) eine Wärmesenke ist. Dort wird also Energie vor allem in Form von Wärme verbraucht. Entsprechend „gering" ist auch dieser Gesamt-Wirkungsgrad, der den Grad der Umsetzung der eingebrachten Energie in „Produktenergie" beschreibt. Üblicherweise liegt der bei GtL[51]-Prozessen bei 60%, bei Kohle und Biomasse bei ca. 50%. Hier kommt dann der entscheidende Vorteil bei Zufuhr von Hochtemperatur aus dem Kugelbett-Reaktor zur Geltung.)

Volkswagen schreibt:

Die Fischer-Tropsch-Synthese (FT) ist ein großtechnisches Verfahren zur Umwandlung von Synthesegas in flüssige und feste paraffinische Kohlenwasserstoffe. Sie wurde von den beiden deutschen Chemikern Franz Fischer und Hans Tropsch entwickelt und 1925 zum Patent angemeldet. Die flüssigen Kohlenwasserstoffe werden als Kraftstoffe verwendet, die festen Kohlenwasserstoffe sind hochreine Wachse, die als Rohstoff für die chemische oder pharmazeutische Industrie genutzt werden. Hintergrund der Entwicklung war die seinerzeit stetig wachsende Motorisierung und der Wunsch nach einer autarken Versorgung mit Kraftstoff und Rohstoffen für die Petrochemie. Als Rohstoff diente damals ausschließlich heimische Steinkohle. Insgesamt wurden im ehemaligen deutschen Reichsgebiet bis 1945 neun FT-Anlagen mit einer Jahreskapazität von 600.000 Tonnen in Betrieb genommen.

In der Nachkriegszeit verlor die Fischer-Tropsch-Synthese wegen der allgemeinen Versorgung mit preiswertem Erdöl und Erdgas schnell an Bedeutung. Einzig die Republik Südafrika hat aufgrund der politischen und wirtschaftlichen Rahmenbedingungen die industrielle Entwicklung weiter verfolgt. Dort kam ebenfalls Kohle als Rohstoff zum Einsatz. Diese Anlagen werden bis heute betrieben und durch Anlagen, die Erdgas als Rohstoff einsetzen, ergänzt. 1993 hat schließlich der Mineralölkonzern Shell im malaysischen Bintulu eine Anlage mit einer Jahreskapazität von 520.000 Tonnen pro Jahr aufgebaut, die Erdgas mittels FT-Synthese zu hochreinen Wachsen und Kraftstoffen umsetzt.

2.1.1.4.1 Verfahren

Bei der Fischer-Tropsch-Synthese reagieren Wasserstoff und Kohlenmonoxid zu langkettigen Kohlenwasserstoffen. Ihr liegt folgende katalytische Reaktion zugrunde:

---

[51] GtL – Gas to Liquid - Gasverflüssigung

CO + 2 H2 –> (-CH2-) + H2O

Die Reaktion läuft x-mal ab. Dabei entsteht eine gerade Kette von x - CH2- Komponenten. Besteht die Kette z.b. aus 16 CH2-Komponenten, so nennt man diesen Kohlenwasserstoff n-Hexadecan, besser bekannt als Cetan, einem sehr wichtigen Bestandteil von Dieselkraftstoff.

Das optimale Verhältnis von H2 zu CO für die Fischer-Tropsch-Synthese ist zwei zu eins. Die Reaktion verläuft exotherm ab. Das bedeutet, dass die Wärmeabfuhr eine entscheidende verfahrenstechnische Herausforderung darstellt. Für die Synthese muss eine bestimmte Temperatur konstant gehalten werden. Ein deutlicher Anstieg würde zu einer schnellen Verkokung des Katalysators und damit zum Abbruch der Synthese führen. Als Katalysatoren kommen praktisch nur Eisen und Kobalt zum Einsatz. Nickel ist zwar hinsichtlich der Hydrierung von Kohlenmonoxid auch aktiv, bildet aber hauptsächlich Methan. In der Praxis werden Legierungen (Zusätze: Alkalimetalle, Kupfer, Ammoniak, Mangan, Vanadium, Titan) eingesetzt, mit denen man bestimmte Produktzusammensetzungen erzielen kann.

Die Aufgabe von Trägermaterialien in der heterogenen Katalyse (d.h. Katalysator und Reaktant liegen in unterschiedlichen Aggregatszuständen vor: z.b. gasförmige Reaktanten und fester Katalysator) besteht in der Bildung einer großen Katalysatoroberfläche mit einer feinen Verteilung der Katalysatormetalle sowie dem Verhindern von Sintervorgängen der Metallphase. Trägermaterialien sind schwerreduzierbare Metalloxide, Aktivkohle, Polymere und Zeolithe (kristalline Aluminosilikate mit Gerüststruktur).

2.1.1.4.2 Synthesebedingungen

Die üblichen Synthesebedingungen lauten: 160°C - 350°C und 1 - 30 bar. Dabei führen hohe Temperaturen (T > 330°C) zur vermehrten Bildung von Leichtsiedern, d.h. kurzkettigen Kohlenwasserstoffen wie z.B. Roh-Benzin oder auch Naphtha genannt. Um einen hohen Anteil an Dieselkraftstoff zu erzeugen, erfolgt eine Verschiebung in Richtung langkettiger Kohlenwasserstoffe (T < 250°C). Damit fällt auch ein relativ hoher Anteil von Wachsen an, der beim anschließenden Hydrocracking durch Zufuhr von Wasserstoff gezielt in kürzere Ketten der Dieselfraktion aufgespalten wird.

Für eine stabile Prozessführung ist vor Eintritt in den FT-Synthesereaktor die vollständige Reinigung des Synthesegases von Katalysatorgiften notwendig. Als Katalysatorgift gelten alle Stoffe, die mit dem Katalysator reagieren und eine Oxidschicht ausbilden oder die am Katalysator anhaften. Beides reduziert bzw. blockiert die Katalysatorwirkung. Deshalb muss das Synthesegas frei von Sauerstoff, Schwefel und Teer sein. Der

Schwefelgehalt muss z.b. kleiner als fünf ppb (parts per Billion) sein, dies entspricht kleiner als 0,000000005.

Der Vorteil besteht in einem hochreinen, schwefel- und aromatenfreien Kraftstoff, der mit hoher Präzision reproduzierbar und unabhängig vom Rohstoff hergestellt werden kann. Dieser qualitativ hochwertige Kraftstoff führt zu einer drastischen Reduktion der Emissionen, was in Motortests bei Volkswagen nachgewiesen wurde. Des Weiteren ist dieses Herstellungsverfahren Garant für zukünftige Motorkonzepte wie das Combined Combustion System (CCS), ein Motor der die niedrigen Emissionen eines modernen Benziners mit dem geringen Kraftstoffverbrauch eines TDI-Dieselmotors verbindet.

2.1.1.4.3 Treibstoff-Synthese in Deutschland
laut Wikipedia Stand März 2009

Die **Fischer-Tropsch-Synthese** (auch *Fischer-Tropsch-Verfahren*) ist ein von Franz Fischer und Hans Tropsch in Mülheim an der Ruhr vor 1925 entwickeltes großtechnisches Verfahren zur Umwandlung von Kohlenstoffmonoxid-Wasserstoff-Gemischen in flüssige Kohlenwasserstoffe. Diese werden zum Beispiel als synthetische Kraftstoffe (XtL-Kraftstoffe) sowie als synthetische Motoröle genutzt.

2.1.1.4.3.1 Geschichte

Die Fischer-Tropsch-Synthese wurde 1925 am damaligen Kaiser-Wilhelm-Institut für Kohleforschung in Mülheim an der Ruhr zur Kohleverflüssigung entwickelt. Die Synthese war besonders während des zweiten Weltkriegs für Deutschland von Bedeutung, da der Bedarf an flüssigen Kraftstoffen aus einheimischer Kohle gedeckt werden konnte. Es war eine Alternative zu der ebenfalls angewandten Kohleverflüssigung nach dem Bergius-Pier-Verfahren.

Im Zuge der Bestrebungen des Deutschen Reichs vor dem Zweiten Weltkrieg wurden eine Reihe von Anlagen zur Kraftstoffgewinnung aus der in großen Mengen verfügbaren Kohle aufgebaut. Diese basierten allerdings vor allem auf dem 1913 entwickelten Bergius-Pier-Prozess während für die Fischer-Tropsch-Synthese nur geringe Kapazitäten aufgebaut wurden. Insgesamt wurden bis zum Ende des Zweiten Weltkriegs Kapazitäten für 4,275 Mio. t/a nach dem Bergius-Pier-Verfahren und 1,55 Mio. t/a nach der Fischer-Tropsch-Synthese aufgebaut. Im Vergleich zu erdölbasierten Kraftstoffen waren beide Prozesse nicht konkurrenzfähig, so dass sie nach dem Krieg nahezu vollständig aufgegeben wurden. Dennoch nahm man in den

1970er Jahren nach der Ölkrise die Forschung in diesem Bereich wieder auf und baute in Bottrop eine Pilotanlage. Diese wurde Ende der 1980er Jahre eingestellt, da der Erdölpreis zwischenzeitlich unter 20 Dollar pro Barrel gesunken war und sich das Verfahren nicht mehr rentierte.[1]

In der Republik Südafrika, die ebenfalls über ausreichend Kohleressourcen verfügte und Erdöl importieren musste, wurde aus politischen Gründen 1955 die erste moderne *Coal-to-Liquid* (CtL) -Anlage Südafrikas in Betrieb genommen. Gebaut wurde sie durch die eigens gegründete Suid Afrikaanse Steenkool en Olie (Sasol) unter Beteiligung der deutschen Lurgi AG. Die Pilotanlage *Sasol 1* wurde für etwa 6.000 barrel Kraftstoff pro Tag ausgelegt. Ab 1980 wurden die Kapazitäten deutlich ausgeweitet, bedingt durch die politische Entwicklung Südafrikas.

So wurden 1980 und 1982 *Sasol II* und *Sasol III* in Betrieb genommen, damit stand eine Gesamtkapazität von 104.000 barrel/Tag zur Verfügung. Mit der politischen Öffnung wurde das Programm auf Erdgas als Rohstoffquelle ausgedehnt und 1995 und 1998 wurden weitere Kapazitäten für 124.000 barrel/Tag CtL- und GtL-Kraftstoff geschaffen. Da die Steinkohle im Tagebau relativ preisgünstig gewonnen werden kann, deckte das Land noch 2006 etwa 30% seines Kraftstoffbedarfs aus Kohlebenzin.[1]

Sasol wurde durch die südafrikanischen Entwicklungen Weltmarktführer in den XtL-Technologien und baute 2006 ein modernes *Gas to Liquids* (GtL)-Werk in Qatar mit einer Kapazität von 34.000 barrel/Tag. Gemeinsam mit Foster Wheeler plante Sasol zudem eine Anlage in China mit einer Jahreskapazität von 60.000 barrel/Jahr. Bei beiden Anlagen werden Fischer-Tropsch-Verfahren verfolgt: Ein Hochtemperaturverfahren mit Prozesstemperaturen von 350 °C (Synthol und Advanced Synthol), bei dem Ottokraftstoffe und Alkene als Plattformchemikalien produziert werden, und ein Niedrigtemperaturverfahren bei 250 °C zur Gewinnung von Dieselkraftstoff und Wachsen.

1993 nahm auch der Mineralölkonzern Royal Dutch Shell die erste GtL-Anlage in Betrieb. Die Anlage in Bintulu in Malaysia hat eine Kapazität von 12.000 barrel/Tag und wird in einem eigens entwickelten Fischer-Tropsch-Verfahren, der *Shell Middle Distillate Synthesis* (SMDS-Verfahren), betrieben. Gemeinsam wollen Shell und Sasol weitere GtL-Kapazitäten von etwa 60.000 barrel GtL/Tag aufbauen.

Im Zuge der Rohstoffwende rückten in den letzten Jahren vor allem Biokraftstoffe in den Fokus der Kraftstoffherstellung. Dabei rückte die Fischer-Tropsch-Synthese wieder in den Fokus der Forschung und Entwicklung. *Biomass to Liquid-Kraftstoffe werden als Biokraftstoffe der zweiten Generation besonders in Europa gefördert. Aktuell gibt es noch keine BtL-*

Produktion. *Einzelne Pilotprojekte sind angelaufen und die Choren Industries haben ein Werk in Freiberg, Sachsen, für den von ihnen als* SunFuel *und* SunDiesel *bezeichneten BtL-Kraftstoff aufgebaut.*

2.1.1.4.3.2 Verfahren

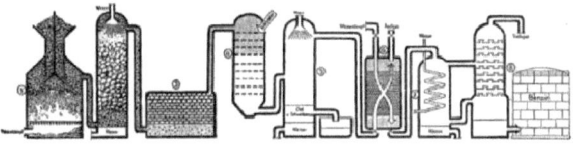

Skizze des Fischer-Tropsch-Verfahrens von 1943
Die indirekte Kohlehydrierung ist eine Aufbaureaktion von CO/H_2-Gemischen an Eisen-, Magnesiumoxid-, Thoriumdioxid- oder Cobalt-Katalysatoren zu Paraffinen, Alkenen und Alkoholen. Die benötigten Gasgemische werden durch Kohlevergasung, zum Beispiel im Lurgi-Druckvergaser hergestellt.

Die Reaktion findet bereits bei Atmosphärendruck und bei einer Temperatur von 160°C - 200°C statt, technisch werden je nach Verfahren höhere Drücke und Temperaturen verwendet. Die Synthese verläuft nach folgendem Reaktionsschema:

$n\,CO + (2n+1)\,H_2 \rightleftharpoons C_nH_{2n+2} + n\,H_2O$ (Alkane)
$n\,CO + (2n)\,H_2 \rightleftharpoons C_nH_{2n} + n\,H_2O$ (Alkene)
$n\,CO + (2n)\,H_2 \rightleftharpoons C_nH_{2n+1}OH + (n-1)\,H_2O$ (Alkohole)

Das Verfahren wird in zwei Varianten durchgeführt. Die Hochlastsynthese, auch Arge-Synthese, wurde von den Firmen Ruhrchemie und Lurgi entwickelt. Dabei erfolgt die Umsetzung der Kohlevergasungsprodukte an Eisenkatalysatoren bei Temperaturen um 220 bis 240°C und Drücken bis 25 bar. Das Kohlenstoffmonoxid zu Wasserstoffverhältnis liegt bei 1,7 zu 1. Als Produkte werden Paraffin/Olefin-Gemische, so genanntes Gatsch, erhalten. Der Reaktor ist als Festbettreaktor ausgeführt. Der Katalysator ist in engen Rohren angeordnet, die Reaktionswärme wird durch Siedewasser unter Druck abgeführt. Das Katalysatorvolumen beträgt in modernen Reaktoren circa 200 m^3. Eine Fischer-Tropsch-Anlage mit mehreren Reaktoren benötigt pro Stunde etwa 1.500.000 Nm^3 Synthesegas und stellt dabei pro Jahr etwa 2.000.000 t Kohlenwasserstoffe her. Die Synthese wird dreistufig durchgeführt mit einem Gesamtumsatz von circa 94%.

Eine weitere Reaktionsvariante ist die Synthol-Synthese, die von den Firmen Sasol und Kellogg entwickelt wurde. Bei dem Verfahren handelt es sich um eine Flugstaubsynthese, bei dem der Katalysator als Pulver mit dem

Reaktionsgas eindosiert wird. Das Verfahren arbeitet bei 25 bar und Temperaturen über 300°C. Dadurch bilden sich bevorzugt niedermolekulare Kohlenwasserstoffe. Das Kohlenstoffmonoxid zu Wasserstoffverhältnis beträgt circa 6 zu 1.

Eine typische Zusammensetzung enthält rund 15% Flüssiggase (Propan und Butane), 50% Benzin, 28% Kerosin (Dieselöl), 6% Weichparaffin (Paraffingatsch), 2% Hartparaffine. Das Verfahren ist für die großtechnische Produktion von Benzin und Ölen aus Kohle, Erdgas oder Biomasse von Bedeutung.

2.1.1.4.3.3 Verwendung in der Luftfahrt

Die US-Luftwaffe sieht sich angesichts gestiegener Treibstoffpreise bei gleichzeitig sehr hohem Bedarf gezwungen, ernsthafte Gedanken über mögliche Kosteneinsparungspotentiale zu machen. Viele Ölquellen sind in „politisch instabilen Regionen", gleichzeitig aber verfügen die USA über sehr große, dicht an der Oberfläche liegende Kohleflöze, die relativ leicht im Tagebau ausgebeutet werden können.

Am 19. September 2006 startete auf der Edwards Air Force Base eine Boeing B-52H zu einem Testflug, bei dem zwei der acht Triebwerke mit einem 50:50-Gemisch aus gewöhnlichem JP-8-Treibstoff und synthetisch aus Kohle gewonnenen Treibstoff betrieben wurden. Die Fragestellung war, wie sich dieser Treibstoff in der Praxis bewährt und ob ein wirtschaftlicher Betrieb zuverlässig möglich sei.

2.1.1.5 Synthetische Kraftstoffe: flüssige Biomasse für den Autotank.

BtL, Biomass to Liquids, SunFuel oder FT-Diesel, die Namen für die neue Generation der synthetischen Kraftstoffe sind vielfältig. Große Automobil- Konzerne wie Daimler-Chrysler oder VW haben sich bereits in die Forschung mit eingeklinkt, sehen sie hier doch den Treibstoff der Zukunft.

In Deutschland hat die Firma Choren im sächsischen Freiberg eine Anlage gebaut, die in großem Maßstab mit dem patentierten Carbo-V®- Verfahren feste Biomasse in Brenn- und Synthesegas umwandelt. Hierbei wird die Biomasse zunächst mit Sauerstoff bei Temperaturen zwischen 400 und 500 Grad verschwelt. Es entstehen teerhaltiges Gas und fester Biokoks. Das teerhaltige Gas wird in einer Brennkammer nachoxidiert. Der Biokoks wird zu Brennstaub gemahlen und in das heiße Gas eingeblasen, dabei entsteht das Synthese-Rohgas, das zu Brenngas umgewandelt wird.

Treibstoff für Mobilität

Das Brenngas wird dann in Gasmotoren in Strom und Wärme umgewandelt oder durch die Fischer-Tropsch-Synthese verflüssigt und zum SunDiesel umgebaut.

BtL, eine Zukunftsvision mit Fragezeichen. Kritiker bemängeln unter anderem, dass diese Art der Energiegewinnung immer auf **dezentrale** und großtechnische Energiegewinnung beschränkt sein wird, da sie im kleinen Leistungsbereich nicht wirtschaftlich ist. Auch die Frage der Nährstoffkreisläufe und der Einbindung der Landwirtschaft muss noch besser untersucht werden, da vor allem Rohstoffe wie Restholz einen großen Transportweg hinter sich haben können.

Aufbruchstimmung in der Landwirtschaft.

Die Erzeugung und Nutzung von Biomasse gibt der Landwirtschaft die Chance, sich vom fossilen Nettoenergieverbraucher zum ökologischen Nettoenergieerzeuger zu wandeln. Durch die Gewinnung von Strom, Wärme und Biokraftstoffen aus Biomasse bieten sich den Landwirten Einkommensalternativen, es entstehen dauerhafte Arbeitsplätze, nicht zuletzt eine gesunde Infrastruktur und Stabilisierung der Bevölkerungsentwicklung im ländlichen Raum. Und auch das Bild der Landwirtschaft in der Öffentlichkeit wird dadurch deutlich positiver.

2.1.1.6 Bioenergie

• ist auch unter Berücksichtigung der Herstellungskosten CO_2-neutral, während die CO_2-Bilanz von Heizöl unter Berücksichtigung der Folgekosten noch negativer wird, als sie es von Haus aus schon ist;

• ist bei nachhaltiger Nutzung endlos verfügbar und ermöglicht eine sinnvolle Kreislaufwirtschaft;

• ist eine heimische Energiequelle, ermöglicht die dezentrale, autarke Energiegewinnung und schafft Arbeitsplätze in angrenzenden Bereichen (Gewerbe, Industrie, Dienstleistung);

• hat ein geringes Produktions- und Transportrisiko; zum Beispiel sind ausgelaufene Schmier- und Treibstoffe zu einem hohen Grad in kurzer Zeit biologisch abbaubar;

• vermindert die Abhängigkeit von fossilen Energieträgern, Mineralöl-Großkonzernen und einzelnen Ölförderungsländern;

• stärkt die dezentrale, autarke Energieerzeugung am Ort des Verbrauchs und macht unabhängiger von Preisschwankungen durch Kriege und Energiekrisen.
Modifiziert nach C.A.R.M.E.N e.V.

Was ist Energie?
Das Wort „Energie" leitet sich aus dem Griechischen ab: ∑{ = in, innen und ∑)©|{ = Werk, Wirken. Energie bedeutet ganz allgemein eine den in der Physik betrachteten Objekten innewohnende Wirksamkeit, die in Arbeit umgewandelt werden kann. Energie ist, bildlich gesprochen, die Fähigkeit eines Körpers, Arbeit

Hätten Sie's gewusst?
Kraftstoffe: Die Menge Biodiesel, die von einem Hektar Raps erzeugt werden kann, reicht zweimal für die Strecke Berlin-Peking und zurück.

Strom: Ein Hektar Energiemais reicht für den Jahresbedarf an Strom von sechs Dreipersonenhaushalten.

Strom: Die Gülle von vier Kühen erzeugt durch die Biogas-Verstromung den Jahresbedarf eines durchschnittlichen Haushalts.

Bioenergie: Die Bioenergie, also Energie aus Biomasse, macht etwa zwei Drittel der erneuerbaren Energien aus. Bis 2010 sollen europaweit 9 % des Energiebedarfs durch Bioenergie abgedeckt werden.

Europäische Energiepolitik.
1997 hat sich die Europäische Kommission in ihrem „Weißbuch für Erneuerbare Energien" die Verdopplung des Anteils erneuerbarer Energien am gesamten Bruttoinlandsverbrauch (Primärenergieverbrauch) bis 2010 auf dann 12 % zum Ziel gesetzt. Außerdem wurden im Weißbuch Ziele für die verschiedenen erneuerbaren Energieträger formuliert; das Ziel für Biomasse für das Jahr 2010 liegt bei 135 Mtoe (Million tons oil equivalent) pro Jahr (5.628 PJ/Jahr), ohne dass eine weitere Differenzierung für biogene Festbrennstoffe, Biogas und Biotreibstoffe vorgenommen wird.

2.1.2   Heizwerte in Biomasse - Quelle: Bundesminister für Wirtschaft und Technologie

Stroh   4 kWh/kg

Schilfarten	4 kWh/kg
Getreidepflanzen	4,2 kWh/kg
Holz	4,4 kWh/kg
Biogas	6,1 kWh/m3

zum Vergleich Heizwerte in fossilen Energieträgern

Braunkohle	5,6 kWh/kg
Steinkohle	8,9 kWh/kg
Heizöl	11,7 kWh/kg
Erdgas	8,3 kWh/m3
Gichtgas	4200 KJoule/ m3

Quelle:
http://www.wissen.de/wde/generator/wissen/ressorts/technik/index,page=1110038.html

Weitere Informationen/Links:
Schweizer Biomasse-Verband   www.biomasseenergie.ch/
Österreichischer Biomasse-Verband   www.biomasseverband.at
Amerikanischer Biomasse-Verband www.biomass.org
Fachagentur Nachwachsende Rohstoffe e.V   www.fnr.de, www.bioenergie.de
Europäischer Biomasse-Verband   www.aebiom.org

2.1.3 Bergius-Pier-Verfahren nach Wikipedia

Weiterentwicklungen der Verfahren von Bergius (Zitat aus Wikipedia)
Im Zweiten Weltkrieg nutzten die I.G. Farben AG das Bergius-Pier-Verfahren, um aus Braunkohle Kraftstoffe und Heizöle herzustellen. Zwischen 1936 und 1943 wurden zwölf Anlagen zur Kohleverflüssigung mit einer Produktionsmenge von 4 Millionen Tonnen errichtet. Sowohl die Kohleverflüssigung als auch Verfahren zur Holzverzuckerung wurden in vielen Staaten nach dem Zweiten Weltkrieg zwar fortentwickelt, jedoch aufgrund des preiswerten Rohöls nicht – bis auf Südafrika von der Firma Sasol – großtechnisch weiterentwickelt.

In den USA wurden in den 1980er Jahren drei Pilotanlagen zur Kohlevergasung, und zwar in Baytown (Texas), in Catlettsburg (Kentucky) und Fort Lewis (Washington) gebaut. In Deutschland wurden Pilotanlagen in Bottrop (1981, Herstellung von 200 Tonnen Kohleöl/Tag) und im Saarland (Völklingen-Fürstenhausen) gebaut. [4] Auch die Verfahren zur Holzverzuckerung wurden in Pilotprojekten zwar nach dem Krieg weiterentwickelt jedoch nicht mehr ökonomisch – außer in der Sowjetunion z.B. im Chalov- oder im Riga-Verfahren und in Japan durch das Noguchi-Chisso-Verfahren (dieses jedoch nur zwischen 1953 und 1959) – genutzt. [5]

Bergius hat bei seiner Nobelpreisverleihung folgende Worte gesagt: „Das Haus, in dem ich meine erste Ausbildung erhielt, das Laboratorium der Universität in Breslau, trug in seiner Eingangshalle den Wahlspruch 'Suche die Wahrheit und frage nicht was sie nützt'. Ich bin der Lehre nur wenige Jahre gefolgt und habe mir dann das Ziel gesetzt, Erkenntnisse zu suchen, die der Menschheit nutzen sollten."[6] Seine chemisch-industriellen Entwicklungsarbeiten fielen in eine Zeit der großen politischen Katastrophen: der zwei Weltkriege, der Hyperinflation, der Bankenkrise, so dass beim Lesen seiner Worte ein trauriges Gefühl mitschwingt.

2.1.4 Prognose des Mineralöl-WV zum Treibstoffverbrauch

Der MWV kommt zu einem ständig abnehmenden Treibstoff-Verbrauch in Deutschland bis 2050.
Gründe sind unter anderen:

die verbesserte Technik – Sprit sparende Motoren und Reifen
abnehmende Bevölkerung
sinkende Attraktivität des Autofahrens
verändertes Konsumverhalten
ältere Bevölkerungsstruktur
verbesserter Massen-Verkehr in dicht besiedelten Räumen
steigende Preis für Fossile Brennstoffe

Das erhöht die Wahrscheinlichkeit, mit heimischer Biomasse einen grösseren Teil des Gesamtbedarfes decken zu können.

Treibstoff für Mobilität

MWV-Prognose 2025

für die Bundesrepublik Deutschland

Hamburg, 27. Juni 2006

Mineralölwirtschaftsverband e. V. • Steindamm 55 • 20099 Hamburg
Telefon: 040/24849-0 • Telefax: 040/24849-253 • e-mail: mwv@mwv.de
Internet-Homepage: http://www.mwv.de

HERAUSGEBER: MINERALÖLWIRTSCHAFTSVERBAND E.V.

MWV – Ölprognose

Der Mineralölnachfrage wird sich ab 2007 rückläufig entwickeln. Nach der neuen Prognose des Mineralölwirtschaftsverbandes, die auf entsprechenden Einschätzungen der Mitgliedsfirmen beruht und erstmals den Zeitraum bis 2025 abdeckt, wird der Mineralölabsatz in Deutschland bis zum Jahr 2015 von heute 112 Millionen Tonnen um 4 Prozent auf 108 Millionen Tonnen und danach bis 2025 um weitere 10 Prozent auf 97 Millionen Tonnen sinken. Der Absatz von Kraftstoffen und Heizölen dürfte sich bis 2025 um über 25 Prozent reduzieren.

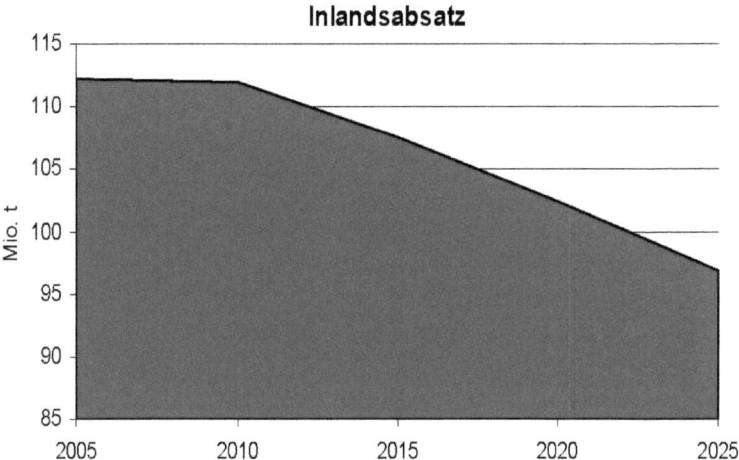

Als Folge davon werden auch die verkehrsbedingten CO_2-Emissionen deutlich zurückgehen. Bereits zwischen 1999 und 2005 sind diese um rund 11 Prozent auf 156 Millionen Tonnen CO_2 gesunken. Parallel zu Absatzrückgang und geringerer Emission der Verbrennungsmotoren sowie durch die gesetzlich geforderte Beimischung von Biokraftstoffen sinken die CO_2-Emissionen des Verkehrssektors um weitere rund 30 Prozent auf knapp 113 Millionen Tonnen. Während Biokraftstoffe im Verkehrssektor CO_2-neutral sind, sind sie in der Gesamtbilanz nicht CO_2-neutral, da für ihre Erzeugung - vom Kunstdünger über Pestizide bis zu Aufbereitung - Energie aus fossilen Quellen aufgewendet werden muss und damit CO_2 emittiert wird.

CO2-Emissionen des Straßenverkehrs

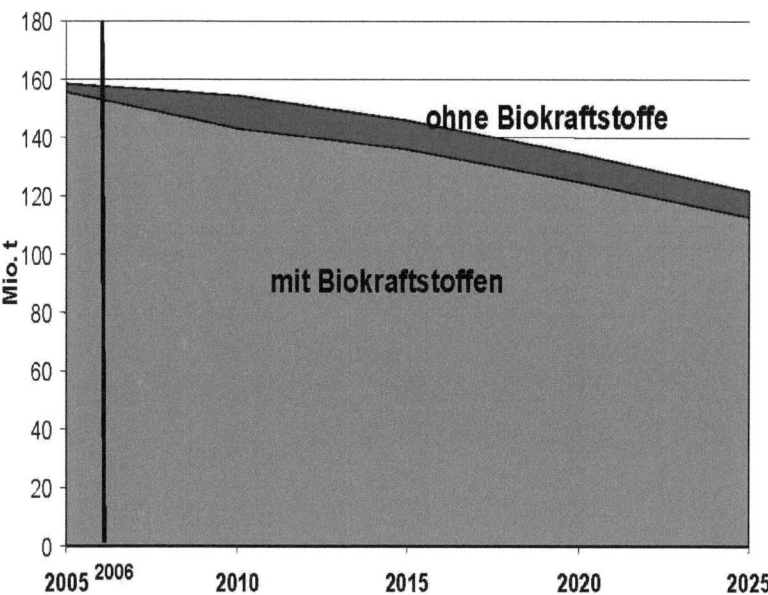

Weitere Gründe für diese Rückgänge liegen zum einen in der steigenden Energieeffizienz aller Energie verbrauchenden Prozesse, zum anderen - bei Otto- und Dieselkraftstoffen - in der Verringerung der Fahrleistungen; zudem wirkt bei Ottokraftstoff zusätzlich der Ersatz von Fahrzeugen mit Ottomotor durch Dieselfahrzeuge auf die rückläufige Bedarfsentwicklung.

Schon heute ist Deutschland Nettoexporteur für Otto- und Dieselkraftstoff. Diese Entwicklung wird sich noch beschleunigen. Die nationalen Produktionskosten und Rahmenbedingungen werden noch stärker als heute die Wettbewerbsfähigkeit der deutschen Raffinerien bestimmen.

Nettoexporte Kraftstoffe

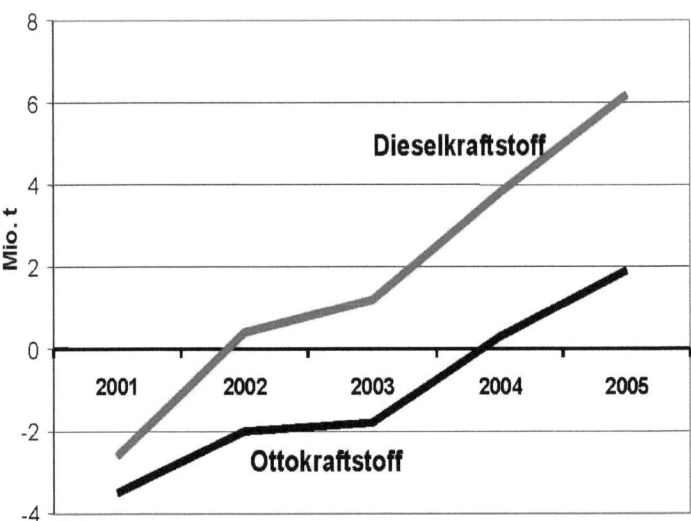

Die Prognose geht von folgenden Annahmen aus:

- Die Prognose der Ölpreisentwicklung der Internationalen Energieagentur, IEA World Energy Outlook 2005, mit real 40 Dollar pro Barrel wird für den Prognosezeitraum unterstellt.
- Die deutsche Bevölkerung wird trotz anhaltender Zuwanderung leicht abnehmen. In Anlehnung an das Deutsche Institut für Wirtschaftsforschung, DIW, wird ein durchschnittliches Wachstum des Bruttoinlandsproduktes von 1,5 Prozent p.a. angenommen.
- Es wird davon ausgegangen, dass die wirtschaftlichen und politischen Rahmenbedingungen - Besteuerung, Subventionen, Zwangsmaßnahmen - im Rahmen des gegenwärtig Vorgesehenen relativ konstant bleiben.
- Die Effizienz der Energie verbrauchenden Prozesse nimmt kontinuierlich weiter zu.

Die Bedarfsschätzungen gehen von der gesamten Nachfrage aus, beziehen also auch alle nicht auf Mineralöl basierende Kraftstoffe mit ein.

Treibstoff für Mobilität

Für biogene Kraft- und Brennstoffe, deren Produktion heute das 2-4 fache von Mineralölprodukten kostet, wird von einer Marktdurchdringung entsprechend politischer Vorgaben ausgegangen. Ihr Anteil am Gesamtmarkt wird nicht von marktwirtschaftlichen Grundsätzen, sondern von staatlichen Eingriffen über Subventionen und Zwangsmaßnahmen bestimmt. Die Endlichkeit der Ressourcen spielt bei der Abschätzung der Bedarfsentwicklung keine Rolle. Die Weltölreserven sind auch im vergangenen Jahr weiter gestiegen. Mit über 175 Milliarden Tonnen liegt die Menge der sicher bestätigten Reserven - also der Ölvorräte, die bereits durch Bohrungen bestätigt und mit heutiger Technik wirtschaftlich förderbar sind - um mehr als zwei Milliarden Tonnen über dem Vorjahreswert. Der Zuwachs ist also 45 Mal so groß wie der Anstieg des Verbrauchs im Jahr 2005. Ein Ende der verfügbaren Ölvorräte ist in absehbarer Zeit nicht in Sicht.

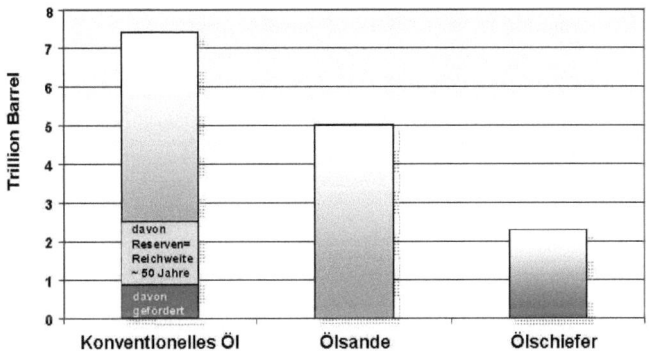

Mineralölmarkt 2005 und 2006

Im Jahr 2005 ist der Verbrauch an Mineralöl (einschließlich biogener Beimischungen und verkaufter reiner Biokraftstoffe) in Deutschland um 2,1 Prozent auf 112,2 Millionen Tonnen zurückgegangen. Hauptursache hierfür ist die um über 6 Prozent gesunkene Nachfrage nach Ottokraftstoffen - verursacht durch rückläufige PKW-Bestände mit Ottomotoren zu Gunsten von Dieselfahrzeugen, Verbraucherzurückhaltung und Verlagerung von Käufen angesichts eines hohen Preisniveaus. Der Absatz an Dieselkraftstoff dagegen stagnierte trotz weiter steigenden Diesel-PKW-Bestands. Der Kraftstoffkonsum im Straßenverkehr insgesamt ging im Jahr 2005 um 4 Prozent zurück. Auch die Ablieferungen von leichtem Heizöl waren mit 3,8 Prozent bis auf 24,5 Millionen Tonnen rückläufig. Positiv entwickelte sich der Absatz von Flugturbinenkraftstoff mit einem Plus von 7,6 Prozent.

Im Jahre 2006 wird der Mineralölverbrauch inkl. reiner Biokraftstoffe in Deutschland voraussichtlich um 1,6 Prozent auf 114 Millionen Tonnen steigen. Diese Annahme stützt sich vor allem auf eine erwartete Zunahme von 6 Prozent bei den Ablieferungen von leichtem Heizöl. Dafür sprechen niedrige Vorräte bei den Verbrauchern und die zum 1. Januar 2007 angekündigte Erhöhung der Mehrwertsteuer, die nach den Erfahrungen früherer Steuererhöhungen die Verbraucher zu vorgezogenen Käufen veranlassen werden. Auch der weiter steigende Bedarf von Flugturbinenkraftstoff und Rohbenzin trägt dazu bei. Der Verbrauch von Dieselkraftstoff wird 2006 inklusive aller biogenen Kraftstoffe um 1,6 Prozent auf 30,2 Millionen Tonnen steigen. Die Bedarfsentwicklung bei diesen Produkten wird voraussichtlich die weiter rückläufige Nachfrage nach Ottokraftstoff um weitere 3 Prozent auf dann 22,6 Millionen Tonnen einschließlich biogener Beimischungen überkompensieren.

Ausblick bis zum Jahr 2025

KRAFTSTOFFE

Die Prognose geht von kontinuierlichen Effizienzsteigerungen aus, die durch Fortentwicklung bestehender Technologie und den Einsatz innovativer Konzepte erreicht werden. Die Nachfrageentwicklung der Kraftstoffe wird im Wesentlichen durch die Kompakt- und Mittelklasse bestimmt, die ca. 50 Prozent der PKW-Flotte ausmacht. Häufig werden die in dieser Fahrzeugklasse eingesetzten Antriebsstränge in weiteren Fahrzeugklassen genutzt, womit der Einfluss dieses Segments auf die Nachfrageentwicklung weiter steigt. Der bestehende Trend zu Dieselfahrzeugen entwickelt sich fort und führt zu einer Verdoppelung des Dieselanteils an der bestehenden Fahrzeugflotte, der heute knapp über 20 Prozent beträgt. Innovative Ansätze werden zuerst in den oberen Fahrzeugklassen eingeführt, bevor sie die gesamte Flotte durchdringen. Durch den geringen Anteil dieser Klassen an der PKW-Flotte ist der Einfluss auf die Nachfrage gering.

Trotz des Nachfragerückgangs sind Benzin- und Dieselkraftstoffe auch in Zukunft die Hauptenergiequelle für den Straßenverkehr, so dass im Jahr 2025 noch knapp 90 Prozent der PKW mit Benzin oder Diesel bewegt werden. Der Anteil biogener Kraftstoffe am gesamten Kraftstoffabsatz wird im Jahr 2006 über 5 Prozent betragen. Durch den Beschluss der Bundesregierung, ab 2007 eine Zwangsquote zur Beimischung von teuren Biokraftstoffen sowohl im Diesel- als auch im Ottokraftstoff einzuführen, werden die Kraftstoffe mit erheblichen Mehrkosten belastet. Dies wird noch durch die starre Vorgabe der Umsetzung durch eine Quote für Otto- und Dieselkraftstoff verstärkt. Die Umsetzung dieser Zwangsmaßnahme wird die wirtschaftlich erreichbare Mobilität der Verbraucher weiter einschränken.

Durch Steuerbegünstigung kann der Anteil alternativer fossiler Kraftstoffe (Erdgas, Flüssiggas) bis 2018 bei erheblichen Anstrengungen der beteiligten Branchen einen Anteil zwischen 5 und 10 Prozent des PKW-Bestandes erreichen. Die langfristige Entwicklung wird entscheidend durch die zukünftigen politischen Rahmenbedingungen bestimmt.

Ein praxisgerechtes Speichermedium im Fahrzeug vorausgesetzt, kann die Wasserstofftechnologie gegen Ende des Betrachtungszeitraumes kommerzielle Maßstäbe erreichen.

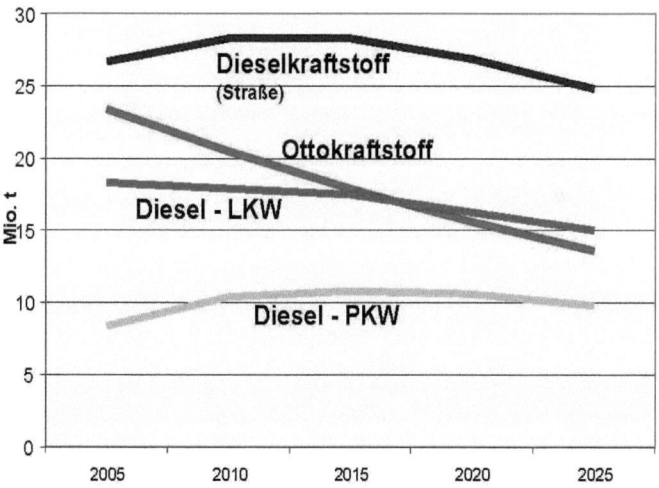

Ottokraftstoff

Geringere Fahrleistungen, ein weiter sinkender spezifischer Verbrauch bei Neufahrzeugen und die anhaltende Substitution durch Dieselfahrzeuge tragen mittel- und langfristig zu einem kontinuierlich abnehmenden Benzinverbrauch bei. Bis zum Jahr 2025 geht dieser bis auf 13,6 Millionen Tonnen zurück, was verglichen mit 2005 einem Minus von 42 Prozent entspricht.

Dieselkraftstoff

Der Verbrauch von Dieselkraftstoff wird sich voraussichtlich in den Jahren bis 2010 trotz anhaltender Auslandsbetankung insbesondere des internationalen LKW-Verkehrs auf über 31 Millionen Tonnen erhöhen. Getragen wird diese Entwicklung durch den weiter steigenden Bestand an Diesel-PKW und insbesondere durch den konjunkturbedingt zunehmenden Straßengüterverkehr. Weiter sinkender spezifischer Verbrauch und geringere Fahrleistungen auch bei Dieselfahrzeugen überkompensieren ab 2010 die Effekte des weiter steigenden Diesel-Fahrzeugbestands. Der Absatz verringert sich so bis zum Jahr 2025 auf 26 Millionen Tonnen. Der Anteil der PKW am Dieselverbrauch wird von heute 30 Prozent auf rund 38 Prozent im Jahr 2025 steigen.

Reiner Biodiesel ist nur durch die Steuerbegünstigung wettbewerbsfähig. Mit dem vorgesehenen Wegfall der Subvention 2009 wird sich der Absatz auf die Beimischung konzentrieren, die von zurzeit 3 Prozent nach den Vorgaben der Bundesregierung zur Zwangsbeimischung ab 2007 auf 5,5 Prozent steigen wird.

Flugturbinenkraftstoff

Im Jahr 2005 stieg der Absatz an Flugkraftstoffen um 7,6 Prozent auf 8,1 Millionen Tonnen. Für die Folgejahre wird ein kontinuierliches kräftiges Wachstum erwartet. Wir rechnen im Passagier- und Cargobereich mit einem Aufschwung des Flugverkehrs. Gestützt auf den Ausbau der Flughäfen Frankfurt, München und Leipzig sowie überdurchschnittliche Zuwachsraten der Low-Cost-Flüge wird der Absatz bis 2010 um 20 Prozent auf über 10 Millionen Tonnen steigen. Bis zum Jahr 2025 erhöht sich der Bedarf trotz technischer Fortschritte bei Flugzeugkonstruktion und Antriebstechnik, die den Treibstoffverbrauch neuer Flugzeuge und damit die Verbrauchszunahme mindern, auf dann 12,3 Millionen Tonnen.

HEIZÖLE

Leichtes Heizöl

Der beschleunigte Wechsel zu hoch effizienten Heizungsanlagen und die zunehmende Gebäudesanierung führen zu geringeren spezifischen Verbräuchen. Für 2006 wird dennoch ein Absatzplus von knapp 6 Prozent erwartet: Die geplante Erhöhung der Mehrwertsteuer zum 1. Januar 2007 wird zu vorgezogenen Käufen führen. Eine höhere Bevorratung ist möglich, da die Bestände in den Haushalten geringer sind als in Vergleichsmonaten der Vorjahre.

Mit 6,4 Millionen Ölheizungen ist der Bestand stabil bis leicht ansteigend. Auch langfristig wird die Ölheizung wegen ihrer wirtschaftlichen Vorteile gegenüber wichtigen Konkurrenzsystemen, insbesondere der Erdgasheizung, weiterhin bestehen. Die weitere Verbreitung der modernen Ölbrennwerttechnologie, die in Kombination mit schwefelarmem Heizöl eine Verbrauchsreduzierung von bis zu 30 Prozent ermöglicht, sowie effiziente Dämmmaßnahmen an Gebäuden bewirken neben einem starken Substitutionswettbewerb einen Rückgang des Heizölverbrauchs. Bis zum Jahre 2025 wird er auf 17,6 Millionen Tonnen abnehmen und damit um etwa 28 Prozent unter dem Absatzniveau des Jahres 2005 liegen.

Schweres Heizöl / Rückstände

Im Prognosezeitraum bis 2025 wird der Verbrauch von schwerem Heizöl einschließlich der Rückstandsöle von derzeit 6 Millionen Tonnen auf 4,5 Millionen Tonnen zurückgehen, ein Minus von 25 Prozent. Langfristig wird schweres Heizöl weit gehend nur noch als Rohstoff vor allem in der chemischen Industrie und in der Stahlindustrie eingesetzt.

ROHBENZIN

Nach dem kräftigen Zuwachs von 5 Prozent im Jahr 2004 konnte sich das Rohbenzin im abgelaufenen Jahr mit einem Absatz von 18 Millionen Tonnen stabilisieren. Langfristig wird mit einem steigenden Bedarf an Naphtha zur Äthylen-, Propylen-, Butadienerzeugung in der Chemie gerechnet. So wird bis zum Jahr 2025 eine kontinuierlich steigende Nachfrage bis auf 20 Millionen Tonnen prognostiziert.

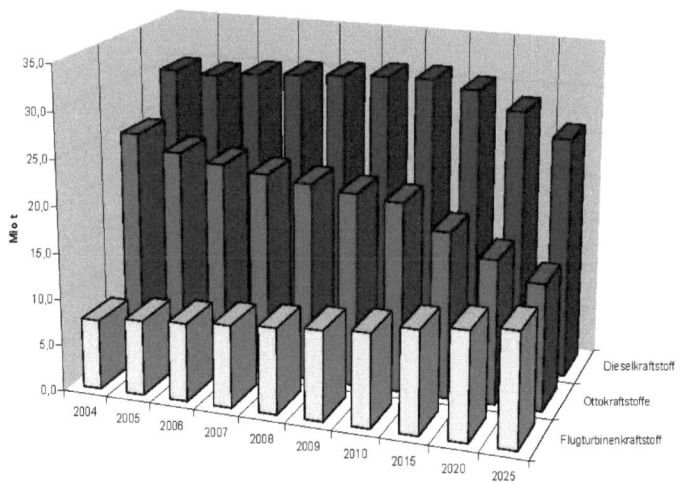

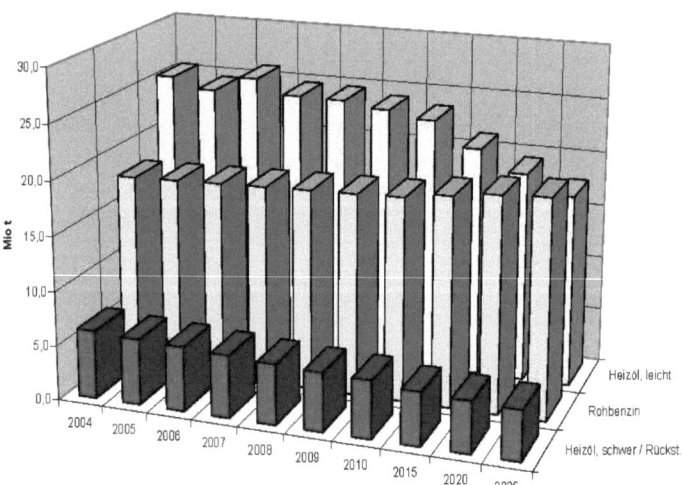

2.1.5 Treibstoff-Verbrauch in Deutschland

Das UPI - Umwelt- und Prognose-Institut e.v. - gemeinnütziges Forschungsinstitut - Handschuhsheimer Landstraße 118a D - 69121 Heidelberg Telefon: 06221 - 45 50 55 Fax: 06221 - 45 50 56 D1-Telefon: 0160 - 40 60 455
hat den Treibstoff-Verbrauch der letzen Jahre anschaulich dargestellt. Man sieht dass keineswegs ein unabänderlicher Anstieg zu verzeichnen ist. Das Diagramm finden Sie im Tabellen-Anhang 3.4

2.1.6 Well-to-Wheel

Diese Studien untersuchen den kompletten Energieverbrauch und die Treibhausgas-Emissionen von Kraftstoff-Fahrzeug-Systemen. Zum Beispiel die Hart World Fuel Conference, Brüssel 21. Mai 2202. Dabei wird der gesamte Energie-Kreislauf berücksichtigt. Die Studie ist im Internet bei Well to Wheel zu finden.

2.1.7 Stellungnahme des ADAC vom 22. Okt. 2009

Der ADAC bezeichnet den Vorschlag zu „BioKernSprit" als interessant und bezieht zu den verschiedenen Themenbereichen folgende Positionen:

1. Biokraftstoffe:

Diesen steht der ADAC grundsätzlich positiv gegenüber, allerdings müssen einige Grundbedingungen erfüllt sein (nachhaltige Produktion mit zuverlässiger Zertifizierung, CO_2-Bilanz über gesamte Herstellungskette muss positiv sein, keine Einschränkung der Nahrungsmittelproduktion etc).

An neue Verfahren werden aber keine strengeren Auflagen geknüpft, als an bestehende. Die Einhaltung der Nachhaltigkeitsanforderungen an die eingesetzte Biomasse kann, so die Einschätzung des ADAC, durchaus erreicht werden.

2. Nutzung von Kraftwerks-Energie:

Wenn diese - wie vorgeschlagen - nicht zum Laden von Akkus oder zur Wasser-Elektrolyse verwendet wird, fallen wesentliche Probleme weg, die heute noch für die der Elektromobilität wie auch bei Wasserstoff-Fahrzeugen gegeben sind. Diese sind nämlich ohne nennenswerte technologische Fortschritte im alltäglichen Betrieb hinsichtlich Leistung und Praxistauglichkeit weder vergleichbar noch finanziell konkurrenzfähig gegenüber herkömmlichen Pkw mit Biokraftstoffen.

Eine entsprechende Abwägung muss zur Auswahl zwischen verschiedenen Herstellungsverfahren von Biokraftstoffen erfolgen.

3. Nutzung von Kernenergie:
Zu dieser gesellschaftlichen Debatte enthält sich der ADAC jeder Einmischung. Nach Abwägung von Vor- und Nachteilen, insbesondere gegenüber Energieerzeugung aus regenerativen Quellen und Ausschöpfung der Energiesparpotenziale muss die Gesellschaft einen Konsens finden, wie sie zur Kernspaltung steht.

2.1.8 Bioenergie und Nahrungsmittel
Impressum Herausgeber:
Agentur für Erneuerbare Energien e.V.
Reinhardtstr. 18   10117 Berlin
Tel: 030-200535-3 Fax: 030-200535-51   info@unendlich-viel-energie.de

Nur ein Bruchteil der weltweit produzierten Agrargüter wird bisher als Bioenergie genutzt. Trotzdem sind die Weltpreise für Getreide wie z.B. Weizen und Mais in die Höhe geschnellt. Der Grund: Ernten sind wegen extremer Dürren ausgefallen. Die Lagerbestände der großen Agrarhändler sind gleichzeitig sehr niedrig. Außerdem: Immer mehr Menschen, vor allem in den asiatischen Wachstumsregionen, wollen mehr Fleisch- und Milchprodukte konsumieren. Das führt zu einem überproportional starken Verbrauch von Getreide und Ölsaaten als Futtermittel.

Ergebnis: Die Preise steigen. Weltweit lohnt es sich für Landwirte damit wieder, in den Anbau zu investieren und brachliegende Flächen zu bestellen. Da die Landwirte in den vergangenen Jahren oft nur sehr niedrige

Ergebnis: Die Preise steigen. Weltweit lohnt es sich für Landwirte damit wieder, in den Anbau zu investieren und brachliegende Flächen zu bestellen. Da die Landwirte in den vergangenen Jahren oft nur sehr niedrige Erlöse für ihre Produkte erzielten, wurde in vielen Regionen der Erde die landwirtschaftliche Produktion aufgegeben und nicht ausreichend investiert

Die Getreidepreise auf den Weltmärkten sollten allerdings nicht mit dem Brotpreis beim Bäcker nebenan verwechselt werden. Der Kostenanteil des Rohstoffs Getreide am Preis für das Endprodukt Brot ist sehr gering (3,6%). Das Getreide macht bei einem Brotpreis von 2 Euro weniger als 10 Cent aus. Wichtiger sind andere Kosten wie z.b. Löhne, Weiterverarbeitung und Steuern.

Die Agentur für Erneuerbare Energien wird getragen von den Unternehmen und Verbänden der Erneuerbaren Energien und unterstützt durch die Bundesministerien für Umwelt und für Landwirtschaft. Sie betreibt die bundesweite Informationskampagne „deutschland hat unendlich viel energie", die unter der Schirmherrschaft von Prof. Dr. Klaus Töpfer steht.

Aufgabe ist es, über die Chancen und Vorteile einer nachhaltigen Energieversorgung auf Basis Erneuerbarer Energien aufzuklären – vom Klimaschutz über eine sichere Energieversorgung bis zu Arbeitsplätzen, wirtschaftlicher Entwicklung und Innovationen. Die Agentur für Erneuerbare Energien arbeitet partei- und gesellschaftsübergreifend.

Aktuelle Informationsangebote im Internet:
www.unendlich-viel-energie.de - www.kommunal-erneuerbar.de - www.kombikraftwerk.de

Auf den Ersten Blick: „Energiepflanzen nehmen der Landwirtschaft die Fläche weg...."
Aber:
Strom, Wärme oder Kraftstoffe können aus Energiepflanzen (z.b. Raps, Mais, Getreide), aus Holz sowie – in vergleichbarem Umfang - aus Reststoffen (z.B. Gülle und Biomüll) gewonnen werden. 2007 wuchsen in Deutschland auf 2 Mio. Hektar Energiepflanzen, das sind 12 % der landwirtschaftlichen Nutzfläche.

Die Fläche könnte nach einer Studie des Bundesumweltministeriums bis 2030 auf 4,4 Mio. Hektar mehr als verdoppelt werden - ohne dabei die Versorgung mit Nahrungsmitteln in Frage zu stellen. Für deren Anbau werden in Zukunft nämlich weniger Flächen benötigt: Demographischer Wandel, sinkende Exporte und steigende Erträge machen es möglich.

Die Ackerfläche kann natürlich nur einmal verplant werden – aber Biomasse steht auch in Form von Reststoffen aus der Futter- und Nahrungsmittelproduktion zur Verfügung, z.b. Rübenblätter, Gülle, Mist und Nebenprodukte wie z.B. Kartoffelschalen. Landwirtschaft und Bioenergie müssen sich also keine Konkurrenz machen – sondern gehen längst Hand in Hand.

Addiert man zu den eigens angebauten Energiepflanzen die vielen verschiedenen Quellen von Reststoffen, so reicht dieses Potenzial, um bis 2050 Deutschland zu 25 % mit Bioenergie zu versorgen.

Palmöl aus Indonesien spielt auf dem deutschen Biokraftstoffmarkt keine Rolle. Bei niedrigen Temperaturen wird Biodiesel aus Palmöl nämlich fest und scheidet als Kraftstoff in Mittel- und Nordeuropa aus. Die Arbeitsgemeinschaft Qualitätsmanagement Biodiesel (AGQM) hat seit Beginn ihrer unangekündigten Proben bei deutschen Biodieselproduzenten 2004 kein Palmöl gefunden.

Verantwortlich für die Regenwaldzerstörung ist der steigende Bedarf im Bereich Nahrungsmittel und stofflicher Nutzung. 95% des weltweiten Palmölverbrauchs fließen als Rohstoff in diese Bereiche. Egal, wie es verwendet wird: Palmöl, das von gerodeten Urwaldflächen stammt, muss durch international strenge Nachhaltigkeitskriterien ausgeschlossen werden.

Es hilft darum nur wenig, wenn nur die anteilsmäßig kleine Nutzung von Palmöl im Energiebereich kontrolliert wird – alle importierten Agrarrohstoffe sollten hinsichtlich ökologischer Kriterien überprüft werden. Nachhaltigkeitskriterien müssen für alle Nutzungspfade von Agrargütern gelten - sonst geht der nicht nachhaltige Anbau für Nahrungs- und Futtermittel auf anderen Flächen einfach weiter.

Bilaterale Verträge der Bundesregierung mit Anbauländern sowie unabhängige lokale Kontrollsysteme sollen darum zunächst garantieren, dass keine ökologisch besonders wertvollen Flächen mehr für den Anbau von Biomasse in Beschlag genommen werden. Um Importe aus nachhaltigem Biomasse-Anbau möglich zu machen, wird seit Februar 2007 ein Zertifizierungssystem entwickelt. Auch auf EU-Ebene werden entsprechende Standards vorbereitet. Die Zertifizierung von Biokraftstoffen nach strengen Nachhaltigkeitsstandards kann ein wichtiger Anreiz sein, den Verlust von ökologisch besonders wertvollen Flächen zu stoppen. Sie ist aber auch kein Allheilmittel für die komplexeren Probleme, die zu Abholzungen und zum Verlust von Biodiversität führen.

Biokraftstoffe werden in Deutschland hauptsächlich mit heimischer Biomasse erzeugt, nämlich Pflanzenöl aus Raps. Importe von Biomasse für die Biokraftstoffproduktion sind im Vergleich zu den Importen von z.B. Futtermitteln noch marginal, nehmen allerdings zu: US-amerikanische und argentinische Dumping-Exporte von Biodiesel auf Basis von Soja drängen bereits verstärkt auf den deutschen Kraftstoffmarkt. Kleine und mittelständische deutsche Biodieselhersteller, die auf kurze, regional verankerte Produktionsketten setzten, sind damit gefährdet.

Importe von zerstörten Urwaldflächen: Unerwünscht in Deutschland und Europa

Die Bundesregierung hat mit der Biomasse-Nachhaltigkeitsverordnung vom Dezember 2007 Bedingungen für die zukünftige Nutzung von Biomasse für Biokraftstoffe vorgelegt. Importe von Biomasse für Biokraftstoffe können nur dann auf den deutschen Kraftstoffmarkt gelassen und zur Erfüllung der Quoten angerechnet werden, wenn die CO2-Emissionen mindestens um 30% bzw. (ab 2011) um 40% unter den Emissionen von konventionellen Kraftstoffen liegen. Biokraftstoffe, deren Biomasse durch Zerstörung von Regenwäldern oder Mooren gewonnen wurde, würden aufgrund ihrer deutlich schlechteren Klimabilanz nicht mehr für Importe nach Deutschland in Frage kommen.

Trotz einer um 5% höheren Weltgetreideernte in 2007 stiegen die Preise auf den Agrarmärkten massiv an. Mehrere Faktoren sind dafür verantwortlich:

- Ernteausfälle aufgrund von Klimaextremen in wichtigen Anbauländern (Australien, Nordamerika, Osteuropa)
- weltweit historisch niedrige Lagerbestände
- gestiegene Nachfrage nach Getreide als

Futtermittel aufgrund des zunehmenden Fleischkonsums insbesondere in China und Indien
- trotz steigender Preise kein Rückgang der Nachfrage der Wachstumsregionen (China, Indien) aufgrund gestiegener Kaufkraft Aufgrund der in den vergangenen Jahren verhältnismäßig niedrigen Erzeugerpreise liegen weiterhin weltweit Flächen brach. Auch Neuinvestitionen in die Steigerung der landwirtschaftlichen Produktion sind bisher nicht erfolgt – weswegen es jetzt zu Engpässen kommt. Marktfremde Anleger drängen vor diesem Hintergrund verstärkt in spekulativer Absicht auf die Märkte für Agrarrohstoffe. Die Preisentwicklung wird zunehmend volatil und koppelt sich vom realen Verhältnis von Angebot und Nachfrage ab. Die steigende Nachfrage nach Biokraftstoffen trägt auf den derzeit angespannten Weltagrarmärkten direkt oder indirekt auch zur Verknappung des Angebotes von Nahrungs- und Futtermitteln bei. Im Zweifel muss die Nahrungsproduktion dabei immer Vorrang haben- Food first!

Tank und Teller sind möglich

Mit rund 100 Mio. Tonnen flossen 2007 nur knapp 5% der Weltgetreideernte (2,1 Mrd. Tonnen) in die Produktion von Biokraftstoffen. Angesichts ausreichender Flächen- und Biomassepotenziale muss es keine Konkurrenz zwischen Nahrungsmittelproduktion und energetischer Nutzung von Biomasse geben. Wir müssen uns nicht zwischen „Tank oder Teller" entscheiden. Wir können beides haben – wenn vorhandene Potenziale gezielt erschlossen und nachhaltig genutzt werden. Hunger dagegen ist vor allem ein Armutsproblem. Es hat mit Verteilungsgerechtigkeit zu tun und bedeutet nicht, dass grundsätzlich zu wenig Nahrungsmittel produziert würden.

Chance Bioenergie

Viele Kleinbauern in Entwicklungsländern haben unter dem Druck niedriger Weltmarktpreise und mangelnder Rentabilität in den vergangenen Jahren aufgegeben, sind in die Metropolen abgewandert. Der Einstieg in die nachhaltige Nutzung der Bioenergie bietet die Chance einer Trendwende:
- Die Produktion von Strom, Wärme und Treibstoffen schafft ein zweites wirtschaftliches Standbein für Landwirte.
- Die Abhängigkeit von teuren fossilen Energieträgern wird reduziert.
- In Entwicklungsländern bietet Bioenergie die kostengünstige dezentrale Energieversorgung, die für alle weiteren gesellschaftlichen und ökonomischen Aktivitäten unerlässlich ist.
- In den ärmsten Ländern, die traditionelle Biomasse (z.B. Dung, Holz) ineffizient nutzen, kann die Versorgung modernisiert und der Raubbau (Brennholz) gebremst werden.

Die hohe Abhängigkeit vieler Schwellen- und Entwicklungsländer von Importen fossiler Brennstoffe hat mit dem Preisanstieg für Erdöl seit den 1970er Jahren maßgeblich in die Verschuldung geführt. Die Entwicklungsländer mussten ja weiterhin bei immer schwächerer Kaufkraft die steigenden Weltmarktpreise zahlen. Der Anteil der Ausgaben für den Import fossiler Energieträger stieg im Verhältnis zu den Exporteinnahmen damit in vielen Entwicklungsländern auf über 50% bis 75%, d.h. die geringen Einnahmen durch heimische Produkte auf dem Weltmarkt werden umgehend von der Ölrechnung wieder aufgefressen.

Biogas in Deutschland 2007

Anlagenzahl: 3.711 Biogasanlagen

Beschäftigung: 10.000 Arbeitsplätze

Neuinvestitionen der deutschen Biogasbranche:
ca. 650 Mio. EURO
davon im Ausland :ca. 150 Mio. EURO

Installierte Gesamtleistung: 1.270 MW
Stromproduktion: 8,9 Mrd. kWh
Anteil am ges.Stromverbrauch:1,5 %

Damit wird der Stromverbrauch von über 2,5 Mio. Haushalten abgedeckt.

Das entspricht etwa der Stromproduktion eines durchschnittlichen Atomreaktors

Korrekt betriebene Biogasanlagen stinken nicht. Eine Geruchsbelästigung durch Biogasanlagen kann es nur dann geben, wenn die Biomasse vor oder nach dem Prozess nicht sachgerecht gelagert wird, wenn der biologische Prozess aus dem Gleichgewicht kommt, oder wenn schlecht vergorenes Material wieder auf den Acker ausgebracht wird. Die Sorge vor Geruchsbelästigungen durch Biogasanlagen ist damit heute weitgehend unbegründet. Mehr noch: Gülle aus der landwirtschaftlichen Tierhaltung, die vor ihrer Ausbringung auf die Ackerflächen zunächst in einer Biogasanlage vergoren und energetisch genutzt wurde, verursacht wesentlich geringere Geruchsbelästigungen als unvergorene Gülle. Das in der Gülle enthaltene Methan wird in der Biogasanlage zur Strom- und Wärmeerzeugung genutzt. Deshalb kann dieses extrem klimaschädliche Gas bei der Ausbringung der Gärreste, d.h. von vergorener Gülle, nicht mehr in die Atmosphäre entweichen. Darüber hinaus sind die Nährstoffe in vergorener Gülle für Pflanzen besser verfügbar. Durch die Rückführung des Gärrestes auf die Ackerflächen kann daher mit diesem wertvollen Dünger der Einsatz von synthetischen Düngemitteln reduziert werden. So schließt sich der regionale Nährstoffkreislauf über die Biogasanlage. Für benachbarte Wohngebäude ist eine Biogasanlage oft ein Zugewinn, da von ihr die Wärme zur Beheizung des Wohnhauses günstiger bezogen werden kann als über die eigene Erdgas- oder Ölheizung. Eine Landwirtschaft, die man überhaupt nicht riecht, wird es aber wohl nie geben.

Das bei der Verbrennung von Biomasse freigesetzte CO2 entspricht der Menge, die die Pflanze während ihres Wachstums aufgenommen hat. Nachwachsende Biomasse absorbiert wiederum die freigesetzte Menge CO2. Es handelt sich somit um einen geschlossenen CO2-Kreislauf.

Die Klimabilanz der verschiedenen Biokraftstoffe hängt davon ab, wie energieintensiv der Anbau ist (z.b. Düngen, Pflügen) und wie aufwändig sich Transport und Umwandlung gestalten (Effizienz z.b. einer Bioraffinerie). Aus Sicht der Klimabilanz sind daher geschlossene, dezentrale Kreisläufe optimal, bei denen heimische Energiepflanzen effizient genutzt werden. Neue Verfahren der Biokraftstoffproduktion (BtL) können die Energie- und Klimabilanz weiter verbessern.

Aus Raps wird in der Ölmühle Pflanzenöl und Rapsschrot gewonnen. In der Biodiesel-Anlage wird das Pflanzenöl zu Biodiesel aufbereitet, der als Biokraftstoff in Autos, Lkw, Flugzeugen oder Schiffen verbraucht werden kann. Nachwachsender Raps absorbiert das ausgestoßene CO2 wieder. Das in der Ölmühle anfallende Rapsschrot dient als proteinhaltiges Futter in der Viehzucht. Dort anfallende Gülle kann wiederum in Biogasanlagen energetisch verwertet werden. Gärreste aus der Biogasanlage können schließlich als Dünger für den Rapsanbau dienen. Für den Rapsanbau und den Betrieb der Biodiesel- Anlage muss allerdings zusätzlich von außen Prozessenergie zugeführt werden – z.B. Bioenergie.

Bioenergie – die Energie der kurzen Wege

Die Bioenergie ist unter den Erneuerbaren Energien der Alleskönner: Sowohl Strom, Wärme als auch Treibstoffe können aus fester, flüssiger und gasförmiger Biomasse gewonnen werden. Die Vielfalt der Nutzungsmöglichkeiten wird in Deutschland gerade erst entdeckt.

Mit Bioenergie gewinnen die Regionen

Ein dezentraler Ausbau der Bioenergienutzung kann insbesondere die regionale Wertschöpfung stärken: Die Bioenergie bietet der Landwirtschaft ein zusätzliches Standbein. Statt die Energierechnung bei russischen Erdgas-Konzernen und arabischen Ölscheichs zu bezahlen, bleiben die Ausgaben für Energie dann in der Region. Werden lokale Synergien erschlossen und Kreisläufe geschlossen, kann die Nutzung von Bioenergie zum Motor der ländlichen Entwicklung werden und können gleichzeitig Energiekosten deutlich gesenkt werden. Immer mehr Bioenergie-Dörfer und –Regionen machen es vor.

Der zuverlässige Teamplayer

Als grundlastfähige und optimal speicherfähige Quelle Erneuerbarer Energien übernimmt die Bioenergie eine zentrale Rolle in der zukünftigen Energievorsorgung, die überwiegend auf Erneuerbaren Energien basieren wird. Im Zusammenspiel mit Wind und Sonne schafft Bioenergie zuverlässig und sicher eine ausschließliche Versorgung mit Erneuerbaren Energien.

Klimaschützer Bioenergie

Bioenergie – einschließlich der verschiedenen Formen von Biokraftstoffen – macht heute fast die Hälfte des Klimaschutz-Beitrags der Erneuerbaren Energien in Deutschland aus. Bioenergie hat 2007 bei uns 53,7 Mio. Tonnen CO_2 vermieden – das ist soviel wie alle Treibhausgas- Emissionen der Schweiz zusammen. Biokraftstoffe allein reduzierten 2007 die CO_2- Emissionen um 14,3 Mio. Tonnen - soviel wie alle Berliner Privathaushalte jährlich ausstoßen. Wer die Kyoto-Ziele erreichen will, muss auch die Nutzung der Bioenergie massiv voranbringen.

Biogas – effiziente Strom-, Wärme- und Kraftstofferzeugung

Biogas wird in Deutschland dezentral in landwirtschaftlichen Biogasanlagen erzeugt. Importe von Biomasse spielen dabei keine Rolle. Die Biogaserzeugung stärkt so die regionale Wertschöpfung, schließt Stoffkreisläufe und nutzt Synergien vor Ort. Biogas bietet der Landwirtschaft ein zusätzliches Standbein zur Diversifizierung ihrer wirtschaftlichen Tätigkeiten. Blockheizkraftwerke (BHKWs) nutzen Biogas für die Strom- und Wärmeerzeugung. Diese gekoppelte Strom- und Wärmeerzeugung (KWK) ist besonders effizient. Die Entfernung zu den Verbrauchern überbrücken Strom-, Erdgas-, Mikrogas- oder auch Nahwärmenetze. Dass besonders große Biogaspotenziale vor allem im dünn besiedelten ländlichen Raum erschlossen werden können, stellt keine Hürde für eine effiziente Biogasnutzung dar. Oft bringt eine gezielte Standortwahl die landwirtschaftlichen Erzeuger und die Wärmeabnehmer zusammen. Ab einer bestimmten Siedlungsdichte und Abnahmemenge lohnt sich auch die Errichtung kleiner, lokal begrenzter Nahwärme- und Mikrogasnetze.

Erfolgreich vor Ort mit Biogas Biogasanlage mit Mikrogas- und Nahwärmenetz: Das Beispiel Steinfurt

Die Biogasanlage im münsterländischen Steinfurt-Hollich wird von 40 Landwirten aus dem Umkreis der Anlage beliefert. Täglich wird die Anlage mit rund 60 t Maissilage, Mist, Gülle und Ganzpflanzensilage „gefüttert".

Die Landwirte nehmen die Gärreste zurück und setzen diese als wertvollen Dünger ein. Direkt an der Biogasanlage steht ein Blockheizkraftwerk (BHKW) bereit, das Strom- und Wärme erzeugt. Das Biogas kann aber auch über eine eigens dafür verlegte Biogasleitung in das 3,5 km entfernte Stadtgebiet geleitet werden. Dort nutzt ein weiteres BHKW das Biogas und beheizt ein Gebäude bzw. speist ein Nahwärmenetz.

Direkteinspeisung von aufbereitetem Biogas: Das Beispiel Straelen

Seit Dezember 2006 speist eine Biogasanlage der Stadtwerke Aachen (STAWAG) aufbereitetes Biogas direkt in das bestehende Erdgasnetz ein. Die STAWAG bereiten in Straelen am Niederrhein Biogas aus einer dortigen Biogasanlage auf Erdgasqualität auf und nutzen das eingespeiste Biogas dann im Stadtgebiet in ihren BHKWs. Sie bieten rund 5.200 Haushalten so eine kostengünstige Strom- und Wärmeversorgung.

Biogas als Kraftstoff: Das Beispiel Jameln/Wendland

Rund 70.000 Erdgasfahrzeuge in Deutschland (weltweit ca. 5,7 Mio.) sind potenzielle Abnehmer von Biogas als Biokraftstoff. Im Juni 2006 ging die erste Biogas-Tankstelle Deutschlands im wendländischen Jameln an den Start. In der Nähe einer bestehenden Tankstelle produziert eine Biogasanlage einer örtlichen Genossenschaft Strom und Wärme für das Strom- bzw. für ein Nahwärmenetz. Ein Teil wird als aufbereitetes Biogas an einer Biogas-Tankstelle für mit Erdgas betriebene Fahrzeuge angeboten. Es ist in Erdgasfahrzeugen voll kompatibel.

Holzenergie – Vom Lagerfeuer zur Pelletheizung

Mit dem urzeitlichen Lagerfeuer beginnt die Geschichte der Holzenergie. Heute stehen deutlich effizientere Technologien zur Verfügung, um mit Holz Wärme und Strom zu erzeugen. Knapp 6 Prozent des deutschen Wärmeverbrauchs wurden 2007 durch Holzenergie gedeckt. Angesichts steigender Preise für fossile Energieträger bietet sich unerschlossenes Potenzial von Wald- und Restholz für die Wärmeerzeugung an.

Holz dient traditionell vor allem als Wärmelieferant – für Raumwärme, Warmwasser oder Prozesswärme in der industriellen Nutzung. Ein- und Mehrfamilienhäuser lassen sich heute sauber und effizient mit Holzpellet-Heizungen beheizen. Die moderne und vollautomatische Technologie der Pelletöfen sorgt dafür, dass der Ausstoß von Feinstaub und CO_2 deutlich unter den gesetzlich festgelegten Grenzwerten liegt. Problematisch sind falsch gehandhabte ältere Scheitholzöfen und Kamine. Deswegen ist der Austausch alter Holzöfen durch moderne Holzheizungen (Pelletheizungen, Hackschnitzel- Heizungen, Scheitholzvergaser) der optimale Weg, sowohl Feinstaubemissionen zu reduzieren und Holz effizienter zu nutzen. Mit größeren

Holzheizkraftwerken können durch Kraft-Wärme-Kopplung gleichzeitig Strom und Wärme für Siedlungen und Stadtteile erzeugt werden. Eine weitere Technologie ist die Gewinnung von besonders energiereichem Holzgas. Dieses entsteht beim Erhitzen von Holz unter Luftabschluss. Die Nutzung in Blockheizkraftwerken bleibt aber mit technischen und wirtschaftlichen Risiken verbunden.

Biokraftstoffe – Klimaschützer aus deutschem Anbau

Zu Land, zu Wasser und in der Luft: Biokraftstoffe können für den Antrieb von Verbrennungsmotoren in Autos, Lkw, Schiffen oder Flugzeugen eingesetzt werden. Biokraftstoffe sind neben erneuerbarer Elektromobilität unverzichtbar für energieeffiziente Verkehrsstrukturen der Zukunft – denn auch der sparsamste Motor muss betankt werden. Aus Kosten- und Klimagründen sind mittelfristig weder der Einsatz von Wasserstoff noch ein Zurück zum Erdöl realistisch. Im Jahr 2007 deckten Biokraftstoffe rund 7% des deutschen Kraftstoffverbrauchs ab. Mit einem Jahresverbrauch von 3,1 Mio. Tonnen machte Biodiesel 2007 den Großteil des deutschen Biokraftstoffmarktes aus, während 0,7 Mio. Tonnen reines Pflanzenöl und 0,5 Mio. Tonnen Bioethanol abgesetzt wurden. Biogas kann uneingeschränkt als Kraftstoff in Erdgasautos eingesetzt werden. Synthetische Biokraftstoffe (Biomass to Liquid, BtL), die so genannte „Zweite Generation", sind noch in der Forschungs- bzw. Pilotphase und werden bisher nicht frei am Markt angeboten. Je nach Herkunft, Anbau- und Produktionsverfahren bieten Biokraftstoffe unterschiedliche Potenziale.

2.1.9 Wasserstoffherstellung

Dieser Abschnitt dient als Hintergrund-Information zur Umwandlung von Biomasse in flüssigen Kohlenwasserstoff (Sprit). Man muss dabei unterscheiden zwischen den fossilen Kohlenwasserstoffen (Benzin, Diesel) und Methanol bzw. Ethanol, die künstlich aus Biomasse mit Hochtemperatur gewonnen werden. Der entscheidende Unterschied liegt in den Mengen an CO_2, die dabei freigesetzt werden.

Aus WIKIPEDIA dazu:

Mit Wasserstoffherstellung wird die Bereitstellung von molekularem Wasserstoff (H2) bezeichnet. Als Rohstoffe können Erdgas (vor allem Methan (CH4)), Kohlenwasserstoffe, Biomasse, Wasser (H2O) und andere wasserstoffhaltige Verbindungen eingesetzt werden. Als Energiequelle dient der Rohstoff selbst (chemische Energie) oder von außen zugeführte elektrische, thermische oder solare Energie. Wasserstoff wird derzeit vor allem in der chemischen Industrie, beispielsweise für die Herstellung von Stickstoffdünger, beim Cracken von Kohlenwasserstoffen in Erdölraffinerien und anderes eingesetzt. Wachsende Bedeutung hat die Herstellung von synthetischen Kraftstoffen wie Gas-to-Liquid (GtL), Coal-to-Liquid (CtL) und Biomass-to-Liquid (BtL), die unter anderem die Erzeugung eines wasserstoffreichen Synthesegases erfordert. Die zunehmende Bedeutung der erneuerbaren Energien macht Energiespeicher notwendig, um Produktions- und Bedarfszeiten aufeinander abzustimmen. Eine Option zur Stromspeicherung könnte die Elektrolyse von Wasser zu den Gasen Wasserstoff und Sauerstoff ($O2$) sein, welche gespeichert und später wieder verstromt werden könnten. Im Rahmen einer sogenannten Wasserstoffwirtschaft könnte der Wasserstoff auch direkt genutzt werden.

Herstellungsverfahren

Nachfolgend werden Wasserstoffherstellungsverfahren erläutert, die teils im industriellen Maßstab eingesetzt werden, sich aber teilweise noch in der Entwicklung befinden. Unterschieden wird zwischen Verfahren, die Kohlenwasserstoffe und ähnliche Verbindungen einsetzen, elektrolytischen Verfahren und solchen, die unmittelbar Sonnenenergie verwenden.

Verwendung von Kohlenwasserstoffen

Bei der Verwendung von Kohlenwasserstoffen, aber auch Kohle und Biomasse, liefert der Rohstoff die für den Prozess notwendige Energie. Auch der Wasserstoff kann teilweise bereits im Rohstoff gebunden vorliegen oder wird in Form von Wasser hinzugefügt. Eine Ausnahme ist das Kværner-Verfahren, bei dem die benötigte Energie hauptsächlich von außen zugeführt wird.

Dampfreformierung

Bei der Dampfreformierung wird aus Kohlenwasserstoffen in zwei Prozessschritten Wasserstoff erzeugt. Als Rohstoffe können verwendet werden: Erdgas, Biomasse, aber auch langkettigere Kohlenwasserstoffe aus Erdöl wie etwa die Mittelbenzinfraktion. Dieses Verfahren ist etabliert und in Anlagen mit Kapazitäten von bis zu 100.000 m³/h umgesetzt.

Im ersten Schritt werden langkettigere Kohlenwasserstoffe in einem Pre-Reformer unter Zugabe von Wasserdampf bei einer Temperatur von etwa 450–500 °C und einem Druck von etwa 25–30 bar zu Methan, Wasserstoff, Kohlenmonoxid sowie Kohlendioxid aufgespalten. Diese Vorstufe vermeidet eine zu starke Verkokung des Reformerkatalysators. Im zweiten Schritt wird im Reformer das Methan bei einer Temperatur von 800 bis 900 °C und einem Druck von etwa 25-30& bar an einem Nickelkatalysator mit Wasser zu Kohlendioxid und Wasserstoff umgesetzt. Dem zweiten Schritt ist in der Regel eine Raffinationsanlage zur Gasaufbereitung vorgeschaltet, da Katalysatoren äußerst empfindlich auf Schwefel- und Halogenverbindungen, insbesondere Chlor (Katalysatorgifte), reagieren.

Allgemeine Gleichung: $C_nH_m + n\ H_2O \rightarrow (n+m/2)\ H_2 + n\ CO$
Beispiel Methan: $CH_4 + H_2O \rightarrow CO + 3\ H_2; CO + H_2O \rightarrow CO_2 + H_2$

Das durch unvollständige Umsetzung erzeugte Zwischenprodukt Kohlenmonoxid wird anschließend noch mit Hilfe der Wassergas-Shift-Reaktion an einem Eisen(III)-oxidkatalysator zu Kohlendioxid und Wasserstoff umgesetzt. Um im abschließenden Schritt Reinstwasserstoff zu gewinnen, nutzt man in der Praxis häufig Druckwechsel-Adsorptionsanlagen oder Lauge-Absorptionsgaswäschen, die Nebenprodukte wie CO, CO2 und CH4 bis auf einige wenige ppm herausfiltern.

Die Dampfreformierung ist zurzeit die wirtschaftlichste und am weitesten verbreitete (~90 %) Methode, Wasserstoff zu erzeugen. Durch die Verwendung fossiler Energieträger wird dabei aber genauso viel des Treibhausgases Kohlendioxid CO2 freigesetzt, wie bei deren Verbrennung. Durch Verwendung von Biomasse kann die Klimabilanz verbessert werden, da dann nur das Kohlendioxid freigesetzt wird, das zuvor beim Wachstum der Pflanzen aus der Atmosphäre aufgenommen wurde.

Partielle Oxidation

Bei der partiellen Oxidation wird der Rohstoff, wie Erdgas oder ein schwerer Kohlenwasserstoff (Heizöl), substöchiometrisch – also unter Sauerstoffmangel – in einem exothermen Prozess umgesetzt. Reaktionsprodukte sind vor allem Wasserstoff und Kohlenmonoxid: Allgemeine Reaktionsgleichung: $C_nH_m + \dfrac{n}{2}\ O_2 \rightarrow n\ CO + \dfrac{m}{2}\ H_2$

Beispiel: typischer Bestandteil von Heizöl:
$C_{12}H_{24} + 6\ O_2 \rightarrow 12\ CO + 12\ H_2$

Beispiel: typische Zusammensetzung von Kohle: $C_{24}H_{12} + 12\ O_2 \rightarrow 24\ CO + 6\ H_2$

Meist wird noch Wasser zugesetzt, um sowohl die extremen Temperaturen als auch die Rußbildung in den Griff zu bekommen, sodass man von einer autothermen Reformierung mit wenig Wasser sprechen müsste. Die Partielle Oxidation gilt als technisch ausgereift.

In kohlereichen Ländern wie China oder Südafrika kann als Ausgangsstoff für dieses Verfahren auch Kohle genutzt werden, die vorher zermahlen und mit Wasser zu einer Suspension vermischt wird.

Autotherme Reformierung

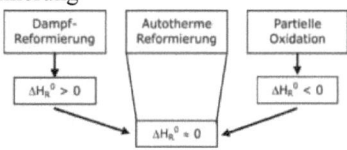

Die autotherme Reformierung ist eine Kombination aus Dampfreformierung und partieller Oxidation, um den Wirkungsgrad zu optimieren. Dabei kann beispielsweise Methanol wie auch jeder andere Kohlenwasserstoff beziehungsweise jedes Kohlenwasserstoffgemisch (Erdgas, Benzin, Diesel usw.) verwendet werden. Die beiden Verfahren werden so miteinander kombiniert, dass der Vorteil der Oxidation (Bereitstellung von Wärmeenergie) sich mit dem Vorteil der Dampfreformierung (höhere Wasserstoffausbeute) optimierend ergänzt. Dies geschieht durch genaue Dosierung der Luft- und Wasserdampfzufuhr. An die hier eingesetzten Katalysatoren werden besonders hohe Ansprüche gestellt, da sie sowohl die Dampfreformierung mit der Wassergas-Shift-Reaktion, als auch die partielle Oxidation begünstigen müssen.

Gasaufarbeitung

Enthält das Produkt Anteile von CO, so kann die Wasserstoffausbeute noch gesteigert werden. Nach der Reformierung wird das Synthese-Gas weiter aufgearbeitet. Es folgt in einem nächsten Schritt die CO-Konvertierung mittels der Wassergas-Shift-Reaktion. Gefolgt von einer gegebenenfalls erforderlichen CO-Fein-Reinigung mittels präferentieller Oxidation oder Selektiver Methanisierung wird CO chemisch umgesetzt oder physikalisch durch Druckwechsel-Adsorption oder eine wasserstoffpermeablen Membran aus einer Palladium-Silber-Legierung (PdAg) abgetrennt. Großtechnisch besteht auch die Möglichkeit CO_2 und H_2S (Schwefelwasserstoff) mit Methanol (Rectisolverfahren) auszuwaschen.

Das vom norwegischen Unternehmen Kværner entwickelte Verfahren trennt Kohlenwasserstoffe in einem Plasmabrenner bei 1600 °C vollständig in Aktivkohle (reinen Kohlenstoff) und Wasserstoff.

Allgemeine Reaktionsgleichung: $C_nH_m + \text{Energie} \to n\,C + \frac{m}{2} H_2$

Reaktionsgleichung für Methan: $CH_4 + \text{Energie} \to C + 2\,H_2$

Eine 1992 in Kanada erbaute Pilotanlage erreichte einen Wirkungsgrad von nahezu 100 %, wovon etwa 48 % in Wasserstoff, etwa 40 % in Aktivkohle und etwa 10 % in Heißdampf übergehen.

Biomasse

Biomasse besteht meist hauptsächlich aus Kohlenhydraten und kann in ähnlichen Verfahren umgesetzt werden, wie Kohlenwasserstoffe. Eine weitere Option könnte die anaerobe Fermentation mit Hilfe von Mikroorganismen sein.

Dampfreformierung

Biomasse besteht im Wesentlichen aus Kohlenhydraten und anderen wasserstoff- und kohlenstoffhaltigen organischen Verbindungen. Diese können mittels allothermer oder autothermer Dampfreformierung in molekularen Wasserstoff umgewandelt werden. Da Biomasse zu etwa 40 % aus Sauerstoff besteht, vergast sie fast selbstständig mit nur wenig zusätzlichem Sauerstoff, um die endotherme Reaktion durchzuführen. Man erreicht daher deutlich höhere Wirkungsgrade als beispielsweise bei der Vergasung von Kohle.

Pyrolyse und Biomassevergasung

In einem weiteren Verfahren werden Pyrolyse und Biomassevergasung verknüpft. Die erste Stufe ist hierbei die Pyrolyse, bei der als Endprodukte Primärgase, Koks und Methanol entstehen. Diese werden in einem zweiten Teilprozess mit Wasserdampf versetzt und es entsteht wiederum ein Gemisch aus Wasserstoff, Methan, Kohlenmonoxid und -dioxid. Auch bei diesem zweiten Schritt muss Energie zugeführt werden und es wird anschließend durch Dampfreformierung Wasserstoff gewonnen. Diese zweistufige Variante wird vor allem für kleinere Anlagen eingesetzt.

Nach Angaben des dena-Projekts GermanHy stellt die (großtechnische) Biomassevergasung die günstigste Option zur Erzeugung von Wasserstoff aus erneuerbaren Energien dar.[1]

Fermentation

Unter Laborbedingungen kann Wasserstoff mit anaeroben Mikroorganismen direkt aus Biomasse gewonnen werden. Werden hierfür Mischkulturen verwendet, muss die Wasserstoffproduktion vom letzten Glied der anaeroben Nahrungskette, der Methanproduktion (Methanogenese), entkoppelt werden. Die Freisetzung von molekularem Wasserstoff durch Mikroorganismen ist aus Gründen der Reaktionskinetik nur bei sehr niedrigem Wasserstoffpartialdruck begünstigt. Daher muss durch Bioreaktoraufbau und -betrieb dieser Druck trotz Abwesenheit methanogener Mikroorganismen oder Sulfat reduzierenden Bakterien (also: Wasserstoff verwertender Bakterien) niedrig gehalten werden.

Die fermentative Wasserstoffproduktion ist jedoch energetisch relativ ungünstig. Nach Thauer (1976) können auf dem beschriebenen Weg maximal 33 % der Verbrennungswärme aus Glucose in Wasserstoff gespeichert werden. Im Vergleich dazu können durch Methangärung 85 % der Energie aus Glucose in das Gärprodukt überführt werden.

Elektrolyse

Bei der Elektrolyse dient Wasser als Wasserstofflieferant. Mit Hilfe von elektrischem Strom wird aus dem Wasser der energiereiche Wasserstoff und

Sauerstoff erzeugt. Bei verschiedenen chemischen Verfahren, bei denen die Elektrolyse für die Erzeugung anderer Verbindungen eingesetzt wird, kann Wasserstoff als Nebenprodukt anfallen.

Elektrolyse von Wasser

Diese Form der Umwandlung von Wasser zu Wasserstoff wurde erstmals um 1800 vom deutschen Chemiker Johann Wilhelm Ritter nachgewiesen. Die Reaktion findet in einem mit leitfähigem Elektrolyten (Salze, Säuren, Basen) gefüllten Gefäß statt, in dem sich zwei Elektroden befinden, die mit Gleichstrom betrieben werden. Der Herstellungsprozess läuft dabei in zwei Teilreaktionen ab:

Kathode: $2 H_2O + 2e^- \rightarrow H_2 + 2 OH^-$

Anode: $2 H_2O \rightarrow O_2 + 4 H^+ + 4 e^-$

An der Anode werden im Prinzip Elektronen abgegeben und von der Kathode wieder aufgenommen. In der Gesamtreaktion entsteht aus Wasser also molekularer Wasserstoff und molekularer Sauerstoff:

Gesamtreaktion: $2 H_2O \rightarrow 2 H_2 + O_2$

Das Verfahren hat den Vorteil, dass der erzeugte reine Sauerstoff abgefangen und energiewirtschaftlich sinnvoll verwendet werden kann und nicht einfach an die Luft abgegeben wird. Wegen des geringen Wirkungsgrades von nur etwa 57 % wird aber nur rund ein Prozent des weltweit erzeugten Wasserstoffs so hergestellt. Jedoch haben Wissenschaftler des MIT vor kurzem einen Katalysator entwickelt, der die Effizienz der Elektrolyse von Wasser auf nahezu 100% steigern soll.[2]

Ein Verfahrenstyp ist die alkalische Elektrolyse, die wegen der niedrigen Strompreise und der häufigen Kombination mit Wasserkraftwerken als Energielieferanten vor allem in Norwegen und Island genutzt wird.

Anders als bei der Verwendung von fossilen Energieträgern wird bei diesem Verfahren kein CO2 freigesetzt. Dies gilt allerdings nur, wenn der verwendete Strom nicht aus fossilen Energieträgern erzeugt wurde. Jedoch ist auch die Dampfreformierung mit Biomasse, um Methan oder Wasserstoff zu gewinnen, CO2-neutral.

Chloralkali-Elektrolyse

Bei der Chloralkali-Elektrolyse entsteht Wasserstoff sowie Chlor als Nebenprodukt. Vorrangig dient sie aber der Gewinnung von Natron- und Kalilauge aus Lösungen von Chloriden (z. B. Kochsalz (NaCl)). An den beiden Elektroden finden diese Reaktionen statt:

Kathode $2 H_2O + 2 e^- \rightarrow H_2 + 2 OH^-$

Anode $2 NaCl_{aq} \rightarrow Cl_2 + 2 e^- + 2 Na^+$

Das Verfahren wird seit Jahrzehnten großtechnisch angewendet. Es ist dort wirtschaftlich sinnvoll, wo ein Bedarf an Laugen (und gegebenenfalls Chlor) besteht, lohnt sich aber allein für die Wasserstoffherstellung nicht.

Direkte Verwendung von Sonnenenergie

Bei der Verwendung von Kohlenwasserstoffen und bei der Elektrolyse wird indirekt vor allem Sonnenenergie verwendet, da diese beispielsweise Voraussetzung zur Entstehung von Kohle, Erdöl und Erdgas ist. Aber auch eine mehr oder weniger direkte Verwendung der Sonnenenergie ist möglich. Bei thermochemischen Verfahren zur Spaltung von Wasser in Wasserstoff sind sehr hohe Temperaturen notwendig, die zum Beispiel durch Konzentrierung der Sonnenstrahlung möglich sind. Auch biologische Verfahren sind in der Entwicklung, bei denen die während der Photosynthese stattfindende Wasserspaltung zur Erzeugung von Wasserstoff genutzt werden kann.

Thermochemische Verfahren

Die thermische Dissoziation bezeichnet den Zerfall von Molekülen in seine einzelnen Atome durch Wärme-Einwirkung. Oberhalb einer Temperatur von 1.700 °C vollzieht sich die direkte Spaltung von Wasserdampf in Wasserstoff und Sauerstoff. Dies geschieht zum Beispiel in Solaröfen. Die entstehenden Gase können mit keramischen Membranen voneinander getrennt werden. Diese Membranen müssen für Wasserstoff, jedoch nicht für Sauerstoff durchlässig sein. Das Problem dabei ist, dass sehr hohe Temperaturen auftreten und nur teure, hitzebeständige Materialien dafür in Frage kommen. Aus diesem Grund ist dieses Verfahren nach wie vor nicht konkurrenzfähig.

Eine Absenkung der Temperatur der thermischen Wasserspaltung auf unter 900 °C kann über gekoppelte chemische Reaktionen erreicht werden. Bereits in den 1970er Jahren wurden für die Einkopplung der Wärme von Hochtemperaturreaktoren verschiedene thermochemische Kreisprozesse vorgeschlagen, die zum Teil auch für die Nutzung konzentrierter Solarstrahlung geeignet sind. Die höchsten Systemwirkungsgrade sowie das größte Potenzial für Verbesserungen weist aus heutiger Sicht ein verbesserter Schwefelsäure-Iod-Prozess auf: Iod (I) und Schwefeldioxid (SO2) reagieren bei 120 °C mit Wasser zu Iodwasserstoff (HI) und Schwefelsäure (H2SO4). Nach der Separation der Reaktionsprodukte wird Schwefelsäure bei 850 °C in Sauerstoff und Schwefeldioxid gespalten, aus Iodwasserstoff entsteht bei 300 °C Wasserstoff und das Ausgangsprodukt Iod. Den hohen thermischen Wirkungsgraden der thermochemischen Kreisprozesse (bis zu 50 %) müssen die heute noch weitgehend ungelösten material- und verfahrenstechnischen Schwierigkeiten gegenübergestellt werden.

Viele Metalloxide spalten bei sehr hohen Temperaturen Sauerstoff ab, und das entstehende Metall reagiert bei niedrigeren Temperaturen mit Wasser unter Rückgewinnung des Oxids und Erzeugung von Wasserstoff. Mehr als 300 Varianten dieser thermochemischen Prozesse sind bekannt. Einige davon, zum Beispiel das Zink-Zinkoxid-Verfahren oder das Cer(III)oxid-Cer(IV)oxid-Verfahren, werden als technologisch vielversprechend untersucht.

Photobiologische Herstellung

Bei der photobiologischen Herstellung von Wasserstoff kann ebenfalls das Sonnenlicht als Energiequelle genutzt werden. Algen müssen dazu in Wasserstoffbioreaktoren kultiviert werden. Durch Beeinflussung der von ihnen betriebenen Photosynthese wird Energie nicht in Biomasse gespeichert, sondern zur Spaltung von Wasser in Wasserstoff und Sauerstoff verwendet. Dieses Verfahren könnte CO_2-neutral bzw. nahezu CO_2-neutral sein. Bisher ist die Umsetzung jedoch nicht wirtschaftlich möglich.[3]

Siehe auch Commons: Wasserstoffherstellung – Album mit Bildern und/oder Videos und Audiodateien

- Wasserstoffspeicherung
- Hydrosol-Projekt
- Brenngaserzeugung für Brennstoffzellen beim Forschungszentrum Jülich
- Wasserstoffgewinnung mittels einer Artifiziellen Bakterien-Algen-Symbiose (ArBAS), Projektseite der TU-Berlin
- Hydrogeit – Wasserstoffherstellung
- Woher kommt der Wasserstoff in Deutschland bis 2050?, Studie im Rahmen des Projekts GermanHy der Deutschen Energie-Agentur (dena), Stand August 2009, als 62-seitiges pdf

Einzelnachweise

- www.germanhy.de: GermanHy, Internetpräsenz des dena-Projekts GermanHy, abgerufen am 31. März 2010
- MIT claims 24/7 solar power, vom 31. Juli 2008, abgerufen am 30. März 2010
- Bericht des Bundesumweltamts zur Nutzung von Mikroalgen, letzte Aktualisierung am 16. März 2009, abgerufen am 30. März 2010

2.1.10 EUROMASS: Biomasse für Heizen und Verkehr – Ein Aufruf
Biomasse für Heizen und Verkehr,

auch als ein Beitrag zur Beherrschung des Klimawandels
- ein Aufruf -

Manfred Ringpfeil, Heinrich Bonnenberg

Berlin, 30. Juni 2010

Die Ablagerung von fossilem CO_2 in der Atmosphäre gilt es zu begrenzen. Das ist eine Forderung, deren Erfüllung gleichermaßen die Schöpfung respektiert wie Risiken für den Menschen vermindert.

Die Produktion von fossilem CO_2 erfolgt vorrangig durch die Verbrennung von fossilen Brennstoffen zur Bereitstellung von Elektrizität und bei der Nutzung von Mineralölen, Erdgas, Heizkohle – selbige vier üblicherweise als Endenergieträger bezeichnet – vor allem für Beleuchtung, Heizen und Verkehr.

Die Begrenzung der Ablagerung von fossilem CO_2 in der Atmosphäre kann erreicht werden durch:

1. Effizienz von technischen Prozessen und des menschlichen Verhaltens, Energieeinsparung genannt, ein Teilaspekt der Rohstoffeffizienz,
2. Kohlenstofffreie Techniken der Erzeugung von Elektrizität und zur Bereitstellung von Wärme,
3. Speicherung des durch Verbrennung von Kohlen, Mineralölen und Gasen entstehenden, fossilen CO_2 abseits der Atmosphäre,
4. Verwendung von Biomasse als Energierohstoff unter Nutzung des natürlichen Kreislaufs des Kohlenstoffs zwischen Atmosphäre und Biosphäre.

Ziemlich sicher ist, dass jeder dieser vier Wege genutzt werden muss, um den steigenden Energiebedarf der zu erwartenden 9 Milliarden Erdbewohner zu decken, ohne dass der natürliche CO_2-Kreislauf nennenswert aus dem Gleichgewicht gebracht wird, vor allem ohne dass es zu Veränderungen des Klimas kommt.

Neben der Energieeinsparung steht gegenwärtig die Verminderung von fossilem CO_2 bei der Produktion von Elektrizität im Vordergrund der Betrachtungen, wobei besonders die Nutzung von Solarenergie und Windenergie mit den erforderlichen Stromspeichern entwickelt und eingeführt wird, in ausgesuchten Fällen auch zur direkten Erzeugung von Wasserstoff als einem zukünftigen Energieträger.

Bei dieser Schwerpunktsetzung wird allerdings außer Acht gelassen, dass nur etwa 22 % des Verbrauchs an Endenergie auf Elektrizität entfallen, etwa 63 % aber auf flüssige und gasförmige Brennstoffe, im Wesentlichen für Heizen und Verkehr (Angaben für Deutschland). Es wird nicht gesehen, dass in den meisten Ländern Europas deutlich mehr CO_2 beim Heizen und im Verkehr freigesetzt wird als bei der Erzeugung von Elektrizität.

Obendrein ist festzuhalten, dass bei der Stromerzeugung das CO_2 zentral an wenigen Kraftwerkstandorten in jeweils großen Mengen entsteht, bei Heizen und Verkehr hingegen dies flächendeckend, dezentral in vielen kleinen Anlagen mit jeweils vergleichsweise geringem Ausstoß an CO_2 geschieht. Erstgenanntes CO_2 lässt sich einsammeln für eine eventuelle Lagerung abseits der Atmosphäre, zweitgenanntes CO_2 nicht.

Das letzt genannte Problem kann gelöst werden durch den Einsatz von Elektrizität bei Heizen und Verkehr. Erst recht aber kann es gelöst werden durch den Einsatz von Energieträgern aus Biomasse. Die Energieträger aus Biomasse für Heizen und Verkehr sind kostengünstiger als Elektrizität, zu deren Darstellung Stromspeicher oder CO_2-Lagerung - beides sehr kostenaufwendig - erforderlich sind, und ihr Einsatz erfolgt in einem geschlossenen natürlichen Kreislauf für CO_2, was die Energieträger aus Biomasse auch gegenüber Mineralölen und Erdgas qualifiziert. Das Denken und Handeln in Kreisläufen, in natürlichen und technologischen Kreisläufen, wird zukünftig in allen Bereichen des Lebens unabdingbar werden, aus Gründen der Rohstoffeffizienz und des Umweltschutzes.

Nicht unerwähnt sollte sein, dass Energieträger aus heimischer Biomasse auch aus Gründen der Versorgungssicherheit von Interesse sind.

Europa hat günstige klimatische Voraussetzungen für den Anbau von Pflanzen. Die Landwirtschaft ist hoch entwickelt, bis hin zum Einsatz von Maschinen mit Präzisionstechnik. Die Veredelung der pflanzlichen Biomasse erfolgt ebenfalls auf technisch sehr hohem Niveau. Die Produktion von Endenergie aus Biomasse schließt an diese Fähigkeiten an.

Die Landwirtschaft ist einer der tragenden Erwerbszweige in Europa. In Verbindung gebracht mit einer modernen Energiewirtschaft bieten sich für die Landwirtschaft zusätzlich gute Chancen, vor allem auch im Hinblick auf neue Arbeitsplätze.

Der Wirtschaftsraum Europa mit Russland - also vom Atlantik bis zum Pazifik - verfügt über große Mengen Biomasse und kann weitere bereitstellen. Ein europäisches Programm EUROMASS, einschließlich Russland und Ukraine, zur energetischen Nutzung der Biomasse wäre Ziel führend für Umweltschutz und Versorgungssicherheit.

Die Nutzung der Biomasse für die Energieerzeugung lässt sich in vier Unterwege aufteilen:

4.1 Direkte Verbrennung von Biomasse (z.b. Holz, Stroh, organische Abfälle) zur Gewinnung von Elektrizität und Wärme,
4.2 Gewinnung von Bestandteilen der Biomasse (z.b. Öle, Fette, Kohlenwasserstoffe) durch Separation oder Extraktion aus spezifisch dafür angebauten Pflanzen (z.B. Ölsaaten) zur Verwendung als Energieträger,
4.3 Chemische Konversion wasserarmer Biomasse (z.b. Mehrjahrespflanzen) zur Gewinnung von Synthesegas als Grundstoff für Energieträger,
4.4 Biotechnische Konversion wasserreicher Biomasse (z.b. Einjahrespflanzen, Algen), auch im Gemisch mit Nebenprodukten der Nahrungsmittelerzeugung sowie industriellen, landwirtschaftlichen und häuslichen Abfällen, zur Gewinnung von Biomethan und Bioethanol als Energieträger.

Das hier vorgelegte Papier favorisiert den Unterweg 4.4 mit dem Zielprodukt Bio-Methan, weil die ökonomische Effektivität der verwendeten, aus der Evolution stammenden Reaktionen unerreicht hoch ist. Eine Produktion, abgestimmt mit der Nahrungsmittelindustrie und der Abfall verwertenden Industrie, bietet sich an.

Der Weg besteht darin, dass Kohlenstoff im Kreislauf zwischen Atmosphäre und Biosphäre über folgende Stufen geführt wird.

1. Energieaufladung des Kohlenstoffs durch Photosynthese zur Erzeugung von Biomasse:
Sonnenenergie + CO_2 + H_2O → $[CH_2O]$ + O_2
2. Energiekonzentrierung durch Biogassynthese aus Biomasse und Abtrennung des dabei anfallenden CO_2:
$[CH_2O]$ → ½ CH_4 + ½ CO_2
3. Energiewandlung durch Verbrennung:
½ CH_4 + O_2 → ½ CO_2 + H_2O + Nutzenergie
 (Wärme, Antrieb)

Die Gewinnung des Energieträgers Bio-Methan - dem Erdgas äquivalent, auch Bio-Erdgas genannt - mithilfe der Sonnenenergie über die grünen Pflanzen und der bakteriellen Umwandlung ihrer Biomasse ist kontinuierlich und zeitlich unbegrenzt möglich.

Diese Idee hat Vorzüge:

1. Der Kohlenstoff der so gewonnenen Biomasse ist rezenter Natur, d.h. er stammt aus dem Kohlendioxid der aktuellen Atmosphäre und nicht aus fossilen Lagerstätten.
2. Das Verbrennungsprodukt dieser Biomasse und ihrer Abkömmlinge ist deshalb ebenfalls rezentes CO_2; es ist klimaneutral und kann ohne weiteres wieder in die Atmosphäre entlassen oder als klimaneutraler Kohlenstoffträger weitergenutzt werden.
3. Das aus der Erzeugung und der Nutzung von Bio-Methan resultierende CO_2 bildet damit gleichzeitig den Ausgangsstoff für die nächste Biomassebildung; Kreisprozesse für den Kohlenstoff werden möglich.
4. Die Biomassebildung aus CO_2 ist ein aus der Evolution hervorgegangener Prozess, der die Reduktion des CO_2 nicht, wie in der Chemie üblich, mit der Produktion des Nebenprodukts Wasser verknüpft, sondern mit der Produktion von Sauerstoff. So wird kein Wasserstoff für die Bindung der freigesetzten Sauerstoffatome in Anspruch genommen, sie verbinden sich bei dieser Reaktion miteinander zu molekularem Sauerstoff.
5. Die Biogasbildung aus Biomasse ist ebenfalls ein aus der Evolution hervorgegangener Prozess; fast alle organischen Verbindungen werden als Ausgangsstoffe genutzt. Es erfolgt ein Abbau ohne wesentlichen Energieverlust zu Essigsäure CH_3COOH und deren Disproportionierung in CH_4 und CO_2, was zu einer nahezu vollständigen Anreicherung der den Ausgangsstoffen innewohnenden Energie im Methan führt. Das „Nahezu" erklärt sich aus dem – tatsächlich sehr bescheidenen - Energieaufwand für die Vermehrung und Erhaltung der an diesen Reaktionen beteiligten Bakterien.
6. Das Biogas trennt sich freiwillig von seiner wässrigen Produktionsphase; seine Anreicherung erfordert somit keinen Energieaufwand.
7. Bio-Methan lässt sich leicht von CO_2 trennen, so dass die Aufwendungen für die Herstellung eines erdgasäquivalenten Gases aus Biogas erträglich sind.
8. Bio-Methan hat die gleiche physikalische und chemische Qualität wie Methan aus Erdgas. Es kann sowohl beliebig mit Erdgas vermischt als auch ohne jeden Nachteil in erdgastypischen chemischen Synthesen eingesetzt werden. Der unikale Vorteil des Bio-Methans gegenüber Erdgas ist, dass sein Verbrennungsprodukt absolut klimaverträglich ist.

Die Idee stößt allerdings auch auf Kritik, die jedoch technikideologischer Natur und nicht grundsätzlich ist. Biologisch induzierte, biotechnologische Prozesse werden im Hinblick auf ihre großtechnische Umsetzung vor allem von der Industrie immer noch zurückhaltend beurteilt. Physikalisch oder chemisch induzierte Prozesse werden bevorzugt.

Richtig ist, dass sich mit biologischen Prozessen nicht die Energieflussdichten erreichen lassen, die physikalisch oder chemisch induzierte Prozesse aufweisen. Das rührt daher, weil sie den Erfordernissen von Leben folgen. Anwesenheit von Wasser ist essentiell und die Konzentration der Reaktanden sowie die Erhöhungen der Temperatur zur Geschwindigkeitssteigerung der Reaktionen sind begrenzt.

Der eigentliche Vorteil biologischer Prozesse, bei Normaldruck und Normaltemperatur ablaufen zu können, wird nicht erkannt. Die Evolution hat Reaktionen hervorgebracht, die bis heute mit physikalisch oder chemisch induzierten Prozessen weder dem Umfang noch der Effizienz nach verwirklicht werden können, manche überhaupt nicht. Dazu zählen die Photosynthese in grünen Pflanzen und die bakterielle Methanbildung aus organischen Stoffen. Diese Reaktionen haben große Potentiale, die vor allem der Umwelt sehr gerecht werden und auch die Risiken für Menschen mindern.

Demonstrationsanlagen könnten helfen, Vorurteile abzubauen und die Bedingungen der beteiligten Reaktionen im 1:1-Maßstab festzulegen.

Einer zukünftigen Energiewirtschaft, die zur Verwirklichung des Primats Stoffkreislauf auch die Bereitstellung und Nutzung von Endenergie aus Biomasse maßgeblich vorsieht, steht nichts Grundsätzliches im Wege.

Für die verbreitete Anwendung der biotechnologischen Prozesse wird allerdings ein neues Denken erforderlich. Das bisherige Technologieverständnis (reine Rohstoffe und vollständige Umsetzung und hohe Konzentration der Produktion) sollte durch ein neues Technologieverständnis (verdünnte Rohstoffe und unifizierende Reaktionen und Kreislaufführungen bei mittleren Energieflussdichten) vervollständigt werden.

Folgendes ist vorstellbar:

1. Durch die Optimierung der terrestrischen und die großflächige Erschließung mariner Ressourcen wird der Anteil der Biomasse

an der globalen Energiebereitstellung auf das Mehrfache der jetzigen industriellen Weltenergieproduktion ausgebaut.
2. Entsprechend dem Charakter der Biomassebildung: große Bestrahlungsflächen und kleine Bildungsgeschwindigkeiten wird die Gewinnung von Energie über Biomasse dezentral organisiert. Die Transportwege der geernteten Biomasse von den Anbauflächen zu den Biogas- und Bio-Methanproduktionsstandorten sowie der Reststoffe aus der Biogassynthese zurück zur Düngung der Anbauflächen lassen nur begrenzte Entfernungen zu, deren Überschreitung mit unnötigem Energieaufwand bezahlt werden müsste. Der Transport des Bio-Methans von den Erzeugungsorten zu den Verbrauchern ist viel weniger entfernungsabhängig. Das Gastransportnetz, wie es durch das Erdgasleitungsnetz vorgebildet ist, mag fallweise angepasst und erweitert werden. Bio-Methan in flüssigen Aggregatzustand versetzt und im Volumen reduziert kann in Tankwagen oder Tankschiffen als Bio-LNG transportiert werden. Das durch die Gewinnung vom Bio-Methan reichlich anfallende klimaneutrale CO_2 kann nutzbringend örtlich verwendet werden, z.B. zur Ertragserhöhung in Gewächshäusern und dicht bepflanzten Freiflächen, Fischteichen und Algenvermehrungsanlagen. Entsprechende Leitungen sind bereitzustellen. Auftretende CO_2-Verluste an die Atmosphäre haben möglicherweise eine ökonomische, keinesfalls aber eine klimatische Konsequenz.
3. Die biotechnologischen Prozesse zur Bio-Methanerzeugung werden mit Prozessen der Nahrungsmittelgewinnung und der Abfallverwertung kombiniert.

   Kreislaufprozesse für Mineralstoffe und Wasser sind zwischen landwirtschaftlichen und industriellen Produktionen problemlos realisierbar.
4. Durch die mit der Biogasproduktion verbundene leichte Wärmeproduktion der beteiligten Mikroorganismen werden die Prozesse auch bei kalten Jahreszeiten ohne große zusätzliche Aufwendungen betrieben.
5. Insellösungen werden geschaffen, denen die Anschlussstücke für ein Zusammenwachsen beigegeben werden. Großindustrielle Verarbeitungen, z.B. von gasförmigen Ausgangsstoffen (Methan) zu flüssigen Produkten (Alkohole), sind bei dieser Produktionsentwicklung realisierbar.
6. Speicherung des Bio-Methans ist in den Transport- und Speichervorrichtungen für Erdgas möglich.

7. Eine Energieproduktion über Biomasse hat große Auswirkungen auf den Arbeitsmarkt. Unterschiede zwischen Stadt und ländlichem Raum werden geringer.

Es sind in Europa länderübergreifende Initiativen anzustreben. Sie mögen von EUROMASS, einem von Wirtschaft und Staat getragenen Programm, gefördert und koordiniert werden.

EUROMASS soll eine Initiative sein, die der Herstellung von Bio-Methan und dessen Nutzung zu einem großflächigen, die innereuropäischen Grenzen überschreitenden Vorhaben verhelfen soll. Ziel soll die Errichtung eines europäischen Beschaffungsmarkts für gasförmige und flüssige Endenergieträger mit CO_2-Kreislauf sein.

Unstrittig ist, dass es die ethische Diskussion unter der Schlagzeile „Nahrung vom Acker oder Energie vom Acker: Brot oder Tank?" gibt.

Eine zentrale Aufgabe von EUROMASS muss sein, in Europa (vom Atlantik bis zum Pazifik) einvernehmlich ein Verständnis für die Einbeziehung der Landwirtschaft in die zukünftige Energieversorgung Europas zu erreichen, also einen Strategiewechsel der Landwirtschaft.

Alleingänge der einzelnen Länder Europas würden zu Missverständnissen und überflüssigem Wettstreit in Europa führen, was den Wirtschaftsraum Europa in seiner Entwicklung hin zu einem globalen Wettbewerber behindern würde.

Prof. Dr. sc. nat. Manfred Ringpfeil
Fasanenstraße 271- 10719 Berlin
m.ringpfeil@web.de

Dr. –Ing. Heinrich Bonnenberg
Nymphenburger Straße 9 - 10825 Berlin
heinrich@bonnenberg.eu

2.1.11 Nachwachsende Rohstoffe

Die Fachagentur Nachwachsende Rohstoffe e.V. (FNR) des BMELV (Ernährungsministerium) teilt am 20.01.10 mit:

Biomasse nur noch aus nachhaltigem Anbau: Staatssekretärin Klöckner stellt erstes europäische Zertifizierungssystem vor

Flüssige Biobrennstoffe und Biokraftstoffe dürfen in der Europäischen Union (EU) künftig nur noch gefördert oder auf die Energieziele angerechnet werden, wenn sie aus nachhaltigem Biomasseanbau stammen.

Biokraftstoffe

„Als erster EU-Mitgliedstaat haben wir ein Zertifizierungsinstrument für den Nachhaltigkeits-Nachweis entwickelt. Mit der vorläufigen Anerkennung dieses Zertifizierungssystems namens „International Sustainability and Carbon Certification" (ISSC) durch die Bundesanstalt für Landwirtschaft und Ernährung (BLE) setzen wir europäische Anforderungen in deutsches Recht um", sagte Julia Klöckner, Parlamentarische Staatssekretärin bei der Bundesministerin für Ernährung, Landwirtschaft und Verbraucherschutz.

Die Vorgaben der EU sollen verhindern, dass der Biomasseanbau – beispielsweise auf Palmölplantagen – in den Anbauländern „zu Lasten von wertvollen Naturräumen wie Primärwäldern, artenreichem Grünland oder Feuchtgebieten geht. Außerdem müssen laut EU-Richtlinie bei der Biokraftstofferzeugung 35 Prozent der Treibhausgase eingespart werden – gegenüber der Erzeugung fossiler Kraftstoffe", so Klöckner.

Die deutsche Umsetzung des EU-Rechts im Rahmen der Biomassestrom- und der Biokraftstoff-Nachhaltigkeitsverordnung legt im Einzelnen fest, wie flüssige Biomasse und Biokraftstoff hergestellt werden müssen, um als nachhaltig anerkannt zu werden. Es geht dabei sowohl um Strom aus flüssiger Biomasse, der nach dem Erneuerbare-Energien-Gesetz (EEG) vergütet wird als auch um Biokraftstoffe, die in Deutschland in Verkehr gebracht und auf die Biokraftstoffquote angerechnet werden oder als Reinkraftstoffe von der Steuerermäßigung profitieren. Das Verfahren für die Nachhaltigkeitsnachweise und Zertifikate wird ebenfalls in der Verordnung geregelt. „Mit der vorläufigen Anerkennung von ISCC sind wir das erste Land, das über ein Instrument verfügt, um die politische Forderung nach einer nachhaltigen Biomasseproduktion umzusetzen", sagte Klöckner.

Informationen zum Hintergrund

Konzeptionell wurde ISCC bereits 2006 entwickelt und über den Projektträger des Bundesministeriums für Ernährung, Landwirtschaft und Verbraucherschutz (BMELV), die Fachagentur für Nachwachsende Rohstoffe (FNR), gefördert. Nach einem 2-jährigen Test startet jetzt die Implementierungsphase. Die internationale Biomassezertifizierung ist für alle Beteiligten - Regierungen, NGOs, Wissenschaftler und die Branche selbst - Neuland. Das Pionierprojekt ISCC wird in den nächsten Jahren beweisen müssen, dass es den hohen Erwartungen gerecht wird und die Nachhaltigkeit gewährleisten kann.

Das System funktioniert wie folgt: Die Schnittstellen der Biomasse-Lieferkette, beispielsweise Händler oder Genossenschaften, Ölmühlen und

Raffinerien, die die flüssige oder gasförmige Biomasse für die Endverwendung aufbereiten, erhalten Zertifikate, die im Rahmen eines anerkannten Zertifizierungssystems kontrolliert werden. Die letzte Schnittstelle in der Kette – das ist die Schnittstelle, bei der der letzte Verarbeitungsschritt durchgeführt wird – stellt dann einen Nachhaltigkeitsnachweis für den von ihr gelieferten Biokraftstoff beziehungsweise die flüssige Biomasse aus. Mit diesem Nachweis können die Betreiber von Anlagen zur Stromherstellung aus flüssiger Biomasse gegenüber dem Netzbetreiber ihre Ansprüche auf die Vergütung nach dem Erneuerbare-Energien-Gesetz (EEG) geltend machen. Die Zertifikate werden von Zertifizierungsstellen erteilt – beide müssen behördlich anerkannt sein.

ISCC ist das erste System, das von der BLE die vorläufige Anerkennung erhalten hat. Entwickelt wurde ISCC von der Meó Corporate Development GmbH in Zusammenarbeit mit zahlreichen Beteiligten aus Landwirtschaft, Handel, Industrie, Wissenschaft und NGOs. Meó übernimmt jetzt in der Aufbauphase des Regelbetriebs auch das Management von ISCC. Ende Januar findet ein umfangreiches Training für Auditoren statt. Wenn nach der Anerkennung des ISCC-Systems auch Zertifizierungsstellen von der BLE anerkannt sind, können die ersten regulären Zertifizierungen erfolgen.

Erfahrungen mit der Auditierung wurden bereits bei Pilotprojekten in der EU, in Argentinien, Brasilien und Malaysia gesammelt. Diese Ansätze sollen jetzt in ein arbeitsfähiges System im globalen Maßstab überführt werden. Dazu muss zum Beispiel die elektronische Registratur, in der gültige Zertifikate, Zertifizierungsstellen und Mitglieder des Zertifizierungssystems gelistet sind, in eine Datenbank mit globalen Zugriffsmöglichkeiten überführt werden.

2.1.12 Kohle aus Biomasse – Das Wissensmagazin - www.scinexx.de

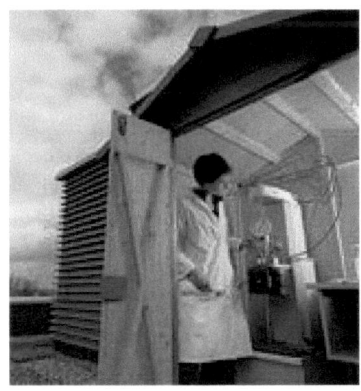

„Zauberkohle"-Labor auf dem Dach des Max-Planck-Instituts © MPI für Kolloid- und Grenzflächenforschung Kohle aus dem „Dampfkochtopf" Neue Methode verwandelt Biomasse in wertvolle Rohstoffe Stroh, Holz oder Laub über Nacht in Kohle umzuwandeln, das erinnert zunächst an den Stein der Weisen, mit dem die Alchemisten des Mittelalters mindere Stoffe zu Gold machen wollten. Doch es funktioniert tatsächlich: Markus Antonietti, Direktor am Potsdamer Max-Planck-Institut für Kolloid- und Grenzflächenforschung, hat ein Verfahren entwickelt, mit dem sich pflanzliche Biomasse ohne Umwege und komplizierte Zwischenschritte vollständig in Kohlenstoff und Wasser umarbeiten lässt.

Der Clou an dem neuen Verfahren: Sämtlicher Kohlenstoff, der in Pflanzenmaterial gebunden war, liegt danach in Form von feinsten Partikeln vor, als kleine, poröse Braunkohle-Kügelchen: Sie können direkt oder (was noch effektiver wäre) in Brennstoffzellen verfeuert werden, aber auch zur Produktion von Benzin, Dieselöl oder anderen Chemikalien dienen.

Bestechend ist die Tatsache, dass diese Umwandlung ohne jeglichen Verlust an Kohlenstoff abläuft, das Verfahren demnach mit hundertprozentiger Kohlenstoff-Effizienz arbeitet. Und dazu kommt noch, dass der Karbonisierungsprozess exotherm funktioniert, also selbst noch Energie liefert. Er könnte damit allen anderen Methoden, aus Biomasse Energie zu ziehen, weit überlegen sein. Das Verfahren - „hydrothermale Karbonisierung" genannt - könnte damit die Grundlage für eine nachhaltige und umweltneutrale Energiewirtschaft liefern.

Biomasse zu Kohle Energiegewinnung aus nachwachsenden Rohstoffen

Institutsdirektor Markus Antonietti zerreibt einen winzigen Kohlekrümel auf seiner Handfläche und schnuppert genüsslich daran: „Hmm, ich mag diesen Geruch!" Ein neu entwickeltes Herrenparfüm? Nein, viel mehr: vielleicht der Anfang einer neuen Ära in der Energiewirtschaft. Kohlenstoff steht bei Antoniettis Vision im Mittelpunkt – genauso wie er das auch schon in unserer realen Welt tut: Die fossilen Energieträger, die wir Jahr für Jahr im Milliarden-Tonnen- Maßstab aus dem Boden holen, halten die Wirtschaft am Laufen, sind Basis der Energieerzeugung und Rohstoff für die Chemie.

Der Haken bei der Sache: Praktisch bei allen Verwertungsarten entsteht letztlich Kohlendioxid (CO_2). 80 Gewichtsprozent des gesamten industriellen Ausstoßes der Welt bestehen daraus. Und das heißt nicht mehr und nicht weniger, als dass wir unsere fossilen Lagerstätten mit atemberaubender Geschwindigkeit in Gas verwandeln und in die Atmosphäre jagen. Nur etwa ein Drittel davon kann die Biosphäre weltweit wieder binden. Die Folgen sind inzwischen bekannt: Treibhauseffekt, Erderwärmung, Klimaveränderung.

Kohle ohne Umweg

Markus Antonietti will dem ein Ende machen, und er schlägt die Natur mit ihren eigenen Mitteln: Er hat ein extrem einfaches Verfahren erfunden, das den industriellen Kohlenstoffkreislauf revolutionieren könnte, denn es nutzt die gewaltigen Biomassevorräte der Welt, um daraus Kohle, Humus oder Öl zu produzieren – ohne Umwege und komplizierte Verfahrensschritte, wie sie in der heutigen Biomasseverwertung üblich sind. Und gleichzeitig wird bei diesem Prozess auch noch Energie frei.

Aus Biomasse, etwa Orangenschalen, entsteht feinstes Kohlepulver
MPI für Kolloid- und Grenzflächenforschung

Der Potsdamer Chemiker arbeitet mit purem Abfall: mit Stroh, Holz, nassem Gras, feuchten Blättern. Alles, was heute die Landschaft verschmutzt, was der Bauer unterpflügt, um es loszuwerden, und der Hobbygärtner auf den Komposthaufen oder in die Biotonne wirft, wird in Antoniettis Szenario zum wertvollen Rohstoff.

Zucker als Grundbausteine

Auf dem Umweg über die Kohle kann man daraus Benzin, Diesel oder chemische Grundstoffe gewinnen, man kann ihn in Mutterboden verwandeln und sogar in Brennstoffzellen direkt zur Stromgewinnung nutzen. Zusätzliches Kohlendioxid entsteht dabei nicht, ja, es wird sogar in großen Mengen aus der Atmosphäre herausgeholt und gebunden.

Eine Utopie? Spitzfindigkeiten eines akademischen Spinners? Nein. Der Chemiker Markus Antonietti geht die Sache von der Basis her an. So hat er sich zunächst einmal die Energielandschaft verschiedener Kohlenstoffverbindungen angesehen: „Biomasse besteht letztlich aus Zuckerbausteinen, die sehr viel Energie enthalten. Wenn man sie in einem chemischen Prozess in Kohlenstoff und Wasser zerlegt, muss man keine Energie hineinstecken, sondern es wird dabei sogar noch welche frei."

Rezept aus der Natur - Inkohlungsprozess enträtselt

Die Natur hat es uns vorgemacht: Kohle, Erdöl und Erdgas entstanden in Jahrmillionen tief in den Schichten der Erde aus abgestorbenen Pflanzen, also letztlich aus Biomasse. Das lernt man schon in der Schule. „Aber niemand hat sich bisher darüber Gedanken gemacht, wie das wirklich geschieht", wundert sich Antonietti.

Seine eingehende Literaturrecherche ergab zwar viele Vermutungen und Gemeinplätze – häufig ist vom „Inkohlungsprozess" die Rede –, aber zum

Kern der Frage, nämlich wie dieser wirklich abläuft, war bisher noch kaum jemand vorgestoßen. Antonietti hatte den Mut dazu. „Ich nehme mir heute die Freiheit, solche Fragen zu stellen", sagt der 46-jährige Chemiker, „auch auf die Gefahr hin, als Spinner zu gelten. Aber lieber setze ich meinen Ruf aufs Spiel, als der Wahrheit nicht näher zu kommen".

Im Fall der Kohle hat das sogar schon beim ersten Versuch geklappt. Der Forscher ist nicht nur der Entstehung der Kohle auf die Spur gekommen, sondern hat ganz nebenbei einen Prozess entdeckt, der die Energiegewinnung revolutionieren könnte.

Welch große Bedeutung eine nachhaltige Energieversorgung für die Zukunft unserer Gesellschaft hat, weiß zwar grundsätzlich auch die breite Öffentlichkeit. Weit weniger bekannt ist allerdings, dass es noch viel zu erforschen gibt; und es geht nicht nur um Verfahrenstechnik und Prozessführung, um Steigerung der Ausbeuten und Wirkungsgrade. Nein, es geht auch heute noch um ganz fundamentale Probleme, die sich nur mittels echter Grundlagenforschung lösen lassen – und die damit zur angestammten Domäne der Max-Planck-Gesellschaft zählen.

Gemeinsamkeit macht stark
Auf der Suche nach nachhaltiger Energieversorgung

Im Jahr 2004 haben sich fünf Max-Planck-Direktoren zum Forschungsverbund **Enerchem** zusammengeschlossen, einem „Projekthaus für nanochemische Konzepte einer nachhaltigen Energieversorgung". Die Projekte reichen von verbesserten katalytischen Verfahren zur Erzeugung von Wasserstoff über Arbeiten zur Nachahmung der Fotosynthese bis hin zur Speicherung von Wasserstoff in neuartigen Medien.

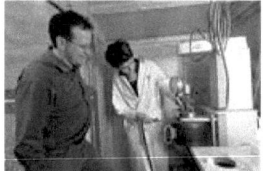

Institutsdirektor Markus Antonietti, mit seiner Mitarbeiterin Anna Fischer © MPI für Kolloid- und Grenzflächenforschung

In diesen organisatorischen Rahmen fügen sich auch Antoniettis Kohlearbeiten ein. „Enerchem bietet hier das ideale Umfeld", betont er. „Die Kollegen haben alle den gleichen kulturellen Hintergrund, auch wenn wir persönlich sehr verschieden sind. Da weiß man genau, dass das Signal, das man aussendet, auch entsprechend ankommt." So werden alle Ideen, Erfindungen und Probleme im Kollegenkreis intensiv besprochen, unter Experten abgewogen und kritisch getestet.

Das gilt für innovative Batteriekonzepte von Joachim Maier in Stuttgart ebenso wie für bessere Wasserstoffspeicher von Ferdi Schüth in Mülheim, für nanotechnische Elektrodenkonzepte von Klaus Müllen in Mainz oder für neue Methanolkatalysatoren von Robert Schlögl in Berlin. Die Kohlenstoffvision des Potsdamer Institutschefs ist also nicht das einzige Ergebnis der hochrangigen Zusammenarbeit. Wichtige Anstöße für zukünftige Energiekonzepte sind aus diesem Kreis der Max-Planck-Wissenschaftler in den kommenden Jahren noch zu erwarten.

Man nehme... Zurück zu Markus Antonietti. Seine Lösung ist bestechend einfach: Man gebe Biomasse plus Wasser in ein Druckgefäß, dazu ein paar Brösel Katalysator und erhitze das Ganze unter Luftabschluss auf 180 Grad. Nach zwölf Stunden lässt man die Mischung abkühlen, öffnet den „Dampfkochtopf" und findet eine schwarze Brühe vor.

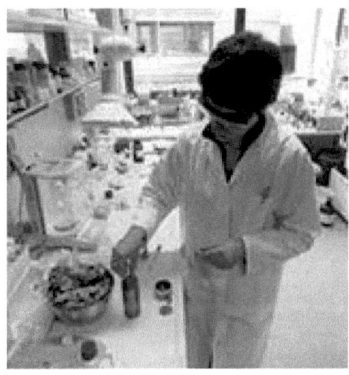

Biomasse wird in ein Druckgefäß gefüllt
© MPI für Kolloid- und Grenzflächenforschung

„Unsere Analysen haben gezeigt, dass es sich um feinst verteilte kugelförmige Kohlepartikel in Wasser handelt", erklärt Magda Titirici, die inzwischen hunderte dieser Experimente durchgeführt hat. Ihr Chef Antonietti hat dafür seinen Garten geplündert und Eichenlaub, Tannennadeln, Holzstückchen und Pinienzapfen mitgebracht. Manche der neu entstandenen Kohlekrümel enthalten deshalb noch wohlriechende Harze und duften herb und würzig

Gären, Verbrennen, verkohlen – Die herkömmlichen Verfahren zur Gewinnung von Biodiesel - Biodiesel aus Fetten

Auch heute schon wird Biomasse genutzt, etwa in Form von Biodiesel, der aus pflanzlichen und tierischen Fetten gewonnen wird. Mehr als eine Nische kann das jedoch nicht ausfüllen, das ergibt sich aus den Fakten: Die Menschheit verbraucht zurzeit vier Milliarden Tonnen Mineralöl pro Jahr; die Weltproduktion von Fetten beträgt jedoch gerade mal 120 Millionen Tonnen. Damit ließen sich zwar alle Autos in Deutschland mit Biodiesel versorgen, aber die Welt hätte nichts mehr zu essen.

Man darf also nicht hochwertige Produkte wie Fette verwenden, sondern möglichst billigen Abfall. Natürlich kann man ihn einfach verbrennen, aber das bringt wenig Energie, denn Biomasse ist meist nass und muss erst getrocknet werden. Außerdem setzt man bei der Verbrennung Kohlendioxid frei.

Vergärung: wenig effektiv

Ein anderer Weg, der heute beschritten wird, ist die Vergärung von Biomasse, bei der Ethanol und ebenfalls CO2 entstehen. „Die alkoholische Gärung hat jedoch nur einen geschätzten effektiven Wirkungsgrad von drei bis fünf Prozent der in den Pflanzen gespeicherten Primärenergie", sagt Antonietti. „Und danach muss man auch noch den Alkohol vom Wasser trennen. Um einen Kubikmeter reinen Alkohol zu machen, braut man 30 Kubikmeter Bier, das ist für Kraftstoffe keine gute Lösung."

Pyrolyse: Geht nur trocken

Auch die Umwandlung von Biomasse in Biogas ist energetisch gesehen nicht optimal. „Das, was wir als Energieträger benutzen, ist eigentlich ein Nebenprodukt beim Stoffwechsel von Mikroben", so der Chemiker, „die Hälfte des Kohlenstoffs wird wieder als CO2 freigesetzt". Bleibt noch das Verfahren der Pyrolyse. Bei ihr wird die Biomasse unter Luftabschluss bei **extrem hohen Temperaturen** verkohlt. Hierzu muss das Pflanzenmaterial aber trocken sein, sonst rechnet sich die Energetik des Prozesses nicht.

Kohlematsch in Wasser
Das Prinzip der hydrothermalen Karbonisierung

Antoniettis Plan zur Nutzung pflanzlicher Abfälle ist neu: Seine hydrothermale Karbonisierung wandelt Biomasse – auch wenn sie nass ist – vollständig in Kohlenstoff und Wasser um. „Und hier liegt genau die Pointe", freut sich der Max-Planck-Direktor. „Es entsteht nicht etwa CO2, sondern das einzige Nebenprodukt ist eben Wasser.

Der gesamte Kohlenstoff, den das Material enthält, bleibt im Produkt gebunden. Das heißt: Unsere Kohlenstoffeffizienz beträgt 100 Prozent. Was wir am Anfang an Kohlenstoff reinstecken, kriegen wir am Ende als Kohlenstoff auch wieder raus, für die Kohlenstoffbilanz die optimale Lösung. Mehr Kohlenstoff kann man nicht nachhaltig binden."

Vom Zucker zum Kohlenstoff

Man sieht das an der Formel: Nimmt man von einem Zuckermolekül fünf Wasser weg, entsteht praktisch reiner Kohlenstoff mit ein paar Restgruppen von Wasserstoff und Sauerstoff: Braunkohle. Sie besteht aus feinsten Kügelchen und ist extrem porös, mit der für viele Anwendungen interessanten Porengröße von acht bis 20 Nanometer. „Das ist reiner Zufall", meint Antonietti, „das haben wir nie geplant, das ist ein Geschenk der Natur". Der verkohlte Kiefernzapfen hat zwar noch die gleiche Form wie vorher, er ist jedoch kein Zapfen mehr, sondern genau genommen ein Nanoprodukt.

Die Natur macht genau das Gleiche, aber ganz langsam. Torf braucht zu seiner Entstehung 500 bis 5.000 Jahre, Braunkohle 50.000 bis 50 Millionen Jahre, Steinkohle aus dem Karbon ist sogar 150 Millionen Jahre alt. Die Potsdamer Forscher hingegen schaffen das über Nacht. Und die Reaktion ist exotherm, das heißt, es entsteht spontan Wärme. Bei einem der Versuche ist sogar die Reaktionskammer explodiert, weil zu viel Energie frei wurde.

„Das Geniale an diesem Prozess ist seine Einfachheit", sagt Markus Antonietti. Aber er sei wohl zu offensichtlich, um in den Lehrbüchern zu stehen. „Das hat schon Edgar Allan Poe gewusst: Die beste Art, etwas zu verstecken, ist, es offen hinzulegen."

Kohle für Brennstoffzellen oder Kraftstoff

Was kann man nun mit dem Kohle- Wasser-Gemisch anfangen? Man könnte es natürlich als Kohle verheizen, aber das wäre nur die einfachste und keinesfalls die beste Lösung. Viel besser ist es etwa, diese feine Kohlepulver- Wasser-Mixtur zum Betrieb einer neuen Art von Brennstoffzelle zu verwenden. Die Prototypen, die es heute davon schon gibt, beispielsweise an der Harvard-Universität, haben einen Wirkungsgrad von 60 Prozent. Man betreibt sie mit „Kohlematsch in Wasser" – wie er bei der hydrothermalen Karbonisierung entsteht.

Wer nicht Strom, sondern lieber Kraftstoff damit erzeugen will, muss das Kohlenstoff-Wasser-Gemisch einfach noch heißer machen, denn dann entsteht daraus wieder mittels einer exothermen Reaktion so genanntes Synthesegas, also Kohlenmonoxid und Wasserstoff. Daraus lässt sich direkt Benzin herstellen, und **zwar mittels des altbewährten Fischer-Tropsch-Verfahrens**. Die eingesetzte Biomasse ist also zu einem hoch wertvollen Ausgangsprodukt geworden, das man verstromen oder in Benzin umwandeln kann.

„Anstatt einen Kubikmeter Kompost einfach in einer Gartenecke verrotten zu lassen, könnte man ihn in Zukunft zu einer lokalen Fabrik bringen, um dafür 200 Liter Sprit zurückzukriegen", stellt sich Antonietti die praktische Umsetzung vor.

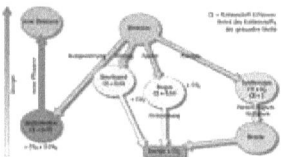

Bisheriges Biomasse-Management
© MPI für Kolloid- und Grenzflächenforschung

Das Prinzip und seine Anwendungen - Biomasse-Management mit der hydrothermalen Karbonisierung

Bisheriges Biomasse-Management

Bei weitem der Großteil der Biomasse verrottet am Ort der Entstehung direkt wieder zu atmosphärischem Kohlendioxid und auch Methan, nur sehr kleine Mengen werden zu Mutterboden oder auf andere Weise zur Kohlenstoffsenke (etwa in Sümpfen oder auf dem Meeresgrund). Die jetzigen Technologien der Biomassenutzung umfassen – neben der direkten Verbrennung von Holz und Stroh – die alkoholische Gärung, die Erzeugung von Biogas in Faultürmen sowie die direkte Synthesegaserzeugung.

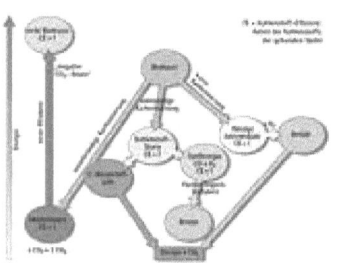

Vision eines alternativen Biomasse-Managements
© MPI für Kolloid- und Grenzflächenforschung

Vision eines alternativen Biomasse-Managements

Durch die verschiedenen Techniken der hydrothermalen Karbonisierung kann man mit sehr hoher Kohlenstoffeffizienz künstlichen Mutterboden herstellen, der bei kargen Böden nachhaltig die Qualität verbessert. Auf diese Weise dient er der Bildung größerer Mengen Biomasse (negative CO_2-Bilanz).

Der bei „vollständiger Karbonisierung" aus Abfallstoffen entstehende Kohlenstoffschlamm lässt sich aber auch für energetische Zwecke nutzen, etwa in zentralen Anlagen zur Herstellung von Synthesegas. Oder er wird – so eine Vision – in Kohlenstoff-Brennstoffzellen verstromt. Ein besseres Verständnis der bei der Karbonisierung auftretenden Prozesse dürfte auch die direkte Gewinnung von flüssigen Brennstoffen erlauben, wobei hier aufgrund der involvierten chemischen Grundgleichgewichte Wasserstoff aus anderen Quellen zugeführt werden muss.

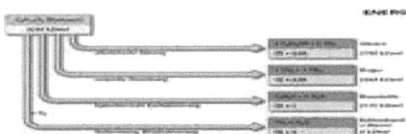

Der dritte Weg © MPI für Kolloid- und Grenzflächenforschung

Der dritte Weg

Kohlenhydrate wie Zellulose, Stärke und Zucker sind Energiespeichermoleküle, bei deren Verbrennung viel Energie frei wird. Bei der Verflüssigung von Zucker zu Alkohol gehen schon theoretisch 15 Prozent der gespeicherten Energie verloren, auch werden zwei der sechs Kohlenstoffatome gleich wieder als CO_2 freigesetzt (Kohlenstoffeffizienz CE = 0,66). Bei der anaeroben Umsetzung, der Erzeugung von Biogas, gehen im Idealfall 18 Prozent Energie verloren, und die Hälfte des gebundenen Kohlenstoffs wird wieder freigesetzt.

Sowohl alkoholische Gärung als auch Biovergasung sind jedoch biologische Prozesse, die nicht so effizient ablaufen, wie das die Theorie vorhersagt. Der hier beschriebene Weg der hydrothermalen Karbonisierung bindet in einem chemischen Prozess nahezu 100 Prozent des ursprünglichen Kohlenstoffs als Kohle oder Mutterboden, wobei 66 Prozent des ursprünglichen Brennwerts erhalten bleiben, der Rest als Prozesswärme anfällt. Dieser dritte Weg ist überall dort sinnvoll, wo die direkte Verbrennung nicht möglich oder das entsprechende Material den biologischen Prozessen nicht ausreichend zugänglich ist.

1.300 Liter Biodiesel pro Hektar
Zehnfache Ausbeute gegenüber herkömmlichen Methoden

Biomasse gibt es genug auf der Welt, auch wenn sich ihr Potenzial schwer abschätzen lässt. Die Internationale Energieagentur zitiert verschiedene Studien, deren Spektrum von neun bis zu mehr als 360 Billionen Kilowattstunden jährlich reicht. Eine Studie des World Energy Council nennt Biomasse sogar „die potenziell größte und nachhaltigste Energiequelle der Welt". Allerdings merken die Experten auch an: „Sowohl die Produktion als auch die Nutzung der Biomasse müssen noch modernisiert werden."

In der Tat ist die heutige Nutzung etwa als Kraftstoff nicht besonders effizient: Wenn man Biodiesel aus Ölfrüchten herstellt, erzeugt man letztlich rund 1.300 Liter Kraftstoff pro Hektar Ackerland, weil man nur die Samen der Pflanzen verwendet. „Würde man eine schnell wachsende Pflanze dort anbauen, etwa Weidenholz, Schilf oder auch nur normalen Wald, und dann den Kraftstoff durch hydrothermale Karbonisierung aus der gesamten Biomasse herstellen, könnte man pro Hektar 14 Kubikmeter Sprit erzielen", sagt Antonietti.

Das wäre das Zehnfache des oben genannten Werts. Allein in Deutschland fallen nach Schätzungen des Forschungszentrums Karlsruhe jährlich rund 70 Millionen Tonnen organische Trockensubstanz aus biogenen Rest- und Abfallstoffen an. Das würde für unsere Kraftstoffversorgung locker reichen.

Wertvolle Zwischenprodukte

Doch Antoniettis Prozess kann noch mehr: Im Innern des Dampfkochtopfs verwandelt sich nicht Biomasse schlagartig in Kohle, sondern es laufen nach und nach Vorgänge ab, bei denen Zwischenprodukte entstehen. Und die sind mindestens ebenso nützlich wie das Endprodukt Kohlenstoff. Öffnet man das Gefäß schon nach wenigen Minuten, findet man eine Vorstufe zu Erdöl. „Man nimmt vom Zuckermolekül zum Beispiel nur drei, nicht fünf Wasser weg", erklärt der Forscher. Das jetzige Intermediat ist noch zu reaktiv, aber mit einiger Forschungsarbeit hofft er es so weit zu zähmen, dass „wir auch direkt Öl aus Pflanzenabfällen machen können".

Ein anderes Zwischenprodukt der hydrothermalen Karbonisierung ist technisch schon weiter ausgereift: Nach der flüssigen Phase entsteht im Innern des Druckgefäßes ein matschiger Feststoff, der nichts anderes ist als das, was wir im Gartencenter als Blumenerde kaufen: Humus. Die Potsdamer Chemiker sind mit ihrem Verfahren tatsächlich in der Lage, aus Pflanzenmaterial mit 100-prozentiger Kohlenstoffeffizienz reinen Mutterboden zu machen. Bei der natürlichen Kompostierung hingegen entstehen im Allgemeinen nur rund zehn Prozent Erde, der Rest entweicht als Methan und Kohlendioxid in die Luft. „Dies ist der wichtigste Prozess in der Natur, bei dem sich Energie verflüchtigt", erklärt Markus Antonietti.

Kohlendioxid: Bilanz negativ
Verkohlung als Chance für das Klima

Unsere Fressfeinde sind – energetisch gesehen - die Mikroben. Wenn wir etwas in den Wald werfen, Stroh, Blätter, Holz, dann ist das irgendwann einmal verschwunden; aber auch die damit verbundene Energie verschwindet. Wir haben zwar ein gutes Gefühl dabei, weil wir nicht sehen, was passiert, aber die Wahrheit ist: Wir erzeugen auf diese Weise gewaltige Mengen an Kohlendioxid und Methan. Markus Antonietti: „So gesehen ist der Wald nicht nur ein Segen für die Umwelt, sondern auch der größte Umweltverschmutzer der Welt!"

Wenn man hingegen den künstlich erzeugten Mutterboden dazu benutzen würde, um erodierte Flächen in Südspanien oder in den Tropen zu begrünen, könnte man mittels des Pflanzenwachstums große Mengen an Kohlendioxid aus der Luft binden. Damit hätte man dort eine negative CO2-Bilanz. Johannes Lehmann von der Cornell University in Ithaca (USA) beschäftigt sich seit Jahren mit dieser Methode, brandgerodete Böden am Amazonas wieder fruchtbar zu machen – mit äußerst ermutigenden Ergebnissen. Lehmann und seine Mitstreiter verwenden bisher jedoch Material, das durch Verkohlung mittels Pyrolyse hergestellt wurde.

„Wir haben alles der Natur abgeschaut, also den Begriff der Biomimese mit Inhalt gefüllt. Es ist der alte Trick: Wenn man etwas nicht weiß in einer Klassenarbeit, dann setzt man sich neben den Klassenbesten und versucht, von dessen Vorgehen zu lernen. Und wir leben ja in einem System, das seit Millionen von Jahren im Kreislauf funktioniert. Von seinen Regeln können wir viel lernen", so Markus Antonietti stolz.

Dass sich seine Ideen erst ganz langsam durchsetzen werden, darüber ist sich der Forscher im Klaren: „Ich würde mich freuen, wenn Leute kommen und sagen: Da möchte ich mitmachen. Besitzer einer kleinen Gartenfirma, die etwas ausprobieren wollen, dabei sein bei diesem Wandel der Werte. Mein Wunsch ist, dass Leute wieder eine Zukunft sehen, zu Mäzenen der Wissenschaft oder vielleicht selbst aktiv werden."

(Max Planck Forschung 2/2006 / Brigitte Röthlein, 14.07.2006)

2.1.13 Hydrothermale Karbonisierung - Deutschlandfunk am 8. Nov.2009,16:30 Uhr:

Ein Chemie-Labor am Max Planck Institut für Kolloid- und Grenzflächenforschung in Golm bei Potsdam. Maria-Magdalena Titirici schraubt ein Metall-Gefäß zusammen, das etwa so groß ist wie ein Gewürzdöschen.

„Das ist einer von unseren kleinen Reaktoren. Wir stecken etwas Biomasse in den Behälter und bringen ihn mit einem Ölbad auf die richtige Temperatur, etwa 200 Grad Celsius, dabei überwachen wir den Druck. Nach zwölf Stunden kann man den Behälter herausnehmen, öffnen - und hat Kohle."

Der Vorgang, der für Maria-Magdalena Titirici längst zu einem alltäglichen Prozess geworden ist, könnte eine Revolution in der Klimatherapie der Erde bedeuten. Die sogenannte hydrothermale Karbonisierung macht es möglich, in einem Kochtopf quasi über Nacht Bioabfall in Kohle zu verwandeln. Im Prinzip wird hier der natürliche Prozess der Kohlebildung, wie er auf der Erde innerhalb von Jahrmillionen abgelaufen ist, drastisch beschleunigt. Markus Antonietti, Direktor des Max Planck Instituts und Erfinder des neuen Verfahrens.

„Diese Idee, Kohlenstoff zur Klimatherapie zu benutzen, ist eine alte. Nur die bisherigen Forscher, die das betreiben, also hauptsächlich Geoforscher, die glauben noch an 'Biochar', das heißt klassische Holzköhlerei. Und bei dieser klassischen Holzköhlerei haben wir zwei Einschränkungen. Zum Einen: Die Umwandlung des in der Biomasse gebundenen Kohlenstoffs in Kohle ist relativ ineffektiv. Nur circa 30 Prozent des Kohlenstoffs kommen tatsächlich in der Kohle an. Und das zweite Problem der Köhlerei ist: Sie brauchen eigentlich trockenes Holz, also einen relativ hochwertigen Rohstoff. Während, unser Verfahren geht auch mit Schlämmen, mit Abfallbiomasse, mit nassen Blättern, mit der braunen Tonne in Berlin - das heißt wir können die Gesamtheit der Biomasse konvertieren, mit einer sehr hohen Effizienz."

Sieben Gigatonnen CO_2 produziert die Menschheit pro Jahr durch Verbrennung von Kohle und Öl, rechnet Antonietti vor. Wenn es also gelänge, eben diese Menge aus Biomasse zurück in Kohle zu verwandeln - wäre die Erde klimatisch geheilt.

„Und das ist tatsächlich relativ einfach, weil der Planet produziert 120 Kubikkilometer trockene Biomasse. Davon schmeißt die Menschheit bereits 10 bis 14 Kubikkilometer als landwirtschaftliche Seitenprodukte, als Klärschlamm weg und wenn wir dieser Abfälle uns annehmen und sie in Kohlenstoffprodukte verwandeln, dann haben wir das Klimaproblem in den Griff gekriegt. Das ist natürlich ein Weltproblem und eine Weltmaßnahme - erwarten Sie das nicht in den nächsten drei Jahren."

Erste Schritte hin zum Biokohle-Geo-engineering werden derzeit auf einem weitläufigen Industriegelände in Teltow unternommen, südlich von Berlin, auf dem ehemaligen Gelände des „VEB Teltomat". Zwischen Schrottplatz, Asphaltmischwerk und einer Kläranlage hat der Wirtschaftsingenieur Volker Zwing seinen schwarzen Gelände-Kombi geparkt. In einer großen Halle baut er hier mit seinen Kollegen eine Pilotanlage auf für die Verarbeitung von Biomasse.

„Sie brauchen natürlich außen herum dann noch auf dem Freigelände, Logistikflächen, wo dann die Biomasse antransportiert werden muss. Und nachher auch die fertige Kohle auch wieder abtransportiert werden muss. Die Hallenfläche selbst ist Anlagenfläche, die Druckreaktoren, die Pumpen. Also sämtliche Anlagenbestandteile, die sind in der Halle drin."

Zwing ist Geschäftsführer von „CS-Carbonsolutions", ein Unternehmen, das die Lizenzrechte an der hydrothermalen Karbonisierung bei der Max-Planck-Gesellschaft erworben hat. Die Pilotanlage soll bald das Kunststück vollbringen, in einem kontinuierlichen Prozess eine Tonne Biomasse pro Stunde in Kohle zu verwandeln - von Laub über Grünschnitt bis hin zu Klärschlamm. - Ob das technisch funktioniert und ob es sich wirtschaftlich lohnt, wird sich in den kommenden Monaten zeigen. Immerhin: Es gibt eine Menge Ideen für den Absatz der Kohle.

„Wir streben ganz stark stoffliche Verwertung an. Dass man hochwertige Kohle herstellt. Filterkohle zum Beispiel, Metallurgische Kohle für die Stahlerzeugung. Das sind Kohlesorten die relativ rein sein müssen. Das finden wir so mit am Spannendsten."

2.1.14 Choren und Sundiesel

Die Vision sagt auf der Website www.choren.com/de/choren_industries/vision:

Der gesamte Lebens- und Wirtschaftskreislauf unseres Planeten beruht auf der stetigen Versorgung mit Energie.

Die große Herausforderung der Gegenwart besteht vor allem darin, diesen Kreislauf in eine nachhaltige Bahn zu lenken, einerseits in Bezug auf das ökologische Gleichgewicht, andererseits unter der Berücksichtigung der versiegenden fossilen Ressourcen. Bereits in rund 40 Jahren werden die heute bekannten Mineralölreserven verbraucht sein.

CHOREN Industries schlägt die Brücke zwischen der Umwelt und den Bedürfnissen unserer Zivilisation. Die Energie der Pflanzen wird zu hochreinen Kohlenwasserstoffen umgewandelt, um sie so auch für modernste Technik nutzbar zu machen. Nach dem Vorbild der Natur wird entsprechend den Prinzipien gehandelt, die sich seit Beginn des Lebens auf der Erde bewährt haben: Kohlenstoff aus erneuerbaren Quellen wird nach unserer Überzeugung in Zukunft zum Energieträger par excellence – auch für regenerativ erzeugten Wasserstoff.

Unser größtes Kraftwerk ist 150 Millionen Kilometer entfernt, arbeitet seit Urzeiten ohne Unterbrechung und steht uns auch auf unbestimmte Zeit vollkommen kostenfrei zur Verfügung.

Die Sonne produziert soviel Energie, dass fortwährend mehr als das Zehntausendfache des gegenwärtigen Primärenergiebedarfs auf der Oberfläche der Erdkugel als Strahlungsenergie auftrifft.

Abgesehen von Atomkraft, Gezeitenkraft und der Wärmeenergie aus dem Erdinneren sind alle anderen Formen der Energiebereitstellung auf die Strahlung der Sonne zurückzuführen. Nicht nur Biomasse und alle fossilen Energieträger, sondern auch Wind- und Wasserkraft entstehen durch Sonnenenergie oder wurden in der Vergangenheit gebildet. Ein Mix der verschiedenen erneuerbaren Energieträger, verbunden mit einer gesteigerten Nutzungseffizienz, ist ohne weiteres in der Lage, in einigen Jahrzehnten die fossilen und atomaren Energieträger weitgehend abzulösen. Der Biomasse kommt dabei eine besondere Rolle zu: Als einziger regenerativer Energieträger, der kostengünstig gespeichert werden kann, ist sie für den mobilen Einsatz – nach entsprechender Aufbereitung – prädestiniert.

Gegenwärtig beruht unsere Energieversorgung noch überwiegend auf fossilen Energieträgern wie Erdöl, Erdgas und Kohle. Wir verbrauchen somit nicht nur die Energiereserven, die über viele 100 Millionen Jahre hinweg gebildet wurden, in kürzester Zeit, sondern nehmen gleichzeitig auch in Kauf, dass zukünftige Generationen unter unkalkulierbaren klimatischen Bedingungen leben werden.

Bei der Nutzung fossiler Energieträger wird das von den Pflanzen durch Sonnenenergie vor Urzeiten in unterirdischen Lagerstätten in Form von Kohlenwasserstoffen gebundene Kohlenstoffdioxid (CO_2) teilweise wieder freigesetzt. Die klimatischen Bedingungen wie wir sie heute als selbstverständlich hinnehmen, konnten sich jedoch erst dadurch einstellen, dass der größte Teil des ehemals frei vorhandenen CO_2 durch die Photosynthese der Pflanzen der Atmosphäre entzogen wurde. Seit Beginn der Industrialisierung ist der CO_2-Gehalt in der Luft bereits um über 30% angestiegen – mit hoher Wahrscheinlichkeit auf den höchsten Wert seit 20 Millionen Jahren.

Alle Pflanzen wachsen nach dem gleichen Prinzip. Aus CO_2, Wasser und geringfügigen Mengen Pflanzennährstoffen wird durch Sonnenlicht als treibende Kraft energiereiche Biomasse aufgebaut. Gleichzeitig entsteht bei diesem Prozess der für Tier und Pflanze lebenswichtige Sauerstoff – sozusagen als Nebenprodukt. Seit jeher wird die Energie der Biomasse von Menschen als Nahrungs- und Futtermittel oder als Brennstoff zur Wärmeerzeugung genutzt. Bis zur Einführung der Traktoren wurde beispielsweise in Europa rund ein Drittel der Ackerfläche mit „Energiepflanzen", insbesondere Hafer, bestellt, um genug Futter für die Arbeitstiere zu erzeugen. Wird Biomasse als Energieträger genutzt, so wird der natürliche Kohlenstoffkreislauf der Natur nur etwas verlängert. Ohne die stoffliche oder energetische Nutzung würde sich die Biomasse unter Sauerstoffverbrauch über einen natürlichen Prozess wieder in CO_2, Wasser, Nährstoffe und Energie in Form von Wärme zersetzen. Bei der Nutzung von SunDiesel® wird somit nur soviel CO_2 frei, wie zuvor von den Pflanzen der Atmosphäre entzogen wurde.

In dem von CHOREN Industries entwickelten „Verfahren" wird Biomasse zunächst in ihre niedermolekularen Bestandteile zerlegt, um dann die beiden hochenergetischen Grundstoffe, Kohlenstoff und Wasserstoff, zu reinen Kohlenwasserstoffketten neu zusammenzusetzen (synthetisieren). So entsteht ein Energieträger, der einerseits über die bestehende Infrastruktur verteilt werden kann, andererseits jedoch auch den höchsten Ansprüchen zukünftiger Verbrennungsmotoren wie auch Brennstoffzellensystemen entspricht. Und sobald es möglich ist, Wasserstoff aus erneuerbarer Energie in nennenswertem Umfang zu produzieren, kann dieser mit in den Prozess eingespeist werden – bei einer verdoppelten Kraftstoffproduktion pro eingesetzte Biomasseeinheit.

Unser Ziel ist es, mit „SunDiesel® made by CHOREN" einen Beitrag zu leisten, die Kraftstoffversorgung und dadurch auch unsere Lebensqualität zunehmend von der mittlerweile unkalkulierbaren Entwicklung der Märkte für fossile Energieträger abzukoppeln sowie klimaneutrale Mobilität zu gewährleisten. Durch eine hohe nationale Wertschöpfung, insbesondere auch bei der Rohstoffproduktion, schaffen wir zudem neue Arbeitsplätze in einer der wichtigsten Branchen der Zukunft – „Biomass to Energy".

2.1.15 CO_2 als Chemierohstoff hilft Abfall zu vermeiden

aus der Neuen Zürcher Zeitung, FORSCHUNG UND TECHNIK - Seite 32 Mittwoch, 23. September 2009   von **Reinhold Kurschat**
Vom Abfall zum Chemierohstoff
Synthese von Kraftstoffen und chemischen Produkten aus Kohlendioxid
Kohlendioxid hat einen schlechten Ruf. Doch dieses Image könnte sich in Zukunft ändern. Forscher loten zurzeit aus, ob sich das Verbrennungsprodukt wieder in Brennstoffe und andere chemische Produkte zurückverwandeln lässt.

Erdöl, Erdgas und Kohle dienen der chemischen Industrie als Quelle für Kohlenstoff, aus dem eine riesige Palette von Alltagsmaterialien hergestellt wird. Zugleich sind die fossilen Rohstoffe aber auch die wichtigsten Energieträger, und so wird ihr größter Teil verbrannt. Dabei und bei anderen menschlichen Aktivitäten entstehen jährlich rund 28 Gigatonnen Kohlendioxid. Um den weiteren Anstieg des CO_2-Gehalts der Atmosphäre zu drosseln, soll das Treibhausgas künftig aus den Abgasen der Kraftwerke und der Industriebetriebe abgetrennt, zu Lagerstätten transportiert und deponiert werden. Doch dieses als Carbon Capture and Storage (CCS) bezeichnete Prozedere ist teuer, verschlingt Energie und setzt zusätzliches CO2 frei.

Zu schade zum Entsorgen

Deshalb fragen sich viele Forscher, ob man aus der Not nicht eine Tugend machen soll. Anstatt das von den Abgasen abgetrennte Kohlendioxid im Boden zu deponieren, könnte man es zumindest teilweise als Kohlenstoffquelle verwenden, um daraus chemische Verbindungen zu synthetisieren. Mit dem Erlös aus diesen Produkten könnte zumindest ein Teil der Kosten für das CCS aufgefangen werden.

Schon heute wird Kohlendioxid vielfältig industriell genutzt. Mengenmäßig an der Spitze steht die Synthese von Harnstoff, der aus Kohlendioxid und Ammoniak entsteht und zu Kunstharzen und Düngemitteln weiterverarbeitet wird. Ebenfalls große Mengen CO_2 werden mit Wasserstoff katalytisch in Methanol umgesetzt. Das bekannteste Produkt, in dem chemisch gebundenes CO_2 steckt, ist Aspirin. Zudem dienen erhebliche Mengen an CO_2 als umweltfreundliches Lösungsmittel.

Gerade das Beispiel der Harnstoff-Synthese zeigt jedoch die Achillesferse vieler Verfahren zur CO_2-Verwertung. Denn unterm Strich gelangt durch die energieaufwendige Synthese mehr CO_2 in die Atmosphäre, als nachher im Harnstoff gebunden wird. Ob die Rezyklierung des Kohlendioxids den Nebeneffekt hat, den CO_2-Gehalt der Atmosphäre zu senken, bringt somit erst eine **Gesamtbilanz** an den Tag.

Im Prinzip könnte CO_2 die klassischen Kohlenstoffquellen Erdöl, Erdgas und Kohle bei der Synthese chemischer Verbindungen eines Tages vollständig ersetzen. Seine chemische Verwertung hat aber einen entscheidenden Haken: Die CO_2-Moleküle gehören zu den energieärmsten und reaktionsträgsten überhaupt. Doch mit Katalysatoren und unter **Zufuhr von Energie** lassen sie sich dazu bewegen, chemische Bindungen zu anderen Atomen einzugehen. Inzwischen werden ganz verschiedene Konzepte zur stofflichen Nutzung von CO_2 verfolgt. So können daraus beispielsweise Kohlenwasserstoffe oder Methanol synthetisiert werden, die sich direkt nutzen oder zu zahllosen anderen Chemikalien weiterverarbeiten lassen.

CO_2-neutrale Wirtschaftsweise

Manche Forscher gehen sogar noch einen Schritt weiter. So sieht der Chemie-Nobelpreisträger **George A. Olah von der University of Southern California** in Los Angeles die Chance, einen der Fotosynthese abgeschauten, künstlichen Kreislauf zu schaffen, bei dem Wasser und CO_2 aus Verbrennungsvorgängen wieder in organische Verbindungen umgewandelt werden. Angetrieben von erneuerbaren Energien würde damit eine insgesamt CO_2-neutrale Wirtschaftsweise entstehen. Olah befürwortet daher schon seit Jahren die Schaffung einer sogenannten **Methanol-Wirtschaft**, die das Zeitalter von Öl, Gas und Kohle ablösen soll. Denn Methanol eignet sich als Kraftstoff für Verbrennungsmotoren, es kann direkt in Brennstoffzellen verwendet oder als Ausgangsstoff für die Synthese einer breiten Palette von Kohlenwasserstoffen und anderen organischen Chemikalien eingesetzt werden. Obwohl Methanol und Kohlenwasserstoffe schon lange großtechnisch synthetisiert werden, sind die betreffenden Prozesse bis heute alles andere als nachhaltig. Als Ausgangsmaterial dient das sogenannte Synthesegas, ein Gemisch aus Kohlenmonoxid und Wasserstoff. Man erhält dieses Gas zum Beispiel dadurch, dass man das im Erdgas enthaltene Methan (CH_4) mit Wasser zu Kohlenmonoxid und Wasserstoff umsetzt. Um diese Reaktion in Gang zu bringen, wird relativ **viel Energie** benötigt, die heute aus fossilen Quellen stammt. Nachhaltiger wäre es, die Bestandteile des Synthesegases, also Kohlenmonoxid und Wasserstoff, nicht aus Methan zu gewinnen (und damit aus einem fossilen Rohstoff), sondern aus Kohlendioxid und Wasser. Man müsste dazu nur je ein Sauerstoffatom aus diesen Molekülen abspalten. Um den Prozess wirklich nachhaltig zu machen, sollte die dafür benötigte **Energie regenerativen Ursprungs** sein. Bis heute gibt es noch kein großtechnisches Verfahren, das diese Anforderungen erfüllt.

Ein zweistufiger Kreisprozess

Eine interessante Möglichkeit haben **Aldo Steinfeld** und seine Kollegen von der **ETH Zürich** und vom **Paul-Scherrer-Institut** in Villigen in der Schweiz ins Spiel gebracht. Die Forscher haben einen zweistufigen Kreisprozess entwickelt, mit dem CO_2 und Wasser gespalten werden können. Dazu konzentrieren die Forscher Sonnenstrahlung mit einem Solarofen, so dass Temperaturen von über 2000 Grad Celsius erreicht werden. Mittels dieser Energie wird zunächst Zinkoxid in seine Bestandteile zerlegt. Im nächsten Schritt entreißt das Zink dem zugeführten CO2 ein Sauerstoffatom, so dass Kohlenmonoxid und Zinkoxid entstehen. Das Kohlenmonoxid kann entweder mit den etablierten Verfahren zu flüssigen Treibstoffen weiterverarbeitet oder direkt unter Wärmefreisetzung zu CO2 verbrannt werden. Auf dieselbe Weise lässt sich auch der für Synthesegas erforderliche Wasserstoff mit Zink aus Wasser erzeugen. Das Zinkoxid wird in den Solarreaktor zurückgeführt. Die Energie wird bei diesem Verfahren mit einer Effizienz von über 35 Prozent umgewandelt. Allerdings würden auch ungeheure Mengen Zink benötigt, um das Verfahren in den industriellen Maßstab zu übertragen.

Auch die viel milderen Bedingungen der Fotosynthese werden bereits für das Recycling von CO2 nutzbar gemacht. So wird derzeit in einer Pilotanlage im deutschen **Braunkohlekraftwerk** in Bergheim-Niederaussem untersucht, wie das in Abgasen von Verbrennungsvorgängen enthaltene CO2 mit Hilfe der Fotosynthese rezykliert und in Biomasse umgewandelt werden kann. Dort werden Algen direkt mit dem im Rauchgas enthaltenen CO2 «gefüttert». Aus der Algenbiomasse können dann Treibstoffe, Chemikalien oder Biogas gewonnen werden.

Die Fotosynthese ist an sich wenig effizient, da nur ein geringer Teil der Sonnenenergie tatsächlich genutzt wird. Viele Forscher fragen sich daher, ob es nicht möglich ist, diesen Vorgang technisch zu optimieren, indem man CO_2 aus der Luft filtert und mit Hilfe von Wasser, Sonnenlicht und einem Fotokatalysator flüssige Treibstoffe erzeugt. Tatsächlich entstehen verschiedene organische Folgeprodukte, wenn man in Wasser gelöstes CO_2 in Anwesenheit eines metallhaltigen Katalysators mit Licht bestrahlt. Denn die Wassermoleküle geben Elektronen an den Fotokatalysator ab, die das CO_2 aufnimmt. In dieser aktivierten Form kann das CO_2 zu Produkten wie Methan oder Methanol weiterreagieren. Nur sind solche fotokatalytischen Vorgänge bis heute ebenfalls noch nicht sonderlich produktiv.

Anders als bei der Synthese von flüssigen Kohlenwasserstoffen aus Synthesegas, die drastische Bedingungen erfordert, haben **Siglinda Perathoner** und ihre Kollegen von der **Universität von Messina** und der **Universität Strassburg** bei normaler Temperatur und normalem Druck auf elektrokatalytischem Weg flüssige Kohlenwasserstoffe und Alkohole aus CO_2 erzeugt. Dazu beschichteten sie eine für die Ladungsträger durchlässige Membran auf einer Seite mit porösem Kohlenstoff und lagerten Nanopartikel aus Platin in die Poren ein. Sobald eine elektrische Spannung angelegt wurde bildeten sich aus gasförmigem CO_2 unter anderem verschiedene flüssige Kohlenwasserstoffe. Allerdings wurde der Katalysator rasch inaktiv, so dass es bis zur Anwendungsreife einer solchen elektrokatalytischen Kohlenwasserstoff-Synthese noch ein weiter Weg ist.

Begrenztes Potenzial

Alle neuen Methoden zur Synthese von organischen Verbindungen aus CO_2 stecken noch in den Kinderschuhen und werden auf absehbare Zeit kaum zur Entschärfung des CO_2-Problems beitragen. Dafür sind die produzierten Mengen viel zu gering. Auch das Potenzial der heute bereits etablierten grosstechnischen Verfahren ist beschränkt. Wie die **Gesellschaft für Chemische Technik und Biotechnologie** und der deutsche **Verband der Chemischen Industrie** erst vor wenigen Monaten in einer Studie abgeschätzt haben, könnte die chemische Industrie von der jährlich freigesetzten CO_2-Menge nur etwa 1 Prozent in Form von höherwertigen Produkten und rund 10 Prozent in Form von synthetischen Kraftstoffen verwerten - vorausgesetzt, sie würde alle ihr zur Verfügung stehenden Kapazitäten ausschöpfen.

In verschiedenen Ländern wird daher die Forschung intensiviert, um neue Wege für das CO_2-Recycling zu finden. So fördert das deutsche **Bun-**

desforschungsministerium in den kommenden Jahren die Entwicklung von chemischen Prozessen zur Nutzung von CO_2 mit 100 Millionen Euro. In einem derzeit geplanten nationalen Forschungsprogramm wollen auch **Andreas Züttel** von der **Empa** und **Heinz Berke** von der **ETH Zürich** flüssige Kohlenwasserstoffe aus CO_2 und Wasserstoff synthetisieren. Wesentliche Ziele des Projekts werden dabei die Suche nach Katalysatoren und nanostrukturierten Materialien für die Abtrennung von CO_2 direkt aus der Luft sein.

Langfristig sieht **Züttel** sogar die Chance, dass durch die Verwertung des atmosphärischen Kohlendioxids eine neue Senke für CO_2 entstehen kann. Aber dafür müsse jetzt auf Teufel komm raus geforscht werden.

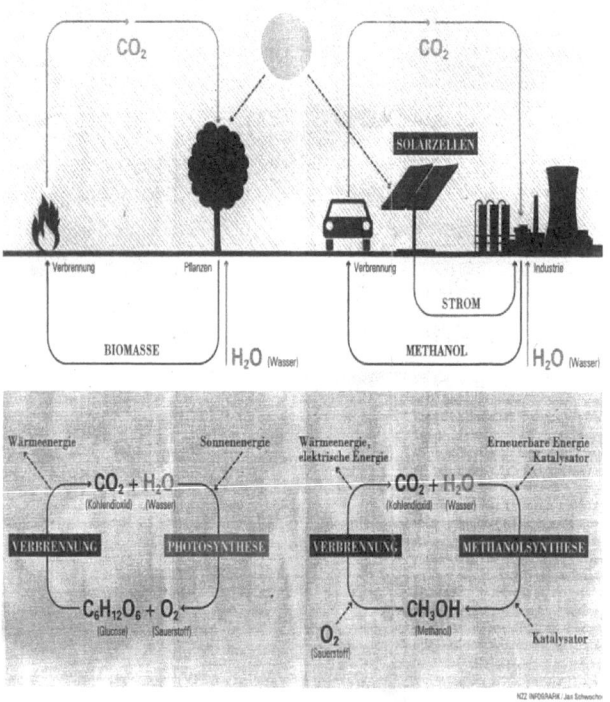

2.1.16 Verschiedene Quellen zur weiteren Information

http://www.jee.info – **Jahrbuch Erneuerbare Energien 2007** Das umfassendste Nachschlagewerk zur klimafreundlichen Energieversorgung
Copyright (c) 1998 - 2008 scinexx Springer Verlag, Heidelberg - MMCD interactive in science, Düsseldorf

Staiß, Frithjof: **Jahrbuch Erneuerbare Energien 2007** mit CD-ROM / Prof. Dr. rer. pol. Frithjof Staiß. Hrsg.: Stiftung Energieforschung Baden-Württemberg. Radebeul : Bieberstein, 2007. ISBN 978-3-927656-19-2. 476 Seiten, 450 Grafiken und Tabellen.

2050 können erneuerbare Energien in Deutschland 50 % des Primärenergiebedarfs decken.

Das neue „Jahrbuch Erneuerbare Energien 2007" des Autors Prof. Dr. Frithjof Staiß vom Zentrum für Sonnenenergie- und Wasserstoff-Forschung Baden-Württemberg (ZSW) liefert jetzt Hintergrundinformationen und statistische Daten zu der sich ausweitenden Erfolgsgeschichte. Die vierte Ausgabe des Standardwerks enthält die derzeit umfassendste Analyse der Sachgebiete - inklusive der internationalen Entwicklung. Es wendet sich an alle, die mit regenerativen Energien zu tun haben. Herausgegeben wird das Jahrbuch von der Stiftung Energieforschung Baden-Württemberg

Das „Jahrbuch Erneuerbare Energien" ist ein Nachschlagewerk bei allen Fragen zu zukunftsfähigen Energien. Es richtet sich an Fachleute in Wirtschaft, Wissenschaft, Politik, Verbänden und Interessengruppen sowie die interessierte Öffentlichkeit. Preis 24,95 Euro, mit Tabellen und Grafiken auf CD-ROM 35,20 Euro.

Inhalt der gedruckten Ausgabe

1 Der Markt für Erneuerbare Energien in Deutschland
1.1 Erneuerbare Energien in der Energieversorgung
1.1.1 Strommarkt
1.1.2 Wärmemarkt
1.1.3 Kraftstoffmarkt
1.2 CO_2-Minderung und Substitution fossiler Energieträger
1.3 Umsätze aus Investitionen und dem Anlagenbetrieb

1.4 Arbeitsplatzeffekte der Nutzung Erneuerbarer Energien
1.5 Kosten der Energiebereitstellung aus Erneuerbaren Energien
1.6 Biomasse
1.6.1 Kleinstanlagen für den privaten Bereich
1.6.2 Biomasseheizwerke und Nahwärmenetze
1.6.3 Stromerzeugung
1.6.4 Kosten
1.6.5 Umsätze, Arbeitsplätze, Perspektiven
1.7 Wasserkraft
1.7.1 Stand und bisherige Entwicklung
1.7.2 Kosten
1.7.3 Umsätze, Arbeitsplätze, Perspektiven
1.8 Windenergie
1.8.1 Stand und bisherige Entwicklung
1.8.3 Umsätze, Arbeitsplätze, Perspektiven
1.8.4 Offshore-Windenergienutzung
1.9 Sonnenenergie
1.9.1 Solarthermie
1.9.2 Photovoltaik
1.9.3 Kosten
1.9.4 Umsätze, Arbeitsplätze, Perspektiven
1.10 Geothermie
1.10.1 Oberflächennahe Geothermie
1.10.2 Tiefengeothermie
1.10.3 Kosten
1.10.4 Umsätze, Arbeitsplätze, Perspektiven
2 Finanzielle Förderung Erneuerbarer Energien
2.1 Förderinstrumente
2.1.1 Investitionskostenzuschüsse
2.1.2 Verbilligte Darlehen
2.1.3 Steuervergünstigungen
2.1.4 Förderung des Anlagenbetriebs
2.1.5 Bereitgestellte Fördermittel im Jahr 2005 2.2 Das Erneuerbare-Energien-Gesetz
2.2.1 Vergütung für Strom aus Windenergie

2.2.2 Vergütung für Strom aus solarer Strahlungsenergie
2.2.3 Vergütung für Strom aus Deponiegas, Klärgas und Grubengas
2.2.4 Vergütung für Strom aus Biomasse
2.2.5 Vergütung für Strom aus Wasserkraft
2.2.6 Vergütung für Strom aus Geothermie
2.3 Das „Marktanreizprogramm zur Förderung der Nutzung Erneuerbarer Energien"
2.4 Weitere Förderprogramme
2.4.1 ERP-Umwelt- und Energiesparprogramm
2.4.2 KfW-Umweltprogramm
2.4.3 Förderung „Nachwachsender Rohstoffe"
2.4.4 Solarthermie2000plus
2.4.5 KfW-Programm „Solarstrom erzeugen"
3 Erneuerbare Energien und Politik
3.1 Agenda 21 und Millenniumsziele der Vereinten Nationen
3.2 Klimaschutz und Erneuerbare Energien auf internationaler Ebene
3.2.1 Die Klimarahmenkonvention von 1992
3.2.2 Das Kyoto-Protokoll von 1997I233
3.2.3 Der Post-Kyoto-Prozess
3.2.4 „Rio + 10" Der Weltgipfel in Johannesburg und die REN21-Initiative
3.3 Das europäische Leitbild zu Erneuerbaren Energien
3.3.1 Die Europäische Nachhaltigkeitsstrategie
3.3.2 Das Europäische Programm gegen den Klimawandel
3.3.3 Das Grünbuch „Eine europäische Strategie für nachhaltige, wettbewerbsfähige und sichere Energie"
3.3.4 Das Weißbuch der Europäischen Kommission zu Erneuerbaren Energien
3.3.5 Die Europäische Richtlinie zur Förderung Erneuerbarer Energien im Strommarkt
3.3.6 Die Europäische Richtlinie zur Förderung von Kraftstoffen aus Erneuerbaren Energien
3.3.7 Eine neue EU-Richtlinie für Erneuerbare Energien im Wärmemarkt?
3.4 Die deutsche Bundespolitik zu Erneuerbaren Energien

3.4.1 Die Nachhaltigkeitsstrategie der Bundesregierung
3.4.2 Die Klimaschutzstrategie der Bundesregierung
3.4.3 Der Treibhausgasemissionshandel
3.4.4 Die Koalitionsvereinbarung der Bundesregierung vom 11.11. 2005
3.4.5 Der Energiegipfel
3.4.6 Ein kurzer Ausblick
4 Nutzungsperspektiven Erneuerbarer Energien in Deutschland
4.1 Nutzungspotenziale Erneuerbarer Energien in Deutschland.
4.1.1 Exkurs: Potenziale zur nachhaltigen energetischen Nutzung von Biomasse
4.2 Rahmendaten für die Entwicklung der Energieversorgung
4.3 Referenzentwicklung der Energieversorgung bis 2050
4.4 Szenarien einer nachhaltigen Energieversorgung bis 2050
4.5 Ein mögliches Szenario des forcierten Ausbaus Erneuerbarer Energien bis 2050
4.5.1 Entwicklung des Primärenergieverbrauchs
4.5.2 Stromerzeugung
4.5.3 Wärmeversorgung
4.5.4 Verkehrssektor
4.5.5 Die Bedeutung von Forschung und Entwicklung für den weiteren Ausbau Erneuerbarer Energien
4.5.6 Volkswirtschaftliche Wirkungen des Ausbaus Erneuerbarer Energien
4.5.6.1 Differenzkosten
4.5.6.2 Mögliche Arbeitsplatzeffekte
4.5.7 Fazit
5 Nutzung Erneuerbarer Energien auf internationaler und europäischer Ebene
5.1 Erneuerbare Energien in der globalen Energieversorgung und deren Beitrag zur CO_2-Vermeidung
5.2 Erneuerbare Energien in der Europäischen Union
5.2.1 Anteil Erneuerbarer Energien am Primär-Energieverbrauch
5.2.2 Erneuerbare Energien im Strommarkt

5.2.3 Erneuerbare Energien im Wärmemarkt
5.2.4 Erneuerbare Energien im Kraftstoffmarkt
5.2.5 CO_2-Vermeidung durch die Nutzung Erneuerbarer Energien
5.2.6 Erneuerbare Energien in den neuen EU-Mitgliedsstaaten
5.3 Bioenergien
5.3.1 Weltweite Nutzung von Bioenergien
5.3.2 Nutzung von Bioenergien in der Europäischen Union
5.4 Wasserkraft
5.4.1 Weltweite Nutzung der Wasserkraft
5.4.2 Nutzung der Wasserkraft in der Europäischen Union
5.4.3 Nutzung der Meeresenergie
5.5 Windenergie
5.5.1 Weltweite Nutzung der Windenergie
5.5.2 Nutzung der Windenergie in der Europäischen Union
5.6 Sonnenenergie
5.6.1 Thermische Solarkollektoren
5.6.2 Solarthermische Kraftwerke
5.6.3 Photovoltaik
5.7 Geothermie
5.7.1 Geothermische Wärmenutzung
5.7.2 Wärmepumpen
5.7.3 Geothermische Stromerzeugung
5.8 Weltweite Perspektiven Erneuerbarer Energien
5.8.1 Langfristszenarien der globalen Energieversorgung bis zum Jahr 2100
5.8.1 Kurz- und mittelfristige Perspektiven Erneuerbarer Energien
6 Kommentare
Herleitung der CO_2-Reduktionsfaktoren für die Strom- und Wärmebereitstellung aus Erneuerbaren Energien
Berechnung des Primärenergieäquivalents für Strom, Wärme und Kraftstoffe aus Erneuerbaren Energien
Wirkungsgradmethode   Substitutionsmethode
Energiebereitstellung aus Photovoltaik und Solarthermie
Photovoltaik Solarthermie Quellennachweis 10
Quellennachweis F

- **Weitere Informationen auch bei:**

UFOP   Tel. Frau B. Nimphy   15.Okt.08
Haus der Land- und Ernährungswirtschaft
Claire-Waldoff-Str. 7
10117 Berlin
Telefon: 0 30 / 31 90 42 02
Telefax: 0 30 / 31 90 44 85
info@ufop.de

- **Basisdaten zu den deutschen Biokraftstoffen finden Sie im Tabellen-Anhang 3.6**

2.1.17 Ethanol-Kraftstoff – aus Wikipedia

ist ein klopffester Ottokraftstoff mit einer Oktanzahl von mindestens 104 ROZ. Um das Ethanol nicht als Neutralalkohol trinken zu können, werden heute den für technische Anwendungen wie Kraftstoff, Lösungsmittel oder Brennspiritus vorgesehenen Alkoholen Vergällungsmittel beigemischt, wodurch diese ungenießbar werden und in Deutschland nicht mehr der Branntweinsteuer unterliegen.

2.1.17.1 Verwendung, Einsatzgebiete, Technik

Darüber hinaus werden als *Ethanol-Kraftstoffe* auch Ottokraftstoffe bezeichnet, bei denen Ethanol in nennenswerten Mengen beigemischt wird. Bereits die Reichskraftsprit gab in der Weimarer Republik ab 1925 etwa 25 % Kartoffelsprit zum Benzin dazu und verkaufte das Gemisch unter dem Namen *Monopolin*. Heute werden die Gemische nach dem Anteil von Ethanol im Benzin bezeichnet, so würde *Monopolin* als E25 bezeichnet (25 % Ethanol), ein heute viel diskutierter Ottokraftstoff ist E85 mit 85 % Ethanol. Die Beimischung von geringen Mengen in Benzin, beispielsweise 5 % Ethanol, wie es heute im Benzin vorkommt, wird nicht als Ethanol-Kraftstoff bezeichnet, sondern als Benzin. Da viele ältere Autos nicht auf das teilweise stark als Lösungsmittel auf verwendete Materialien wirkende Ethanol hin konstruiert sind, wird derzeit eine Beimischung von 5 % als Obergrenze für nicht auf Ethanol vorbereitete Autos angesehen.

Bis in die 1950er Jahre wurde Ethanol mit diversen weiteren Kraftstoffen wie Benzol, Methanol, Aceton und Nitrobenzol zu sehr klopffesten

Rennkraftstoffen gemischt, die heute aufgrund der toxischen Wirkung auf Menschen und der aggressiven Wirkung auf das Material verboten sind.

Ethanol weist unabhängig von seiner Gewinnung immer die gleichen chemischen Eigenschaften auf, es gibt chemisch keinen Unterschied zwischen fossil oder biogen hergestelltem Ethanol. Weltweit gesehen hat heutzutage fossiler Alkohol (beispielsweise durch Hydratisierung von aus Kokereigas stammendem Ethen hergestellt) keine Bedeutung; von der produzierten Menge biogen erzeugten Ethanols werden etwa 35 % als Neutralalkohol für Getränke und Lebensmittel sowie für weitere technische Zwecke erzeugt und etwa 65 % zur Nutzung als Kraftstoffethanol. In Deutschland ist das Verhältnis etwa hälftig.

Das nur für Kraftstoffzwecke als Zusatzstoff von Benzin in unterschiedlichen Mischungskonzentrationen biogen hergestellte Ethanol wird heutzutage verkürzt als Bioethanol bezeichnet, es ist im Kontext der energetischen Nutzung von nachwachsenden Rohstoffen bedeutend. Während Bioethanol bisher nur aus Zucker und somit vor allem aus Zuckerrohr sowie stärkehaltigem Getreide gewonnen wurde, wird für neuere Technologien vor allem auf Biomassenutzung zellulosehaltiger Rohstoffe wie Chinaschilf, Rutenhirse und Holz zugegriffen; das Ergebnis ist das Cellulose-Ethanol.

2.1.17.2 Geschichte

Nikolaus August Otto verwendete bereits in den 1860er Jahren „Spiritus" (*Kartoffelsprit*, *Äthylalkohol*) als klopffesten Kraftstoff (Oktanzahl mind. 104 ROZ) in den Prototypen seines Verbrennungsmotors. Während des Ersten Weltkriegs wurde dieser Kraftstoff als *Motoren-Spiritus* für hohe Leistungsanforderungen wie Jagdflugzeuge auf Feindflug verwendet.

Der Automobilhersteller Henry Ford konzipierte später sein von 1908 bis 1927 gebautes Ford Modell T ursprünglich auf der Grundlage, dass Agraralkohol der Treibstoff der Zukunft sei, der zugleich der Landwirtschaft neue Wachstumsimpulse bringen würde: „The fuel of the future is going to come from fruit like that sumach out by the road, or from apples, weeds, sawdust – almost anything".[2] Benzin wurde jedoch aufgrund der Verfügbarkeit und des niedrigen Preises sowie durch den Einfluss der Standard Oil der hauptsächliche Kraftstoff in den USA und in allen von der Standard Oil beeinflussten Ländern. Damit einhergehend wurde der Motor der „Blechliesel" von Ford auf Benzin umgestellt.

Aufgrund der Versorgungslage bei Benzin gab es in Deutschland mit der 1925 gegründeten Reichskraftsprit (RKS) einen Hersteller von *Spiritus* (Kartoffelschnaps) zur Verwendung als Ottokraftstoff. Allerdings diente der Einsatz weniger als Mittel zur Erhöhung der Klopffestigkeit, sondern vielmehr zur Unterstützung der anbauenden Landwirtschaft. Die RKS vertrieb ihr Benzin-Gemisch mit einem ca. 25-prozentigen Anteil Spiritus unter dem Markennamen *Monopolin*. 1930 trat in Deutschland die Bezugsverordnung von Spiritus zu Treibstoffzwecken für alle Treibstofffirmen in Kraft. Jeweils 2,5 Gewichtsprozente der produzierten oder eingeführten Treibstoffmenge waren von der Reichsmonopolverwaltung zu beziehen und dem Benzin beizumischen. Diese Quote erhöhte sich bis Oktober 1932 schrittweise auf 10 %.

In den folgenden Jahrzehnten blieb Erdöl die hauptsächliche Energiequelle. Erst mit den Ölkrisen der 1970er Jahre fand Ethanol als Kraftstoff neues Interesse. Ausgehend von Brasilien und USA wurde die Nutzung von Ethanol aus Zuckerrohr und Getreide (Bioethanol, *Biokraftstoff der 1. Generation*) als Treibstoff für Autos ebenso wie andere alternative Kraftstoffe auf der Basis Nachwachsender Rohstoffe zunehmend durch Regierungsprogramme unterstützt. Eine globale Ausweitung dieser Bestrebungen entstand infolge des Kyoto-Protokolls. Aufgrund des hohen Einsatzes fossiler Energien zur Produktion dieser Biokraftstoffe wird verstärkt daran gearbeitet, künftig *Biokraftstoffe der 2. Generation* (Cellulose-Ethanol) mit deutlich positiver Klimabilanz herstellen zu können.

2.1.18 Ethanolproduktion

Nach Angaben der RFA - Renewable Fuels Association
One Massachusetts Avenue, NW - Suite 820 - Washington, DC 20001 - (202) 289-3835

2.1.18.1 Trockenverfahren

In dry milling, the entire corn kernel or other starchy grain is first ground into flour, which is referred to in the industry as „meal" and processed without separating out the various component parts of the grain. The meal is slurried with water to form a „mash." Enzymes are added to the mash to convert the starch to dextrose, a simple sugar. Ammonia is added for pH control and as a nutrient to the yeast.

The mash is processed in a high-temperature cooker to reduce bacteria levels ahead of fermentation. The mash is cooled and transferred to fermenters where yeast is added and the conversion of sugar to ethanol and carbon dioxide (CO_2) begins.

The fermentation process generally takes about 40 to 50 hours. During this part of the process, the mash is agitated and kept cool to facilitate the activity of the yeast. After fermentation, the resulting „beer" is transferred to distillation columns where the ethanol is separated from the remaining „stillage." The ethanol is concentrated to 190 proof using conventional distillation and then is dehydrated to approximately 200 proof in a molecular sieve system.

The anhydrous ethanol is then blended with about 5% denaturant (such as natural gasoline) to render it undrinkable and thus not subject to beverage alcohol tax. It is then ready for shipment to gasoline terminals or retailers.

The stillage is sent through a centrifuge that separates the coarse grain from the solubles. The solubles are then concentrated to about 30% solids by evaporation, resulting in Condensed Distillers Solubles (CDS) or „syrup." The coarse grain and the syrup are then dried together to produce dried distillers grains with solubles (DDGS), a high quality, nutritious livestock feed.

The CO_2 released during fermentation is captured and sold for use in carbonating soft drinks and beverages and the manufacture of dry ice.

2.1.18.2 Nassverfahren

In wet milling, the grain is soaked or „steeped" in water and dilute sulfurous acid for 24 to 48 hours. This steeping facilitates the separation of the grain into its many component parts.

After steeping, the corn slurry is processed through a series of grinders to separate the corn germ. The corn oil from the germ is either extracted onsite or sold to crushers who extract the corn oil. The remaining fiber, gluten and starch components are further segregated using centrifugal, screen and hydroclonic separators.

The steeping liquor is concentrated in an evaporator. This concentrated product, heavy steep water, is co-dried with the fiber component and is then sold as corn gluten feed to the livestock industry. Heavy steep water is also sold by itself as a feed ingredient and is used as a component in Ice Ban, an environmentally friendly alternative to salt for removing ice from roads.

The gluten component (protein) is filtered and dried to produce the corn gluten meal co-product. This product is highly sought after as a feed ingredient in poultry broiler operations.

The starch and any remaining water from the mash can then be processed in one of three ways: fermented into ethanol, dried and sold as dried or modified corn starch, or processed into corn syrup. The fermentation process for ethanol is very similar to the dry mill process described above.

2.1.19 Ethanol und Biodiesel als KFZ-Treibstoff

Auf der Website http://www.alternativ-fahren.de ist mit Stand 10.8.09 folgendes zu finden: **Zum Ethanol:**
http://www.alternativ-fahren.de/bioethanol.html

Bioethanol wird aus regenerativer Biomasse hergestellt. Hierfür geeignet sind zum Beispiel Zuckerrüben, Kartoffeln und Getreide. Ethanol wird Weltweit zum größten Teil (~ 66%) im Kraftstoffsektor genutzt. Hierzulande sind die Mineralölkonzerne jedoch „leider" noch sehr zurückhaltend. Schon seit Anfang 2004 dürfen in Deutschland fünf Prozent Ethanol dem Kraftstoff beigemischt werden. Negative Folgen für den Motor sind hierbei nicht zu befürchten.

Vorteile
Bioethanol ist günstig in der Herstellung und verbessert die Kraftstoffqualität. Ethanol hat eine höhere Oktanzahl und ist somit Klopffester als herkömmlicher Benzinkraftstoff. Bei hochverdichtenden Benzinmotoren kann eine erhebliche Leistungssteigerung von bis zu zwanzig Prozent erreicht werden.

Ethanol in anderen Ländern
In Brasilien gibt es bereits mehr als 3 Millionen Flexible Fuel Vehicle (kurz FFV). Diese Fahrzeuge passen sich automatisch dem verwendeten Kraftstoff an. Daher können FFV sowohl mit Benzin also auch mit Ethanol und Bioethanol (E85) gefahren werden. Die Bezeichnung E85 gibt den Ethanol Anteil in Volumenprozent an. Bioethanol ist in Brasilien flächendeckend verfügbar. Aber auch in Schweden ist E85 bereits an mehr als 225 Tankstellen erhältlich.

Energiegehalt von Bioethanol
Der Energiegehalt von Ethanol beträgt etwa 2/3 von herkömmlichem Benzin. Daher steigt der Kraftstoffverbrauch mit E85 um ca. 30% an. Bioethanol (E85) kann in Deutschland für ca. 0,92 € / Liter angeboten werden. Bedingt durch den geringeren Energiegehalt liegen die Kraftstoffkosten hier nahezu gleichauf mit Benzin. Am 02.12.2005 eröffnete in Bad Homburg die erste öffentliche Bioethanoltankstelle. Durch eine flächendeckende Versorgung in Deutschland würde der Literpreis sicherlich deutlich günstiger ausfallen.

Zum Biodiesel ist dort folgendes gesagt.:
http://www.alternativ-fahren.de/biodiesel.html

Biodiesel wird aufgrund stetig steigender Kraftstoffkosten als Alternativer Energieträger immer beliebter. Können die Kraftstoffkosten doch erheblich gesenkt werden.

Herstellung von Biodiesel:
Ölpflanzen (in Deutschland wird dazu meist Raps verwendet) wandeln Sonnenenergie durch die Fotosynthese in Öl um. Dieses wird durch eine chemische Reaktion und Zugabe von Methanol zu Biodiesel umgewandelt. Chemisch gesehen handelt es sich hierbei um Rapsmethylester (RME).

Qualität (Norm):
Die Mindestanforderungen von Biodiesel sind in der DIN EN 14214 beschrieben. Diese ist seit dem 30.10.2004 gültig. Somit darf Biodiesel an Tankstellen nur entsprechend der Spezifikation nach DIN EN 14214 angeboten werden.

Verwendung im Kfz:
Prinzipiell wäre nahezu jeder Dieselmotor für die Umrüstung geeignet. Grundsätzlich gilt es zu beachten ob es für das jeweilige Fahrzeug eine Freigabe vom Hersteller gibt. Dies können sie zum Beispiel bei ihrer Fachwerkstatt erfragen. Jedoch sind die meisten Fahrzeuge aufgrund moderner Dieseleinspritzsysteme werksseitig nicht zur Verwendung von Biodiesel freigegeben. Jedoch lassen sich viele Motortypen nachträglich einfach und kostengünstig Umrüsten. Natürlich kann ein Umgerüstetes Fahrzeug auf den Biodieselbetrieb auch weiterhin mit herkömmlichen Dieselkraftstoffen betankt werden.

Vorteile von Biodiesel:
Biodiesel verringert den Kohlenmonoxid-Ausstoß und verhält sich nahezu CO_2-Neutral. Die Rußemission verringert sich gegenüber herkömmlichen Dieselkraftstoff um ca. 33%. Da der Flammpunkt beim Biodiesel bei mindestens 120°C liegt, handelt es sich hierbei nicht um Gefahrgut. Ein weiterer Vorteil ist die hohe Eigenschmierfähigkeit, somit wird der Motor geschont. Biodiesel ist leicht Biologisch abbaubar.

Biodiesel Tanken – aber wo?

Auch das Tanken von Biodiesel stellt in Deutschland aufgrund der ständig weiter wachsenden Verfügbarkeit an Tankstellen kein Problem mehr dar. Mittlerweile bieten mehr als 1800 Tankstellen in der Bundesrepublik Deutschland diesen Alternativen Kraftstoff zur Verfügung (Tendenz steigend). In unserer Linkliste zu Biodiesel finden sie dazu auch eine komfortable Datenbank mit Suchfunktion.

2.1.20 Antrieb durch die Jatropha-Pflanze

funktioniert so gut wie mit Öl - sagt Roland Knauer in der FAZ vom 14.12.2009, Seite 16

Sprit mit Kernwärme aus Biomasse und Kohle

FRANKFURT, 13. Dezember. Air New Zealand will sich zur nachhaltigsten Fluggesellschaft der Welt entwickeln. „Wir haben am meisten zu verlieren, weil wir am weitesten weg sind", sagt Ed Sims, Geschäftsführer von Air New Zealand. Die Neuseeländer leben nicht nur, von Europa aus betrachtet, genau auf der anderen Seite der Erde, sondern dort auch ziemlich isoliert im Südpazifik. Selbst zum nächsten Nachbarn Australien sind es mehr als drei Stunden Flug, andere Metropolen wie Hongkong, Singapur oder Los Angeles erreichen die „Kiwis" erst nach einem halben Tag in der Luft. Da obendrein die 2,5 Millionen Neuseeland-Besucher im Jahr praktisch ausschließlich mit dem Jet einreisen und dieser Tourismus eine der tragenden Säulen der Wirtschaft ist, hängt das Land am Tropf der Luftfahrt.

In Zukunft wohl wieder steigende Kerosinpreise, die Diskussion um den Klimawandel und das im Land stark ausgeprägte Ökobewusstsein führen zu der Ankündigung des für die internationalen Aktivitäten der Fluggesellschaft Verantwortlichen: „Wir wollen die umweltbewussteste Fluggesellschaft der Welt werden." Das größte Hindernis auf dem Weg dorthin ist der Durst der knapp 100 Flugzeuge der Gesellschaft. Allein der Flug von London über Los Angeles oder Hongkong nach Auckland und wieder zurück bläst für jeden einzelnen Passagier an Bord 4,5 Tonnen des Klimagases Kohlendioxid in die Luft. Fließt Biokerosin statt des üblichen Sprits aus Erdöl, werden zwar ähnliche Mengen des Treibhausgases frei, allerdings belasten sie das Klima nicht, weil die zu Biokerosin verarbeiteten Pflanzen beim Wachsen ähnliche Mengen Kohlendioxid aus der Luft geholt haben.

„Entscheidend ist für Air New Zealand aber, aus welchen Pflanzen das Biokerosin entsteht", sagt Ed Sims. Damit spielt er auf den britischen Konkurrenten Virgin Atlantic an, der bereits im Februar 2008 einen Jumbojet mit Biokerosin starten ließ. Das war allerdings aus Kokosöl, das auch als Nahrungsmittel taugt. Die Fluggesellschaft suchte einen Biosprit der zweiten Generation, der nicht mit Nahrungsmitteln konkurriert. Die Wahl fiel auf Jatropha, einen wenige Meter hohen Strauch, der in trockenen Weltregionen wie Teilen Indiens und dem Osten Afrikas gern als Hecke für Viehweiden verwendet wird. Die gut einen Zentimeter großen Samen bestehen zwar zu gut der Hälfte aus Öl, sind aber so giftig, dass ein Verzehr nicht in Frage kommt. Jatropha wächst zudem auf trockenen Böden, auf denen Nahrungspflanzen keine Chance haben, und ist auch nicht teurer als herkömmliches Kerosin. **Daher interessieren sich auch Autokonzerne wie Daimler für Jatropha.**

Vor knapp einem Jahr, am 30. Dezember 2008, hob ein Air-New-Zealand-Jumbo vom Flughafen Auckland ab, bei dem ein Triebwerk mit einer Mischung je zur Hälfte aus Jatropha-Öl und handelsüblichem Kerosin betrieben wurde. Die Mischung bleibt bis minus 47 Grad Celsius flüssig und kann daher auch bei den eisigen Temperaturen in 13000 Meter Höhe verwendet werden. Dem Chefpiloten David Morgan fielen während des Zwei-Stunden-Fluges keine Unterschiede zwischen den drei mit normalem Kerosin betriebenen Triebwerken und der mit der Jatropha-Mischung versorgten Turbine auf. Als man die Triebwerke hinterher auseinandernahm, sah das Jatropha-Triebwerk so aus wie die anderen.

Allerdings gibt Ed Sims zu bedenken, dass Jatropha viel Energie kostet, also klimaschädlich wirken kann – denn der Jatropha-Samen wird aus dem Osten Afrikas oder aus Indien nach Neuseeland eingeführt. Ein Anbau in Neuseeland kommt kaum in Frage. Für eine Million Barrel Jatropha-Öl im Jahr bräuchte man 250000 Hektar ungenutztes Land. Auch würde mit Jatropha eine fremde Art ins Land geholt, die der fragilen Natur der Inseln Probleme bereiten könnte. Zudem wollen die „Kiwis" weder ihre Nationalparks noch ihre Schafweiden oder Weinberge opfern.

Also haben sie sich nach anderen Möglichkeiten umgeschaut. Inzwischen wachsen auf der Südinsel Neuseelands in großen Tanks Algen, die mit Abwasser aus den Städten Blenheim und Christchurch gedüngt werden. „Wir haben bisher nur ein paar hundert Liter Biodiesel aus Algen erhalten", erklärt Ed Sims – viel zu wenig, um ein Triebwerk damit zu füttern. Das größte Problem für nachhaltigen Sprit aus Algen aber sei der Preis, erklärt Ludwig Leible vom Institut für Technikfolgenabschätzung und Systemanalysen (ITAS) am Forschungszentrum Karlsruhe: „Ein Kilogramm Trockenmasse aus Algen kostet heute fünf bis zehn Euro." Da man aus diesem Kilogramm aber weit weniger als einen Liter Biokerosin erhält, könnte sich kaum jemand solchen Luxussprit leisten. Andererseits steht die Algenzucht noch ganz am Anfang, und Prototypen sind immer teurer als die spätere Serie. Auf der ganzen Welt arbeiten Hunderte von Forschern an diesem Problem. Wenn Air New Zealand also bis 2013 mindestens zehn Prozent seines heutigen Verbrauchs von knapp 1,5 Milliarden Liter Kerosin durch Biosprit ersetzen will, könnte sich die Situation für die Algen daher schon erheblich besser darstellen.

In der Zwischenzeit versucht man den Kerosindurst der Jets mit anderen Mitteln zu verringern. Seit März 2009 finden die Passagiere zum Beispiel das Flugmagazin nicht mehr im Netz an der Rückenlehne des Vordersitzes. „Das spart 75 Kilogramm Gewicht und einiges an Kerosin bei jedem Flug", erklärt Ed Sims. „Durch das Magazin können die Passagiere jetzt auf dem Bildschirm blättern." In 42 ihrer 98 Flugzeuge lässt die Airline außerdem elektrische Trockner einbauen, die während jedes Fluges rund 200 Kilogramm Wasser aus der Luftfeuchtigkeit in den Zwischenräumen zwischen der Kabinenverkleidung und der Flugzeughülle holen und nach außen blasen. Das verringert das Gewicht der Jets und senkt dadurch den Kerosinbedarf. Weitere tausend Liter Treibstoff spare man auf jeder Strecke, wenn man den Landeanflug ändere. Bei Landungen in San Francisco und Los Angeles wurde diese Maßnahme bereits getestet. Statt des üblichen zwanzigminütigen Landeanflugs sinken die Jets dabei in nur zehn Minuten aus Reiseflughöhe zur Landebahn hinunter.

Frankfurter Allgemeine Zeitung vom 14.12.2009 Seite 16

2.1.21 Autos mit Ethanol-Antrieb

Aus www.autokiste.de vom 13. Januar 2005.

Ford präsentiert auf der Internationalen Grünen Woche (IGW), die vom 21. bis 30. Januar 2005 auf dem Berliner Messegelände stattfindet, erstmals auch in Deutschland den Ford Focus FFV („Flexible Fuel Vehicle").

Es handelt sich dabei um ein Fahrzeug, das sowohl Bio-Ethanol als auch Benzin in jedem beliebigen Mischungsverhältnis verträgt. Der aus nachwachsenden Rohstoffen gewonnene Ethanol, also ein Alkohol, stammt aus Biomasse wie zum Beispiel Zuckerrüben, Getreide und Holz.

Herstellerangaben zufolge ist der Focus FFV der einzige Ethanoltaugliche Pkw aus europäischer Serienfertigung. Die Produktion begann im November 2001 im Ford-Werk Saarlouis. Die Markteinführung erfolgte im Dezember 2001 ausschließlich in Schweden. Seitdem wurden dort über 11.000 Ford Focus FFV verkauft - neun von zehn Ford Focus, die 2004 in Schweden ausgeliefert wurden, waren Ethanol-tauglich. Nun wollen die Kölner auch in anderen Ländern Erfahrungen sammeln und den FFV zunächst Flottenkunden zur Verfügung stellen und sich an öffentlichen Ethanol-Pilotprojekten beteiligen.

Der in Schweden verfügbare Ethanol-Kraftstoff ist ein Gemisch, das üblicherweise zu 85 Prozent aus Ethanol und zu 15 Prozent aus Benzin besteht (E-85). Der Ethanol wird in Schweden aus Biomasse wie zum Beispiel Getreide, Zuckerrohr und neuerdings auch aus Abfällen der Holzverarbeitung erzeugt. E-85 ist in Schweden an mehr als 140 öffentlichen Tankstellen aller großen Mineralölkonzerne verfügbar, zudem an vielen Firmentankstellen zur Bedienung eigener Fuhrparks.

Die Technik des Ford Focus FFV unterscheidet sich nur geringfügig vom konventionellen Ford Focus 1,6. So sind etwa die Ventile und Ventilsitze aus härterem Stahl und alle kraftstoffführenden Teile durch besonders korrosionsbeständige Materialien ersetzt. Eine effektive Motorvorwärmung stellt sicher, dass das Auto auch bei Temperaturen unter minus 15 Grad Celsius problemlos gestartet werden kann. Das Motormanagement erkennt das Ethanol-Benzin-Mischungsverhältnis des Kraftstoffs. Der FFV kann daher entweder ausschließlich Ethanol, das E-85-Gemisch, eine andere beliebige Ethanol-Benzin-Mischung oder auch ausschließlich Benzin tanken. Im Unterschied zu anderen bivalenten Fahrzeugen ist ein Zusatztank nicht erforderlich. Und auch Leistungseinbußen gibt es keine: Im Benzinbetrieb entwickelt das Triebwerk 100 PS, im Ethanolbetrieb sogar 105 PS.

Der besondere Vorteil von Ethanol gegenüber der Verbrennung von Kraftstoffen auf Mineralölbasis ist, dass es sich - betrachtet über den Lebenszyklus - um einen gleichsam CO_2-neutralen Prozess beziehungsweise um einen geschlossenen CO_2-Kreislauf handelt: Denn das freiwerdende Kohlendioxid war der Atmosphäre zuvor entzogen worden, und zwar bei der Photosynthese, also beim Wachstum der Pflanzen, aus denen das Ethanol dann gewonnen wurde. Natürlich erreicht der

aus auto/freenet.de vom 16. 2. 2006
Er ist ein vollwertiger Kompaktwagen mit sehr guten Fahreigenschaften und viel Platz. Bei den Fahrleistungen macht es sowohl subjektiv als auch bei den Messwerten keinen Unterschied, ob Benzin oder E85 im Tank ist. Wohl aber beim Verbrauch. Fast vier Liter konsumiert der Vierzylinder mehr, wenn er mit E85 gefüttert wird.

Das erklärt sich aus dem geringeren Energie-Inhalt des Ethanols, der durch eine entsprechend höhere Kraftstoffmenge ausgeglichen werden muss. Durch den niedrigeren Preis von E85 herrscht in der Geldbörse aber Gleichstand. Die Motorsteuerung erkennt über die Lambda-Sonde die jeweilige Kraftstoffzusammensetzung und passt Zündzeitpunkt und Einspritzmenge entsprechend an. Außerdem sind die Ventile und Ventilsitze aus härterem Stahl, und alle kraftstoffführenden Teile bestehen aus korrosionsbeständigen Materialien.

Die Preise für den Ford Focus mit E85 – gebraucht – liegen Anfang 2009 zwischen 15.000 und 20.000 Euro.

2.2 Biomasse

2.2.1 Biomasse – Grunddaten und Zusammenhänge

B i o m a s s e bezeichnet die Gesamtheit der Masse an organischem Material in einem definierten Ökosystem, das biochemisch synthetisiert wurde. Sie enthält also die Masse aller Lebewesen, der abgestorbenen Organismen (Detritus) und die organischen Stoffwechselprodukte. Etwa 60 Prozent der Biomasse der Erde wird durch Mikroorganismen dargestellt.

Die Gesamtmasse des Kohlenstoffs in lebenden Organismen wird mit $280 \cdot 10^9$ Tonnen angegeben. Nach neueren Schätzungen wird die jährliche Gesamtproduktion der Biomasse auf der Erde an organischem Kohlenstoff auf $173 \cdot 10^9$ Tonnen geschätzt. Dabei entfallen auf den Festlandbereich $118 \cdot 10^9$, auf den marinen Bereich $55 \cdot 10^9$ Tonnen.

Biomasse wird als Frischgewicht oder Trockengewicht pro Kubikmeter Volumen oder Quadratmeter Oberfläche ermittelt.

Primärproduzenten (Pflanzen) sind durch die Photosynthese in der Lage, aus für die Energiegewinnung nicht nutzbaren Stoffen (CO_2, H_2O, Mineralstoffe) unter Energiezufuhr Biomasse (vor allem in Form von Kohlenhydraten) aufzubauen. Die Primärproduzenten werden als Nahrung von Konsumenten genutzt zur Produktion von tierischer Biomasse. Dies bedeutet, dass ausschließlich Pflanzen in der Lage sind Biomasse aufzubauen. Tiere können ihre Biomasse nur aus anderer Biomasse aufbauen. Deshalb würden ohne Pflanzen alle Tiere verhungern.

Eine Ausnahme bildet die sogenannte Chemosynthese. Hier wird im Gegensatz zur Photosynthese die notwendige Energie nicht aus Licht, sondern aus anorganischen Stoffen wie Schwefelwasserstoff gewonnen, die aus dem Erdinnern austreten. Ihr Anteil an der Gesamtproduktion an Biomasse ist allerdings verschwindend gering.

Die in der Biomasse biochemisch gespeicherte Sonnenenergie kann auch als sich selbst erneuernder Energielieferant (nachwachsende Energiequelle) für die Gewinnung von Wasserstoff, elektrischer Energie oder als Kraftstoff genutzt werden (Erneuerbare Energie). Die Verwendung von Biomasse zur Erzeugung von Wärme, elektrischer Energie oder als Kraftstoff in Form von Ethanol-Kraftstoff und Cellulose-Ethanol ermöglicht eine ausgeglichene CO_2-Bilanz, da nur die Menge CO_2 ausgestoßen wird, die zuvor biochemisch gebunden wurde. Nicht nur Klima-neutral sondern sogar Klimanützlich ist die Gewinnung von Wasserstoff als sekundären Energie-Träger durch Dampf-Reformierung unter Abscheidung und Endlagerung von CO_2.

Bei diesem Verfahren wird das von den Bio-Masse-Pflanzen der Atmosphäre entzogene Kohlendioxid der Atmosphäre nicht wieder zugeführt. Das entzogene Kohlendioxid bleibt also durch Endlagerung (etwa in vormaligen Erdgas-Lagerstätten) der Atmosphäre dauerhaft entzogen. Bei Verbrennung von Bio-Masse jedoch entstehen Schadstoffe, die denen ähnlich sind, die bei fossilen Energiequellen anfallen. (z. B. Stickoxide, Schwefelverbindungen, Aromate, Rußpartikel).

In Entwicklungsländern ist Biomasse in Form von Holz, Pflanzenabfällen und Dung eine der wichtigsten Energiequellen. Biomasse kann auch als Flüssigbrennstoff genutzt werden, so in Brasilien, wo man aus Zuckerrohr Alkohol herstellt, der als Treibstoff eingesetzt wird. Besonders aussichtsreich wird die Umwandlung von Biomasse in Cellulose-Ethanol als regenerativem Autokraftstoff gesehen. In der chinesischen Provinz Sichuan dient Tierdung zur Gewinnung von Biogas. Verschiedene Forschungsprojekte haben das Ziel, die Energiegewinnung aus Biomasse weiter voranzutreiben (siehe Cellulose-Ethanol). Die wirtschaftliche Konkurrenz zum verhältnismäßig billigen Erdöl hat jedoch bisher dazu geführt, dass solche Vorhaben noch nicht über ein frühes Entwicklungsstadium hinausgelangt sind.

Ein großes Problem der bisherigen Nutzungsmöglichkeiten der Biomasse als Kraftstoff ist, dass immer nur ein relativ geringer Teil der chemisch gebundenen Energie nutzbar gemacht wird. Im Labor ist es inzwischen jedoch gelungen, den natürlich ablaufenden exothermen Inkohlungsprozess nachzuempfinden (hydrothermale Karbonisierung) – Siehe Beitrag von Markus Antonietti - und so praktisch ohne Zufuhr von Energie den gesamten Kohlenstoff in Form von Kohle bereitzustellen. In Zukunft soll es auch möglich sein, Erdöl künstlich herzustellen. Kurz vor dem Durchbruch zur großtechnischen Anwendung steht dieses Verfahren jedoch 2006 noch nicht. Eine Alternative zur chemischen Umsetzung bildet die biologische Umsetzung zu Cellulose-Ethanol.

Kraftstoffe auf Biomasse-Basis

- Biodiesel - Dieselherstellung aus Pflanzenölen oder tierischen Fetten
- BtL-Kraftstoff - Dieselherstellung aus fester Biomasse
- Bio-Ethanol
- Cellulose-Ethanol
- Biowasserstoff
- Biogas (Kompogas)
- Pöl Pflanzenöl als Kraftstoff

2.2.2 Verfügbarkeit von Holz-Biomasse

Der Deutsche Forstwirtschaftsrat schreibt uns im November 2009:

....

An diesem Punkt möchten wir auf die am 09.10.2009 in Frankfurt vorgestellte Inventurstudie 2008 hinweisen, in der Sie genauere Zahlen zur nutzbaren Holzmenge bekommen können (http://www.dfwr.de/aktuelles/).

Unter Punkt 1.2 .2. Ihrer Broschüre gehen Sie von ca. 14 Mio ha Wald aus. In Deutschland wächst auf einer Fläche von 11,1 Mio. ha Wald. Der Gesamtvorrat beträgt laut Bundeswaldinventur II rund 3,4 Mrd. m³ Holz

Der jährliche Abgang (Summe aus Nutzung und natürlich abgestorbenem, nicht verwerteten im Wald verbleibenden Holz, Rindenbestandteile sowie Ernteverluste und Biomasse unter der Aufarbeitungsgrenze) beträgt laut Inventurstudie 2008 106,7 Mio. m³. Das Verbleiben von Biomasse im Waldbestand ist wichtig für unzählige Lebewesen und die Erhaltung der Leistungsfähigkeit der Böden. Laut Inventurstudie 2008 beträgt der aktuelle Zuwachs in den deutschen Wäldern 11,1 m³. Als Zuwachsprozent ausgedrückt sind dies 3,34% des vorhandenen Waldholzvolumens. Nach Ihren Berechnungen betragen die anderweitigen Nutzungen von Biomasse 57 Mio. t Rohdichte. Umgerechnet sind das bereits 102 Mio. m³ Biomasse.

Der Deutsche Forstwirtschaftsrat (DFWR) ist die repräsentative Vertretung aller mit der Forstwirtschaft und dem Wald befassten Akteure der Bundesrepublik Deutschland. Er spricht im Namen von rund 2 Millionen Waldbesitzern, die eine Fläche von 11,1

Millionen Hektar Wald, das sind 31 % des Bundesgebietes, im Interesse der Waldwirtschaft ebenso wie im Interesse der Landeskultur und des Umweltschutzes pflegen und bewirtschaften.

Daraufhin wurden im Kapitel 1.2 Biomasse einige Änderungen vorgenommen. Die sofort verfügbare Biomasse ist deutlich reduziert worden. Es ist jedoch zu erwarten, dass die Holz-Züchtung, Verwendung und auch die Anbaudichte sich ändern werden, wenn der Bio-Spritabsatz an Markt gewinnt. Vergl. hierzu den Anbau von Energiepappeln durch das RWE 2.2.7

Und die Fachagentur nachwachsende Rohstoffe beim Bundesministerium für Umweltschutz (FNR) erläutert im nationalen Biomasseaktionsplan von 2009, dass wir Holzvorräte von 3,4 Mrd. Kubikmeter haben, und dass weniger genutzt wird als nachwächst.

20 bis 25 Mio. cbm davon wurden für Energie genutzt. Bereits 2007 wachsen diese auf 1,75 Mio. ha. Es wird ein Anstieg angenommen. Bis 2020 könnten insgesamt 2,5 bis 4 Mio. ha Ackerfläche für Energie- und andere Nutz-Hölzer genutzt werden.

Zwar bestätigt der Bericht auf Seite 11, dass die Nutzung bei Biofuel eine geringere Energieausbeute biete als beim Heizen oder der Kraft-Wärme-Kopplung. Doch sei er die einzige Mobilitäts-Energie in relevantem Umfang.
Dies ist aber noch ohne die Energiezufuhr aus HT-Reaktoren berechnet.

Auf Seite 24 wird die Hydrierung von Pflanzenölen als wünschenswert für die Beimischung mit anderen Treibstoffen bezeichnet.

2.2.3 Symposium; Holz - Rohstoff der Zukunft

http://www.fnr.de/symposiumholz/

Im Folgenden die Agenda des Symposiums vom 20/21 Okt 2008, übermittelt mit freundlichen Grüßen durch Herrn Dr. Hansen

Holz – Rohstoff mit Zukunft
Dr. Jörg Wendisch, Bundesministerium für Ernährung, Landwirtschaft und Verbraucherschutz
Grußwort
Georg Windisch, Bayerisches Staatsministerium für Landwirtschaft und Forsten

Holznutzung und Nachhaltigkeit
Prof. Dr. Jürgen Rimpau, Rat für Nachhaltige Entwicklung der Bundesregierung
Ergebnisse der Clusterstudie
Dr. Matthias Dieter, Johann Heinrich von Thünen-Institut
Marktnaher Cluster Bayern
Prof. Dr. Gerd Wegener, Cluster Forst und Holz in Bayern
Marktbedeutung und Wertschöpfung
Marktbedeutung und Wertschöpfung – Waldbesitz
Josef Spann, Vorsitzender Bayrischer Waldbesitzerverband e.v.
Marktbedeutung und Wertschöpfung –Forstwirtschaft
Dr. Carsten Leßner, Geschäftsführer des Deutschen Forstwirtschaftsrat
Marktbedeutung und Wertschöpfung –Holzwirtschaft
Ullrich Huth, Präsident des Deutschen Holzwirtschaftsrates
Marktbedeutung und Wertschöpfung – Energiewirtschaft
MdB Helmut Lamp, Vorstandsvorsitzender des Bundesverbandes BioEnergie e.v.

Potentiale und Perspektiven
Schlussfolgerungen aus der Clusterstudie für die Forst- und Holzwirtschaft
Prof. Konstantin Freiherr von Teuffel, Vorsitzender der German Support Group Forest-Based Sector Technology Platform (Plattform für Forst und Holz)
Perspektiven der Züchtung für die Holzproduktion
Dr. Bernd Degen, Johann Heinrich von Thünen-Institut
Potenziale der Forstwirtschaft
Prof. Dr. Spellmann, Nord-Westdeutsche Forstliche Versuchsanstalt
Rohstoffeffiziente Holzverwendung
Prof. Dr. Arno Frühwald, Johann Heinrich von Thünen-Institut

Podiumsdiskussion „Holz – Rohstoff mit Zukunft"

Diskussionsleitung: Dirk Alfter, Holzabsatzfonds
• Ullrich Huth, Präsident des Deutschen Holzwirtschaftsrates
• MdB Georg Schirmbeck, Präs. des Deutschen Forstwirtschaftsrates

- Dr. Jörg Wendisch, Bundesministerium für Ernährung, Landwirtschaft und Verbraucherschutz
- Prof. Dr. Arno Frühwald, Johann Heinrich von Thünen-Institut
- Dr. Matthias Dieter, Johann Heinrich von Thünen-Institut
- Prof. Konstantin Freiherr von Teuffel, Forstliche Versuchsanstalt Baden-Württemberg

Zusammenfassung/ Ausblick: Einordnung der Veranstaltung in den Gesamtkontext (Energie/Klima/ Umwelt/Rohstoff)

Dr. Jörg Wendisch, BMELV :

2.2.4 Energiegehalt von Biomasse

Hier folgen einige Quellen, aus denen die Eckdaten entnommen sind.

Wikipedia: BRD hat ca. 357.000 qkm Fläche davon sind 53,5 % landwirtschaftlich genutzt, 29,5 % sind Wald, 12,3 % Siedlungs- und Verkehrsfläche, 1,8 % Wasserflächen und 2,4 % Ödland und Tagebaugebiete.

2004 umfasste der Waldbestand ca. 2,63 Mrd. cbm Holzmasse. Seit 1960 bis etwas 2004 wurde der Waldbestand um 500.000 ha (= 5.000 qkm) vergrößert. Ein Grossteil der Wälder, vor allem die Nadelhölzer sind vom Klima geschädigt (saurer Regen und seine Spätfolgen). Daher wird verstärkt Laubwald aufgeforstet, wo bisher Nadel-Monokultur herrschte

Informationen zu diesem Abschnitt wurden außerdem beschafft von

F.O. Licht, - ZMP, - UFOP,
FAZ vom 9. Sept. 2010 Seite 18

2.2.4.1 Quelle: DENA - Deutsche Energie-Agentur

Die folgende Tabelle zeigt, welcher Heizwert jeweils in den einzelnen Biomasse-Arten steckt: 4 kWh/kg bedeutet dabei, dass eine Heizenergie von 4 Kilowattstunden in jedem Kilogramm Brennstoff steckt. Dies entspricht etwa dem Heizwert, der in knapp einem Schnapsglas (= 0,04 l) voll Dieselkraftstoff steckt.

Heizwerte in Biomasse		Heizwerte in fossilen Energieträgern	
Stroh	4 kWh/kg	Braunkohle	5,6 kWh/kg
Schilfarten	4 kWh/kg	Steinkohle	8,9 kWh/kg
Getreidepflanzen	4,2 kWh/kg	Heizöl	11,7 kWh/kg
Holz	4,4 kWh/kg	Erdgas	8,3 kWh/m³
Biogas	6,1 kWh/m³		

Aus der Tabelle ist ablesbar, dass fossile Energieträger einen höheren Heizwert besitzen; zum Teil liegt er dreimal so hoch wie bei Biomasse. Das heißt, um die gleiche Menge an Energie freizusetzen, wird beim Heizen mit Biomasse bis zu doppelt so viel Heizmaterial benötigt. In fossilen Energieträgern ist aber ein erheblich größerer Teil Kohlendioxid (CO_2) gebunden, das beim Verbrennen freigesetzt wird und zur Verstärkung des Treibhauseffekts beiträgt.

2.2.4.2 Quelle: Gesamtverband Deutscher Holzhandel e.V.
Am Weidendamm 1 A ·10117 Berlin
Telefax: 030 / 7262 588 8
E-Mail: info@gdholz.de

Erster Vorsitzender   Martin Geiger Aschaffenburg

Bild 2-1 zeigt, dass die **Rohdichten,** in der Praxis auch als spezifische Gewichte bezeichnet, vom jeweiligen Wassergehalt des Holzes abhängig sind. Von den hier aufgeführten Hölzern haben Fichte und Tanne die geringste, Eiche die höchste Dichte.

	Rundholz waldfrisch (kg/fm)	Schnittholz lufttrocken (kg/m3)
Fichte, entrindet	750-850	480
Tanne, entrindet	800-980	460
Kiefer, entrindet	750-880	520
Buche, mit Rinde	1080-1160	780
Eiche, mit Rinde	1180-1270	870

Bild 2-1: Spezifische Gewichte bei verschiedenen Holzfeuchten

2.2.5 Energetische Nutzung von Biomasse

Verfahren zur Herstellung von Synthesegas, Wasserstoff, Methanol und flüssigen Brennstoffen

Dr.-Ing. Vojtěch Plzak, Zentrum für Sonnenenergie- und Wasserstoff-Forschung, Pfaffenwaldring 38/40, 7000 Stuttgart 80
Prof. Dr. Hartmut Wendt, Institut für Chemische Technologie der TH Darmstadt, Petersenstraße 20, 6100 Darmstadt.

Abstract
Die Verfahren zur Aufbesserung der Brennstoffeigenschaften von Biomasse orientieren sich weitgehend an der Vergasung oder Verflüssigung von Braunkohle. Die hydrierende Umsetzung der in der Biomasse vorliegenden Biopolymere (Cellulosen, Lignin und Lignocellulosen) erfordern vor dem hydrierenden Angriff den chemischen Abbau der komplexen Biopolymer-Matrix. Man unterscheidet pyrolytische Verfahren (350 bis 500°C, drucklos) von den unter Druck durchgeführten hydrolytischen, solvolytischen und extraktiven Verfahren. Die relativ hohen Investitionskosten der lysierenden Verfahren erfordern wegen der "Economy of scale" eine Mindestanlagengröße von mehreren hundert MW. Die Biomassevergasung und die darauf aufbauende Wasserstoff und Methanol-Erzeugung aus Biomasse sind vom Investitionsaufwand her gesehen auch für kleinere Anlagen geeignet. In nächster Zukunft dürfte sich die energetische Biomassenutzung allerdings auf die direkte Verbrennung in Biomasse-Heizkraftwerken bzw. die Vergasung und Verstromung des Gases in Brennstoffzellen beschränken.

2.2.6 Überlegungen zur Methanol-Herstellung

Die folgenden Ausführungen aus **Chemieonline** enthalten an mehreren Stellen Informationen, Daten und Formeln, die auch für die Ethanol/ Methanol- Gewinnung aus Biomasse mit Kernenergie von Belang sind.
Es könnte möglich sein, durch Elektrolyse Methanol aus Kohlendioxid und Wasser herzustellen. Problemlage:
Elektrischer Strom ist durch kohlendioxidfreie Methoden herstellbar (Windenergie, Wasserkraft, Solarthermie, Fotovoltaik), jedoch lässt sich die Stromenergie nicht speichern. Kohlendioxid in sehr verteilter Form (in der Atmosphäre, im Wasser) ist für nachfolgende Generationen als Energiequelle nur schwerlich nutzbar.
Von Interesse wäre es, aus Strom konzentriertem Kohlendioxid und Wasser Methanol herzustellen. Siehe Vorschlag von Olah, Goeppert und Prakash.[1])
Methanol kann in Brennstoffzellenfahrzeugen verwendet werden. Dabei entsteht bei sehr geringer Spannung (0,1-0,2 V) - zum Vergleich die Was-

serelektrolyse: 1,7 V - Wasserstoff und Kohlendioxid. Wasserstoff lässt sich mit Sauerstoff unter Erzeugung von elektrischem Strom zu Wasser umwandeln.

Kurzbeschreibung der Berechnungen:
Die nachfolgenden Berechnungen basieren auf der Annahme, dass eine großsynthetische Herstellung von Methanol mit elektrolytischen Verfahren möglich ist.

Mögliche Methanolsynthesen
a) Direktelektrolyse von Kohlendioxid und Wasser2)
b) Indirekt über die Herstellung von Kohlenmonoxid 1b)
Reduktion von Kohlendioxid zu Kohlenmonoxid.
Kohlenmonoxid wird in methanolischer KOH- Lösung zu Ameisensäuremethylester umgewandelt.

1 Mol Ameisensäuremethylester wird mit 2 Mol Wasserstoff zu 2 Mol Methanol umgewandelt
Die herzustellende Menge Methanol (100 Mio. Tonnen) entspricht dem Gewicht der derzeitigen nach Deutschland importierten Menge an Rohöl.

Der Heizwert von Methanol ist halb so groß wie beim Benzin; bei Einführung von modernen Brennstoffzellenfahrzeugen auf Methanolbasis könnte der Kraftstoffbedarf jedoch um mindestens 50% gesenkt werden, da beim Betrieb von Brennstoffzellen keine Wärme, sondern nur Strom entsteht.

Die Herstellung von Wasserstoff ist ein großtechnisch praktiziertes Verfahren, bei dem der Strombedarf bekannt ist.

Die Herstellung von Kohlenmonoxid aus Kohlendioxid ist bislang nur im Labormassstab praktiziert worden. Stromdichten und Reaktionsbedingungen wurden nicht optimiert.

Es wurde angenommen, dass dieser Reduktionsschritt (Umwandlung von Kohlendioxid zu Kohlenmonoxid) deutlich ungünstiger als die Wasserstoffreduktion verläuft, als Beispiel für eine Elektrolyse mit hohem Energieverlust wurde die Chloralkalielektrolyse gewählt, die eine sehr hohe Überspannung aufweist. Die Chloralkalielektrolyse (aus Kochsalzlösungen) wird jedoch gegenwärtig in Deutschland im Millionen Tonnen Massstab betrieben und ist großtechnisch beherrschbar.

Die weiteren Schritte der Umsetzung zu Methanol (ausgehend von Kohlenmonoxid und Wasserstoff) sind Stand der Großtechnik und erfordern keinen großen Energieeinsatz. Der Energieeinsatz der nachfolgende Schritte wurde daher vernachlässigt.

Anschließend wurden Überlegungen zu nichtfossile Energiegewinnungsverfahren - bzw. über die maximale Energieausbeute von Holz und Biodiesel - angestellt.

Schließlich wurde auch die Energiemenge zur selektiven Bindung des Kohlendioxids, beispielsweise durch eine Natronlauge in Form von Natriumhydrogencarbonat, berechnet. Es wurde der Stromverbrauch bei der Chloralkalielektrolyse zugrunde gelegt.

Die Reduktion von Kohlendioxid zu Methanol benötigt 6 Elektronen, 4 Elektronen für die Wasserstoffreduktion, 2 für die Umwandlung von Kohlendioxid zu Kohlenmonoxid.

Die Reduktionsbilanz sollte entsprechend Verfahren b) verlaufen.

A n n a h m e : Die Reduktion von Kohlendioxid zu Kohlenmonoxid benötigt die gleiche Strommenge wie die Umwandlung von zwei Natriumkationen zu zwei Natriumatomen oder an der Anodenseite zu einem Molekül Chlor (Chloralkalielektrolyse).

Die Reduktion von Wasser zu Wasserstoff ist allgemein bekannt.

Umrechnungsfaktoren

Bezeichnung	Abkürzung	Faktor
Kilo	K	1.000
Mega	M	1.000.000
Giga	G	1.000.000.000
Tera	T	1.000.000.000.000
Peta	P	1.000.000.000.000.000

Energieträger	*Mengen-einheit*	*Heizwert* kJoule	*Kohlendioxid* (g pro MJ)
Steinkohlen	kg	30.092	107,2
Braunkohlen	kg	9.152	240
Erdöl (roh)	kg	42.413	73
Erdgas	m3	31.736	54,9
Brennholz	kg	14.654	69
Strom	kWh	3.600	129
Methanol	kg	19.900	68,6
Ethanol	kg	26.800	71,3
Rapsölmethylester	kg	36.800	76,7

Berechnungen für Kohlenmonoxid

Die Umwandlung zu Kohlenmonoxid sollte nach Annahme die gleiche Energiemenge wie bei der Chlorherstellung benötigen.
Für die Elektrolyse zur Herstellung von 1 Tonne Chlor werden 3300 kWh benötigt. 5)
Berechnung der Mole Chlor in einer Tonne Chlor:
1.000.000 Gramm sind in einer Tonne enthalten.
71 Gramm Chlor entsprechen einem Mol Chlor.
14.085 Mol Chlor sind in einer Tonne Chlor enthalten.

Je kWh werden: 4,3 Mol Chlor erzeugt.
Je kWh sollten sich ca.: 5 Mol Kohlenmonoxid erzeugen lassen.

Berechnungen für Wasserstoff

Für die Elektrolyse zur Herstellung von 1 Kubikmeter Wasserstoff werden 4,8 kWh benötigt. 6)
Berechnung der Mole Wasserstoff in 1 Kubikmeter Wasserstoff:
1000 Liter/m3
22,4 Liter/mol
44,64 Mol je Kubikmeter Wasserstoff
Je kWh werden: 9,3 Mol Wasserstoff erzeugt.

Berechng zur Herstellung von 100 Mio. to Methanol

1 Tonne Methanol entspricht: 1.000.000 Gramm Methanol
Molgewicht (g/Mol) Methanol: 32
31.250 Mol je Tonne Methanol

Je kWh können 9,3 Mol Wasserstoff oder schätzungsweise 5 Mol Kohlenmonoxid hergestellt werden.
Je Tonne Methanol werden daher:
12.970,43 kWh oder 13 MWh Strom benötigt.
100 Millionen Tonnen Methanol benötigen eine Strommenge von: 1.300 Twh.

Vergleiche mit der nichtfossilen Stromproduktion / Alternativenergien

Gegenwärtig beträgt die gesamte Stromproduktion in Deutschland etwa 600 TWh.3)

a) Atomkraft

Ein Atomkraftwerk mit einer Leistung von 1000 MW (1 GW) liefert im kontinuierlichen Betrieb im Jahr eine Arbeit von:

360*24(h)*1GW = 8,64 TWh

Die tatsächlich geleistete Arbeit aller Atomkraftwerke Deutschlands im Jahr 2004 entsprach:

167 TWh 3)

Um eine Energiemenge von 1300 Twh zu produzieren, würden 150 Atomkraftwerke mit einer Kapazität von jeweils 1 GW Leistung benötigt.

b) Windenergie

Die Gesamtarbeit der Windkraft beläuft sich im Jahr 2005 auf ca. 26 TWh. Bis zum Jahr 2030 soll die Windenergiearbeit auf 92 TWh pro Jahr gesteigert werden. (7)

c) Solarenergie

Region	Mittlere Sonneneinstrahlung (kWh pro m² und Jahr)	Durch Solarthermie nutzbare Energie (Parabolrinnenkraftwerk) (η=0,32) in kWh/(m2*a)	Fotovoltaik (η=0,24*0,7) in kWh/(m2*a)
Hamburg	800	./.	134
München	1.000	./.	168
Südspanien	1.700	544	286
Nordafrika	1.950	624	328
Sahara	2.200	704	370

Würde eine Fläche in Nordafrika von 2000 km2 (ca. die Größe des Saarlandes) vollständig mit solarthermischen oder Fotovoltaikanlagen abgedeckt werden, so könnten:

2*109m2* 624 (328) kWh

= 1248 TWh solarthermische Stromenergie

oder

656 TWh fotovoltaische Stromenergie

gewonnen werden. Gegenwärtig wird in Deutschland etwa 1 TWh Strom fotovoltaisch gewonnen.

d)Kalte Fusion

Könnte längerfristig zur wichtigsten Energiequelle für die Menschheit werden. Falls tatsächlich keine radioaktiven Substanzen entstehen und das Verfahren ohne großen technischen Aufwand bei hoher Wärmeentwicklung betrieben werden könnte, wäre es ideal zur Wärme- oder auch Stromgewinnung einsetzbar. Bislang ist die Energieform noch umstritten.

e) Holz, Biodiesel

Bäume:

Beispiel: Pappeln haben eine hohe jährliche Neuwuchsleistung. (9) Neuwuchsleistung pro Hektar und Jahr: 9 Tonnen Trockenmasse.

Heizwert je kg Brennholz: 14600 kJ/kg

Bei 9 Tonnen Trockenmasse: 131 GJ

Gesamte Forstfläche: 7,4 Mio. Hektar (10)

Private Forstfläche: 1,4 Mio Hektar (10)

Derzeitiger Holzeinschlag in Deutschland (1999): 37 Mio. Tonnen, (10)

Heizwert des jährlichen Holzeinschlags: 540 PJ=150 TWh 3)

Bei Umwandlung des Holzeinschlages in Methanol (Vergasungsverfahren, 47% Energieverlust) könnte eine Methanolmenge mit einem Energieinhalt von maximal: 70 TWh gewonnen werden. (4)

Biodiesel:

Heizwert je kg Biodiesel: 42400 kJ/kg (4)

Gewinnbare Menge / Hektar: 1300 kg/Hektar (11)

Heizwert von Biodiesel pro Hektar: 55,1 GJ/Hektar

Dauergrünflächen in Deutschland: 5 Mio Hektar

Im Jahr 2005 hergestellter Biodiesel: 3,4 Mio. Tonnen (2006).

144,2 TJ=40 GWh

Für die Herstellung von Biodiesel benötigter Energieanteil: 43% (4)

Nettoenergiegewinn auf 3,4 Mio. Tonnen Biodiesel: 22,86 GWh

Dauergrünflächen in Deutschland: 5 Mio Hektar (10)

Maximaler Biodieselertrag für alle Dauergrünflächen in Deutschland: 116 TWh.

Gegenwärtig in Deutschland benötigte importierte fossile Rohstoffe (Erdöl, Erdgas)

Erdöl

1 kg Rohöl leistet bei der Verbrennung eine Energiearbeit von ca. 12 kWh. (3) 100 Millionen Tonnen Rohöl(12) liefern bei der Verbrennung eine Energiearbeit von 1200 TWh. Diese Energiemenge entspricht der in Deutschland gegenwärtig benötigten Rohölmenge.

Maximal lassen sich nur ca. 20% der Energiemenge des Rohöls durch sehr intensive Biodiesel- und Holzproduktion ersetzen!

Erdgas

1 m³ Erdgas leistet bei der Verbrennung eine Energiearbeit von ca. 9 kWh. (3)

Tatsächlicher jährlicher Bedarf in Deutschland: 100 Mrd. m3 Erdgas (12) Diese leisten bei der Verbrennung eine Arbeit von 900 TWh.

Möglichkeiten zum Kohlendioxidabfang aus Verbrennungsgasen bei der Verbrennung von fossilen Rohstoffen

Herstellung von Natronlauge und Chlor (aus dem sich wiederum Chlorwasserstoffsäure, also Salzsäure, herstellen lässt). Natronlauge bindet das Kohlendioxid in Form von Natriumhydrogencarbonat. Mit Salzsäure könnte das Kohlendioxid nach Bedarf freigesetzt werden. Je kWh Stromenergie lassen sich ca. 8,5 Mol Natronlauge erzeugen.

Zur Herstellung 1 Tonne Methanol müssen: 31250 Mol Kohlendioxid abgefangen werden. Dies entspricht einem Gewicht von: 1,375 Tonnen CO2

Für den Abfang von 100 Millionen Tonnen Kohlendioxid bräuchte man 368 TWh Strom für die Chloralkali-elektrolyse.

Die Gesamtminderung von Kohlendioxid würde: 140 Mio. Tonnen CO2 entsprechen.

Gesamtenergie für den Kohlendioxidabfang und für die Umwandlung von Kohlendioxid in Methanol

Kohlendioxidabfang mittels Natronlauge, benötigte Strommenge: 368 TWh.

Elektrolytische Umwandlung von Kohlendioxid in Methanol/Energie: 1300 TWh

Benötigte Gesamtenergie: 1668 TWh

Möglicherweise lässt sich die Abwärme bei der Elektrolyse in Form von Fernwärme nutzen.

Wärmeenergie bei der Verbrennung von 1 g Methanol: 23 kJ/g

Wärmenergie bei der Verbrennung von 100 Mio. Tonnen Methanol: 640 TWh

Zusammenfassung und Schlußfolgerungen

Falls sich unser Gemeinwesen entschliessen sollte, den fossilen Kohlendioxideintrag längerfristig zu senken und eine Methanolwirtschaft auf elektrolytischem Wege aufzubauen, wäre es sehr positiv **wenn die kalte Kernfusion** genutzt werden könnte. Falls es nicht gelingt die kalte Fusion nutzbar zu machen, erscheint es sinnvoll auf solarthermische, fotovoltaische Energie, Windenergie und möglicherweise auch **Atomenergie** zu setzen.

Literatur:

1a) George A Olah, Alain Goeppert, G. K. Surya Prakash: Beyond Oil and Gas: The Methanol Economy, Wiley-VCH Verlag GmbH & Co. KGaA
Wiley-VCH Verlag GmbH & Co. KGaA, 2006, S.241-259

1b) s.o., S.219-220

2) Andreas Bandi, Offenlegungsschrift: DE: 4126349 A1, Elektrolyseverfahren und -vorrichtung zur Synthese von Kohlenwasserstoffverbindungen mittels CO2-Umwandlung

3) Bundesministerium für Wirtschaft und Arbeit, Referat IX, A2, Zahlen und Fakten Energiedaten, nationale und internationale Entwicklungen

4) „Annex Full Background Report"
Methodologie, Assumptions, Descriptions, Calculations, Results to the GM Well to Wheel Analysis of Energy Use and Greenhouse Gas Emissions Of Advanced Fuel/ Vehicel Systems, A European Study LB- Systemtechnik, Daimler Str. 15, 85521 Ottobrunn, Deutschland 27.09.02

5) Römpp Chemielexikon, Verlag Chemie, Stichwort: Chloralkalielektrolyse

6) Ullmanns Encyklopädie of technical Chemistry, 5 Auflage

7) Bundesministerium für Umwelt, Naturschutz und Reaktorsicherheit, Erneuerbare Energien in Zahlen – nationale und Internationale Entwicklungen, Mai 2006, S.12

8) Brockhaus Sonderband: Technologien für das 21. Jahrhundert Brockhaus, Mannheim 2000, S. 217, 225

9) Enzyklopädie Naturwissenschaften und Technik, Jahresband 1983, Zweiburgenverlag, Landsberg a. Lech, S. 168, Holz

10) Statistisches Jahrbuch 2003, S. 148+166+182

11) Fachagentur Nachwachsende Rohstoffe eV. Hofplatz 1, Gülzow, Biofuels in Germany Recent and future developments , M. Sc. Verena Stinshoff

12) Bundesministerium für Wirtschaft und Technologie, Arbeitsgruppe Energierohstoffe, BMWi Abt. III, Verfügbarkeit und Versorgung mit Energierohstoffen, 29.3.2006, S.6+7

2.2.7 RWE pflanzt Energie-Pappeln

13 Millionen Bäumchen zur Energiegewinnung

FAZ 23. Feb. 2009
S. 13.

Die RWE kauft und pachtet unrentables Ackerland, um darauf Energiewälder zu pflanzen. Die vielen Stecklinge liefert eine spezialisierte Baumschule.

Von Lukas Weber

FRANKFURT, 22. Februar. Millimeter um Millimeter und in aller Stille wächst in Deutschland ein beachtlicher Beitrag zur künftigen Energieversorgung heran. Stromkonzerne, Heizungsbauer und experimentierfreudige Landwirte pflanzen dichtstehende und schnellwachsende Bäume auf Flächen, die für andere Verwendungen nicht recht geeignet sind. Das Holz dieser sogenannten Kurzumtriebsplantagen wird regelmäßig geerntet und als Hackschnitzel oder Pellets verheizt, die Energieausbeute ist beträchtlich.

Dafür wird eine große Menge Nachwuchsbäumchen gebraucht. „In diesem Jahr liefern wir fast 13 Millionen Stecklinge, das ist etwa die Hälfte des Gesamtmarktes", sagt Dirk Landgraf, der für die Energiebäume zuständige Geschäftsführer der P&P Dienstleistungs GmbH & Co. KG. Die traditionsreiche Neuhäuseler Forstbaumschule – sie wurde 1821 gegründet – beschäftigt sich seit drei Jahren verstärkt mit schnellwachsenden Baumarten, je nach Standort vor allem Pappel, Weide und Robinie. Die Weide wird in Schweden bevorzugt, sie komme auch mit kürzeren Tagen zurecht, erklärt Landgraf. In Deutschland ist die Pappel erste Wahl. Die Pappel-Stecklinge, das Stück zu rund 20 Cent, sind 20 Zentimeter lange und 8 Millimeter starke Stücke von Trieben aus dem einjährigen Aufwuchs in der Mutterkultur, die erst im Boden Wurzeln ziehen. P&P liefert aber auch bewurzelte Stecklinge und 7 Meter lange Stangen. Je Hektar werden bis zu 10 000 Stück gepflanzt, alle drei bis fünf Jahre wird geerntet, dann sind die Bäume etwa sechs Meter hoch. Nach den bisher vorliegenden Erfahrungen ist mit einer durchschnittlichen Ernte von 8 bis 12 Tonnen Trockenmasse Holz je Hektar und Jahr zu rechnen; 10 Tonnen entsprechen rund 4000 Liter Heizöl.

Was sich einfach anhört, erfordert freilich eine Menge Fachwissen. Das Unternehmen, das mit fünf Standorten und Außendienstmitarbeitern nach eigenen Angaben als einzige Forstbaumschule deutschlandweit tätig ist, bietet deshalb auch sämtliche Dienstleistungen von der Planung über die Bodenvorbereitung und die Anpflanzung (mit der Maschine können in einer Stunde 10 000 Stecklinge in den Boden geschossen werden) bis hin zur Ernte mit eigenem Gerät an.

Bisher größtes Projekt von P&P waren 120 Hektar (das entspricht etwa 150 Fußballfeldern) für den Heizungshersteller Viessmann rund um dessen Firmensitz Allendorf. Das ist im Vergleich mit dem jüngsten Projekt nicht mehr als ein Versuchsbetrieb, denn in diesem Jahr startet P&P die Bepflanzung von Kurzumtriebsplantagen in großem Stil für die RWE Innogy Cogen GmbH, eine Tochtergesellschaft des RWE-Konzerns. 1000 Hektar sind in Planung, dafür wird die Hälfte der Jahresproduktion von P&P verwendet. Bis Ende 2011 sollen es 10 000 Hektar werden, auf denen 75 Millionen Bäumchen stehen. „Wir gehen davon aus, dass wir die 1000 Hektar für die erste Pflanzperiode 2009 erreichen werden", sagt Stephan Lohr, Geschäftsführer der RWE Innogy. Die Flächen lägen vor allem in Hessen, Nordrhein-Westfalen und den östlichen Bundesländern. Bei der Beschaffung hilft P&P. „Wir suchen für die RWE deutschlandweit Flächen", sagt Landgraf.

Sie werden entweder gekauft oder für 20 Jahre gepachtet. Der Landwirt kann auch in eigener Regie das Energieholz anbauen. Die Hackschnitzel sollen auf möglichst kurzen Wegen in die Öfen. „Ein Biomasse-Heizkraftwerk ist derzeit im Kreis Siegen-Wittgenstein im Bau", sagt Lohr. RWE will bis zum Jahr 2020 in Deutschland zehn solcher Anlagen stehen haben, die aber nicht nur mit Holz aus Plantagen befeuert werden, sondern auch forstwirtschaftliche Resthölzer nutzen.

Die Diskussion um Tank oder Teller mache er gar nicht erst mit, erklärt Landgraf. „Wir wollen auf Standorte, die sich nicht für die Produktion von Nahrungsmitteln eignen." Davon gibt es nach seiner Ansicht reichlich, denn wenn die Plantagen einmal angelegt sind, wachsen die Bäume einige Jahre vor sich hin, ohne Pflege zu brauchen. Das ist ideal für abseits gelegene Flächen, die der Bauer sonst kaum nutzen kann. In Frage kommen auch Böden, die für die Landwirtschaft inzwischen oft zu trocken geworden sind, etwa in Brandenburg, wenn man sie mit Robinie bepflanzt. Ertragsschwaches Grünland umzuwidmen wäre vielleicht auch klug, nach europäischem Recht ist das allerdings nur eingeschränkt möglich. Immerhin dürfen bis zu 50 Bäume je Hektar angepflanzt werden, so dass

Biomasse

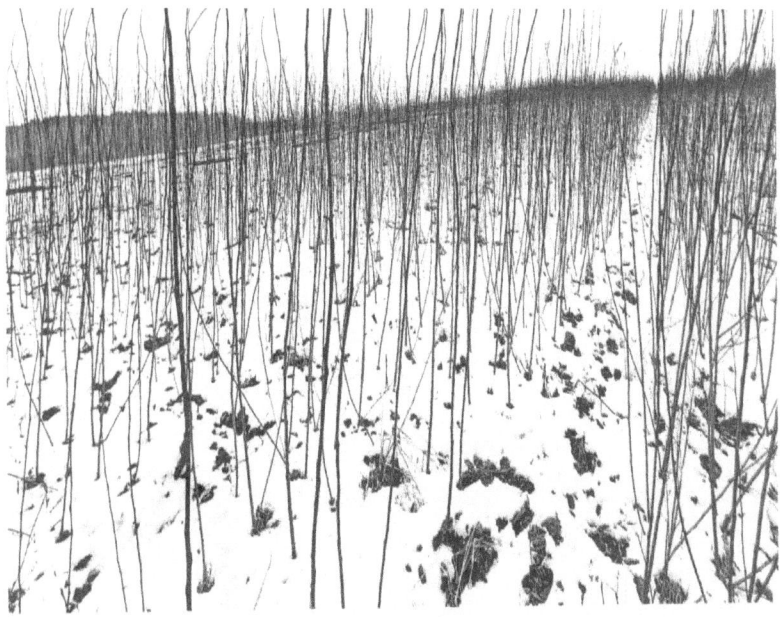

Im Westerwald lässt der Stromkonzern RWE Millionen von Pappeln züchten. Foto ddp

es vielerorts eine gemischte Bewirtschaftung geben könnte.

Überhaupt ist die Rechtslage schwierig und je nach Bundesland unterschiedlich. Meist dürfen landwirtschaftliche Flächen mit Energieholz bestückt werden, wenn innerhalb von 20 Jahren geerntet wird. In der Forstwirtschaft ist der mit dem Kurzumtrieb verbundene Kahlschlag in Deutschland (im Gegensatz etwa zu den skandinavischen Ländern) nicht zulässig. Auf Windwurfflächen, Rückegassen oder als Vorwald sollte über Energiebäume nachgedacht werden, fordern Befürworter, schließlich hätten die Menschen in früheren Jahrhunderten ihr Brennholz auch aus dem Niederwald geholt. Global gibt es vor allem in Osteuropa noch riesige ungenutzte Flächen.

Den Bauern wird der Energiewald mit einer Reihe weiterer Argumente schmackhaft gemacht: Die Plantagen sind nicht nur relativ unempfindlich gegen Wassermangel, sondern auch gegen Schädlingsbefall. Wenn die Holzpreise gerade niedrig sind, könne man die Ernte hinausschieben, erklärt Landgraf, außerdem gebe es erheblich mehr Tierarten als auf landwirtschaftlichen Kulturflächen. Den Rhythmus von Wachstumsphase und Ernte könne man viele Jahre beibehalten, das wiederholte Abschneiden schadet offenbar den Bäumen nicht. „Die älteste Plantage in Deutschland liefert seit 35 Jahren noch immer gleichbleibende Erträge", sagt Landgraf. Sie steht in Hann. Münden, dort gibt es seit dieser Zeit ein Institut für schnellwachsende Bäume.

Die Idee ist freilich wegen sinkender Preise für fossile Energien zwischenzeitlich untergegangen. Immerhin wurde Erfahrung mit Pappelkulturen aus den siebziger Jahren herübergerettet. Die Absorption von Kohlendioxid liege jährlich zwischen 10 und 28 Tonnen je Hektar, rechnet P&P vor. Die ökologischen Vorteile werden von Umweltschützern bestätigt. In einer Ende vergangenen Jahres veröffentlichten Studie zur Energieholzproduktion kommt der Naturschutzbund Deutschland (Nabu) zu dem Schluss, die Holzplantagen seien aus Klima- und Umweltsicht „gegenüber herkömmlichen Bioenergieverfahren wie Rapsdiesel und Biogas aus Silomais im Vorteil". Auch aus der Sicht des Naturschutzes seien sie hochwertiger einzuschätzen als intensiv genutzte Ackerkulturen.

Electrochemical Reduction of Carbon Dioxide on Various Metal Electrodes in Low-Temperature Aqueous KHCO$_3$ Media

Masashi Azuma,[1] Kazuhito Hashimoto,[2] and Masahiro Hiramoto[3]

Institute for Molecular Science, Myodaiji, Okazaki 444, Japan

Masahiro Watanabe*

Laboratory of Electrocatalysts for Fuel Cells, Faculty of Engineering, Yamanashi University, Takeda, Kofu 400, Japan

Tadayoshi Sakata[4]

Institute for Molecular Science, Myodaiji, Okazaki 444, Japan

ABSTRACT

Electrochemical CO$_2$ reduction was investigated on 32 metal electrodes in aqueous KHCO$_3$ medium. The current efficiency of CO$_2$ reduction on Ni, Ag, Pb, and Pd increases significantly with lowering the temperature. The ratio of reduction products are also changed by lowering temperature. Potential dependence of HCOOH and H$_2$ on an Hg electrode supports the electron transfer mechanism for HCOOH production. Formation of methane and ethylene is observed on almost all metal electrodes used, although the efficiency is mainly very low except for Cu. A periodic table for CO$_2$ reduction, which is drawn based on the dependence of reduction products on various metals, suggests the existence of a systematic rule for the electrocatalytic reduction of CO$_2$ on metal surfaces.

The amount of carbon dioxide in the air has been increasing in recent years, which may adversely affect the environment in the future. Electrochemical reduction of CO$_2$ seems to be one of the most effective methods for the processing and recovery of its carbon-based sources. Many workers have investigated the electrochemical reduction of CO$_2$ on metal electrodes (1) and reported that CO$_2$ is reduced electrochemically into HCOOH. Reduction occurs effectively in aqueous solutions on metal electrodes such as Hg (2-6), Pb (3, 6), and In and Zn (5-7) which have rather high overpotentials for hydrogen evolution. It is also reported (5) that CO is the main product on Ag and Au electrodes. Recently Hori et al. (5, 8) have studied the electrochemical reduction of CO$_2$ on various metal electrodes and reported that Cu electrodes have rather high electrocatalytic activity for methane and ethylene production from CO$_2$. Later, Cook et al. (9, 10) improved the efficiency of methane production and reported that cumulative CO$_2$ reduction to methane and ethylene is nearly faradaic on in situ electrodeposited Cu layers on glassy carbon electrode. Frese and Leach (11) have shown that electroplated Ru metal electrodes are good electrocatalysts for methanol and CH$_4$ production from CO$_2$. A small amount of glycolic acid and maleic acid were detected after CO$_2$ reduction on Pb or Hg electrodes in aqueous solutions of quarternary ammonium salts (12, 13). On the other hand, carbon monoxide is the major reduction product in nonaqueous solutions on various metal electrodes except for Pb, Hg, and Tl, where oxalic acid is the main reduction product (14). Glycolic acid, glyoxylic acid, tartaric acid, and oxalic acid were produced on CrNiMo-steel cathodes in propylene carbonate solution (15). At present, the molecular mechanism of electrocatalysis on metal electrodes is not clear, hence it is not possible to determine what kinds of properties of metal electrodes control electrocatalytic activities and selectivities for CO$_2$ reduction.

Recently, we have investigated the electrochemical reduction processes of CO$_2$ at around 0°C on various metal electrodes in aqueous KHCO$_3$ solution by analyzing the reduction products under potentiostatic electrolysis. In our previous report (16) we described the results of electrochemical CO$_2$ reduction on various metal electrodes including Al, Ti, V, Mn, Co, Zr, and Nb, which have not been used as electrodes for CO$_2$ reduction in aqueous medium so far. In this paper we show the reduction products on 32 kinds of metals, including most of the transition metal electrodes, in aqueous KHCO$_3$ solution at low temperatures and discuss the reduction mechanism.

Experimental

Glassy carbon was purchased from Tokai Carbon Company, Limited. An n-type Si wafer (111, 0.018-0.033 Ω cm) purchased from Shin-etsu Semiconductors Company, Limited, was cut into small pieces and used as the Si electrode. Ru powder (45-500 μm, 99.9%) purchased from Goodfellow Metals was pressed into a small disk, annealed in a vacuum chamber, and made into a Ru electrode. Hg was purchased from Wako Chemicals. Tl plate was purchased from Myojo Metals Company, Limited. All the other metals used as electrode materials in this study were purchased from The Japan Lamp Industries Company, Limited, and their purities are more than 99.9%. These electrode surfaces were polished into mirror finish with emery paper and 0.05 μm alumina powder, degreased in acetone followed by chemical etching in dilute HCl, HNO$_3$, or HF, and then washed thoroughly with distilled water.

Potentiostatic electrolysis experiments were carried out in a CO$_2$-saturated 0.05 mol dm^{-3} KHCO$_3$ aqueous solution (pH 8.0) using a conventional H-type gas-tight Pyrex cell divided by an ion exchange membrane (Nafion 417) as shown in Fig. 1. Before the electrolysis, the electrolytic cell was placed in a low-temperature bath circulator and CO$_2$ gas was bubbled into the catholyte so as to remove oxygen as well as to saturate with CO$_2$ gas. The surface of each metal electrode was reduced by setting the electrode potential at -3.0V vs. the saturated calomel electrode (SCE) for more than 30 min in order to get a clean metal surface, and then closed tightly. The electrode potential was controlled by a potentiostat (Hokuto Denko HA-501) against the SCE reference and the charge passed was monitored by using a Hokuto Denko HF-201 coulomb meter.

Analysis of the reduction products in both gaseous and liquid phases was carried out after the electrolysis by using a gas chromatograph (Ohkura Model 103) and a liquid chromatograph (Hitachi Model 655A). In our analysis, the detection limits for CO, HCOOH, and hydrocarbons were 30, 0.1, and 0.05 ppm, respectively, and the lowest analytical limits for current efficiencies were 0.02, 0.02, and 0.0001%, respectively. It was found that 2.9 ppm of CH$_4$ was present in the CO$_2$ gas used for experiments as an

* Electrochemical Society Active Member.
[1] Present address: Department of Applied Chemistry, Osaka Institute of Technology, Asahi-ku, Osaka 535, Japan.
[2] Present address: Department of Synthetic Chemistry, Faculty of Engineering, Osaka University, Yamadaoka, Suita 565, Japan.
[3] Present address: Chemical Process of Engineering, Faculty of Engineering, Osaka University, Yamadaoka, Suita 565, Japan.
[4] Present address: The Graduate School at Nagatsuda, Tokyo Institute of Technology, Midori-ku, Yokohama 227, Japan.

2.3 Kugelbett-Reaktor oder –Ofen ?

Den auch unter dem Namen Hochtemperatur-Reaktor, Gas/Graphit-Reaktor, Kugelhaufen-Reaktor, Pebble Bed Reaktor und ähnlichem bekannte Reaktortyp nennen wir Kugelbett-Ofen, weil es in erster Linie auf seine Wärme ankommt.

Ausserdem sollen die Vorbehalte reduziert werden, die manchmal mit dem Wort Reaktor verbunden werden. Auch die Dampfmaschine löste anfangs Ängste aus, die heute einer nüchternen Beurteilung gewichen sind.

Er ist ein **Ofen**, weil er kontinuierlich Brennstoff aufnimmt und „Asche" abgibt. Die heute betriebenen Reaktoren sind allesamt **Meiler**, die von Zeit zu Zeit stillgelegt und neu beschickt werden.

2.3.1 Generationen der Kern-Reaktoren.

In der öffentlichen und wissenschaftlichen Diskussion gehen die Generationsbegriffe durcheinander. Mal wird der HTR zur dritten, mal zur vierten Generation gezahlt. Mal werden alle Graphit-Gas Reaktoren zur vierten Generation gerechnet, manchmal auch auf dritte und vierte aufgeteilt.

Daher erscheint die Generationen-Einteilung nur eine erste Hilfe innerhalb von Konzeptfamilien, also Generationen von LWR, von SWR, von Graphit-Gas usw.

Hier folgt zur Verdeutlichung ein Auszug aus Wikipedia:

Gen.	Beschreibung	Beispiele
I	Erste kommerzielle Prototypen	Shippingport, 1957, DWR 60 MWe Dresden, 1960, SWR 180 MWe, Fermi 1, 1963, Brutreaktor 61 MWe
II	Kommerzielle Leistungsreaktoren	CANDU, Konvoi, EdF-Kraftwerke
III	Fortschrittliche Reaktoren (evolutionäre Weiterentwicklungen aus Generation II)	EPR, ABWR, Hochtemperaturreaktor, Advanced CANDU Reactor, MKER, Russisches schwimmendes Kernkraftwerk
IV	Zukünftige Reaktortypen (derzeit vom Generation IV International Forum vorangetrieben)	

2.3.2 Prof. Dr. Rudolf Schulten

Er war die geistige Triebkraft für die Entwicklung des Kugelbett-Reaktors und wird von seinen Studenten noch heute als Vorbild in menschlicher und wissenschaftlicher Hinsicht geachtet.

Geboren in Oeding	18.08.1923
Studium der Mathematik und Physik an der Universität Bonn	1946-1950
Promovierung bei Prof. Werner Heisenberg an der Universität Göttingen	1953
Assistenz bei Prof. Werner Heisenberg und Karl Wirtz am Max-Planck-Insitut Göttingen	1953-1955
Tätigkeit bei der Firma BBC/Krupp, dort zuständig für die Planung und den Bau des Atomversuchsreaktors in Jülich bei der AVR GmbH	1956-1964
Direktor des Instituts für Reaktorentwicklung in Jülich und zeitgleich Professor für Reaktortechnik an der Rheinisch-Westfälischen Technischen Hochschule (RWTH) Aachen	1964-1989
mehrmaliger Vorsitz des wissenschaftlich-technischen Rats der Kernforschungsanlage (heute Forschungszentrum) Jülich	1969-1985
Auszeichnung mit dem Otto-Hahn-Preis der Stadt Frankfurt	1972
Aufsichtsratsmitglied der Thyssen Industrie AG	1980-1988
Verleihung des Werner-von-Siemens-Ring	1987
Ehrung durch das große Bundesverdienstkreuz	1987
Verstorben in Aachen	30.04.1996

Kugelbett-Reaktor oder –Ofen?

Alte und neue Wege der Kerntechnik

Der folgende Artikel ist vor genau 20 Jahren in Fusion 1/1990 erschienen. Wir wollen ihn unseren Lesern noch einmal zugänglich machen, weil wir glauben, dass das von Prof. Schulten darin entwickelte Konzept des Hochtemperaturreaktors nicht dem "alternativen" Zeitgeist zum Opfer fallen darf Noch zu seinen Lebzeiten hatte Prof. Schulten, der um die drohende Gefahr eines Ausstiegs aus der Kernenergie in Deutschland wusste, dafür gesorgt, dass der HTR in China (und jetzt auch in Südafrika) weiterentwickelt werden konnte.

Von Prof. Rudolf Schulten

Die Probleme des Schutzes der Erdatmosphäre stellen die Anwendung der Kerntechnik vor neuartige Aufgaben. Die bisherigen Anlagen sind hauptsächlich für die Industrieländer geplant. errichtet Lind betrieben worden. Sie sind gekennzeichnet durch große Leistungen (1 Gigawatt und mehr) im Rahmen von großen Verbundnetzen, mit hohem und kompliziertem Aufwand für Sicherheitskomponenten. Das weltweite Klimaproblem fordert offenbar eine breitere Anwendung von Anlagen, vor allem auch in Schwellen- und Entwicklungsländern mit kleineren Leistungen. durchschaubaren Sicherheitskonzepten und geringen Kosten. Können diese Forderungen mit einer neuen Nukleartechnik erfüllt werden? Kann ein Sicherheitsstandard ohne die Möglichkeit einer Ausbreitung von Radioaktivität in Störfallen erreicht werden? Können adäquate Sicherheitskomponenten in diesen Ländern genügend wirtschaftlich hergestellt und betrieben werden? Kann die Brennstoffversorgung und die Endlagerung gewährleistet werden? Können nukleare Anlagen über die Stromerzeugung hinaus in dem größeren Bereich der Wärmeerzeugung des Energiemarktes eingesetzt werden? Welche Reaktortypen kommen dafür in Frage? Mit diesen Fragen will sich diese Schrift befassen.

Ein Reaktortyp wird weitgehend durch die Wahl seiner Hauptkomponenten. nämlich des Brennstoffs, des Moderators und des Wärmeübertragungsmittels. festgelegt. Diese drei Komponenten und ihre Ausgestaltung und Art haben einschneidende Einflüsse auf die Fragen der Sicherheit. das Spektrum der Neutronen, d.h. der Brutfähigkeit. sowie auf den Anwendungsbereich der Kernenergie.

Der nukleare Brennstoff ist heute und wohl in fernerer Zukunft das leicht angereicherte Uran mit den Forderungen der Nichtverbreitung von Kernwaffenmaterial und der Möglichkeit der Endlagerung von radioaktiven Abfällen auch ohne Aufbereitung. Uransparende Brennstoffkreisläufe auf der Basis der Brutstoffe Thorium und Uran·238 werden später interessant werden.

Die Wahl des Moderators, eingesetzt zur Umwandlung der schnellen Neutronen in langsame Neutronen durch abbremsende Stoßprozesse an leichten Atomkernen, hat einen bestimmenden Einfluss auf den Reaktortyp. Nach einem fast 40 jährigen Auswahlprozess kommen heute nur noch normales Wasser und Graphit für diese Funktion in Frage.

Wasser als Moderator in den Leichtwasserreaktoren, das gleichzeitig als Wärmeübertragungsmittel verwendet wird, erlaubt eine hohe Leistungsdichte dieser Reaktoren, wie sie bisher in der Energietechnik nicht realisiert werden konnte. Der physikalische Grund liegt letzten Endes in den kurzen Abbremswegen der Neutronen, mit denen die Anlagen zwangsläufig kompakt gestaltet werden können. Dagegen kommt man bei der Anwendung des hitzebeständigen Graphits als Moderator, zum Beispiel im Hochtemperaturreaktor, wegen der weiteren Abbremswege der Neutronen zwangsläufig zu größeren Reaktorvolumina mit geringerer Leistungsdichte. In diesem Fall ist die Wärmeübertragung durch Gas unter Druck am besten mit dem inerten Helium zu realisieren.

Der Moderator und seine technischen und physikalischen Eigenarten sind der Schlüssel zum sicherheitstechnischen Verhalten der Reaktortypen.

Sicherheitstechnische Überlegungen

Zunächst sei an eine besonders wichtige Sicherheitseigenschaft der Reaktoren, in denen die schnellen Neutronen durch Moderatoren abgebremst werden. erinnert. Alle Reaktoren dieser Art, richtig ausgelegt. brechen die Kettenreaktion in Störfällen selbsttätig ab. d.h. ohne Eingriffe von Menschen und Maschinen. Hier sind ausschließlich physikalische Vorgänge am Werk, die in der Eigenart der Absorption von Neutronen durch Atomkerne bedingt sind. Erhöhte Temperaturen bei Störungen lassen die Kettenreaktion durch Verlustabsorption von Neutronen verarmen. Sie wird dann zwangsläufig unterbrochen. Dieses wunderbare Geschenk der Natur solle bei allen Reaktoren als ein Grundprinzip der Sicherheit verwendet werden. Leider ist bei einigen Reaktoren von diesem Prinzip nicht Gebrauch gemacht worden. Man muss dieses als eine ausgesprochene Fehlentscheidung ansehen, die durch Umrüsten möglichst bald soweit wie möglich korrigiert werden sollte. Diese letzteren Bemerkungen betreffen nicht die kommerziellen Reaktoren in der westlichen Welt.

So wie in der Frage der Selbststabilisierung der Kettenreaktion hat die Art des Moderators auch für das zweite große sicherheitstechnische Problem der Reaktoren, nämlich der Nachzerfallswärme, eine ausschlaggebende Bedeutung. Nach Abschalten der Keltenreaktion wird durch den Zerfall der im Reaktor zwangsläufig vorhandenen radioaktiven Stoffe weiter Wärme mit einem Anteil von zunächst ungefähr 1% der vorausgegangenen Reaktorleistung erzeugt, der nach einigen Tagen in den Bereich von einigen Promille abfällt. Dieser Vorgang kann durch äußere Hilfsmittel nicht beeinflusst werden. In den Leichtwasserreaktoren mit Wasser als Moderator und Wärmeübertragungsmittel verhindern vielfach vorhandene Kühlsysteme einen unzulässigen Anstieg der Temperatur durch die Nachwärme im ausgeschalteten Reaktor. Damit werden ein Kernschmelzen und damit die Freisetzung von radioaktiven Stoffen vermieden. Die extrem hohe Qualität dieser Einrichtungen sorgt da für, dass ein Versagen mit ernsten Unfallfolgen sehr unwahrscheinlich ist.

Für Reaktoren, die mit dem hitzebeständigen Graphit-Moderator ausgerüstet sind, ist eine andere Vermeidung der Beschädigung des Reaktors und seiner Brennelemente möglich, wie sie z.b. bei dem Hochtemperaturreaktor realisiert ist. Die Leistungsdichte ist klein, was sich aus den oben genannten Gesetzen der Neutronenphysik zwangsläufig ergibt. Die Wärmekapazität, die durch den Moderator gegeben ist, ist infolgedessen sehr groß. Im Falle des Ausfalls der Kühlung kann so die Nachzerfallswärme für längere Zeit im Graphit mit langsamem und begrenztem Anstieg der Temperatur gespeichert werden. Nach einem Zeitraum von ca. 24 Stunden erfolgt ein Stillstand der Temperaturerhöhung, bedingt durch die Wärmeableitung. die dann größer ist als es der noch vorhandenen Wärmeproduktion durch die Nachzerfallsleistung entspricht.

Das Verhältnis von Leistung und damit von Nachzerfallswärme, wirksamer Wärmekapazität und Wärmeleitung kann so eingestellt werden, dass die Beschädigungstemperatur der hitzebeständigen Brennelemente aus keramischen Stoffen in Störfallen nicht erreicht wird und damit keine Freisetzung von radioaktiven Stoffen erfolgt. Dieser Vorgang, der in unserem Hochtemperaturreaktor in Jülich mehrfach experimentell erprobt wurde, wirkt ebenso wie die voraus dargestellte selbsttätige Unterbrechung der Kettenreaktion in Störfällen naturgesetzlich.

Es besteht sogar die Aussicht, künftig Reaktoren so zu planen, dass nach allen Störfällen ein Weiterbetrieb dieser Anlagen gewährleistet ist. Damit könnten Kernenergieanlagen sozusagen normale Technik" werden.

Die beiden Korrosionsprobleme, bedingt durch das bei Störfallen mögliche Eindringen von Dampf und Luft in den Primärkreislauf des Hochtemperaturreaktors, können ebenso durch selbsttätige Vorgänge beherrscht werden.

Eine unzulässige Menge Dampf im Reaktorkreislauf registriert ein Feuchtigkeitsfühler im Helium-Kreislauf. Die Speisewasserpumpe und das Gebläse werden abgeschaltet. Die noch geförderte Menge von Wasser und Dampf kann im Reaktor toleriert werden.

Ein Zutritt von Luft ist nur nach einer Druckentlastung und nach einem vollständigen Ausfliessen des Heliums aus dem Primärkreislauf nach vielen

Sprit mit Kernwärme aus Biomasse und Kohle

Stunden durch Diffusions- und Naturkonvektionsvorgänge möglich. Eine ausreichende Begrenzung ist durch den maximal möglichen Bruchquerschnitt am Behälter gegeben, der nur zu einer tolerablen Korrosion der Brennelemente ohne Freisetzung von Radioaktivität führen kann. Diese Konzeption wird entweder durch basisgesicherte Stahlbehälter oder durch Spannbetonbehälter gewährleistet.

Als einzige Sicherheitskomponente sind nur noch die Brennelemente und die Behälter wichtig. Eine nunmehr als durchführbar angesehene Verwendung von Silizium (oder anderen Keramiken) als Schutzstoffe für die Brennelemente zur Vermeidung von möglichen Korrosionen macht es möglich. die Gewährleistung der Sicherheit nur noch auf die Eigenschaften des Brennelementes zu fundieren. Alle anderen Komponenten der Anlage. auch die Behälter haben dann für die Vermeidung des Austritts gefährlicher Mengen von radioaktiven Spaltprodukten keine Bedeutung mehr. Es wird untersucht, ob diese geringeren Anforderungen an den Reaktor, seine Komponenten und Hilfseinrichtungen nicht zu einer bemerkbaren Senkung der Anlagenkosten führen können.

Im Ganzen lässt sich sagen, dass auf diesem Wege einfache Reaktoren mit zunächst kleinerer Leistung verwendet werden können, bei denen eine Schadenseinwirkung nach außen ausgeschlossen werden kann. Größere Leistungen für Kernkraftwerke können durch die Parallelschaltung einer Reihe von kleinen Reaktoren realisiert werden.

Kugelbett-Reaktor oder –Ofen ?

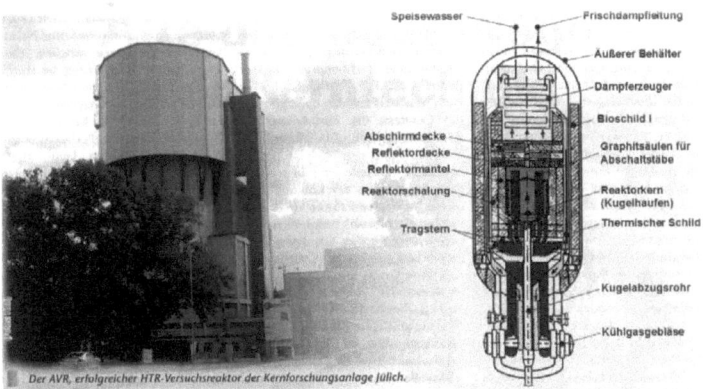

Der heutige Stand der Kenntnisse für Hochtemperaturreaktoren gestattet auch die Aussicht, dass ähnliche Sicherheitseigenschaften für mittelgroße Reaktoren erreicht werden können. Es wird auch erwartet, dass in Zukunft keramische Materialien mit noch besserer Temperaturbeständigkeit als Siliziumkarbid, zum Beispiel Zirkonkarbid mit einem Schmelzpunkt von ca. 3600 ^{0}C für die Herstellung der Brennelemente verwendet werden können, mit dem die noch zulässigen Spitzentemperaturen bei Störfallen von heute 1600 bis 1800^{0}C auf voraussichtlich 2500^{0}C gesteigert werden können, ohne dass gefährliche Mengen von radioaktiven Stoffen aus den Brennelementen austreten. So kann man erwarten. dass auch für größere Leistungseinheiten die gleichen positiven sicherheitstechnischen Eigenschaften realisierbar sind.

Die Sicherheit von kerntechnischen Anlagen wird so durch selbsttätige Mechanismen verwirklicht, die eine Ausbreitung von Radioaktivität in schweren Störfällen ausschließen, indem sie naturgesetzlich bei Störfällen die Kettenreaktion abbrechen und ein unzulässiges Erhitzen des Reaktors verhindern.

Brennstoffausnutzung und Wiederaufarbeitung

Eine weitere Frage in der Diskussion um die Kernenergie war und ist die Frage, wann uransparende Maßnahmen aus Kostengründen durch die Einführung des Schnellen Brüters und die Einführung der Wiederaufarbeitung realisiert werden müssen. Heute sind die eigentlichen Uranerzkosten nur ein verschwindend kleiner Teil der Gesamtkosten der Energieerzeugung (1 Prozent). Auch bei einem Anstieg des Uranpreises. etwa um den Faktor 10, ist noch kein prohibitiver Anstieg der Kosten für die Kernenergie zu befürchten. Auf der anderen Seite weiß man aus Abschätzungen von Geologen und aus der Bergbauwissenschaft, dass bereits eine relativ geringfügige Steigerung des anlegbaren Preises für Uranerze zu einer merkbaren Vergrößerung der abbauwürdigen Uranvorräte führen kann. So stehen sich zum heutigen Zeitpunkt in der Beurteilung zwei Parteien gegenüber. Ein einheitliches Urteil, ob die Uranvorräte pessimistisch gesprochen nur etwa 50 Jahre ohne Brüter und ohne Wiederaufarbeitung verwendet werden können oder für eine längere Zeit, ist heute noch nicht zu finden. Wahrscheinlich wird unsere Generation zu dieser Frage noch keine endgültige Antwort geben können.

Heute wird auch die Alternative, Wiederaufbereitung oder direkte Endlagerung der benutzten Brennelemente, diskutiert. Die Leichtwasserreaktoren, die heute vorwiegend in der Nukleartechnik genutzt werden, verwenden eine Anreicherung des Urans von ca. 3 Prozent. Der Restgehalt an Spaltstoff nach Abbrand der Brennelemente, in der Hauptsache in Form von Plutonium, kann durch die Wiederaufarbeitung nutzbar gemacht werden. Im Gegensatz dazu wird im Hochtemperaturreaktor eine Anreicherung von 7 bis 8 Prozent verwendet, bei der durch hohen Abbrand des Spaltstoffs in den Brennelementen eine genügend hohe Ausnutzung erreicht wird, so dass eine Wiederaufarbeitung nicht erforderlich und nicht sinnvoll ist und nach angemessener Zwischenlagerungszeit eine direkte Einlagerung der ausgenutzten Brennelemente vorgesehen ist.

Neben der Frage der Sicherheit von Kernreaktoren ist die Beseitigung der radioaktiven Abfälle die zweite große Aufgabe der Nukleartechnik. Wegen der geringen Mengen dieser Stoffe kann hier die Technik der Tieflagerung wirtschaftlich angewendet werden. Nach geologischen Erfahrungen ist trotz möglicher Bewegungen in der Erdkruste eine Einschlußzeit von mindestens einer Million Jahren gewährleistet. Die Abschirmung der radioaktiven Strahlung ist bekanntlich schon durch wenige Meter Erdreich möglich, so dass alle radioaktiven Stoffe in der Tiefe vollständig abgeschirmt sind. Nach einer Einschlußzeit von rund einer Million Jahren bedeuten die radioaktiven Abfälle, nachdem sie weitgehend durch den radioaktiven Zerfall beseitigt sind, eine Gefährdung, die kleiner ist als e Gefahr der ursprünglich eingesetzten Stoffe, nämlich im wesentlichen des Urans und seiner Folgeprodukte. Etwa nach 10.000 bis 100.000 Jahren haben die radioaktiven Abfälle ein geringeres Gefährdungspotential als die ursprünglich vorhandene, eingesetzte Menge der Uranerze. Die Nukleartechnik erhöht also bei Berücksichtigung dieses Umstandes die Radioaktivität der Erde auf lange Zeit nicht. Voraussetzung ist ein naturgesetzlich wirkender Einschluß für die radioaktiven Abfälle in Barrieren, die einen Transport durch Wasser im Erdreich verhindern. Die Ablagerung von radioaktiven Abfällen ist, richtig ausgeführt, keine ernsthafte Gefahr für die Nachwelt.

Kugelbett-Reaktor oder –Ofen?

Entscheidungen über die endgültige Form der Ablagerung brauchen nicht in der nächsten Zeit getroffen zu werden. Für Zeiträume von etwa 30 bis 100 Jahren ist eine ungefährliche oberirdische Lagerung in Abschirmbehältern mit dicken Stahlwänden durchführbar.

Der überwiegende Teil der Energie wird als Wärme für Industrie und Haushalt sowie als Treibstoff verwendet. Auch für diesen größeren Teil des Energiemarktes ist Kernenergie einsetzbar. Unsere Untersuchungen zeigen, dass die Kernenergie ein universelles Mittel für alle benötigten Energieformen der Wirtschaft darstellt. Insbesondere ist auch die Umformung von fossilen Energierohstoffen, wie zum Beispiel Kohle, mit Kernenergie möglich. Die Emission des Kohlendioxids kann dabei gegenüber den konventionellen Verfahren stark gemindert werden. So kann man sich gut vorstellen, dass die fossilen Energierohstoffe. auch die Kohle, durch diese CO2verminderten Techniken noch lange als Energierohstoffe auch unter verschärften Umweltbedingungen, verwendet werden können. Eine künftige Wasserstofftechnik lässt sich auf der Basis von nuklearer Wärme und umgewandelten fossilen Energierohstoffen aus heutiger Sicht vergleichsweise am wirtschaftlichsten und günstigsten darstellen.

Ich bemühe mich nun, die mir bekannten Fakten in folgenden Schlussfolgerungen darzustellen:

Bei künftigen nuklearen Anlagen können Schadenswirkungen nach außen ausgeschlossen werden. Die nukleare Energie kann für eine lange Zeit einen großen Teil des Energiebedarfs decken; dieses nicht nur für die Elektrizitätserzeugung, sondern auch für die anderen Energieformen, zum Beispiel Treibstoff für den Verkehr und Wärme für Haushalt und Industrie. Die Kernenergie ist umweltfreundlich und hilft das Problem der Kohlendioxid-Emission wesentlich zu reduzieren. Die Technik der Ablagerung der radioaktiven Beiprodukte kann durch Tiefenlagerung beherrscht werden.

Man darf daher erwarten, dass die Nutzung der Kernenergietechnik über unsere Zeit hinaus noch für lange Zeit einen wertvollen Beitrag zur Energiewirtschaft der Menschheit leisten wird.

Professor Dr. Rudolf Schulten zählt zu den Wissenschaftlern. die die kerntechnologische Entwicklung in der Bundesrepublik maßgeblich geprägt haben. Von ihm stammt das Konzept des Kugelhaufen Hochtemperaturreaktors. Professor Schulten war Inhaber eines Lehrstuhls für Reaktortechnik an der Technischen Hochschule in Aachen und leitete bis zum Oktober 1989 das reaktorphysikalische Institut der Kernforschungsanlage Jülich. Am 30. April 1996 ist er in Aachen verstorben.

2.3.3 Hochtemperatur-Reaktor
aus Wikipedia

Ein Hochtemperaturreaktor (HTR) oder Höchsttemperaturreaktor (VHTR, Very High Temperature Reactor) ist ein Kernreaktor-Typ der vierten Generation. Der Brennstoff wird in Form von ca. 6 cm großen Pellets (Kugelbettreaktor) oder Briketts (Prismatic Block Reactor?) verwendet.

Der Kugelhaufenreaktor oder Kugelbettreaktor wurde in der Bundesrepublik Deutschland entwickelt und zeichnet sich durch einen geringen Uranverbrauch, geringe Abwärmeerzeugung und das Potenzial zur Fernwärmenutzung aus. Der Name gründet auf einer relativ hohen Nutzungstemperatur von 300 bis 950 °C, die bei einem HTR entsteht. Dieser Reaktortyp benutzt Heliumgas als Kühlmittel und Graphit als Moderator. Aufgrund seiner Bauart gilt der Kugelhaufenreaktor als sicherer und effizienter als herkömmliche Reaktortypen. Der AVR (Jülich), der am Kernforschungszentrum in Jülich eingerichtet wurde, diente als Forschungsreaktor für dieses System. Der deutsche Prototyp war der Thorium-Hochtemperaturreaktor bei Hamm-Uentrop.

2.3.3.1 Funktionsprinzip

Im Thorium-Hochtemperaturreaktor selbst bestehen die Brennelemente, in denen sich das spaltbare Material im Reaktorkern befindet, aus Kugeln mit sechs Zentimetern Durchmesser. Diese kugelförmigen Brennelemente bestehen aus 192 g Kohlenstoff, 0,8928 g Uran 235, 0,0672 g Uran 233 und 10,2 g Thorium 232. Die Brennelemente haben eine äußere brennstofffreie Schale aus Graphit mit einer Dicke von 5 mm. Im Inneren ist der o. g. Brennstoff in Form von beschichteten Teilchen in eine Graphitmatrix eingebettet. Die partikelfreie Schale ist hier zusammen mit der Graphitmatrix für die mechanische Festigkeit des Brennelementes verantwortlich. Zudem sublimiert (verdampft) der Graphit erst bei ca. 3.500 °C ohne vorher zu schmelzen, d. h. bis zu dieser Temperatur bleiben Kernstruktur und Kugelform intakt und damit absorptionsfähig. Deshalb zählt es zu den Vorteilen des Thorium-Hochtemperaturreaktors, dass sich im Reaktorkern selbst nur Konstruktionsmaterialien befinden, die sogar Temperaturen bis weit über der Betriebstemperatur problemlos tolerieren.

Die beschichteten Körner im Inneren des Brennelementes bestehen aus UO_2- und ThO_2-Teilchen, die von drei Pyrocarbonschichten umhüllt sind. Diese Schichten halten zusammen mit der Graphitmatrix die radioaktive Strahlung des Brennstoffes größtenteils zurück, weshalb nur relativ wenig radioaktive Strahlung austritt. Der Kohlenstoff innerhalb des Brennelementes dient hierbei als Moderator. Das Thorium 232 wird ebenfalls direkt in das Brennelement eingebracht, da es so direkt während der laufenden Kernspaltung(en) in Uran 233 umgewandelt werden und gespalten werden kann. Die Zahl der Brennelemente im Thorium-Hochtemperaturreaktor beträgt 675.000 Stück. Bei der Kernspaltung werden Kerntemperaturen von ca. 700 °C erreicht.

Im Laufe des einjährigen Betriebes des THTR stellte sich jedoch heraus, dass es aufwendig ist, das erbrütete Uran aus seinem Einschluss zu befreien; letztendlich ist diese Methode der Uranherstellung nicht wirtschaftlich, so dass nur die direkte Verwendung der Brennelemente zur Energieerzeugung sinnvoll ist.

Eine spezielle Eigenschaft des in Deutschland entwickelten Hochtemperaturreaktors sind die kugelförmigen Brennelemente im Gegensatz zu Entwicklungen mit prismatischen Brennelementen in den USA. Diese Brennelementkugeln, die im Reaktorkern einen Kugelhaufen bilden (daher auch die Bezeichnung Kugelhaufenreaktor), erlauben die kontinuierliche Entnahme verbrauchter Brennelemente und deren Ersatz durch frische Brennelemente. Der hauptsächlich verwendete Werkstoff ist Graphit.

2.3.3.2 Reaktoraufbau

Wie andere Kernreaktoren erzeugt ein HTR im Betrieb Wärme, die über ein Medium (Wasser, Gas) zu einer Wärmesenke gebracht wird, beim Prototyp ist dies eine Turbine, deren angeschlossener Generator Elektrizität erzeugt. Der eigentliche Einsatz sollten ursprünglich allerdings chemische Reaktionen sein, die viel Prozesswärme bei hoher Temperatur (bis zu 1300 °C) benötigen, z. B. die Kohleveredelung zu Kohlenwasserstoffen.

Das spaltbare Material, Uran, Thorium oder Plutonium (in Entwicklung, um den Hochtemperaturreaktor zur Vernichtung von Waffenplutonium einzusetzen), ist als keramisches Oxid in Graphitkugeln eingeschlossen (siehe oben). Im Allgemeinen liegt das Spaltmaterial in Form kleiner Körner vor, die gleichmäßig in der Kugel verteilt sind; zwischen den Körnern befindet sich das Graphit der Kugel. Die Kugeln sind etwa tennisballgroß (Durchmesser 6 cm) und etwa 200 g schwer; davon sind 5 % spaltbares Material. Ein Reaktor mit einer Leistung von 120 Megawatt braucht 380.000 solcher Kugeln.

Der Kernreaktor ist ein großer Raum, der mit den Kugeln aufgefüllt wird. Die Kugeln lassen sich in stationären Reaktoren automatisch zugeben und entnehmen. Ein reaktionsträges Gas, etwa Helium, Stickstoff oder Kohlendioxid, zirkuliert durch die Kugelzwischenräume. Dabei nimmt es die bei der Kernreaktion entstehende Wärme auf und trägt sie im Idealfall direkt zur Turbine.

In der Mehrzahl der stationären und im Gegensatz zu den mobilen KHR lassen sich die Kugeln während des Betriebs ständig oben zugeben und unten entnehmen. Dadurch wird ein ununterbrochener Betrieb möglich, der gleichzeitig einen kontinuierlichen Austausch des Brennmaterials erlaubt. Verbrauchte Kugeln lassen sich so entfernen und durch neue ersetzen.

Ein sich automatisch aus der Bauweise ergebender Vorteil liegt in der Betriebssicherheit. Mit zunehmender Temperatur des Reaktors erhöht sich die thermische Geschwindigkeit der Brennstoffatome, was aufgrund der Dopplerverbreiterung die Wahrscheinlichkeit des Neutroneneinfangs durch 238Uran erhöht und dadurch die Reaktionsrate reduziert. Bauartbedingt gibt es also eine maximale Reaktortemperatur, und wenn diese unterhalb des Schmelzpunktes des Reaktormaterials liegt, kann keine Kernschmelze stattfinden. Es muss nur sichergestellt sein, dass der Reaktor die entstehende Wärme passiv nach außen abstrahlen kann. Da in dieser Situation auch kein Schaden am Reaktor entsteht, ist nach einem solchen Zustand der Reaktor weiter benutzbar, und das Reaktormaterial kann entnommen werden.

Damit wird auch der Betrieb des Reaktors vereinfacht. Anstatt durch Kontrollstäbe kann der Reaktor durch seine Betriebstemperatur, also durch die Durchflussrate des Kühlmittels, gesteuert werden. Wenn viel Energie entnommen werden soll, fließt mehr Kühlmittel, die Temperatur sinkt, der Reaktor produziert mehr Energie; wenn weniger Energie entnommen werden soll, fließt weniger Kühlmittel, die Temperatur steigt, der Reaktor produziert weniger Energie. Für das vollständige Abstellen des Reaktors ist aber die räumliche Trennung der Brennelemente oder der Einsatz eines Neutronengifts, etwa des Edelgases Xenon, sowie von Steuerstäben o. ä. notwendig.

Ein weiterer Vorteil des Kugelhaufenreaktors liegt in der im Vergleich zu wassergekühlten Reaktoren hohen Betriebstemperatur, die einen höheren Prozesswirkungsgrad ermöglicht. Wenn Helium als Kühlmittel verwendet wird, ist eine direkte Speisung des Heliums in die Turbine denkbar. Helium absorbiert fast keine Neutronen und wird im Betrieb kaum radioaktiv. Zusätzlich ist allerdings sicherzustellen, dass die Kugeln „dicht" sind und keine Zerfallsprodukte abgeben. Die hohe Betriebstemperatur hat den zusätzlichen Vorteil, dass sich im Graphit keine Wigner-Energie aufbauen kann.

2.3.4 Exkurs: geschichtliche Entwicklung (nach Wikipedia)

Die grundlegenden Ideen des Kugelbettreaktors wurden in den 1950er Jahren von Rudolf Schulten entwickelt. Der Durchbruch lag in der Idee, dass diese Kugeln aus Graphit bis zu 15.000 stecknadelkopfgroße Körnchen („Coated Particles") enthalten, in denen der Brennstoffkern durch Schichten aus Siliziumkarbid und pyrolytischem Kohlenstoff geschützt ist. Diese Kugeln werden sowohl hohen Temperaturen (bis 2.000 °C) als auch mechanischen Anforderungen gerecht.

In Deutschland waren bisher zwei Hochtemperaturreaktoren in Betrieb:
- AVR im Forschungszentrum Jülich (1967–1988)..mit.. 15 MW
- THTR-300 in Hamm-Uentrop (1983–1988)   mit 300 MW
Außerdem war Mitte der 80er Jahre der Bau eines HTR-500 bis 1993 geplant.

- Der Versuchsreaktor mit 15 Megawatt wurde von der Arbeitsgemeinschaft Versuchsreaktor (AVR) in der Kernforschungsanlage Jülich gebaut und in Betrieb genommen, um Erfahrungen mit diesem Reaktortyp zu sammeln. Erstmals fand darin am 26. August 1966 eine kontrollierte Kettenreaktion statt. Der Reaktor lief 21 Jahre lang, bis er am 31. Dezember 1988 abgeschaltet wurde. Schon 2012 soll der Reaktorkern zurückgebaut werden, weil die Strahlung so schnell zurückgeht. .

- Ein kommerzieller *Thorium-Hochtemperaturreaktor*, der THTR-300 in Hamm-Uentrop, wurde zunächst als Prototyp gefahren, um verfahrenstechnische Schwierigkeiten mit den Kugeln zu lösen. Knapp fünf Jahre nach seiner ersten nuklearen Reaktion wurde er im September 1988 zur Revision abgeschaltet, ein Jahr später endgültig stillgelegt. Der Reaktorkern kann voraussichtlich schon 2029 abgebaut werden, da die Strahlung bis dann genügend weit gesunken sein wird. **Ganz anders als bei den heutigen Reaktoren.**

- Der Kühlturm, der die gleiche Tragwerkskonstruktion wie das Olympia-Stadion in München aufwies und deshalb von einigen Bürgern als denkmalschutzwürdig eingestuft wurde, wurde am 10. September 1991 gesprengt.

- Diese ungewöhnlich schnelle Abwicklung stand unter dem Eindruck der Tschernobyl-Katastrophe (April 1986) und eines Störfalls in Hamm selbst am 4. Mai 1986. Damals trat Radioaktivität aus. Die Betreiber haben dies erst verspätet gemeldet. Diese Ereignisse trugen im August 1986 zum SPD-Beschluss eines Atomausstiegs innerhalb von 10 Jahren bei. Die damalige SPD-Landesregierung unter Joh. Rau demonstrierte damit erstmals ihren neu gewonnenen Ausstiegswillen.

2.3.5 Uranvorräte auf der Erde
Bericht von Dr. Ludwig Lindner vom 07.01.2006.
Zusammenfassung:

Die weltweite Verfügbarkeit des Urans beträgt auch unter Berücksichtigung des weltweiten Kernenergieausbaues und den jetzigen Uranpreisen mehr als 100 Jahre. Mit höheren zulässigen Kosten für die Gewinnung des Urans reicht es für mehr als 1000 Jahre. Der Strom aus Kernenergie bleibt auch bei deutlichem Anstieg des Uranpreises immer noch wirtschaftlich weil der Uranpreis nur 5-10 % der Stromgestehungskosten ausmacht. Die Versorgungssicherheit mit Uran ist gut, die Uranerzvorräte liegen überwiegend in politisch stabilen Gebieten. Die Vorratshaltung des Urans ist leicht über viele Jahre machbar: Uranbedarf Deutschlands ca. 4000 t Uran/Jahr. Zum Vergleich: Verbrauch an Steinkohle: 67 Mill. t/Jahr, Braunkohle 56 Mill. t SKE /Jahr.

Uranbedarf.. weltweit 2003:.........68.000 t/Jahr

- Beistellung aus Erzverarbeitung 2003:..............35.163 t/Jahr...... = 52 %
- Restliche Beistellung aus Abrüstung der
Atomwaffen 2003:........ca.33.000 t/Jahr..= 48 %
- Beistellung aus Erzverarbeitung 2004:.....................40.251 t/Jahr

Lieferländer von Uranerz 2003:

- Kanada:...........30,5 %
- Australien:........22,5 %
- Weitere Lieferländer: Kasachstan, Niger, Russland, Namibia, Usbekistan

Die Uranerzvorräte liegen überwiegend in politisch stabilen Gebieten. (Uran ist ebenso häufig wie Zinn und Wolfram)

Uranpreis:
Wegen der Abrüstung von Atomwaffen war der Uranpreis über 10 Jahre von 1990 bis 2000 so niedrig, dass viele Minen geschlossen wurden und die Suche nach Lagerstätten auf ein Minimum zurückgefahren wurde. Aus diesem Grunde wurden auch Anlagen zur Urangewinnung aus Phophaterzen in Belgien und den USA geschlossen. Mit dem Rückgang des Angebotes aus Atomwaffen steigt die Urangewinnung aus Erzen wieder an.

- 2003:..26 US $/kg U
- Mitte 2005..ca. 80 US $/kg Uran.
- Kosten der Uranexploration:......................1,5 US $/kg Uran (beim Erdöl 300 x so hoch: 6 US $/barrel)
- Urankostenanteil beim Strompreis:...................5 - 10 %.

Kugelbett-Reaktor oder –Ofen ?

Uranverfügbarkeit:
Wie lange das Uran „reicht" hängt vom Marktpreis ab, ebenso wie beim Erdöl und Erdgas, weil ein höherer Marktpreis auch noch die Gewinnung aus schwierigeren Vorkommen ermöglicht.

Uranvorkommen und Abbaukosten	Gestehungskosten US $/ kg Uran	Uranvorräte weltweit
bekannte Erzvorräte	bis 80	4,6 Mill. t
Bekannte und vermutete Erzvorräte	bis 130	11,3 Mill. t
Weitere Uranvorräte: in Phosphaterzen	60 - 100	22 Mill. t
im Meerwasser	ca. 300	4 Mrd. t

Daraus folgt die Verfügbarkeit von Uran:
2005 bei einem weltweiten Verbrauch von 68.000 t/Jahr:
bei einem Preis von bis 80 US$/kg Uran:..................67 Jahre

2005 bei einem weltweiten Verbrauch von 68.000 t Jahr:
bei einem Preis von bis 130 US$/kg Uran:..................166 Jahre
bei zusätzlicher Nutzung der Phosphaterze:.................. 490 Jahre

Für 2030: wegen der Zunahme der weltweiten Kernkraftwerke wird der Bedarf auf ca. 100.000 t Uran/Jahr ansteigen.
Bei einer angenommenen möglichen Nutzung des Urans aus dem Meerwasser von 25 % = 1 Mrd t Uran:..................10.000 Jahre

Eine weitere Verlängerung der Verfügbarkeit an Uran um 30 % ist durch Wiederaufarbeitung der abgebrannten Brennstäbe möglich, wie z.b. in La Hague /Frankreich und Nutzung des erzeugten Plutoniums.

Literatur:
1. http://www.framatome.de/anp/d/foa/anp/print/argumente/argumente_Uran_1 1_2005.pdf
.. Argumente Energie-Umwelt-Gesellschaft: Wie lange reicht das Uran?

2. http://www.energie-fakten.de Wie lange reichen die Uranvorräte?

3. Atomenergie: Uran für Jahrzehnte, Tagesspiegel 04.01.06

Anmerkungen zu den Uranvorräten

1) Geschätzte Gewinnungskosten aus Phosphaterzen ca. 60-100 US $/kg U

2) Gewinnungskosten aus dem Meerwasser in der Größenordnung von 300 $/kg U

3) Die IAEA (Internationale Atom-Energie Behörde) rechnet mit einer Zunahme der nuklearen Stromerzeugung bis 2030 um 19 –81 %. Andererseits wird bei dem neuen Kernkraftwerk vom Typ EPR, der jetzt in Finnland gebaut wird, mit einem 10-15 % besseren Wirkungsgrad gerechnet. Berücksichtigt man eine 50 % erhöhte nukleare Stromproduktion und 10 % besseren Wirkungsgrad, dann ergibt sich für 2030 ein weltweiter Uranbedarf von etwa 100.000 t Uran/Jahr.

4) In den heutigen Reaktoren wird nur etwa..1 % des bergmännisch abgebauten Urans zur Spaltung und damit zur Stromerzeugung genutzt. Durch Wiederaufarbeitung der gebrauchten Brennelemente (wie z.b. in La Hague in Frankreich) und Nutzung des gebildeten Plutoniums und des unverbrauchten Urans lässt sich die Ausbeute um bis zu 30 % steigern. Die Wiederaufbereitung von deutschen abgebrannten Brennelementen in LaHague wurde nicht nur wegen des sog. Atomkonsenses beendet, sondern auch weil das Natururan zu billig war.

5) Weitere enorme Potentiale an Kernbrennstoff bestehen beim Betrieb eines „schnellen Brüters", in dem das Uran-238 (nicht spaltbar) in spaltbares Plutonium-239 umgewandelt wird. Der zu 90 % fertig gestellte Brüter in Kalkar wurde wegen ständiger neuer Behördenauflagen nicht in Betrieb genommen. In anderen Ländern wird das Brüterprojekt weiterverfolgt. Beim Einsatz des Brüters steigen die Vorräte um den Faktor 60, also die Reichweite von 10 000 auf 600 000 Jahre.

6) Neben Uran ist auch Thorium als Kernbrennstoff geeignet, das als Brutstoff im Hochtemperaturreaktor (HTR) genutzt wird. Aus Thorium-232 (zu 100 % im natürlichen Thorium enthalten) bildet sich daraus U-233, das ebenso wie Uran-235 als Kernbrennstoff geeignet ist. Ein solcher 300 MW- Hochtemperaturreaktor (Kugelbettreaktor) wurde 2 Jahre lang erfolgreich in Hamm-Uentrop betrieben und 1989 nach ständigen Kostensteigerungen durch ständig neue Behinderungen und Behördenauflagen im Jahr 1989 abgeschaltet.

Die Weiterentwicklung des HTR erfolgt jetzt in Südafrika und China. Thorium ist zu etwa 11ppm in der 16 km dicken Erdrinde enthalten...Der wichtigste Rohstoff für die Thoriumgewinnung ist der Monazitsand, der 3 –11 % Thorium enthält. Die größten Vorkommen sind in Südindien, weshalb in Indien wahrscheinlich auch Thorium in Kernkraftwerken eingesetzt wird. Die sicheren Thorium-Reserven waren Anfang der 90er Jahre 1,3 Mill. t, zusätzlich vermutete Mengen 2,7 Mill. t. (Römpp Basis-Chemie-Lexikon 1999, S. 2667).

2.3.6 Thorium - die vergessene Alternative

Aus einem Beitrag von Mathias Meier in
„Final-Frontier.ch - Kommentare vom Rand des Universums"
Mit kritischen Anmerkungen von J. Michels (Hrsg) aufgrund dankenswerter Anregung von Herrn Dr. G. Dietrich.

Die Alternative heißt: Flüssigfluorid-Thorium-Reaktoren. Was zuerst arg chemisch und gefährlich klingt, ist in Wirklichkeit ein revolutionäres Reaktorkonzept, das ich im Folgenden etwas genauer vorstellen möchte. Thorium-Reaktoren verwenden als Brennstoff nicht Uran, sondern Thorium. Dieses Element ist in der Erdkruste rund drei Mal häufiger als Uran, so dass auch bei einem flächendeckenden, weltweiten Einsatz die Vorräte für Jahrhunderte gesichert wären. Zudem ist es in der natürlich vorkommenden Form praktisch nicht radioaktiv (im Gegensatz zum Uran, das in den natürlich vorkommenden Erzen wie Pechblende radioaktiv ist), die Halbwertszeit des einzigen, natürlich vorkommenden Isotops Thorium-232 beträgt über 14 Milliarden Jahre. Um dieses Isotop des Thoriums überhaupt erst spaltbar zu machen, muss es mit Neutronen beschossen werden - dann wandelt es sich in Thorium-233 um, das wiederum in wenigen Minuten zu Proactinium-233 zerfällt. Dieses muss nun von einem weiteren Neutroneneinfang geschützt werden, so dass es - in rund 27 Tagen - zu Uran-233 zerfallen kann. Uran-233 wiederum ist ein hervorragender Kernreaktor-Brennstoff, mit dem sich eine Kettenreaktion aufrecht erhalten lässt: unter Neutronenaufnahme setzt Uran-233 weitere Neutronen frei, die weiteres Uran-233 zur Spaltung anregen - und nebenbei weiteres Thorium-232 zu Thorium-233 umwandeln, womit sich der Kreislauf schließt. Die Spaltprodukte von Uran-233 sind wesentlich kurzlebiger: Der radioaktive Abfall würde bereits nach rund 300 Jahren nicht mehr gefährlich strahlen. Längerlebige radioaktive Nuklide werden nur in sehr geringen Mengen produziert. Zudem ist die totale Menge an radioaktiven Abfällen pro nutzbare Energie um etwa den Faktor 1000 kleiner. Dies liegt vor allem daran, weil rund 98% des Brennstoffs auch tatsächlich verbrannt wird, im Gegensatz zu Uran-Brennstoffen, wo die Brennstäbe nach rund 2-5% Verbrennung (je nach dem, ob Aufbereitet wird oder nicht) als Abfälle entsorgt werden müssen.

2.3.6.1 Eingebaute Sicherheit

Der spezielle Brennstoffkreislauf, insbesondere die Abtrennung des Proactiniums zum Schutz vor Neutronenstrahlung (diese Abtrennung ist notwendig, weil dem Reaktor sonst zu wenig Neutronen zur Verfügung stehen, um den Kreislauf aufrecht zu erhalten), erfordern ein spezielles Reaktor-Desgin. Dieses Design wird als „Flüssigfluorid" (oder allgemeiner, „Flüssig-Salz") Reaktor bezeichnet. Der Brennstoff wird der Reaktorkammer nicht in Form von festen Brennstäben zugeführt, sondern als Fluorid-Salz-Verbindung gelöst in einer anderen Fluorid-Lösung. Konkret würde im Fall des Thorium-Kreislaufs das Uran / Thorium mit jeweils vier Fluorid-Ionen verbunden und in einer Lithium-7-Fluorid / Berylliumfluorid Lösung transportiert. Fluoride sind äußerst stabile Verbindungen. Die Fluorid-Lösung fließt durch den Reaktor, setzt das Thorium der Neutronenstrahlung aus und transportiert es danach, zum weiteren Zerfall zu Uran-233, wieder aus dem Reaktor heraus. Später wird das Uran-233 dem Reaktor wieder zugeführt, um nun gespalten zu werden und somit nutzbare Energie freizusetzen. Die Fluorid-Lösung befindet sich auf einer Temperatur von etwa 650°, bei Normaldruck. Im Unterschied zu herkömmlichen Druckwasserreaktoren ist kein Überdruck erforderlich, was den Bau vereinfacht und verbilligt sowie mögliche Fehlerquellen eliminiert. Da der Brennstoff sich in einer Flüssigkeit befindet, müssen auch keine Brennstäbe gewechselt werden. Der Reaktor lässt sich jederzeit stoppen, in dem man den Zufluss der Flüssigkeit in den Reaktor verhindert. Ohne Uran-233-Brennstoff stirbt die Reaktion darauf sofort ab, was den Reaktor äußerst sicher macht. Zudem sinkt die Reaktivität des Brennstoffs mit zunehmender Temperatur: der Reaktor regelt sich also selbst, ein Explosion ist völlig ausgeschlossen.

Ein großer Vorteil dieses Designs liegt darin, dass kein Uran-233 aus dem Kreislauf entfernt werden darf, da sonst der Reaktor zum Stillstand kommt. Uran-233 lässt sich zwar zumindest theoretisch für Atombomben verwenden - aber man kann nur eines der beiden haben, entweder Bombe oder funktionierender Reaktor. Zudem entsteht stets eine kleine Menge Uran-232, das starke Gammastrahlung aussendet, die sehr leicht zu identifizieren ist. Flüssigfluorid-Thorium-Reaktoren können also mit geringem Aufwand gegen den militärischen Missbrauch abgesichert werden. Da der Reaktor seinen eigenen Brennstoff erbrütet, braucht er auch keinerlei Anreicherungsanlagen (Zentrifugen), die sich für die Anreicherung von Uran missbrauchen lassen.

Thorium ist darüber hinaus ziemlich günstig. Um den ganzen Strom aus den Schweizer Kernkraftwerken durch Thorium-Reaktoren zu ersetzen, wären pro Jahr etwa drei Tonnen Thorium nötig. Bei einem Weltmarktpreis von 60 Dollar pro Kilogramm könnte damit mit rund 200000 Franken die Schweiz für ein Jahr versorgt werden. Uran ist im Gegensatz dazu rund fünfmal teurer (zudem braucht die Erzeugung der gleichen Menge Strom mehr Uran, wegen der geringeren Umwandlungseffizienz), Tendenz steigend.

Es ist sogar möglich, der Fluoridlösung bestehende radioaktive Abfälle heutiger Kernkraftwerke beizumischen. In diesem Fall werden diese zu kurzlebigeren Radionukliden zerschlagen: die Menge hochradioaktiven Abfalls ließe sich also verringern.

2.3.6.2 Fazit

Fassen wir also nochmals zusammen. Das Konzept des Flüssigfluorid-Thorium-Reaktors hat entscheidende Vorteile:

- Es ist sehr viel sicherer als herkömmliche Designs, insbesondere sind herkömmliche „GAU"s unmöglich
- Es entstehen rund 1000 Mal weniger radioaktive Abfälle, die zudem nach 300 Jahren ungefährlich sind
- Es besteht die Möglichkeit, bestehende radioaktive Abfälle mitzuverbrennen
- Es ist unmöglich, Uran für den Bau von Atombomben abzuzweigen
- Thorium, der Ausgangsstoff für den Brennstoffkreislauf, ist sehr viel günstiger und weltweit häufiger als Uran

Warum werden denn nicht schon lange Flüssigfluorid-Thorium-Reaktoren gebaut? Zum einen hat sich die Entwicklung der Kernenergietechnik einseitig auf „Festkörper"-Kernreaktoren konzentriert. Die Erfahrung mit diesem Reaktortyp ist klein: in den USA, in Kanada und in Indien wurden bereits Reaktoren gebaut, die mit Thorium arbeiten, während Flüssigfluorid-Thorium-Reaktoren nur in den USA getestet wurden. Für die Ansprüche der Militärs jener Zeit, die eher einen schnellen Brüter im Sinn hatten, der große Mengen von Plutonium erzeugen konnte, genügte der Reaktor nicht den Ansprüchen, so dass die Finanzierung des Projekts in den 70er Jahren beendet wurde.

In den letzten Jahren aber hat das Interesse in Thorium als Brennstoff für Kernkraftwerke stark zugenommen, unter anderem auch wegen dem stark gestiegenen Uran-Preis. Länder wie Norwegen steigen heute in die Erforschung von Flüssigfluorid-Thorium-Reaktoren ein, Indien, das über gigantische Thorium-Vorräte verfügt, will ebenfalls diese Art von Reaktor vorantreiben, nicht zuletzt, um von ausländischem Uran unabhängig zu werden.

Quelle: aus Wiley interscience
Anm. des Herausgebers:
Die hier wiedergegebenen Aussagen sind für den HTR (Kugelbettreaktor) wohl nicht alle zutreffend.

Das darin genannte Reaktorkonzept gehört zu den besonders in den 60iger und 70iger Jahren euphorisch verfolgten Zukunftsprojekten. Man findet weder in der Generation III noch in der Generation IV dieses Konzept wieder.

Für HTR´s trifft eine solche Angabe nicht ganz zu. In Hamm-Uentrop mit dem THTR wurde die Erfahrung gemacht, dass die niedrige Leistungsdichte des Cores gleichbedeutend ist mit mehr Rückbauvolumen und mehr radioaktivem Abfall.

Somit kommt beim HTR etwa die gleiche Menge von Stoffen mit Rest-Radioaktivität zustande wie bei den früheren Generationen. Sie ist aber viel einfacher auf Dauer zu lagern. Die Fachleute plädieren einhellig für eine Endlagerung auf dem Reaktorgelände unter Beton.

Insofern ist dieser Punkt nicht als Nachteil des Kugelbett-Reaktors zu werten.

J. M.

2.3.6.3 inhärente HTR-Sicherheit

Hierzu erreicht uns folgender Hinweis von Herrn Prof. Dr. Günter Lohnert aus China (Sept. 2010):

„Ein inhärent sicherer Reaktor, so wie der modulare HTR von Siemens (HTR-MODUL), oder nun der Chinesische HTR-PM-500, ist prinzipiell so entworfen, dass niemals Temperaturen über 1600 oC entstehen können, bei noch so unwahrscheinlich postulierten Störfällen. Bei 1600 oC ist aber die Freisetzung von radioaktiven Spaltprodukten sehr gering.

Dies wurde in aufwändigen Versuchen anhand von hunderttausenden Brennelementen [à la NUKEM] nachgewiesen. Nur diese sehr speziellen Reaktoren kann man daher als inhärent sicher bezeichnen."

2.3.7 Nutzung von Atommüll – Endlagerung
(aus Kurzinfo Bürger für Technik 293 Nov. 2009)

"Französischer Atommüll wird in Sibirien unter freiem Himmel abgelagert"? Es handelt sich um Material mit **geringerer** Radioaktivität als Natururan.

Worum geht es? Kernbrennelemente müssen nach einer Betriebszeit von ca. 3 Jahren aus dem Reaktor entnommen werden. Das ist schade, weil noch ca. ein Drittel des Spaltstoffes Uran-235 in den Brennelementen vorhanden ist und genutzt werden könnte. Sie strahlen aber nicht stark genug. Dazu braucht man die Wiederaufarbeitung der Brennelemente. Das geschieht in Frankreich. Anschließend muss das wieder gewonnene und von den Spaltprodukten befreite Uran wieder auf Reaktorqualität angereichert werden.

Dies geht in den französischen Anreicherungsanlagen nicht, aber Russland verfügt über solche Anlagen. Deshalb kauft Russland sehr gern dieses französische Material, das alles andere als Müll ist. Es ist ein Wertstoff, der unter dem Gesichtspunkt der Ressourcenschonung zwischen Frankreich und Russland gehandelt wird.

Übrigens: Rot-Grün hat in Deutschland die Wiederaufarbeitung und damit die Ressourcenschonung gesetzlich verboten. Die Regierung Helmut Schmidt hatte sie 1976 gesetzlich vorgeschrieben. (Dr. Hornke 14.10.09)

2.3.7.1 Endlagerung und Plutonium

Die Kurzinfo des Bürgerforums für Technik schreibt am 25. Mai 2009 Endlagerung hoch radioaktiver Stoffe:
Bei der derzeit nur zulässigen direkten Endlagerung wird eine Betriebszeit von 1 Mill. Jahren für das Endlager gefordert. Hat man aber in einer Wiederaufarbeitungsanlage (z.B. La Hague) Plutonium und die langlebigen so genannten „Transurane" abgetrennt, dann haben solche radioaktiven Abfälle nach ca. 1000 Jahren keine höhere Radiotoxizität mehr als natürlich vorkommende Erzlager radioaktiver Stoffe. Das BMU und die Stromversorger sollten sich deshalb dafür stark machen, dass die Wiederaufarbeitung wieder zugelassen wird. Das hat außerdem den Vorteil, dass das Plutonium abgetrennt und als Kernbrennstoff eingesetzt und damit entsorgt wird.
www.buerger-fuer-technik.de

2.3.8 Literatur zur Wasserstofferzeugung und Kohlevergasung mittels Hochtemperaturwärme aus Kernreaktoranlagen vom Autor ohne Namensnennung zur Verfügung gestellt.

Sperrgas diente ebenfalls Helium. Der Gasdruck zwischen den beiden Reaktorbehältern betrug 10,2 atü. Dieser äußere Reaktorbehälter hat die Abmessungen: 30 mm Wandstärke, 7,6 m Durchmesser und 26,05 m Höhe. Der gesamte Reaktor mit seinen Steuer- und Hilfsorganen befindet sich in einem dritten Schutzbehälter aus Stahl (Schutzbehälter III), der über zwei Personenschleusen betretbar ist. Dieser Schutzbehälter ist 41,5 m hoch, hat einen Durchmesser von 16 m und eine Wandstärke von 12 mm. Einige Einzelheiten dieses Versuchsreaktors zeigt Tabelle 1. Zum Anfahren und Abschalten des Reaktors enthält er 4 Absorberstäbe, die in „Graphitnasen" die vom Core her in den Kugelhaufen hineinragen installiert sind.

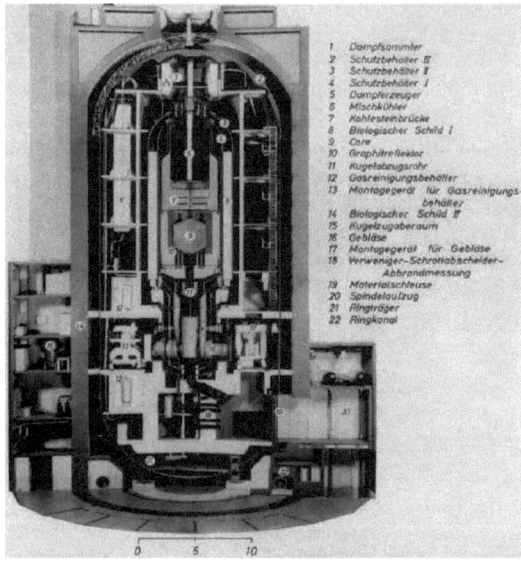

Bild 1 AVR-Reaktor

Aufgrund der bisherigen Betriebserfahrungen, die man mit dem AVR-Reaktor gemacht hat, kann man sagen, daß die wesentlichen Ziele der Entwicklung des Kugelhaufen- Reaktor-Prinzips erreicht wurden. So konnte man beispielsweise die inhärente Sicherheit dieses Reaktortyps beim Anfahr- und Leistungsbetrieb des Reaktors leicht nachweisen. Dabei stellte sich z.B. heraus, daß beim Ausfall eines der 4 Absorberstäbe oder beim Ausfall der Kühlgasgebläse sich der Reaktor von selbst auf ein Leistungsniveau stabilisiert, das 500mal niedriger als die Nennleistung liegt. Das bedeutet, daß selbst bei derartig schweren Betriebsstörungen keine gefährlichen Betriebszustände des Reaktors auftreten können. Die außerordentliche

Abkürzungsverzeichnis

AGR: *Advanced Gas-cooled Reactor*

AHTR: *Advanced High-Temperature Reactor*

AVR: *Arbeitsgemeinschaft Versuchsreaktor*

GT-MHR: *Gas Turbine Modular Helium Reactor*

HTGR: *High Temperature Gas-cooled Reactor*

HTR: *Hochtemperaturreaktor*

HTTR: *High Temperature Engineering Test Reactor*

MHR: *Modular Hightemperature Reactor*

MHTGRs: *Modular High-Temperature Gas-cooled Reactors*

MSRE: *Molten Salt Reactor Experiment*

PBMR: *Pebble Bed Modular Reactor*

PNP: *Prototyp Nukleare Prozeßwärme*

RVAC: *reactor vessel auxiliary cooling*

SFR: *Sodium-cooled Fast Reactor*

SI: *Sulfur–Iodine*

SMR: *Steam Methane Reforming*

STAR: *Secure Transportable Autonomous Reactor*

THTR: *Thorium-Hochtemperaturreaktor*

UT-3: *University of Tokyo-3*

VHTR: *Very High Temperature Reactor*

Einleitung

Vor etwas mehr als 30 Jahren begann eine Gruppe deutscher Physiker und Ingenieure mit der Entwicklung eines gasgekühlten Hochtemperaturreaktors. Dieses Reaktorkonzept unterscheidet sich grundsätzlich von denen der beiden anderen Entwicklungslinien in der westlichen Welt -- der DRAGON-Linie in Großbritannien und der HTGR-Linie in den USA --. Das Core des deutschen Hochtemperaturreaktors besteht aus einer statistischen Schüttung von kugelförmigen Brenn- und Moderatorelementen, die während des Reaktorbetriebes kontinuierlich umgewälzt werden. Das Core der beiden anderen Reaktorkonzepte besteht aus einer regelmäßigen Anordnung von prismatisch geformten Stabelementen, die in einer vorgegebenen Geometrie relativ zueinander fest angeordnet sind. Die gemeinsamen Merkmale aller Hochtemperaturreaktor-Konzepte sind:

- Verwendung des Kernbrennstoffes in Form von pyrokohlenstoff- beschichteten Brennstoffpartikeln (*„coated particles"*)
- der Reaktorkern besteht lediglich aus Brennstoff- und Moderatormaterialien
- als Kühlmittel dient ein Gas

Als Gas wird im allgemeinen Helium verwendet, da es sehr gute Wärmeübertragungseigenschaften besitzt. Bei dem deutschen Reaktorkonzept wurden alle Primärkreiskomponenten, wie der Dampferzeuger und die Gebläse, in den Reaktorbehälter in sog. „integrierter Bauweise" unmittelbar einbezogen. Eine Idee, die inzwischen auch bei anderen Reaktorkonzepten Anklang gefunden hat.

Der Vorteil des Hochtemperatur-Reaktorsystems liegt darin, daß hohe Kühlgas-Austrittstemperaturen erreicht werden. Damit wird die Ankoppelung von konventionellen Dampfkreisläufen an den Reaktor möglich. Bei einem hohen Wirkungsgrad gestattet es die gute Neutronenökonomie mit dem Thorium-Zyklus hohe Konversionsraten zu erreichen. Man schont so die natürlichen Uranvorräte. Für den Reaktor ergeben sich relativ niedrige Brennstoffkosten, da der Reaktor einen Teil des verbrauchten Urans durch den Konversionsprozeß aus Thorium- 232 in Form von ^{233}U für seinen Eigenbedarf selbst erzeugt.

Die Entwicklung der Hochtemperaturreaktoren wird es neben der elektrischen Energieerzeugung erlauben, sie als Lieferanten von Prozeßwärme für die chemische Industrie zu verwenden. Hierzu erscheint dieser Reaktor besonders gut geeignet, da er Wärme auf einem hohen Temperaturniveau zur Verfügung stellen kann.

Kugelbett-Reaktor oder –Ofen ?

Hochtemperaturreaktorentwicklung in Deutschland

In Deutschland wurden zwei Hochtemperaturreaktoren entwickelt, gefertigt und in Betrieb genommen. Der AVR war ein Versuchsreaktor eines HTRs mit kugelförmigen Brennelementen und der Thorium Hochtemperaturreaktor (THTR) gilt als Prototyp eines solchen Reaktorkonzeptes. Es wurden zwar auch in Deutschland weitere HTRs entwickelt, jedoch bis heute nicht gebaut.

AVR-Reaktor

Schon sehr früh interessierten sich mehrere Energieversorgungsunternehmen für das Hochtemperatur-Kugelhaufenreaktor-Konzept. Sie schlossen sich in der Arbeitsgemeinschaft Versuchsreaktor GmbH (AVR) zusammen und faßten Ende 1959 den Entschluß, einen 15 MW_e-Versuchsleistungsreaktor, den AVR-Reaktor, zu bauen. Er sollte nach dem Kugelhaufen- Prinzip arbeiten und war somit der erste Kernreaktor rein deutscher Entwicklung. Das Firmenkonsortium Brown-Boveri/Krupp, das sich in der Brown-Boveri/Krupp-Reaktorbau GmbH (BBK) zusammengeschlossen hatte, erhielt den Bauauftrag für diesen Versuchsreaktor. Am 26. 8. 1966 wurde dieser Reaktor zum ersten Male kritisch und seit dem 18.12.1967 liefert er Strom in das Netz des RWE.

Die *Hauptziele* dieser Versuchsanlage, die in unmittelbarer Nachbarschaft der Kernforschungsanlage in Jülich gebaut wurde, sind:

1. Allgemeine Entwurfs-, Konstruktions- und Betriebserfahrungen für Hochtemperaturreaktoren zu liefern
2. Arbeitsfähigkeit und spezielle Vorteile des Kugelhaufen- Prinzips zu beweisen
3. verschiedene Typen kugelförmiger Brennelemente unter echten Betriebsbedingungen zu testen
4. Anhaltspunkte für eine zukünftige weitere Hochtemperaturreaktor- Entwicklung in Deutschland zu geben.

Bild 1 zeigt einen Schnitt durch den AVR-Reaktor. Deutlich ist hier die *integrierte Bauweise* des Reaktors zu erkennen. Das Reaktor-Core und der gesamte Primärkreislauf einschließlich des Dampferzeugers, der Gebläse und der Gasführung befinden sich in einem gemeinsamen Druckgefäß. Dieses Druckgefäß (Schutzbehälter I) ist ein dichter Stahlkessel mit 40 mm Wandstärke, 5,78m Durchmesser und 24,91 m Höhe. Er ist für einen Druck von etwa 11,5 atü und einer Temperatur von 325 °C ausgelegt. Da man in der ersten Zeit der Hochtemperaturreaktor- Entwicklung noch nicht die heute benutzten hochdichten, umschichteten Brennstoff-Teilchen kannte, mußte man beim Auslegen des AVR Reaktors damit rechnen, daß ein Teil der Spaltprodukte, besonders die radioaktiven Spaltgase, aus den Brennelementen austreten und eine Kontaminierung des Kühlkreislaufes verursachen würden. Aus Gründen der Sicherheit und wegen der damals noch mangelhaften Erfahrung im Umgang mit radioaktiven Gaskreisläufen wurde der Schutzbehälter I mit einem zweiten Schutzbehälter (Schutzbehälter II) umgeben. In den Zwischenraum zwischen diesen beiden Behältern gab man ein Sperrgas, dessen Radioaktivität laufend überwacht werden konnt. Als

Referenz 17: Harald Juntgen, Karl-Heinrich van Heek und Jurgen Klein, Vergasung von Kohle mit Kernreaktorwärme, Chemie Ing.-Tech, N°22, 1974

Referenz 18: Prof. Ing Lippmann, Vorlesung "Wasserstoff-Wirtschaft und Wasserstoff-Energetik, Technische Universität Dresden, 2009

Referenz 19: Hunsänger, Kurt Heinz, Wasserspaltung mit hybriden Kreisprozessen, Eine verfahrenstechnische und thermodynamische Analyse, Dissertation an der RWTH Aachen, 1983

Referenz 20: http://de.wikipedia.org/wiki/Schwefels%C3%A4ure-Iod-Verfahren, 09.03.2008

Referenz 21: Barnert H., Künftige Möglichkeiten der Wärmeversorgung durch Kernenergie, Atomwirtschaft, Atomtechnik, Düsseldorf, 1978

Referenz 22: BilgeYildiz, Mujid S. Kazimi, Efficiency of hydrogen production systems using alternative nuclear energy technologies, Massachusetts Institute of Technology, Nuclear Engineering Department, Center for Advanced Nuclear Energy Systems, 2005

Kugelbett-Reaktor oder –Ofen?

Sicherheit dieses Reaktors wird durch den großen negativen Temperaturkoeffizienten von $T_{tot} = -1{,}35 \cdot 10^4$ $/°C gewährleistet. Dieser große negative Temperaturkoeffizient in Verbindung mit der Größe des Reaktor-Cores und der Möglichkeit, die Reaktorleistung durch Regulierung des Kühlgasdurchsatzes über eine Gebläseleistungssteuerung zu beeinflussen, gibt eine wesentliche Erleichterung der Reaktor-Regelung. Die noch im Reaktor vorhandenen Abschaltstäbe werden nur zum Anfahren und Abschalten des Reaktors sowie in Notfällen gebraucht.

Ferner zeigen die bisherigen Betriebserfahrungen, daß es gelungen ist, das System hinreichend gasdicht zu bauen, so daß der Heliumverlust des Reaktors in tragbaren Grenzen liegt. Das bedeutet gleichzeitig, daß nur eine entsprechend geringe Menge korrosiver Verunreinigungen von außen in den Kreislauf eintreten kann. Weiterhin zeigte sich, daß die Kontamination des Kühlgaskreislaufes mit radioaktiven Spaltprodukten erheblich unter den berechneten Werten lag, was ein Beweis für das gute Spaltprodukt-Rückhaltevermögen der umschichteten Brennstoff-Teilchen ist. Während seines ersten Probebetriebes wies der Reaktor eine Verfügbarkeit von 94 % auf.

Tabelle 1 Allgemeine Auslegungsdaten des AVR-Reaktors

Elektrische Leistung	15 MW
Thermische Leistung	46 MW
Mittlere Leistungsdichte	2,2 MW/m³
Coredurchmesser	3 m
Mittlere Corehöhe	3 m
Brennelement-Durchmesser	60 mm
Corefüllung im stationären Zustand	100 000 Kugeln
Maximale Leistung pro Element	2,4 kW
Brennstoffgewicht einer Corebeladung	52 kg ^{235}U
	11 kg ^{238}U
	570 kg ^{232}Th
Zahl der Abschaltstäbe	4
Kühlmedium	Heliumgas
Kühlgasdruck	10 atm (a)
Druckabfall im Primärkreislauf	0,065 atm
Gebläseleistung	2 × 58 kW
Core-Zugangstemperatur des Kühlgases	175 °C
Core-Ausgangstemperatur des Kühlgases	850 °C
Dampfzustand:	
Temperatur an der Turbine	500 °C
Druck an der Turbine	71 atm (a)
Generator-Wirkleistung	15 000 kW
Klemmspannung	6300 V
Frequenz	50 Hz

(Referenz 1)

THTR-300

Beim THTR-300 handelt es sich um einen Hochtemperatur-Kugelhaufen-Reaktor mit einer elektrischen Leistung von 300 MW. Wie im Namen ausgedrückt wird, können mit diesem Reaktortyp relativ hohe Temperaturen erzeugt werden. Während Leichtwasserreaktoren Kühlmitteltemperaturen bis etwa 330 °C und Schnelle Brüter bis 550 °C erreichen, liegt bei Hochtemperaturreaktoren die Kühlmitteltemperatur bei 750 °C und darüber. Es kann dann nicht nur Dampf zum Antrieb von Turbinen, sondern auch Prozesswärme (z. B. zur Kohlevergasung) erzeugt werden.

In der Nähe von Hamm (Westfalen) ist von 1985 bis 1989 der THTR betrieben worden, um technische Erfahrungen mit dieser Technologie zu gewinnen. Der THTR gilt als Prototyp für einen kommerziellen Hochtemperaturreaktor.

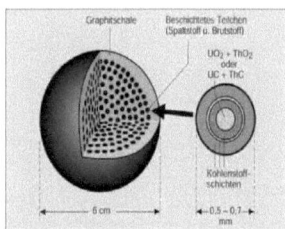

Bild 2 Kugelförmiges Brennelement des THTR

Die Brennelemente des THTR waren Graphitkugeln mit einem Durchmesser von 6 cm. Sie enthielten als Spaltstoff etwa 1 g Uran-235 und als Brutstoff etwa 10 g Thorium-232 in Form beschichteter Teilchen von 0,5 bis 0,7 mm Durchmesser. Etwa 35.000 solcher umhüllten Teilchen waren in einer Kugel untergebracht (siehe Bild 2).

Uran-235 wird durch langsame Neutronen gespalten und dabei wird aus Thorium-232 Uran-233 erbrütet, dass ebenfalls durch langsame Neutronen gespalten werden kann. Während des Betriebs erzeugte der THTR also einen Teil des Spaltstoffs selbst. Als Moderator wurde Grafit verwendet.

Rund 675.000 kugelförmige Betriebselemente waren in dem Reaktor untergebracht. Diese Erstbeladung bestand aus ca. 360.000 Brennelementkugeln, ca. 280.000 Graphitkugeln (zusätzlicher Moderator) und ca. 35.000 borhaltigen Kugeln (Absorber). Die Brennelementkugeln befanden sich in einem Behälter aus Graphitblöcken mit einem Durchmesser von 5,6 m und einer Höhe von 6 m. Er stützte den Kugelhaufen ab und diente gleichzeitig als Neutronenreflektor. Um die bei den Kernprozessen auftretende Gammastrahlung abzuschirmen, war der Graphitbehälter von einem eisernen Schild umgeben (siehe Punkt 11 in Bild 3).

Die im Reaktor erzeugte Wärme wurde durch das Edelgas Helium nach außen geführt (Heliumkühlkreis). Es strömte von oben mit einer Temperatur von 250 °C in den Reaktor und verließ ihn unten mit einer Temperatur von 750 °C (vergleiche Tabelle 2). In sechs Dampferzeugern (in der Bild 3 sind nur zwei

Kugelbett-Reaktor oder –Ofen ?

dargestellt) gab das Helium seine Wärme an einen Wasser -Dampf-Kreislauf ab. Zur Steuerung und Abschaltung des Reaktors konnten 42 Regelstäbe von oben in den Kugelhaufen eingefahren werden.

Tabelle 2 Technische Daten des THTR

Reaktordaten		Primärkühlkreislauf	
thermische Leistung	759,5 MW	Kühlmittel	He
elektrische Leistung	307,5 MW	Eintrittstemperatur	250 °C
Wirkungsgrad	40,49 %	Austrittstemperatur	750 °C
Spaltstoff	U-235	Druck	39,2 bar (3,92 MPa)
Masse des Spaltstoffs U-235	344 kg	Wasser-Dampf-Kreislauf	
Brutstoff	Th-232	Arbeitsmittel	H_2O
Masse des Brutstoffs	6.400 kg	Speisewassertemperatur	180 °C
Spaltstoffanteil am Schwermetall-Einsatz	5,4 %	Frischdampftemperatur	530 °C
Absorbermaterial	B_4C	Frischdampfdruck	177,5 bar (17,75 MPa)

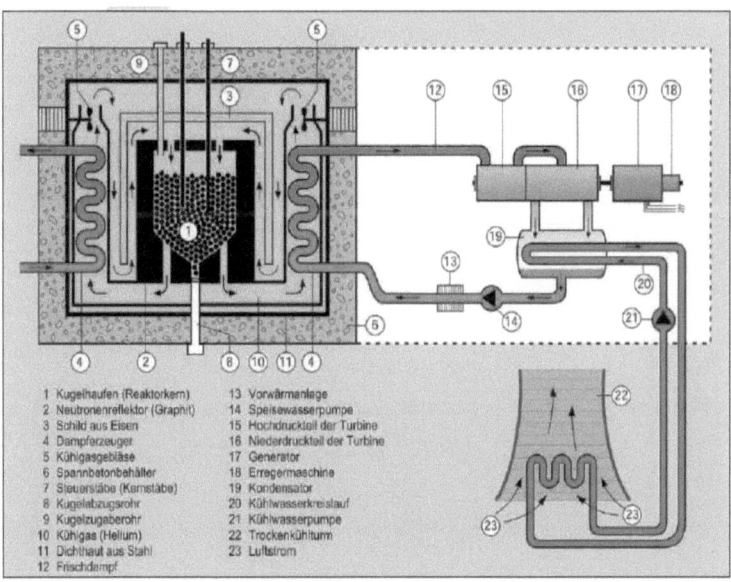

1 Kugelhaufen (Reaktorkern)
2 Neutronenreflektor (Graphit)
3 Schild aus Eisen
4 Dampferzeuger
5 Kühigasgebläse
6 Spannbetonbehälter
7 Steuerstäbe (Kernstäbe)
8 Kugelabzugsrohr
9 Kugelzugaberohr
10 Kühigas (Helium)
11 Dichthaut aus Stahl
12 Frischdampf
13 Vorwärmanlage
14 Speisewasserpumpe
15 Hochdruckteil der Turbine
16 Niederdruckteil der Turbine
17 Generator
18 Erregermaschine
19 Kondensator
20 Kühlwasserkreislauf
21 Kühlwasserpumpe
22 Trockenkühlturm
23 Luftstrom

Bild 3 THTR-300 schematische Darstellung

Die Hauptkomponenten (Kugelhaufen, Neutronenreflektor, Schild aus Eisen, Dampferzeuger, Kühlmittelgebläse sowie Einrichtungen zur Reaktorsteuerung und Reaktorabschaltung) waren in einem berstsicheren Spannbetonbehälter mit einer Wandstärke von 4,5 bis 5 m untergebracht. Er hielt dem Innendruck von etwa 40 bar stand und diente gleichzeitig zur Abschirmung der Neutronen- und Gammastrahlung.

Im Reaktordruckbehälter befand sich auch die Beschickungsanlage. Sie ermöglichte eine fortlaufende Entnahme und Zugabe der kugelförmigen Brennelemente. Bei Volllast wurden an einem Tag 3.700 Kugeln umgesetzt und etwa 620 abgebrannte Brennelemente durch neue ersetzt. Die Brennelemente sollten im Mittel ungefähr drei Jahre im Reaktor bleiben und ihn in dieser Zeit rund sechsmal durchlaufen.

Beim THTR strömte das Kühlgas von oben nach unten durch das Core. Die 6 Dampferzeuger sind vertikal um das Core herum angeordnet. Mit dem in den Wärmetauschern erzeugten Dampf wurde eine Turbine angetrieben, die mit einem Generator gekoppelt war. Zur Kondensatorkühlung wurde bei dem Thorium-Hoch-Temperaturreaktor ein Kühlkreislauf mit einem Naturzug-Trockenkühlturm verwendet. Die durch den Turm emporsteigende Luft führte die Wärme des Kondensatorkühlkreises ab. Die Wärme wurde also nicht an einen Fluss, sondern an die Luft abgegeben.

Der Thorium-Hochtemperaturreaktor zeichnete sich durch besondere Sicherheit aus. Das Kühlmittel Helium wird durch Neutronenbestrahlung praktisch nicht aktiviert. Außerdem verhält es sich auch bei hohen Temperaturen chemisch neutral. Der in den Brennelementkugeln eingesetzte Graphit mit einer Schmelztemperatur von 3.650 °C konnte bei den im Reaktor auftretenden Temperaturen nicht schmelzen.

(Referenz 2)

Kurzfassung

Hochtemperaturreaktoren können Energie auf sehr hohem Temperaturniveau (750 bis 1000°C) bereitstellen und sind deshalb als CO_2-freie Energiequelle für Prozesswärmeanwendungen einsetzbar. Das größte Interesse der letzten Jahre scheint sich dabei auf die Vergasung von Braun- oder Steinkohle zu konzentrieren. Der Bau solcher Anlagen ist nach dem heutigen Stand der Technik möglich. Zum Teil könnten bekannte Verfahren übernommen und entsprechend abgeändert werden. Dabei kommt es zu einem Gasgemisch aus Methan, Kohlenoxid, Wasserstoff und einigen anderen flüchtigen Bestandteilen. Ein solches Gasgemisch kann durch ein Rohrleitungsnetz als Brenngas an Haushalte oder industrielle Verbraucher abgegeben werden und eines Tages das Erdgas ersetzen.

Ein weiterer Anwendungsbereich ist die Gewinnung von Wasserstoff aus Wasser in einem thermochemischen Kreisprozess. Auf Grund der geringen Brennstoffpreise kann ein solches System trotz der hohen Investitionskosten wirtschaftlich sein. Der erzeugte Wasserstoff dient dabei als Energiespeicher. Die Energie wird durch das Verbrennen des Wasserstoffs wieder freigesetzt, wobei als Abfallprodukt reines Wasser entsteht, welches die Umwelticht nicht belastet.

HTR -500

Die konsequente Nutzung HTR-spezifischer Eigenschaften und die konstruktive Optimierung der Komponentezn und Kreisläufe machen die HTR-500-Anlage äußerst erfolgversprechend.

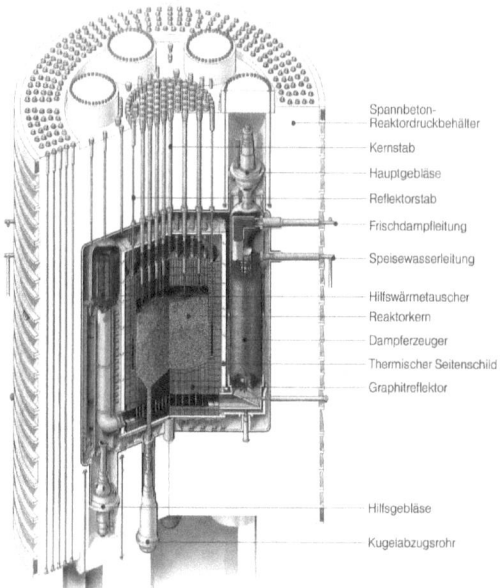

Bild 4 HTR 500 schematische Darstellung

Technik

Das HTR-500-Kraftwerk wurde für die bedarfsgerechte, wirtschaftliche Stromerzeugung mit der Möglichkeit der Prozeßdampf- und Wärmeauskopplung konzipiert. Die bei der Prototypanlage THTR-300 realisierte und atomrechtlich genehmigte Technik wird weitgehend auch beim HTR-500 angewendet:

- Integrierte Anordnung aller Primärkreis-Komponenten in einem Reaktordruckbehälter aus Spannbeton
- Weitgehende Übernahme standardisiert Bauelemente und erprobter Werkstoffe vom THTR-300
- Einfacher Aufbau, Trennung von Betriebs- und Sicherheitssystemen
- Sichere Störfallbeherrschung unter Ausnutzung des systemspezifischen langsamen HTR-Störfallverhaltens

Kugelbett-Reaktor oder –Ofen ?

Tabelle 3 Hauptauslegungsdaten des HTR-500

Thermische Leistung	1390 MW
Elektrische Nettoleistung (bei reiner Stromerzeugung)	500 MW
Mittlere Leistungsdichte	6,6 MW/m³
Helium-Druck	55 bar
Dampferzeuger:	
Helium-Eintrittstemperatur	700°C
Helium-Austrittstemperatur	260°C
Frischdampftemperatur	530°C

HTR-Modul

Mit einer Wärmeleistung von 200 MW löst der HTR-Modul die technischen und wirtschaftlichen Anforderungen des Einsatzes von Hochtemperaturwärme. Drei verschiedene Möglichkeiten der Wärmeauskopplung- mit Dampferzeuger, Röhrenspaltofen oder Helium / Helium-Zwischenwärmetauscher - erlauben ein breitgefächertes Einsatzspektrum in der Industrie und der kommunalen Energieversorgung:

- Stromerzeugung in Kraft-Wärme-Kopplung mit Dampf bis 530 °C, Fernwärme um 100 °C, Meerwasserentsaltzung.
- Gewinnung von Tertiäröl durch Einpressen von Dampf in Erdöllagerstätten, bzw. Ölgewinnung aus Ölschiefer oder Ölsanden.
- Erzeugung von Prozeßdampf bis 350 °C und Hochtemperatur - Prozeßwärme bis 950 °C: Direkte Nutzung z.B. in einem Röhrenspaltofen zur Umwandlung von Erdgas zu Synthesegas oder bei der Kohlevergasung zur Erzeugung von Heizgas, Wasserstoff und chemischen Grundstoffen.
- Stromerzeugung in Ländern mit kleinen und mittleren Netzen.

Bild 5 zeigt eine schematische Darstellung des HTR-Modul und in Tabelle 4 sind die wichtigsten Auslegungsdaten zusammengefasst.

Sprit mit Kernwärme aus Biomasse und Kohle

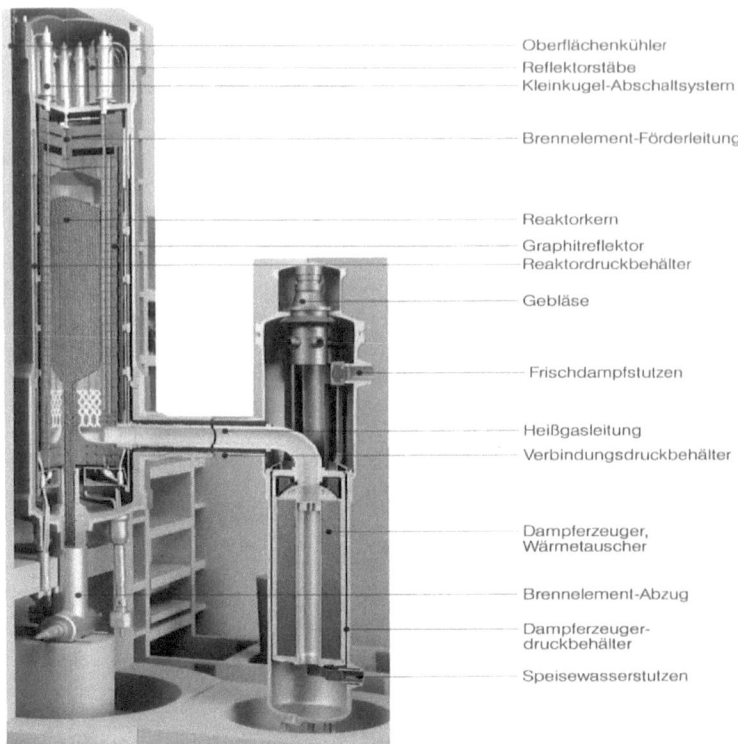

Bild 5 HTR-Modul Schematische Darstellung

Tabelle 4 Hauptauslegungsdaten des HTR-Modul

Thermische Leistung	200 MW
Elektrische Nettoleistung (bei reiner Stromerzeugung)	80 MW
Mittlere Leistungsdichte	3,0 MW/m^3
Helium-Druck	60 bar
Wärmetauscher:	
Helium-Eintrittstemperatur	700°C
Helium-Austrittstemperatur	250°C
Frischdampftemperatur	530°C

Kugelbett-Reaktor oder –Ofen?

Die erprobte Technik des AVR-Reaktors sowie das Know – how aus dem Bau und Betrieb des THTR-300 bilden die Basis für den HTR-Modul:

- Anordnung von Reaktor und Wärmetauscher in getrennten Stahldruckbehältern.
- Hohe Sicherheit gegen Freisetzung von Radioaktivität durch naturgesetzlich begrenzte maximale Brennelementtemperatur.
- Eigung für Standardisierte Bauweise mit erprobten Komponenten zur Erzielung kurzer Planungs-, Genehmigungs- und Bauzeiten
- Zusammenschaltung von mehreren Einheiten bei größerem Leistungsbedarf
- Konventionelle Auslegung des Wasser – Dampf - Kreislaufs.

(Referenz 3)

HTR-100

Der HTR 100 ist ein industrielles Kraftwerkskonzept zur Cogeneration von elektrischer Energie und Prozesswärme:

- Generierung von elektrischer Energie und Wärme für Gemeinden
- Generierung von elektrischer Energie und Prozessesdämpfen für Industriebetriebe
- Generierung des Prozessdampfes für spezielle Anwendungen, z.B für tertiäre Ölextraktion oder Kohlenvergasung.

Tabelle 5 Hauptauslegungsdaten des HTR-100

Electric Power Net Output, MW	100
Thermal Power, MW	258
Power Density, MW/m³	4.2
Helium Pressure, bar	70
Steam Generator:	
Helium Inlet Temperature, °C	700
Helium Outlet Temperature, °C	250
Main Steam Temperature, °C	530

Die kleine Auslegungsgröße des Reaktors kann auch zur exklusiven Elektrizitätsgeneration für Ländern angepasst werden, deren elektrische Energieversorgung ausbaufähig ist.

Der standardisierte HTR 100 mit einer thermischen Nennleistung von 258 MW hat eine maximale elektrische Nennleistung von 100 MW. Das industrielle HTR 100 Kraftwerk kann technischen und ökonomischen Anforderungen des Kunden durch den Bau mehrerer Reaktoren individuell angepasst werden.

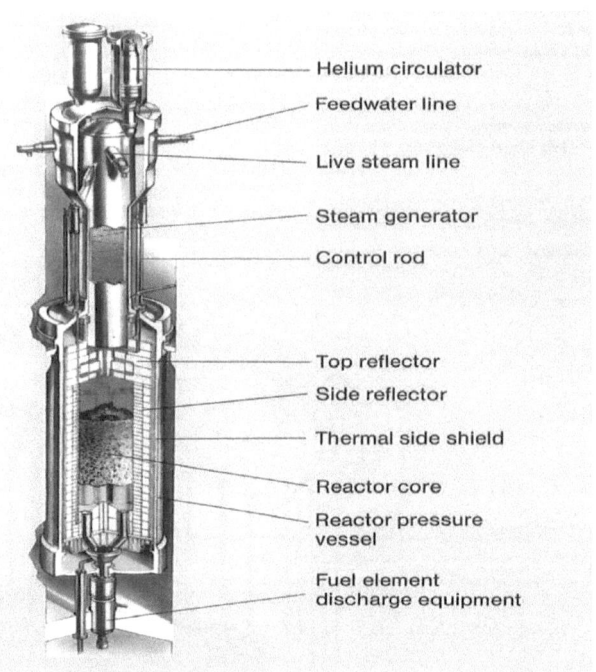

Bild 6 HTR-100 Schematische Darstellung

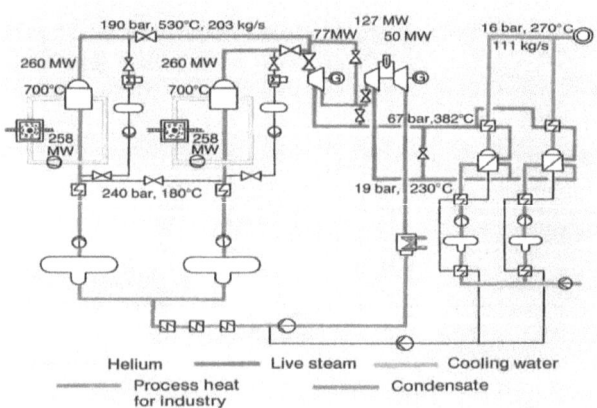

Bild 7 HTR-100 Schaltbild für Prozesswärmeanwendungen

Reaktorkonzepte zur Prozesswärmegewinnung im Ausland

In diesem Kapitel werden weitere HTR Projekte im Ausland beschrieben.

China: HTR-10 und HTR-PM

Der HTR-10 ist ein 10 MW$_{th}$ Kugelhaufenreaktor (prototype pebble bed reactor) der Tsinghua Universität in China. Im Jahr 2000 begann der Bau dieses Reaktors und er wurde im Januar 2003 beendet.

2005 kündigte China seine Absicht an, HTR-10 Reaktoren für kommerzielle Energiegewinnung hochzuschrauben. Die ersten zwei 250-MW$_{th}$ Hochtemperaturreaktoren (HTR-PM – Pebble bed modular) werden in der Shandong Provinz gebaut und zusammen mit einer Dampfturbine betreiben. Insgesamt werden 200 MW$_{el}$ erzeugt. Der Bau ist bereits begonnen und geplant ist die die Inbetriebnahme im Jahr 2013.

Der HTR-10 ist im Grunde eine Replik des deutschen AVR. Es können Temperaturen zwischen 700 °C und 950 °C generiert werden. Auf Grund dieser hohen Temperaturen kann Wasserstoff durch einen thermochemischen Kreisprozess erzeugt werden, um so günstigen und umweltfreundlichen Kraftstoff für Brennstoffzellen angetriebene Autos zu produzieren.

(Referenz 5)(Referenz 14)

An der Tsinghua Universität in Peking wird zur Zeit der HTR-PM entwickelt und gebaut. Der HTR-PM ist ein Kugelhaufenreaktor mit einer Leistung von 200 MW_{el}. Er besteht aus zwei Reaktoren, jeweils mit einem Dampferzeuger, die eine einzelne Turbine antreiben.

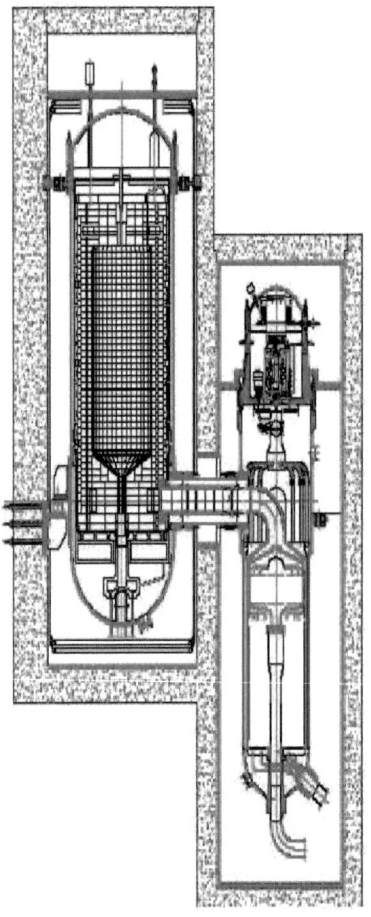

Auslegung:
- Kugelhaufen Core
- Ringcore
- 450 MW thermisch
- Dampfturbine
- Wirkungsgrad > 40%
- Kooperation mit PBMR
- Baubeginn: 2007

Bild 8 HTR-PM Schnittbild

Kugelbett-Reaktor oder –Ofen ?

Bild 9 HTR-PM Demonstrationsanlage

(Referenz 6) (Referenz 14)

England: Advanced Gas-cooled reactor (AGR)

Der AGR ist ein kommerzieller thermischer Reaktor mit 1550 MW_{th}, der in Großbritannien zur Elektrizitätsproduktion gebaut worden ist. Der AGR Kern besteht aus Uran-Oxidkügelchen in einer rostfreien Stahl Verkleidung welche in Graphit-Blöcken angeordnet sind. Der Graphit dient als Moderator und Kohlendioxyd ist das Kühlmittel. Die erreichbare Temperatur des Kühlmittels am Reaktorausgang beträgt 650 °C. Das Kohlendioxyd zirkuliert durch den Kern bei 4.3 MPa. Bei zukünftigen Designs kann der Druck des AGR erhöht werden, um in einem direkten Zyklus überkritisches CO_2 zu generieren. Die Temperatur des Reaktorkühlmittels für ein zukünftiges Design kann bis zu 750 °C nach einer neuen Designanalyse gefahren werden. Diese Kombination kann unter hohen Leistungsgraden eine ökonomische Wasserstoffproduktion durch Dampfelektrolyse ermöglichen.

Frankreich: ANTARES

Das Ziel des ANTARES Entwicklungsprogramms ist einen kommerziell konkurrierenden vorgerückten Hochtemperaturreaktor herzustellen, um zukünftige industrielle Nachfragen nach Elektrizitätserzeugung - und Prozesswärme - zu befriedigen. Die Ziele des ANTARES-Programmes sind:

- Meistern der HTR-Kraftstofftechnologie.
- Vorwegnehmen und Verfolgen notwendiger Forschung and Entwicklung, um ANTARES Ziele zu erreichen.
- Verwenden von Erfahrungen, um HTR Entwicklung zu verbessern.

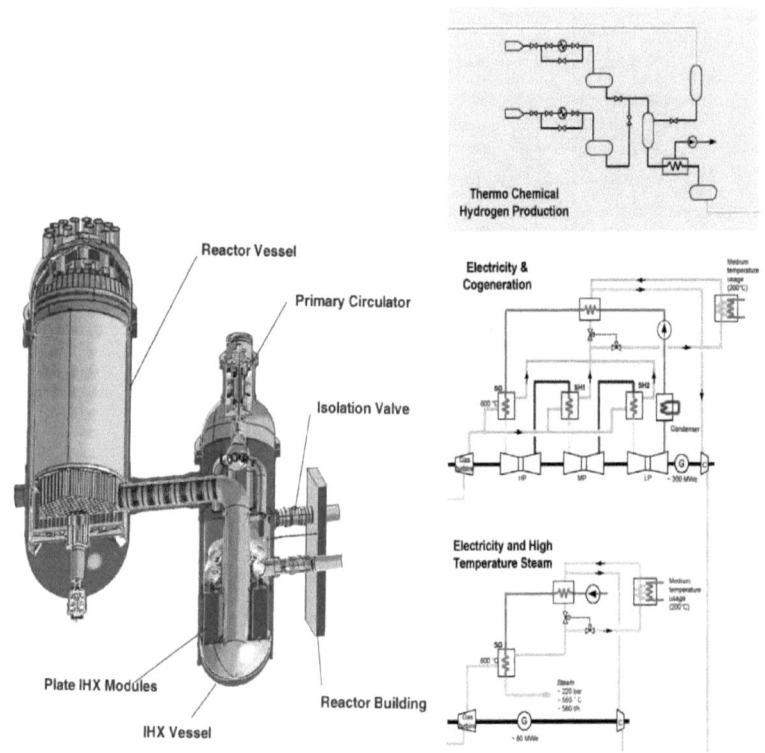

(Referenz 7)

Japan: HTTR

Der HTTR (Hochtemperatur Techniktestreaktor), mit einer thermischen Leistung von 30 MW, ist ein Forschungsreaktor zur Entwicklung von gasgekühlten Hochtemperatur Reaktoren (HTGR). Die erste Kernspaltung des HTTR wurde am 10. November 1998 erreicht. Die Vollkraft von 30 MW und die Reaktorauslaß-Kühlmittel-Temperatur von 850°C wurde am 7. Dezember 2001 erreicht. Nennleistung-Operation und Sicherheitsdemonstrationstests starteten in 2002. Die maximale Reaktorauslaß-Kühlmittel-Temperatur von 950°C wurde im April 2004 erreicht.

Ein Wasserstoffproduktionssystem wurde im Jahr 2008 mit dem HTTR verbunden, und so wird die Wasserstoffproduktion durch Kernwärme zum ersten Mal in der Welt demonstriert.

Kugelbett-Reaktor oder –Ofen ?

(Referenz 8) (Referenz 14)

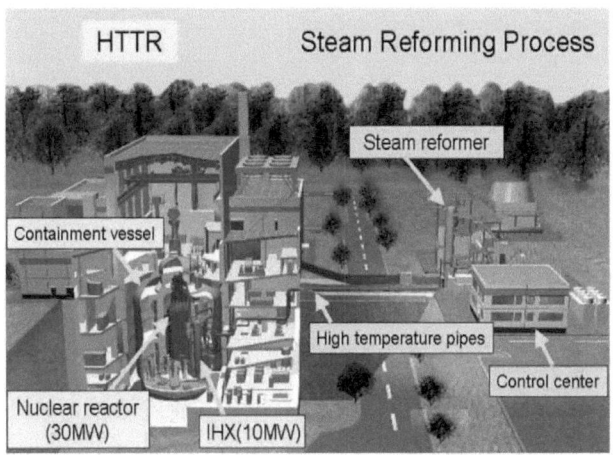

Japan: Gasturbinen HTR für Cogeneration

Des Weiteren wird ein Projekt der Kopplung einer Gasturbine mit einem HTR verfolgt. Die größten Vorteile dieser Technik sind für eine Co-Generation:

- Sicherheit: GT-HTR ist Durchbrennensicher und passiv sicher.
- Treibstoff-Management: –Schicht stellt ausgezeichnete Barriere für Eindämmung des Radionuklids für geologische Zeiten.
- Wirtschaftliche Konkurrenzfähigkeit.

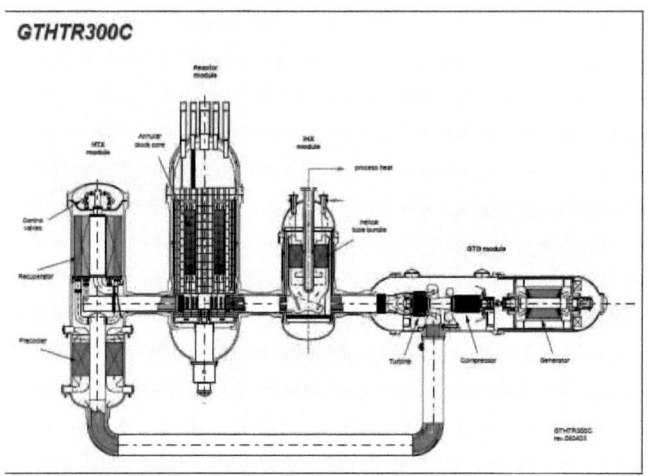

(Referenz 9)

Russland: Secure transportable autonomous reactor (STAR-H2)

Der STAR-H2 ist ein schneller Modularer Reaktor mit einer Leistung von 400MW$_{th}$. Der STAR selbst kann sowohl zur Elektrizitäts- als auch Wasserstoffproduktion benutzt werden. STAR basiert auf der technologie russischer Unterseeboote. Diese Technologie ist besher nicht kommerziell genutzt worden. Das Reaktorkühlmittel ist flüssiges Blei (Pb) mit Temperaturen von 800 °C. Es ist ein Reaktor mit passiven Sicherheitsmerkmalen. Die thermische Energie vom STAR-H2 kann thermochemisch Wasserstoff produzieren

(Referenz 10)

Südafrika: Pebble Bed Modular Reactor

Von einem kleinen nuklearen Technikunternehmenmit 100 Angestellten aus dem Jahre 1999 ist mit der PBMR eins der größten Kernreaktorunternehmen der Welt geworden. Zusätzlich zur Kernmannschaft einiger 800 Leute am PBMR-Hauptquartierin Zenturio nahe Pretoria, sind mehr als ein 1000 Leute an Universitäten, Privatunternehmenund Forschungsinstituten in dem Projekt einbezogen.

Kugelbett-Reaktor oder –Ofen ?

PMBR ist eine Öffentlichprivatteilhaberschaft der südafrikanischen Regierung und Kernindustrieunternehmen.

Das Ziel der PBMR ist eine der ersten Organisationen zu sein die erfolgreiche Kugelhaufenreaktortechnologie für den Energiemarkt der Welt kommerzialisiert. Abhängig von regulativen und anderen Zustimmungen könnte der erste kommerzielle Kugelhaufenreaktor beiKoeberg nahe Kappstadt im Jahr 2020 fertiggestellt werden. Dies wird das erste Mal sein, dass Südafrika seinen eigenen Kernreaktor entwirft, eine Lizenz erteilt und baut.

Der erfolgreiche Einsatz dieser Technologie hat das Potential, um einen bedeutenden Beitrag Einwohner für die internationale Energieversorgung zu leisten. Außerdem wird es zur Umwandlungder gegenwärtigen - basierten Wirtschaft Südafrikas beitragen.

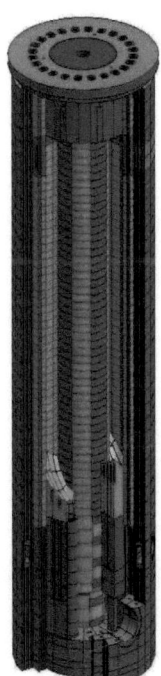
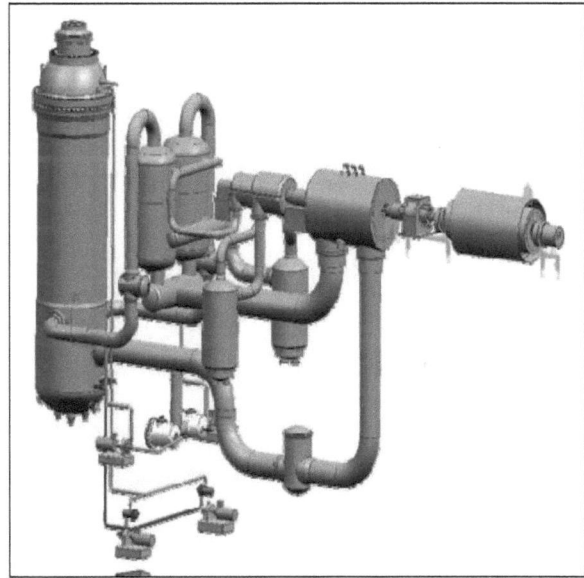

Südkorea: Wasserstofferzeugung mit HTR

Bild 10 zeigt das südkoreanische Konzept zur nuklearen Generierung von Wasserstoff.

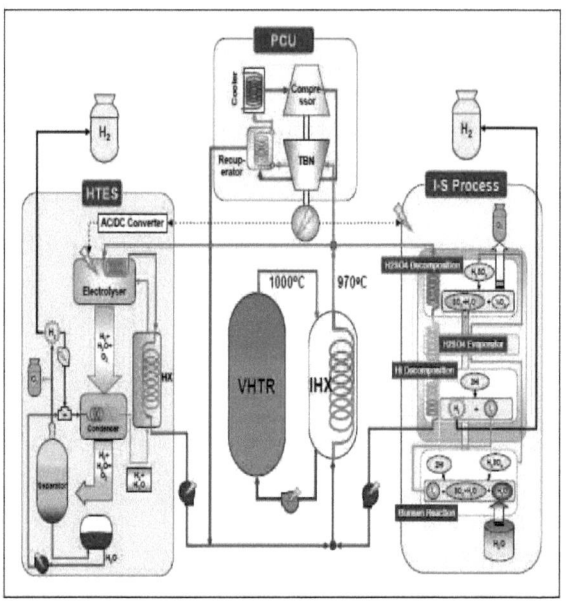

Bild 10 Konzept des Südkoreanischen Projektes zur Erzeugung nuklearen Wasserstoffs.

USA: GT-MHR und AHTR

Das GT-MHR-Kraftwerk besteht grundsätzlich aus zwei miteinander verbundenen Druckgefäßen, die von einer Beton-Struktur eingeschlossen sind. Ein Gefäß enthält das Reaktorsystem (MHR).

Das zweite Gefäß enthält das Kraftumwandlungssystem. Die Turbomaschine besteht aus einem Generator, Turbine, und zwei Kompressoren. Das Gefäß enthält auch drei dichte Wärmeaustauscher. Das wichtigste dieser ist ein 95 % wirksames Recuperator, das Turbinenauspuffwärme und Verstärkungswerknleistungsfähigkeitvon 34 % zu 48 % wiedergewinnt.

Kugelbett-Reaktor oder –Ofen ?

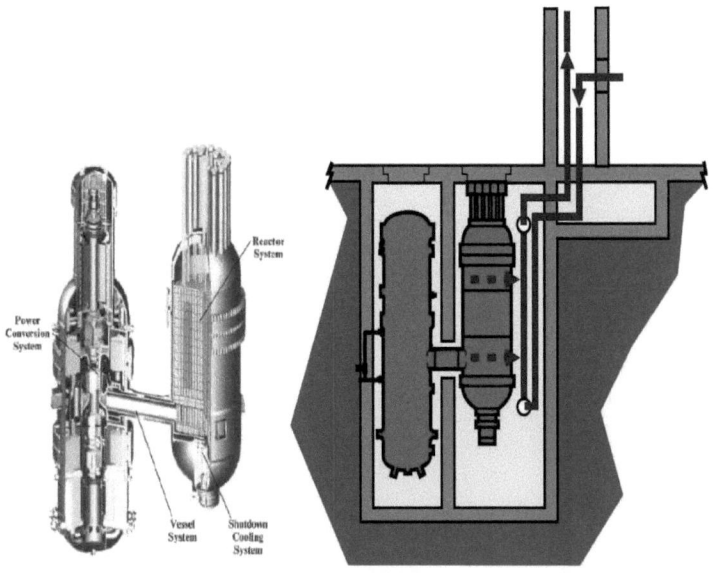

USA: The advanced high-temperature reactor

Ein neuer Reaktorbegriff,(AHTR), wird entwickelt, um diesen bestimmten Anforderungen zu entsprechen. Die Strategie ist, die Maximalreaktortemperatur zu beschränken und noch die Prozesshitzean den benötigten Temperaturen der H_2 Werk zu liefern. Dieser Abschnitt beschreibt kurz den AHTR.

Der AHTR (Bild 11, Tabelle 6) verwendet Beschichte-Teilchen in einer Grafitmatrixals Brennstoff und ein schmelzflüssiges Fluoridsalzkühlmittel. Der Brennstoff ist dem der modulareren Gasgekühlten Hochtemperaturreaktoren identisch. Das optisch durchsichtige Salzkühlmittel ist eine Mischung aus Fluoridsalzen mit Gefrierpunkten nahe 400 °C und Atmosphärischsiedepunkten von ~1400°C.

Wärme wird vom Reaktorkern vom ersten Schmelzflüssigsalzkühlmittel zu einer dazwischenliegenden Hitzeübertragungsschleife geleitet. Die dazwischenliegende Wärmeübertragungsschleife besitzt ein sekundäres Schmelzflüssigsalzkühlmittel, um H_2 zu produzieren oder die Wärme zur Turbinenhalle zu leiten, um Elektrizität zu erzeugen. Wenn Elektrizität erzeugt wird, wird ein Multi-Reheat-Stickstoff oder Helium-Brayton-Kraftzyklus genutzt.

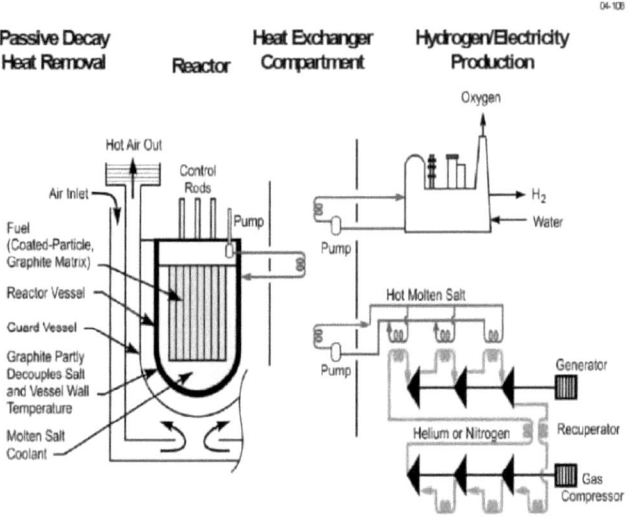

Bild 11 Schematische Darstellung des AHTR zur Elektrizitätsgewinnung

Tabelle 6 Eigenschaften des AHTR

Power level	2400 MW(t)	Power density	8.3 W/cm³
Core inlet/outlet temperature (options)	900°C/1000°C 700°C/800°C 670°C/705°C	Fuel element	Form: prismatic Diam.: 0.36 m Height: 0.79 m
Coolant (several options)	2^7LiF-BeF$_2$ (NaF-ZrF$_4$)	Intermediate heat transport loop	Molten salt (Several options)
Fuel		Vessel	
Kernel	U carbide/oxide	Diameter	9.2 m
Enrichment	10.36 wt % ^{235}U	Height	19.5
Reactor core		Reactor fuel columns	
Shape	Annular	Fuel	324
Diameter	7.8 m	Reflector (outer)	138
Height	7.9 m	Reflector (inner)	55
Fuel annulus	2.3 m		
Volumetric flow rate	5.5 m³/s	Coolant velocity	2.3 m/s

Die Grundlinie desAHTR (Bild 12), die entwickelt wurde, ist dem Natriumgekühlten S-PRISM ähnlich der von Generall Electric entworfen wurde. Beide Reaktoren erzeugen hohe Temperaturen; damit unterliegen sie ähnlichen Designbeschränkungen. Der Gefäßdurchmesser von 9.2 m ist in etwa gleich groß, wie beim S-

Kugelbett-Reaktor oder –Ofen ?

PRISM. Die Gefäßgröße bestimmt die Kerngröße, die die Leistungsabgabe bestimmt. In den Anfangsgrundlinienstudien wurde angenommen dass Brennstoff und Leistungsdichte (8.3 W/cm^3) grundsätzlich identisch mit jenen des MHTGR sind. Dies ist eine konservative Annahme, weil höhere Leistungsdichten mit flüssigen Kühlmitteln möglich sind.

Drei Maximalkühlmitteltemperaturen wurden ausgewertet: 705 °C, 800 °C, und 1000 °C für den AHTR Low–Temperatur (AHTR-LT), den AHTR Intermediate-Temperatur (AHTR-IT), und den AHTR High–-Temperatur (AHTR-HT) Reaktor. Wenn die Reaktorleistungsabgabe 2400 MW ist, sind die jeweiligen Elektrizitätsproduktionskapazitäten 1151 MW (e), 1235 MW (e), und 1357 MW (e). Der AHTR-LT benutzt existierende Materialien, die AHTR-IT benutzt existierende Materialien, die noch nicht vollständig getestet worden sind, und das AHTR-HT-benutzt weiterentwickelte Materialien. Der AHTR-HT und AHTR-IT schließen ein Grafit-umfassend-System ein, während das AHTR-LT ein metallisches umfassendes System hat, das das Reaktorgefäß abtrennt und vom Reaktorkern isoliert.

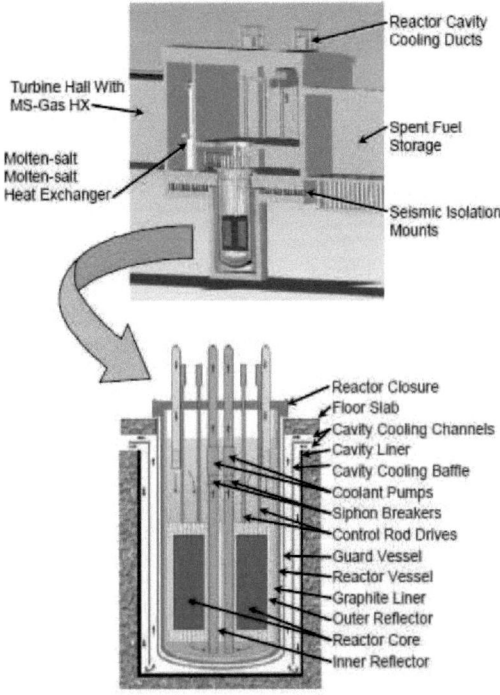

Bild 12 Schematische Darstellung des AHTR

Typische Temperaturzunahmen über dem Kern sind bei gasgekühlten Reaktoren, wie dem HTR, 350 °C. Im Gegensatz dazu, haben flüssiggekühlte Reaktoren wie der französische Natriumgekühlte Superphoenix und Druckwasser-Reaktoren (DWRs) geringere Temperaturhübe. In Bild 13 ist zu sehen, dass von den flüssiggekühlten Reaktoren nur der AHTR die für die Wasserstofferzeugung notwendigen Temperaturen erzeugt.

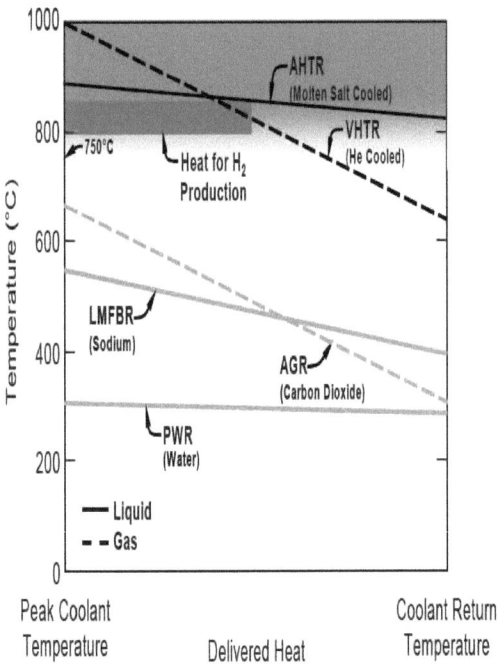

Bild 13 Temperaturbereiche der verschiednen Reaktorsysteme *(Referenz 12)*

Anwendungsmöglichkeiten des Hochtemperaturreaktors

Bild 14 zeigt die verschiedenen Anwendungsmöglichkeiten von Hochtemperaturreaktoranlagen. Sie reichen von der reinen Stromerzeugung über die Kraft-Wärme-Kopplung sowie der reinen Prozessdampfanwendung bis zur Einkreisanlage mit Heliumturbine.

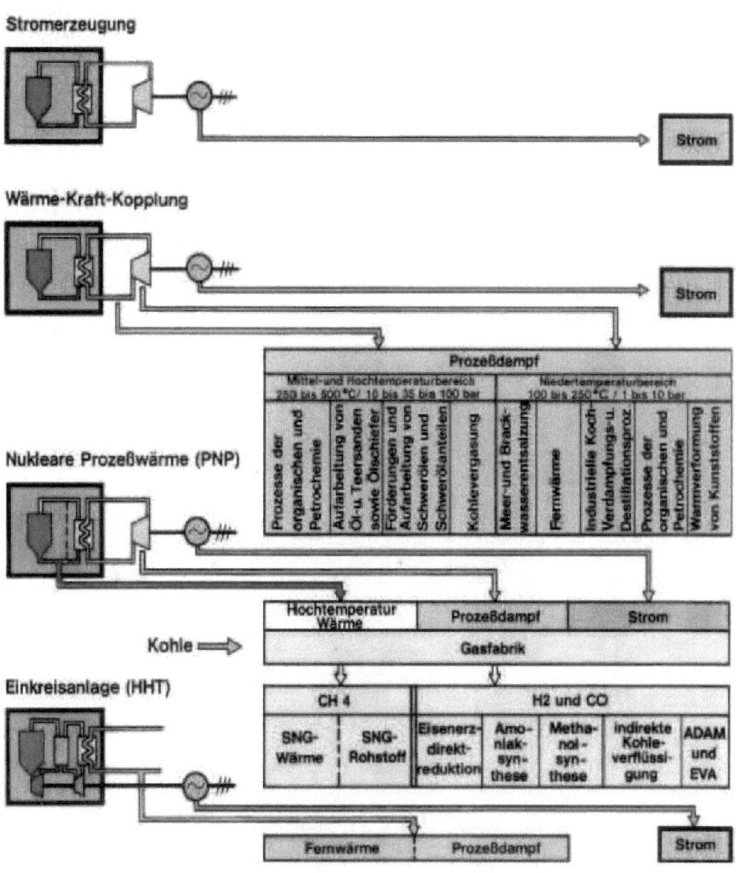

Bild 14 Schematische Darstellung der verschiedenen HTR Anwendungen

Kraft-Wärme Kopplung

Bei der Kraft-Wärme Kopplung wird gleichzeitig Elektrizität und Nutzwärme für z. B. Prozessdampfanwendungen generiert. Bild 15 zeigt schematisch die Brennstoffausnutzung ubre der Wärmeproduktion bei der Kraft-Wärme Kopplung.

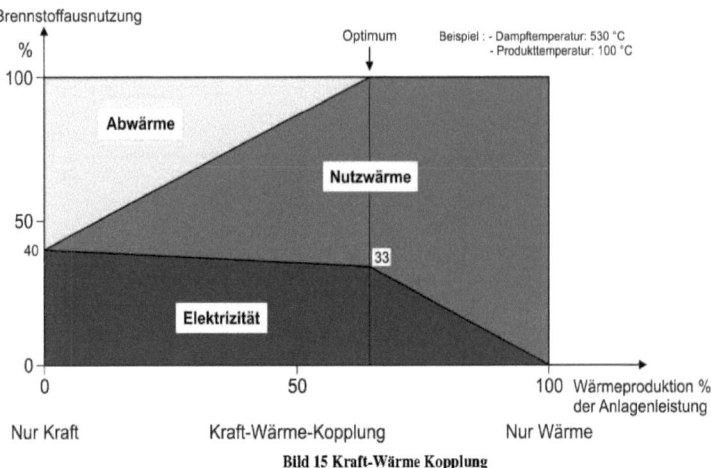

Bild 15 Kraft-Wärme Kopplung

(Referenz 14)

Nukleare Fernenergie

Nukleare Fernenergie, d. h. im Hochtemperaturreaktor freigesetzte Energie, läßt sich in einem eigenen Rohrnetz als chemisch gebundene Energie über weite Strecken bis zum Endverbraucher leiten. Wie bei einer hydrierenden Vergaserstufe, beruht das Prinzip auf der Umwandlung eines Wasserdampf—Methan-Gemisches in ein Wasserstoff-Kohlenoxid—Gemisch (Spaltgas) unter Einsatz von Kernwärme in einem Röhrenspaltofen. Ein Rohrleitungssystem befördert das Spaltgas, das die vom Reaktor eingekoppelte Wärme als chemische Bindungsenergie enthält, kalt in die Nähe von Strom- bzw. Wärmeverbrauchern. Die Energie wird in einer Hochtemperatur-Methanisierungsanlage durch exotherme Reaktion freigesetzt. Das dabei entstehende Methan kann dem Erdgasnetz zugeführt werden oder über eine Rohrleitung zum Röhrenspaltofen zurückströmen. Über eine zugehörige Dampfkraftanlage kann man den Verbrauchern Dampf oder Heißwasser anbieten.

Kohlevergasung

Ein mögliches Einsatzgebiet nuclearer Prozesswärme ist die Kohlevergasung, welche im Folgenden beschrieben wird.

Zusammenspiel von Kohle und Kernenergie

In Deutschland gibt es einen großen Vorrat an Kohle. In Kenntnis der Prognosen, die eine Verknappung der bisher am stärksten eingesetzten Primärenergieträger Erdöl und Erdgas in den nächsten Jahrzehnten andeuten, liegt die Überlegung nahe, Erdöl und Erdgas durch Kohle zu ersetzen.

Unabhängig davon wird bereits heute durch den Bau von Kernkraftwerken versucht, Lücken der Elektrizitätsversorgung zu denken. Bild 16 gibt eine Zusammenstellung der Prognosen über die Aufteilung des Wärmemarktes in den nächsten 25 Jahren wieder. Im Rahmen des Projektes "Prototypanlage Nukleare Prozeßwärme " wird der Versuch unternommen, durch die Kopplung von Kohle und Kernenergie ein Energiesystem bereitzustellen, dass besonders die Bedürfnisse und Gegebenheiten in Deutschland weitgehend berücksichtigt. Der Grundgedanke dabei ist, aus Braunkohle und Steinkohle synthetisches Naturgas herzustellen, wobei eine Hochtemperaturreaktor Umwandlungswärme mit hoher Temperatur zur Verfügung stellt.

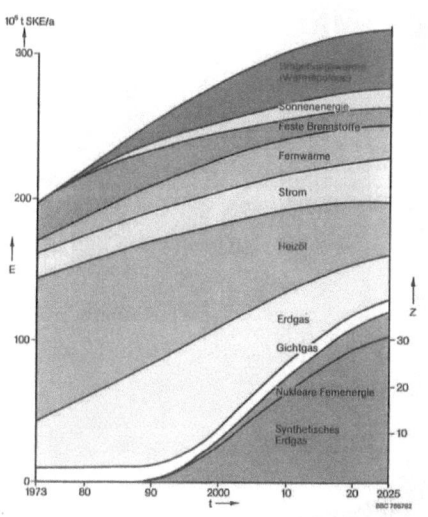

10^6 t SKE= $0,8.10^9$ m^3 synthetisches Erdgas oder Methan.

E=jährlicher Energieverbrauch in Steinkohleeinheiten (SKEpsis)

Z=Zahl der Erzeugeranlagen für synthetisches Erdgas

Bild 16 Prognosen über die Aufteilung des Wärmemarktes

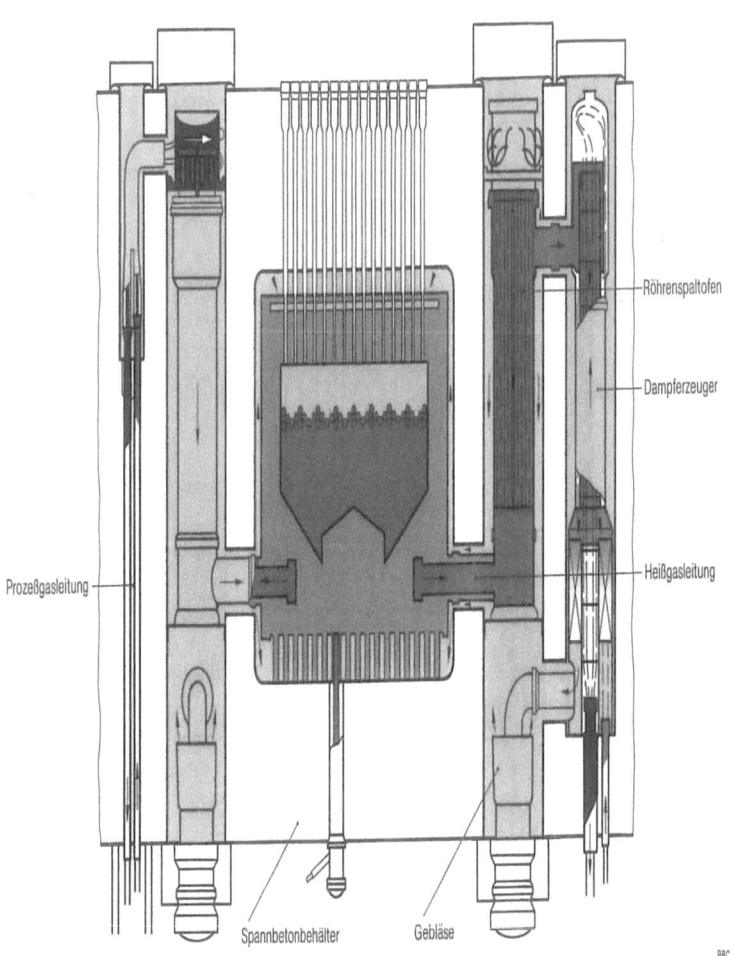

Bild 17 Vertikalschnitt durch eine Anlage für hydrierende Kohlevergasung
Die Kohle wird in diesem Verfahren zu einem gasförmigen Energieträger umgewandelt, der im vorhandenen Erdgasnetz kostengünstig verteilt werden kann.

Kugelbett-Reaktor oder –Ofen ?

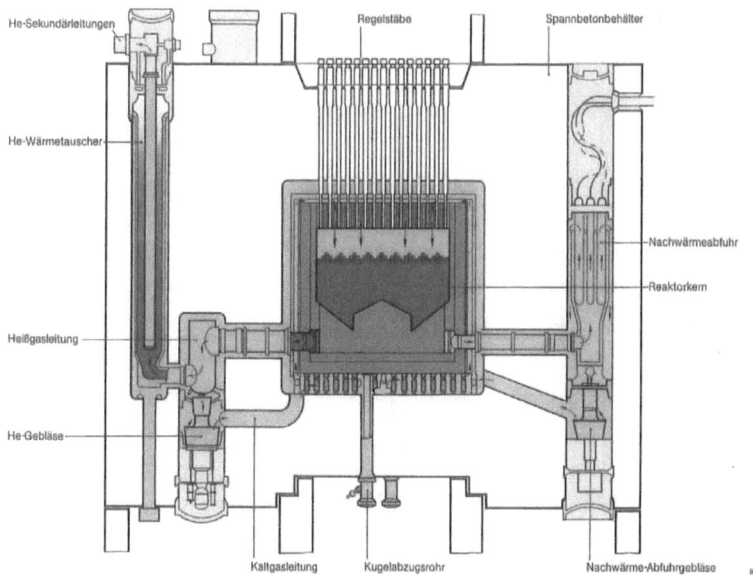

Bild 18 Prozeßwärmereaktor mit Helium-Helium-Wärmetauschern für eine Anlage zur Wasserdampfvergasung

Die Umwandlungsreaktion von fester Kohle in gasförmiges Methan läuft wirtschaftlich sinnvoll erst bei Temperaturen oberhalb 900 °C ab. Unter den verschiedenen Reaktoren erreichen nur Hochtemperaturreaktoren dieses Temperaturniveau. Die Bilder 2 und 3 zeigen Vertikalschnitte durch den geplanten Reaktor, die den prinzipiellen Aufbau für hydrierende Vergasung und für Wasserdampfvergasung erkennen lassen.

Im Rahmen der Projektdefinition wurde zunächst eine Großanlage zur nuklearen Kohlevergasung entworfen, deren thermische Leistung 3000 MJ/s beträgt. Für den Prototyp - bestehend aus Hochtemperaturreaktor, Vergasungsanlage für Braunkohle (mit Teilkreislauf für nukleare Fernenergie) und Vergasungsanlage für Steinkohle— wurden folgende Eckdaten festgelegt:

- Thermische Leistung 500 MJ/s
- Davon stehen bereit für Vergasung von Steinkohle 250 MJ/s
- Vergasung von Braunkohle 125 MJ!s
- Nukleare Fernenergie 125 MJ/s
- Leistungsdichte im Reaktor 4 MJ/m3s

Das Kühlmittel Helium, das die Brennelement-Schüttung von oben nach unten durchströmt, führt die in den Brennelementen erzeugte Wärme ab. Beim Durchströmen tritt das Kühlmittel mit einer Temperatur von 300 °C in den Reaktorkern ein und verläßt ihn mit 960 °C Austrittstemperatur. Die Energie wird in den wärmetauschenden Komponenten ausgekoppelt. Bei der hydrierenden Vergasung von Braunkohle strömt das aus dem Reaktorkern austretende Helium durch den Heißgaskanal zu einem Röhrenspaltofen. Das Helium heizt das sekundärseitige Prozeßgas auf und kühlt dabei auf 700 °C ab. Ein nachgeschalteter Dampferzeuger zur Erzeugung von elektrischer Energie und Prozeßdampf senkt die Heliumtemperatur auf 300 °C.

Verfahrenstechnische Gründe erfordern bei der Vergasung von Steinkohle einen Helium-Zwischenkreislauf, um die Energie für die Kohlevergasung nutzen zu können. Der Zwischenkreislauf übernimmt die Energie des Primärgases in einem Helium-Helium Wärmetauscher. Der ebenfalls mit Helium als Kühlmittel arbeitende Zwischenkreislauf gibt seine Energie an den Gasgenerator mit nachgeschaltetem Prozeßdampfüberhitzer und Dampferzeuger ab.

Ein System von Stäben, die durch die Kavernendecke des Facktorkerns in die Kugelschüttung eingefahren werden, regelt die Reaktivität. Die Brennelemente befinden sich in einer Kaverne, deren Wände aus einer 120 cm dicken Graphitschicht als Reflektor bestehen, darüber liegen 40 cm Grauguß und daran schließt ein 100 cm breiter Inspektionsspalt an. Den Abschluß bildet eine gekühlte Dichthaut (Liner) gegen Heliumdurchlässigkeit (Permeation) mit einer thermischen Isolierschicht.

Die Kerneinbauten und Komponenten befinden sich in einem Spannbetonbehälter in Mehrkavernen-Bauweise (Pod-Boiler-Bauweise). Basierend auf den Erfahrungen, die mit dem Hochtemperaturreaktor in Jülich, dem AVR (15 MW elektrische Leistung) gewonnen wurden, sowie auf den Erkenntnissen bei der Planung des Thorium-Hochtemperatur-Reaktors THTR-300 in Schmehausen, erscheint das vorgestellte Konzept technisch realisierbar.

Hydrierende Kohlevergasung

Folgende Prozeßschritte (siehe Bild 19) charakterisieren die hydrierende Kohlevergasung zur Erzeugung von synthetischem Erdgas.

Kugelbett-Reaktor oder –Ofen?

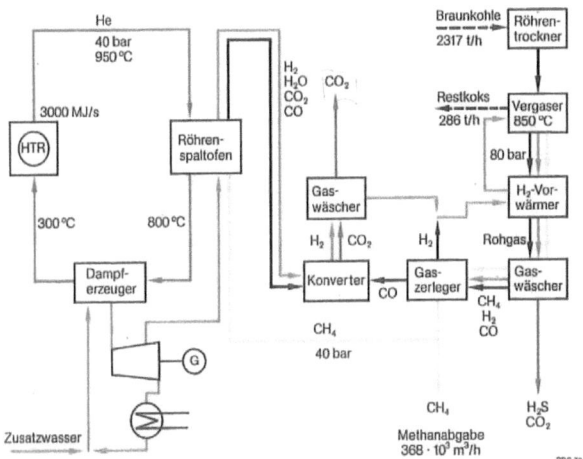

Bild 19 Fließschema der hydrierenden Kohlevergasung

Röhrentrockner trocknen mit Niederdruckdampf Rohbraunkohle, die anschließend in die hydrierende Vargasungsstufe gelangt. Die Braunkohle vergast unter Wärmeabgabe mit Wasserstoffzufuhr direkt zu Methan. Der entstehende Restkoks ist ein weiterverwertbares Nebenprodukt.

Der Wasserstoff entsteht bei Zufuhr von Hochtemperaturwärme im Röhrenspaltofen. Ein Teilstrom des Produktgases Methan wird abgezweigt, mit Mitteldruckdampf aus der Dampfkraftanlage gemischt und durch die Nickel-Katalysatoren-Schüttung in den Spaltrohren des Röhrenspaltofen geleitet. In diesen Reaktionsrohren wird das Methan-Wasserstoff- Gemisch bei hohen Temperaturen gespalten zu Wasserstoff, Kohlenmonoxid und Kohlendioxid bei Wasserdampfüberschuß. Rohre leiten das Spaltgas einer Konvertierungsanlage und einer Gaswascheinrichtung zu. Der verbleibende Wasserstoff wird vorgewärmt und dann in die hydrierende Vergasungsstufe für die Braunkohlevergasung eingebracht.

Wasserdampfvergasung

Die Wasserdampfvergasung von Steinkohle zur Erzeugung synthetischen Erdgases läuft in folgenden Prozeßschritten ab:

Die Kohle wird zunächst entgast und feinkörnig gemahlen. Das Rohgas der Entgasungsstufe durchströmt einenKühler, der Flüssigprodukte (Teer, Öl) abscheidet, und wird dem Rohgas des Vergasers zugeführt. Die Gasgeneratoren setzen den Koks aus der Entgasungsstufe unter Wasserdampfzugabe und Wärme des Hochtemperaturreaktors im Wesentlichen zu Wasserstoff und Kohlenmonoxid um. Die Reaktorwärme wird aus dem Zwischenkreislauf nach dem Tauchsiederprinzip in das Wirbelbett des Gasgenerators eingekoppelt.

Das den Vergaser verlassende Rohgas durchströmt die Gaswaschbehälter. Daran schließt sich eine mehrstufige Methanisierungsanlage an, die Kohlenmonoxid und Wasserstoff exotherm zu Wasserdampf und dem Endprodukt Methan umsetzt. Im Zwischenkreislauf ist auch der Dampferzeuger und Dampfüberhitzer für die Bereitstellung des Turbinen-bzw. Prozeßdampfes angeordnet.

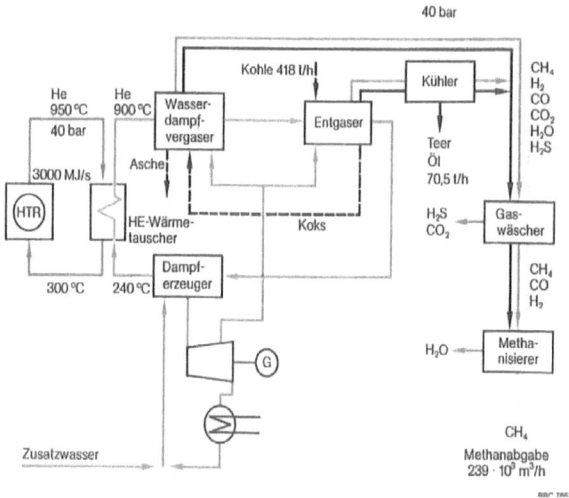

Bild 20 Wasserdampfvergasung von Steinkohle zur Erzeugung synthetischen Erdgases

Kopplung von Hochtemperaturreaktor und Vergasungsanlagen

Im Gegensatz zu herkömmlichen Kohlevergasungsverfahren, bei denen die nötigen hohen Temperaturen durch Verbrennen eines Teils des Einsatzstoffes entstehen, liefert bei der Kopplung eines Hochtemperaturreaktors mit einer Anlage zur hydrierenden Kohlevergasung oder Wasserdampf-Kohlevergasung der Reaktor die hohe Temperatur. Damit spart man bei den Einsatzstoffen Braun- oder Steinkohle bis zu 40%, bezogen auf herkömmliche Verfahren.Die Verfahren sind so angelegt, daß sich der größtmögliche Anteil der Kernwärme im Energieinhalt des Endproduktes wiederfindet.

Die Vergasungsverfahren erfordern jeweils die Wärme der oberen Temperaturspanne des Heliums, und die Temperaturspanne darunter bleibt für die Dampferzeugung. Die Dampfkraftanlage liefert die nötige elektrische Eigenbedarfsenergie und Prozeßdampf für den Vezrgasungsprozeß.

Kugelbett-Reaktor oder –Ofen ?

Bild 21 informiert über Aufstellungspläne für die Großanlagen für hydrierende Vergasung von Braunkohle und Wasserdampfvergasung von Steinkohle mit Hochtemperaturreaktoren. Das Bild zeigt, daß die Vergasungsanlagen weitaus mehr Platz erfordern als der energiebereitstellende Reaktor.

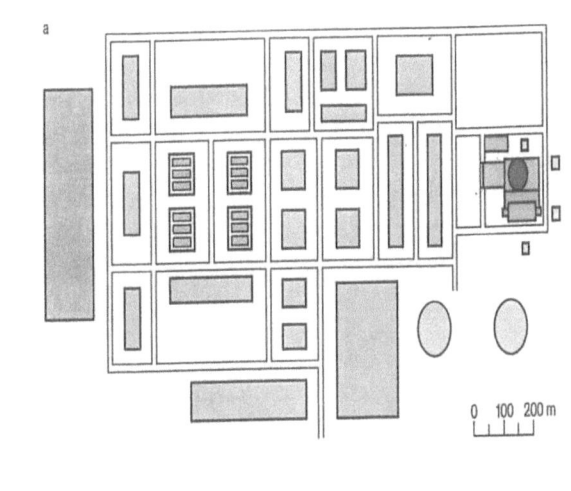

grau = Kohlebunker
grün = Anlagen zur Gasaufbereitung
braun = gaserzeugende Komponenten
blau = Kühltürme und -einrichtungen
orange = Reaktorhilfsanlagen
rot = Reaktorschutzgebäude
weiß = Verkehrswege

Bild 21 Grundriß einer Großanlage zur hydrierenden Vergasung von Braunkohle (a) und einer Großanlage zur Wasserdampfvergasung von Steinlohle (b)

Herstellung von flüssigen Kohlenwasserstoffen

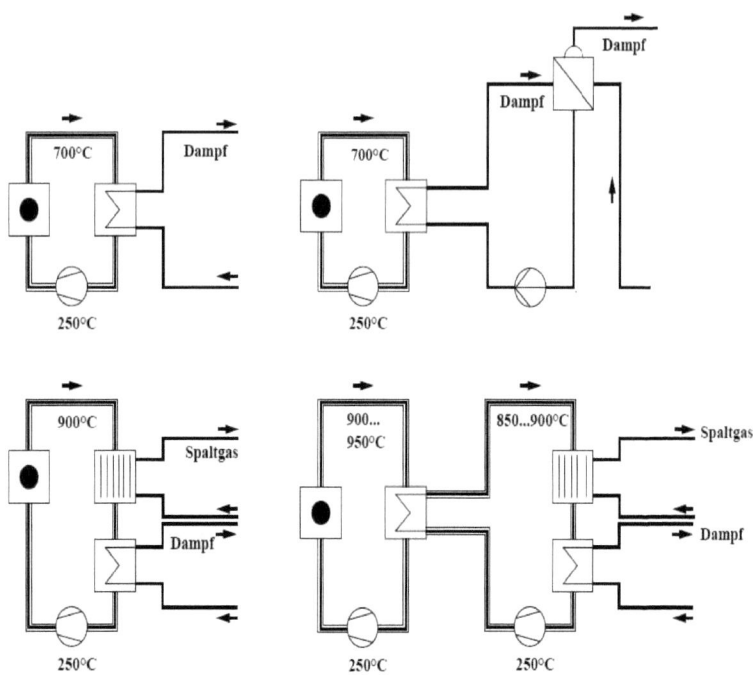

(Referenz 16)

Erzeugung von synthetischem Erdgas über Wasserdampf - Vergasung und Methanisierung

Grundsätzlich lassen sich die Unterschiede zwischen der konventionellen Vergasung und der Vergasung unter Nutzung von Kernreaktorwärme aus den folgenden stöchiometrischen Reaktionsgleichungen der beteiligten chemischen Umsetzungen ableiten. Dabei wird der Einfachheit halber von Kokskohlenstoff und gasförmigem Wasser ausgegangen. Durch Einsatz von Kohle, die bekanntlich neben Kohlenstoff andere Elemente, wie Wasserstoff und Sauerstoff sowie Wasser und Asche enthält, verschieben sich die Zusammenhänge nur unwesentlich. Für die konventionelle Vergasung ergibt sich folgendes Bild:

Kugelbett-Reaktor oder –Ofen?

Wasserdampf-Vergasung:

$$2\,C + 2\,H_2O \rightarrow 2\,CO + 2\,H_2 + 56{,}6 \text{ kcal}; \quad (1)$$

Verbrennung (zur Deckung der Reaktionswärme):

$$0{,}58\,C + 0{,}58\,O_2 \rightarrow 0{,}58\,CO_2 - 56{,}6 \text{ kcal}; \quad (2)$$

Teilkonvertierung:

$$1{,}3\,CO + 1{,}33\,H_2O \rightarrow 1{,}33\,H_2 + 1{,}33\,CO_2 - 13{,}5 \text{ kcal}; \quad (3)$$

Methanisierung:

$$0{,}66\,CO + 0{,}33\,CO_2 + 3{,}33\,H_2 \rightarrow$$
$$\rightarrow CH_4 + 1{,}3\,H_2O - 49{,}9 \text{ kcal}. \quad (4)$$

Durch Addition der Gln. (1) bis (4) resultiert folgende Summengleichung:

$$2{,}58\,C + 3{,}33\,H_2O + 0{,}58\,O_2 \rightarrow$$
$$\rightarrow CH_4 + 1{,}58\,CO_2 + 1{,}33\,H_2O - 63{,}4 \text{ kcal}. \quad (5)$$

Die Gesamtreaktion ist mit 63,4 kcal/mol erzeugtem Methan stark exotherm. Dabei ist aber zu beachten, daß diese Wärme bei der Konvertierung und Methanisierung auf einem Temperaturniveau von etwa 400 bis 500 °C entsteht und daher nicht für die oberhalb 700 °C ablaufender Wassergas-Reaktion zu nutzen ist. Daher muß trotz der starken Exothermie der Gesamtreaktion der Methan-Erzeugung die Wärmetönung der Wassergas-Reaktion durch Verbrennung von Kohlenstoff aufgebracht werden.

Bei der Vergasung mit Kernreaktorwärme läuft ebenfalls Reaktion (1) zur Erzeugung von Wassergas ab. Die benötigte Wärmetönung wird jedoch durch Nuklearenergie aufgebracht, so daß die Verbrennung des Kohlenstoffs, Gl. (2), entfällt. Es schließen sich an:

Konvertierung:

$$CO + H_2O \rightarrow H_2 + CO_2 - 10{,}1 \text{ kcal}; \quad (6)$$

Methanisierung:

$$CO + 3\,H_2 \rightarrow CH_4 + H_2O - 49{,}2 \text{ kcal}. \quad (7)$$

Durch Addition der Gln. (1), (6) und (7) ergibt sich die resultierende Gesamtgleichung

$$2\,C + 3\,H_2O \rightarrow CH_4 + CO_2 + H_2O - 2{,}7 \text{ kcal}. \quad (8)$$

Durch diese Betrachtungen werden bereits folgende Vorteile des Einsatzes von Kernreaktorwärme sichtbar:

1. verminderter Einsatz von Kohlenstoff
2. Verringerung der CO_2-Produktion
3. Wegfall der Sauerstoff-Anlage
4. Verkleinerung der Dampferzeugung und der Gaswäschen

Die beiden letztgenannten Punkte gelten naturgemäß für alle allotherm betriebenen Gasgeneratoren und haben bereits in der Vergangenheit Anlaß zur Entwicklung von entsprechenden Prozessen (z. B. Pintsch-

Hillebrand-Verfahren) gegeben. Auch einige amerikanische Neuentwicklungen gehen diesem Prinzip nach. Die Vorteile des Einsatzes von Kernreaktorwärme für die Vergasung seien im Folgenden für die Vergasung von Steinkohle noch näher erläutert. Bild 22 zeigt die Unterschiede von konventioneller autothermer Vergasung und Vergasung mit Kernreaktorwärme anhand der Prozeßschemata. Im Falle der konventionellen Vergasung werden der Dampf und die Energie für die Bereitstellung des Sauerstoffs unter Verwendung von Kohle erzeugt. Dampf und Sauerstoff reagieren dann mit Kohle unter Bildung von Wassergas, das konvertiert, gereinigt und durch Methanisierung in Methan umgewandelt wird. Demgegenüber werden bei der Nutzung von Kernreaktorwärmen alle im Prozeß benötigten Wärmen durch Kernenergie gedeckt. Besondere Entwicklungsarbeit erfordert die Einkopplung der Wärme in den Gasgenerator. Die Behandlung des Rohgases erfolgt ähnlich wie im konventionellen Prozeß.

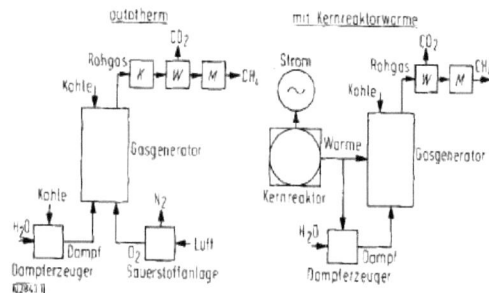

Abb. 1. Vergleich der Prozeßschemata zur Herstellung von CH_4 über die Wasserdampf-Vergasung von Kohle und katalytische Methanisierung nach konventionellen autothermen Verfahren und unter Nutzung von Kernreaktorwärme; K Konvertierung, M Methanisierung, G Gaswäsche.

Bild 22 Vergleich der Prozesschemata

Bei Einsatz einer Gasflammkohle mit 36% an flüchtigen Bestandteilen werden zur Erzeugung von 1000 m^3_N Methan benötigt bei autothermer Vergasung: 1,8 t Kohle (Waf), 3,2 t H_2O und 0,9 t O_2 bei Vergasung mit Kernreaktorwärme: 1,1 t Kohle (Waf), 2,9 t H_2O und 5,2 Gcal Kernwärme. Die Verbrauche für den autothermen Prozeß sind Betriebsdaten aus kommerziellen Anlagen entnommen, welche auf die hier betrachtete Kohle umgerechnet wurden. Die Einsatzstoffe für die Vergasung mit Kernreaktorwärmen wurden aus experimentellen Ergebnissen in Labormaßstab berechnet.

Bei der Verwendung von Kernreaktorwärme spart man demnach 0,7 t Kohle (39%) sowie 0,3 t Dampf (9,4%) und benötigt keinen Sauerstoff. Dafür sind 5,2 Gcal Kernreaktorwärme notwendig, von denen der für die Reaktionswärme einzusetzende Anteil bei Temperaturen zwischen 900 und 1000 °C angeboten werden muß. Bei kostengünstiger Kernreaktorwärme ergibt sich eine Verbilligung der Gaserzeugung infolge der Ersparnisse an Kohle, Dampf und Sauerstoff.

Bedeutungsvoll ist der Einsatz der Kernreaktorwärme für Vergasungsprozesse auch unter dem Aspekt des Umweltschutzes. Wegen der für die Weiterverwendung notwendigen Entfernung von Staub und Schwefel aus dem Produktgas ist die Verwendung von Gas in der Energieerzeugung in beiden Fällen ein umweltfreundlicher Prozeß. Die Vergasung mit Kernreaktorwärme hat noch zusätzlich den Vorteil, daß bei Gaserzeugung und Verbrennung insgesamt weniger Kohlendioxid entsteht. Aus 1 t Kohle (waf, Hu = 7,8 Gcal/t) enthält man bei autothermer Vergasung 1030 m^3_N CO_2 und 550 m^3_N CH_4, bei Verwendung von Kernreaktorwärme 700 m^3_N CO_2 und 880 m^3_N CH_4. Im Fall der Vergasung mit Kernreaktorwärme produziert man weit mehr Methan und weniger CO_2 als im konventionellen Verfahren. Die Bedeutung für die Umweltbelastung mit CO_2 geht aus der CO_2-Emission pro Gcal des produzierten Gases hervor, wobei sowohl die CO_2-Emission bei der Gaserzeugung als auch bei der Verbrennung eine Rolle spielt.

In Tabelle 7 sind die entsprechenden Werte gegenübergestellt. Die CO_2-Emission im Falle der Nutzung von Kernreaktorwärme ist bei der Gaserzeugung um einen Faktor 0,43 vermindert. Bei der Verbrennung entstehen naturgemäß die gleichen CO_2-Emissionen. Immerhin ergibt auch noch die Summe der CO_2-Emissionen aus Erzeugung und Verbrennung eine beträchtliche Verminderung der CO_2-Emissionen um den Faktor 0,625.

Tabelle 7 CO2-Emissionen
Tabelle 1. CO_2-Emission in m^3_N/Gcal erzeugtes Heizgas (CH_4).

	an der Vergasungsanlage	bei der Verbrennung	Gesamt
autotherm	218	117	335
mit Kernreaktorwärme	93	117	210

Auf den weiteren entscheidenden Vorteil eines geringeren Verbrauches an fossilen Rohstoffen und damit einer Streckung unserer fossilen Vorräte auf längere Zeiträume wird am Ende des nächsten Kapitels eingegangen.

Herstellung verschiedener Endprodukte über eine Vergasung von Kohle mit Kernreaktorwärme

Bei einer Vergasung mit Kernreaktorwärme wird nach dem bisher Gesagten gegenüber konventionellen Vergasungsverfahren ein erheblicher Anteil der fossilen Rohstoffe eingespart. In dem speziellen Fall der Erzeugung von Methan wird jedoch die für die Wassergas-Reaktion auf hohem Temperaturniveau verbrauchte Kernreaktorwärme bei tieferer Temperatur durch Konvertierung und Methanisierung wieder frei. In den Wärme-Inhalt des erzeugten Methans wird sie daher letztlich nicht eingebunden. Aus diesen Gründen ist zu überlegen, ob unter dem Gesichtspunkt einer echten Energieeinsparung andere Energieträger aus dem primar erzeugten Wassergas hergestellt werden sollten. Am günstigsten erscheint es, das erzeugte Wassergas unmittelbar als Energieträger zu benutzen, da in diesem Fall die gesamte für die Reaktion verwendete Kernreaktorwärme in den Wärme-Inhalt des Gases eingebunden wird, wie es aus Gl. (1) ersichtlich ist. Eine ebenfalls vertretbare Lösung ist die Erzeugung von Wasserstoff. Aus der Kombination von G1. (1) und G1. (6) folgt, daß die Erzeugung von Wasserstoff insgesamt gesehen noch endotherm ist:

$C + 2H_2O \rightarrow 2H_2 + CO_2 + 18{,}2$ kcal   (9)

Auf diese Weise bindet man 64,5% der Reaktionswärme ein. Etwas ungünstiger liegen die Verhältnisse bei der Erzeugung von Stadtgas, bei der man durch eine Teilmethanisierung zusätzlich Wärme verliert. Durch eine geeignete Kombination der Gln. (1) bis (3) resultiert dann als Summengleichung:

$2C + 3H_2O \rightarrow CO_2 + 0{,}45\,CO + 0{,}55\,CH_4 + 1{,}65\,H_2O + 1{,}35\,H_2 + 19{,}4$ kcal.   (10)

Dabei werden noch 34,2% Hochtemperatur-Reaktionswärme in den Wärmeinhalt des erzeugten Gases eingebunden.

Wie schon in der Einleitung gesagt, bietet sich auch die Erzeugung von Methanol an, das als Treibstoff-Ersatz, aber auch als Energieträger verwendet werden kann. Vergasung (1) und Konvertierung (2) können mit der Methanol-Synthese:

$4H_2 + 2CO \rightarrow 2CH_3OH_n - 61{,}4$ kcal   (11)

zu folgender Endgleichung kombiniert werden:

$3C + 4H_2O \rightarrow 2CH_3OH_n + CO_2 + 13{,}4$ kcal.   (12)

Berücksichtigt man, daß zur Vergasung von 3 mol C nach Gl. (1) 84,9 kcal benötigt werden, so ergibt sich, daß nur 15,8% der Hochtemperatur-Reaktionswärme in dem Warme-Inhalt des Methanols wiedergefunden werden.

In Tabelle 8 ist der Anteil der Hochtemperatur-Reaktionswärme, der sich im Wärme-Inhalt des Endproduktes wiederhdet, für diese Reaktionen zusammengestellt.

Tabelle 8 Anteil der Hochtemperatur-Reaktorwärme

Tabelle 2. Anteil der Hochtemperatur-Reaktionswärme am Wärme-Inhalt des Produktes.

Endprodukt	eingebundene Kernreaktorwärme [%]
$H_2 + CO$	100
H_2	64,5
Stadtgas	34,2
$CH_3OH_{fl.}$	15,8
CH_4	–

In diesem Zusammenhang sei noch erwähnt, daß sich die Erzeugung von Erdgas-Ersatz, die sich deshalb anbietet, weil bereits große Investitionen für das Verteilungsnetz gemacht worden sind, durch die Verwendung der hydrierenden Vergasung von Kohle anstelle der Methanisierung energetisch verbessern läßt. So kann man Wassergas- Reaktion und Konvertierung (2) mit einer hydrierenden Vergasung von Kohle mit Wasserstoff bei Drücken von etwa 70 bar und Temperaturen von 800 bis 900 °C kombinieren:

$$C + 2H_2 \rightarrow CH_4 - 20,9 \text{ kcal}, \qquad (13)$$

so daß folgende Gesamtgleichung resultiert:

$$2C + 2H_2O \rightarrow CH_4 + CO_2 - 2,7 \text{ kcal}. \qquad (14)$$

Sie weist zwar die gleiche Wärmetönung auf wie die Reaktion (8), jedoch wird 1 mol Dampf weniger benötigt als bei der Erzeugung von Erdgas durch Methanisierung, und es geht nur die Hälfte der Hochtemperatur-Reaktionswärmeein.

Übertragung der Kernwärme in den Gasgenerator

Von den verschiedenen Möglichkeiten, die Kernwärme auf die zu vergasende Kohle zu übertragen, besteht die günstigste darin, den Gasgenerator mit einem Röhrenwärmetauscher zu versehen, durch den das heiße Helium strömt und seine Wärme in das Kohle/Wasserdampf-Wirbelbett abgibt. Probleme der Wasserstoff- Diffusion und damit der Verunreinigung einerseits des im Vergaser erzeugten Gases durch Spaltprodukte des Kernreaktors sowie umgekehrt eines Eindringens von Wasserstoff in das Helium des Kernreaktors lassen sich dadurch vermeiden, daß man das Helium aus dem Kernreaktor nicht direkt, sondern über einen Zwischenkreislauf dem Gasgenerator zuführt (Bild 23). Zweckmäßigerweise werden auch die Dampf-Erzeugung und die zusätzliche Strom-Erzeugung in den Zwischenkreislauf geschaltet.

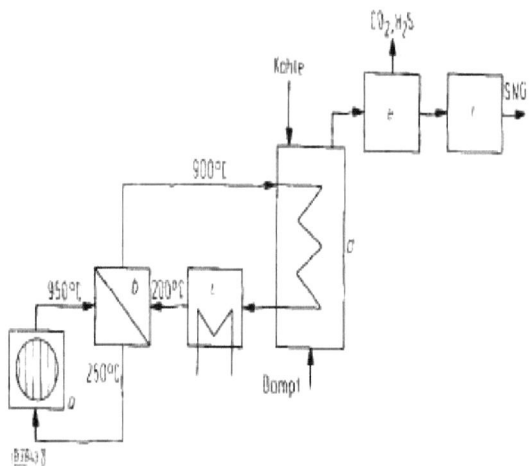

Abb. 2. Übertragung der Kernreaktorwärme in den Gasgenerator mit Hilfe eines Gas-Zwischenkreislaufes.

a Kernreaktor, *b* Wärmetauscher, *c* Dampf-Erzeuger, *d* Gasgenerator, *e* Gaswäsche, *f* Methanisierung.

Bild 23 Übertragung der Kernreaktorwärme

Auslegung einer Vergasungsanlage im Verbund mit einem Kenreaktor

Im Prinzip ist es jetzt möglich, eine Vergasungsanlage im Verbund mit einem Kernreaktor auszulegen. Dafür geht man zweckmäßigerweise von einem Hochtemperatur-Kernreaktor mit einer thermischen Leistung von 3 000 MW aus. Tabelle 9 gibt für Austrittstemperaturen des Heliums aus dem Kernreaktor zwischen 900 und 1000 °C die Zahl der Gasgeneratoren, den Kohledurchsatz, die erzeugten Mengen an Endprodukten und die Produktion von Koppelstrom an. Daraus geht hervor, wie nach den abgeleiteten Zusammenhängen zwischen Wärmeübertragung und Reaktionskinetik mit zunehmender Helium-Temperatur die Vergasungsleistung und die produzierten Gas bzw. Methanol-Mengen zunehmen.

Tabelle 9 Vergasungsleistung

Tabelle 4. Vergasungsleistung, Produkte und Stromerzeugung einer großtechnischen Vergasungsanlage mit einem Hochtemperatur-Kernreaktor von 3000 MW thermischer Leistung (ohne Wärmerückgewinnung).

Kernreaktor	Helium-Temperatur [°C]	900	950	1000
Vergasungsanlage	Zahl der Gasgeneratoren	3 bis 4	4 bis 5	5 bis 6
	Kohledurchsatz[1] [Mio. t/a]	0,95	1,6	2,3
Produkte der Vergasungsanlage (alternativ)	Stadtgas-Ersatz [Mrd. m³/a]	1,6	2,9	4,1
	Erdgas-Ersatz [Mrd. m³/a]	0,8	1,5	2,0
	Wasserstoff [Mrd. m³/a]	2,8	5,0	6,9
	Methanol[2] [Mio. t/a]	1,4	2,5	3,4
Stromanlage	Leistung[3] [MW$_e$]	920	645	565

1) Gasflammkohle, 2) 1 t Methanol $\triangleq$ 0,47 t Benzin, 3) $\eta = 0{,}38$

Wasserstofferzeugung

Thermische Erzeugung von Wasserstoff

> **Thermische Spaltung** gelingt nur bei hohen Temperaturen und verläuft nicht quantitativ:
>
> | T [K] | 1000 | 1500 | 2000 | 2500 | 3000 | 3500 |
> |--------------|---------|-------|-------|------|-------|------|
> | Spaltung [%] | 0.00003 | 0.020 | 0.582 | 4.21 | 14.14 | 30.9 |
>
> $$286\ kJ + H_2O\ (l) \longrightarrow H_2 + \tfrac{1}{2} O_2$$

Thermo-chemische Erzeugung von Wasserstoff

Es gibt 115 chemische Verfahren zur Wasserstoffherstellung. Der Jod-Schefel-Prozess (General Atomics) und der UT-3 Prozess (Uni Tokyo) sind dabei die Favoriten.

(Referenz 18)

Thermochemische Trennung von Wasser

Viele Energieversorgungssysteme bauen auf fossile Energieträger. Die Nutzung ist jedoch aus Sicht der globalen Kohlenstoffdioxidbilanz nicht ratsam. Eine Möglichkeit den steigenden Energieverbrauch abzudecken ist die Nutzung von Wasserstoff als umweltverträglichen Energieträger. Wasserstoff könnte als Speichermedium der Energie angesehen werden und sowohl in Großindustriellen Anlagen zur Energieerzeugung genutzt werden als auch in mobilen Anwendungen wie z.B. im Straßenverkehr in Verbindung mit einer Brennstoffzelle. Es würde sowohl bei der Produktion des Wasserstoffes durch den HTR als auch beim Verbrauch kein Kohlenstoffdioxid entstehen.

Es sind Verfahren entwickelt worden, die unter Einsatz von Energie bei geeigneter Prozessführung Wasser in Wasserstoff und Sauerstoff aufspalten. Die hierzu entwickelten thermochemischen und hybriden Verfahren sind so konzipiert, dass in einer endothermen Hochtemperaturreaktion Wärme eingekoppelt wird. Als Wärmequelle dient der Hochtemperaturreaktor.

Kugelbett-Reaktor oder –Ofen?

Einige Verfahren lauten:

- Schwefelsäure-Jod-Verfahren
- Schwefelsäure-Hybrid-Process
- Natriumkarbonat-Verfahren
- Natrium/Lithium-Nitrat-HCl-Verfahren
- Methan-Methanol-Reduktions-Prozeß
- Metall-Metallhydrid-Prozesse

An den Beispielen des modernen Schwefelsäure-Jod-Verfahren, sowie des Schwefelsäure-Hybrid-Prozesses soll der thermochemische Kreisprozess angedeutet werden.

Das Schwefelsäure-Jod-Verfahren ist ein thermochemisches Verfahren zur Herstellung von Wasserstoff. Es besteht aus drei endothermen chemischen Reaktionen, deren Edukt Wasser und deren Produkte Wasserstoff und Sauerstoff sind.

In einer ersten Hochtemperaturreaktion zerfällt die Schwefelsäure bei 830°C zu Schwefeldioxid, Wasser und Sauerstoff:

HT: 830°C $\quad H_2SO_4 \rightarrow SO_2 + H_2O + \frac{1}{2}O_2$

In einer zweiten Reaktion, die bei deutlich geringeren Temperaturen von 120°C abläuft wird dem Schwefeldioxid und dem Wasser Jod hinzu gegeben und es entstehen Wasserstoffjodid sowie Schwefelsäure.

NT: 120°C $\quad I_2 + SO_2 + H_2O \rightarrow 2HI + H_2SO_4$

Nun zerfällt in einer dritten Reaktion bei 320°C das Wasserstoffjodid in Jod und Wasserstoff:

MT: 320°C $\quad 2HI \rightarrow I_2 + H_2$

Es handelt sich bei diesem Verfahren um einen zyklischen Prozess, da die Schwefel- und Jod-Verbindungen im Kreise geführt werden können. Am Japan Atomic Energy Research Institute wurde dieses Verfahren erfolgreich mit Prozesswärme eines Hochtemperaturreaktors getestet. Dieses Verfahren hat einen Wirkungsgrad von 50% und ist effektiver als Verfahren, die eine Elektrolyse beinhalten. Dennoch soll ein solches Verfahren kurz vorgestellt werden, da so die vielfältigen Möglichkeiten der Wasserstoffproduktion hervorgehoben werden.

Der Schwefelsäure-Hybrid-Prozess, der ein thermochemischer Kreisprozess ist, gliedert sich in einen Hochtemperaturprozess und eine Elektrochemischen Prozess auf.

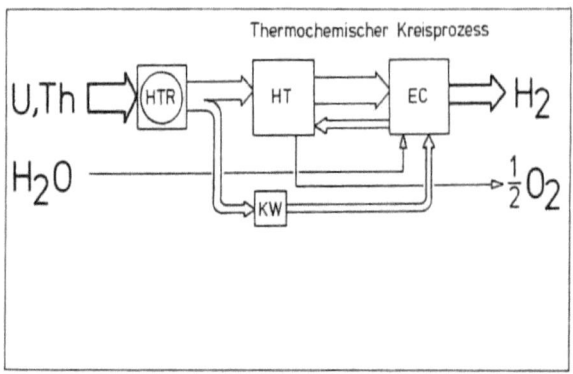

Bild 24 Prinzipielles Energieflussschema der Produktion von Wasserstoff und HTR-Wärme mittels eines thermochemischen Kreisprozesses.

EC = Elektrochemische Reaktion, HT = Hochtemperatur-Reaktion, KW = Kraftwerk

Im Hochtemperaturprozess wird die vom HTR erzeugte Wärmeenergie in einem Temperaturbereich bis zu 1000 °C für die Spaltung von Schwefelsäure genutzt, wobei Sauerstoff entsteht.

HT: $\quad H_2SO_4 \rightarrow H_2O + SO_2 + \frac{1}{2}O_2$

Elektrizität die mittels eines Kraftwerkes zweckmäßigerweise aus HTR-Wärme im unteren Temperaturbereich produziert wird, dient zur Durchführung des elektrochemischen Teilschritts. Hier wird Wasserstoff produziert:

EC: $\quad 2H_2O + SO_2 \rightarrow H_2SO_4 + H_2$

Die schwefelenthaltenden Stoffe werden insgesamt weder erzeugt noch verbraucht, sondern im Kreise geführt.
(Referenz 21)

Kugelbett-Reaktor oder –Ofen?

Overview of nuclear hydrogen production technologies

Feature	Approach		Thermochemical	
	Electrochemical			
	Water electrolysis	High-temperature steam electrolysis	Steam-methane reforming	Thermochemical water splitting
Required temperature, (°C)	< 100, at P_{atm}	> 500, at P_{atm}	> 700	> 800 for S-I and WSP > 700 for UT-3 > 600 for Cu–Cl
Efficiency of the process (%)	85–90	90–95 (at $T > 800\,°C$)	> 60, depending on temperature	> 40, depending on TC cycle and temperature
Energy efficiency coupled to LWR, or ALWR%	~ 27	~ 30	Not feasible	Not feasible
Energy efficiency coupled to MHR, ALWR, ATHR, or S-AGR (%)	> 35	> 45, depending on power cycle and temperature	> 60, depending on temperature	> 40, depending on TC cycle and temperature
Advantage	+ Proven technology	+ High efficiency + Can be coupled to reactors operating at intermediate temperatures + Eliminates CO_2 emission	+ Proven technology + Reduces CO_2 emission	+ Eliminates CO_2 emission
Disadvantage	– Low energy efficiency	– Requires development of durable, large-scale HTSE units	– CO_2 emissions – Dependent on methane prices	– Aggressive chemistry – Requires very high temperature reactors – Requires development at large scale

Steam methane reforming (SMR)

SMR ist zurzeit die am meisten allgemeine kommerzielle Technologie für Wasserstoffproduktion. Der SMR-Prozeß benötigt hohe Prozeßtemperaturen, und gilt als das am meisten verwendete Verfahren, um die erforderliche Wärme für den Prozeß zu bereitzustellen. Der Prozeß ist wie folgt:

Reform: CH4 + H2O → CO + 3H2, endotherm(750.800 °C),
Wechsel: CO + H2O → CO2 + H2, exotherm (350 °C).

Die Leistungsfähigkeitdes SMR-Prozesses bezeichnet ηH,SMR, Dieser Wert kann als der Bruchteilder gelieferter Energie bezeichnet werden, die durch das Verbrennen des Produkts, d. h. Wasserstoffs wiedergewonnen werden kann:

$$\eta H,SMR = \frac{n_H HHV_H}{HHV_{CH4} + Q in,SMR}$$

Wo nH die Anzahl von Molen des erzeugten Wasserstoffs von einem Mol des Kraftstoffs, Methan (CH4) ist, und HHVk[1] der hoch heizende Wert pro Mol des Sorte K ist. Diese Definition berücksichtigt den

Heizungswert des Treibstoffs und der zusätzliche Außenwärme zum Prozeß als die liefernde primäre Energie, um Wasserstoff zu erzeugen.

Das Dampf zu Kohlenstoffverhältnis (St/C) ist ein wichtiger Faktor, der die gelieferte Totalwärmeenergie für SMR, Qin, SMR beschreibt. Der ideale Wert von St/C ist 2. Jedoch laufen die meisten Reformer bei größeren Werten von St/C, um Verkokung zu verhindern und den Reaktionsfortschritt zu erhöhen. Folglich erhöht der vergrößerte St/C die Prozeß-Leistungsfähigkeit bei mittlen Temperaturen und vermindert die Leistungsfähigkeit etwas bei höheren Temperaturen verglichen mit der Leistungsfähigkeit von St/C = 2. Der theoretische Wirkungsgrad dieses Prozesses als eine Funktion der Temperatur und St/C, wie berechnet, darin wird in Bild 25 gezeigt.

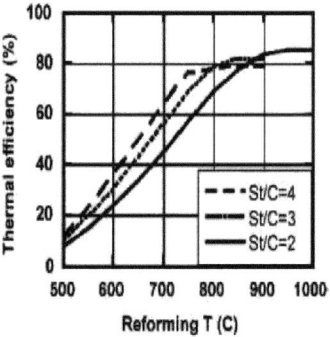

Fig. 2. Energy efficiency of the steam methane reforming process for different steam/carbon ratios [17].

Bild 25 Energie Effizienz

Der SMR-Prozess kann prizipell an Heliumgekühlten Hochtemperatur Reaktoren oder dem MHR, gekoppelt werden. Das MHR kann als die Hochtemperaturwärmequelle fungierendie beiungefähr 850 °C ablaufen. Die hohe Betriebstemperatur kann dem Prozeß eine Leistungsfähigkeit von ungefähr 80% liefern. Diese Alternative ist erdacht worden, um konkurrenzfähig in der nahen Zukunft mit dem herkömmlichen SMR-Prozeß zu werden.

Sulfur-iodine (SI) cycle

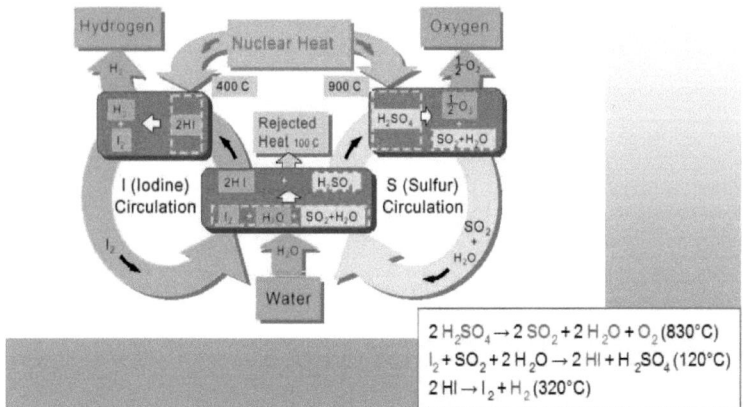

Der SI-Zyklus wurde von General Atomics vorgeschlagen in der Mitte der1970er. Er besteht aus dem Folgendendrei chemische Reaktionen, die die Trennungvon Wasser ergeben:

I2 + SO2 + 2H2O → 2HI + H2SO4 *(120 °C)*
H2SO4 → SO2 + H2O + 1/2O2 *(830.900 °C)*
2HI → I2 + H2 *(300.450 °C)*

Der ganze Prozess schließt Wasser und Hochtemperaturwärmeund Sauerstoff ein. Alle Reaktionen sind in flüssigen InteraktionenAlle Reagenzien können wiederverwertet werden; es gibt keine Abwässer. Jede der chemischen Reaktionen in diesem Prozess wurde im Labor bewiesen.

Japans Atomenergie-Forschungsinstitut hat auch an der Forschung, Entwicklung und Demonstrationdes SI-Zyklus gearbeitet. Die Zersetzung von Schwefelsäure und Wasserstoff-Iodide bedeutet agressive chemische Umgebungen zu haben Daher sollten die materiellen Kandidaten für den SI-Zykluswasserstoffwerk gewählt werden, um Korrosionsprobleme entgegenzuwirken.

Eine Darstellung des SI-Flowsheet wird in Bild 26 gezeigt. Wie in der Abbildung zu sehen ist, ist Wärmeübergang an jedem Schritt des Zyklus mit internerErholung notwendig. Die Wärmeverluste können von sehr dichten Wärmeaustauschern beseitigt werden und so wird auch die Energieleistungsfähigkeit von dem Prozess erhöht.

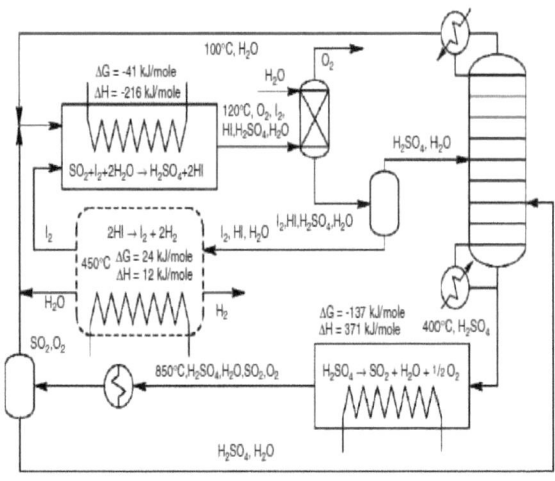

Bild 26 Schematische Darstellung des SI

Bild 27 repräsentiert die Energieleistungsfähigkeit dieses Prozesses mit den gegenwärtigen Designbedingungen. Die Energie-Leistungsfähigkeit, $\eta H,SI$, in dieser Abbildung wird als das Verhältnis von der Energie (in Bezug auf HHV von Wasserstoff, HHVH) definiert, die von einer Einheitsmenge von Produkt, QH,out, zur totalen thermischen Energieforderung vom Prozess, Qin,SI getragen wird, um eine Einheitsmenge von Produktwasserstoff zu produzieren:

$$\eta H,SI = \frac{QHout}{Qin,SI} = \frac{HHVH}{Qin,SI}$$

Der SI-Zyklus kann bei den modularen Hochtemperaturreaktoren genutzt werden (MHR). Mit dem gegenwärtigen Werkdesignbegriff könnte die SI-Zyklusoperations Maximaltemperaturen von ungefähr 827 °C entsprechen.

Kugelbett-Reaktor oder –Ofen ?

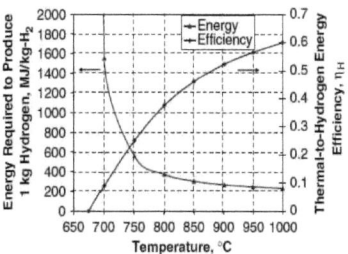

Fig. 5. Thermal-to-hydrogen efficiency [7], and the thermal energy required to produce 1 kg of hydrogen using the MHR–SI.

Bild 27 Energie-Effizienz Diagramm

Ca–Br–Fe (UT-3) cycle

Der UT-3 Zyklus

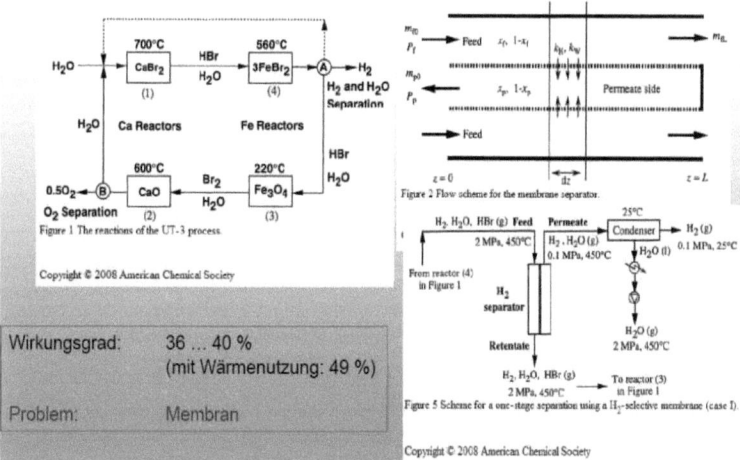

Der UT-3-Zyklus wurde zuerst an der Universität von Tokio entwickelt. Es betrifft Festkörpergasinteraktionen die die Reagensprodukttrennungen erleichtern können, im Gegensatz zu der aller flüssigen Interaktionen im SI Zyklus. Folgenden Reaktionen laufen dort ab:

$CaBr2 + H2O \rightarrow CaO + 2HBr$ (730 °C),
$CaO + Br2 \rightarrow CaBr2 + 1/2 O2$ (550 °C),

Fe3O4 + 8HBr → 3FeBr2 + 4H2O + Br2 *(220 °C)*,

3FeBr2 + 4H2O → Fe3O4 + 6HBr + H2 *(650 °C)*.

Die Thermodynamik dieser Reaktionen ist günstig. Allerdings ist die Wasserstoffproduktionsleistungsfähigkeit des Prozesses auf ungefähr 40 % auf Grund des Schmelzpunkts von CaBr2 bei 760 °C beschränkt. Abb. 6 zeigt die freien Energien in diesen thermochemischen Zyklus.

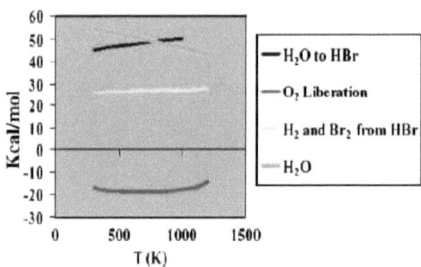

Bild 28 Wasserstoffproduktionsleistungsfähigkeit des UT-3 Zyklus

Process Design for the Ca-Br Cycle

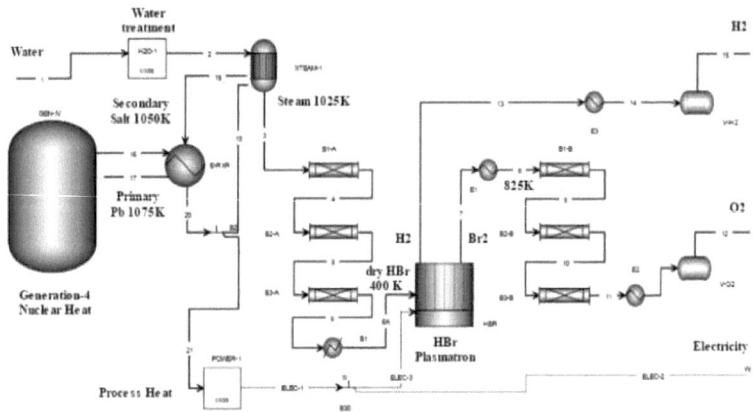

OBJECTIVE: Argonne Ca-Br looks to eliminate the last 2 stages of UT-3 cycle

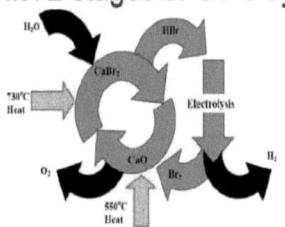

[1] Water splitting with HBr formation (1000 K)
$CaBr_2 + H_2O \leftrightarrows CaO + 2HBr$
[2] Oxygen recovery (823 K)
$CaO + Br_2 \leftrightarrows CaBr_2 + 0.5O_2$
[3] H_2 production and Br_2 regeneration (338 K)
PEM electrolysis or a non-thermal plasma will be used
$2HBr + plasma \leftrightarrows H_2 + Br_2$

Cu–Cl cycle

Dieser Zyklus findet bei 500 °C statt. Es hat den Vorteil, dass es weniger Korrosionsprobleme bei 500 °C gibt als bei höheren Temperaturen wie z. B. für den SI und UT-3-Zyklen. Die Energieleistungsfähigkeit des Prozesses liegt zwischen 40-45 %. Vorläufige Studien von diesem Zykluszeigen, dass die Reaktionen folgendermaßen stattfinden:

$2Cu + 2HCl \rightarrow 2CuCl + H2$ (450 °C),
$4CuCl + 4Cl- \rightarrow 4CuCl-2$ (30 °C),
$4CuCl-2 \rightarrow 2CuCl2 + 2Cu + 4Cl-$ (30 °C),
$2CuCl2(aq) \rightarrow 2CuCl2(s)$ (100 °C),
$2CuCl2 + H2O \rightarrow CuO + CuCl2 + 2HCl$ (400 °C),
$CuO + CuCl2 \rightarrow 2CuCl + 1/2O2$ (500 °C).

Die freien Energien werden gegenüber den Temperaturen in Bild 29 dargestellt.

Sprit mit Kernwärme aus Biomasse und Kohle

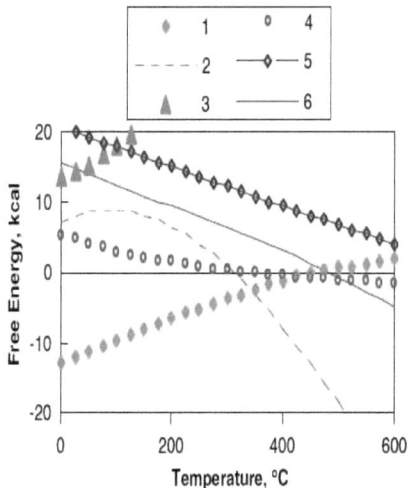

Fig. 7. Gibbs free energy changes associated with the Cu–Cl process reactions [15].

(Referenz 22) (Referenz 18)

Bild 29 Freie Energien des Cu-Cl Prozesses

Steamreformer zur H2-Erzeugung

Der Steamreformerprozess ($CH_4 + H_2O \rightarrow CO + 3H_2$) ist Schlüsselprozess für viele Anwendungen.

- Prozess aus konventioneller Technik gut bekannt
- Heliumbeheizung mit 900 ... 950°C, hohe Heizflächenbelastung
- Spaltendtemperatur: 800°C, hohe Rate der katalytischen Methanumsetzung
- Spaltrohrbündel mit 30 Originalrohren erfolgreich über 10 000 h getestet (EVA II, 10 MW, 950°C)
- Extrapolierbarkeit auf Komponente mit 100 MW belegt
- Material für 100 000 h Einsatzzeit getestet und verfügbar

Kugelbett-Reaktor oder –Ofen?

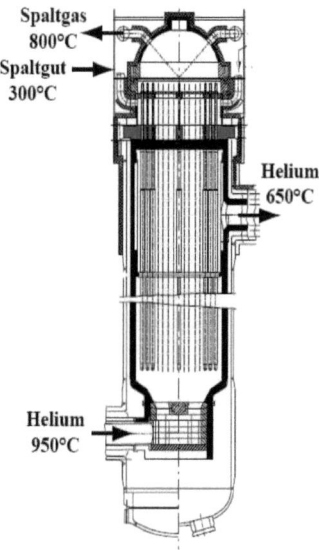

(Referenz 16)

Wirtschaftlichkeits—Betrachtung

Tabelle 10 stellt die Gaserzeugungskosten einer nuklearen Kohlevergasungsanlage den Kosten bei autothermer Vergasung gegenüber. Parallel dazu enthält die Tafel die Kosten für die vergleichbaren Energiemengen von Heizöl und Erdgas. Die Werte der Tafel zeigen, daß nukleare Kohlevergasungsanlagen in etwa 20 Jahren gegenüber den heutigen Energieträgern wirtschaftlicher arbeiten könnten.

Tabelle 10 Erzeugungskosten für synthetisches Erdgas (SNG) im Vergleich zu Heizöl und Erdgas (Methan)
*=Geldwert von 1976

	Erzeugungskosten von SNG aus einer Anlage, die 1976 in Betrieb gehen würde	Erzeugungskosten von SNG aus einer Anlage, die 2000 in Betrieb gehen würde*	
	im ersten Betriebsjahr	im ersten Betriebsjahr	über 20 Jahre gemittelt
Nukleare Vergasung			
Braunkohle	7 ... 8 DM/GJ	7 ... 8 DM/GJ	9 ... 10 DM/GJ
Steinkohle	10 ... 11 DM/GJ	10 ... 11 DM/GJ	12 ... 14 DM/GJ
Autotherme Vergasung			
Braunkohle	9 DM/GJ	9 DM/GJ	11 DM/GJ
Steinkohle	15 DM/GJ	15 DM/GJ	21 DM/GJ
	Kosten im Jahr 1976	Kosten im Jahr 2000*	über den Zeitraum 2000 bis 2020 gemittelte Kosten*
Heizöl (ab Raffinerie)	6 DM/GJ	9 DM/GJ	18 DM/GJ
Erdgas (freie Grenze)	5 DM/GJ	8 DM/GJ	16 DM/GJ

Randbedingungen für die Prognosen:
- jährliche Preissteigerungsraten 6%
- jährliche Preissteigerungsraten der Primärenergieträger aufgrund deren Verknappung 9%.

SMR – Dampf Methan Reformierung

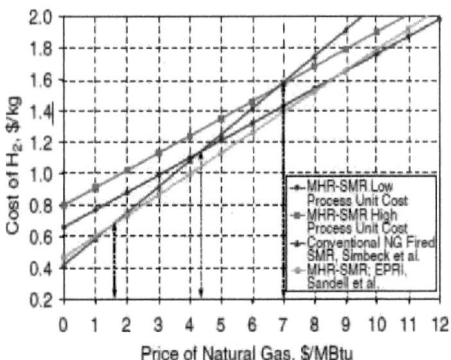

Fig. 3. Cost of hydrogen production by using the MHR–SMR and conventional SMR technologies [4].

Bild 30 Kosten der Wasserstofferzeugung

Bild 30 zeigt die Kosten der Wasserstoffproduktion durch den MHR-SMR als eine Funktion des Erdgas-Preises. Die Kalkulationen beinhalten keine Strafe oder Besteuerung bezüglich der CO_2 Ausscheidungen.

Diese Abbildung zeigt an, dass, für Erdgas-Preise größer als $4.5-7/MMBtu, die MHR-SMR Technologie ökonomisch und mehr konkurrierend sein würde als die herkömmliche SMR Technologie. Diese Abbildung zeigt, dass für Erdgas-Preise größer als $4.5-7/MMBtu, die MHR-SMR Technologie ökonomisch und mehr konkurrierend sein würde als die herkömmliche SMR Technologie. Im letzten Jahr hat sich der langfristige Preis von Erdgas-Lieferungen erhoben, das legt die Vermutung nahe, dass der $4.5-7/MMBtu eine vernünftige Bereich für die Kosten des Erdgases ist, das im SMR-Prozeß verwendet werden kann. Früher zeigte eine EPRI-Schätzung von Wasserstoffkosten durch die MHR-SMR Technologie an, dass der Preis des Erdgases, das der MHRSMR-Technologie ermöglichen könnte, sparsam konkurrenzfähig zu sein, um $1.5–/MMBtu ist. Deshalb, nach der EPRI Analyse, ist MHR-SMR attraktiver als die herkömmliche SMR Technologie für ökonomische Wasserstoffproduktion.

Referenzen

Referenz 1: H .Buker, *Das deutsche Hochtemperaturreaktor-Konzept*, Institut für Reaktorentwicklung der Kernforschungsanlage Jülich GmbH 1968.

Referenz 2: Martin Volkmer, *Kernenergie Basiswissen,Informationskreis KernEnergie,Überarbeitete Auflage,Berlin, Juni 2007*

Referenz 3: *HTR –GmbH, Hochtemperatur –Reaktor – Technik, Das neue Gemeinschaftskonzept*, Frankfurt,1989

Referenz 4: Asea Brown Boveri, *High- Temperature Reactors – an Advanced Technology*, Publication N° D HRB 1132 88 E, Bundesrepublik Deutschland,1988

Referenz 5: http://en.wikipedia.org/wiki/HTR-10, 10.02.2010.

Referenz 6: Steve Darden, *China's HTR-PM commercial scale pebble bed reactor*, http://seekerblog.com/archives/20090307/chinas-htr-pm-commercial-scale-pebble-bed-reactor/, 03.07.2009

Referenz 7: ANTARES, *The AREVA HTR-VHTR Design*, http://www.areva-np.com/us/liblocal/docs/EPR/ANTARES.pdf

Referenz 8: *HTTR Home Page*, http://httr.jaea.go.jp/eng/index_top_eng.html

Referenz 9: Prof.Dr . H. Dr. Böck, *Vorlesung von High Temperature Gas Cooled Reactor*, Technologieuniversität, Atominstitute,Österreich,Wien,2009

Referenz 10: BilgeYildiz, Mujid S. Kazimi, *Efficiency of hydrogen production systems using alternative nuclear energy technologies*, Massachusetts Institute of Technology, Nuclear Engineering Department, Center for Advanced Nuclear Energy Systems, 10 May 2005

Referenz 11: *Pebble Bed Modular Reactor (Pty) Limited (PBMR)*, http://www.pbmr.com/index.asp?Content=175, 2009

Referenz 12: F. Peterson, University of California, Berkeley, Larry Ott, Oak Ridge National Laboratory, Charles W. Forsberg, Oak Ridge National Laboratory, *The Advanced High-Temperature Reactor (AHTR) for Producing Hydrogen to Manufacture Liquid Fuels*, September 2004

Referenz 13: HRB,*Hochtemperatur-Reaktor GmbH, Publication N° D HRB 119688 E*, Bundesrepublik Deutschland,1988

Referenz 14: Dr. Werner von Lensa, Vize-Präsident des Europäischen Hochtemperatur Reaktor-Technologie Netzwerks HTR-TN, *Internationale Entwicklungsprogramme zum Hochtemperaturreaktor*

Referenz 15: BBC, HRB, *Prototyp für nukleare Prozesswärme,Energieversorgung,Sonderdruck aus BBC-Nachrichten*, Bundesrepublik Deutschland,1978

Referenz 16: K. Kugeler, I. Tragsdorf, N. Pöppe, *Perspektiven der zukünftigen Erzeugung flüssiger Kohlenwasserstoffe unter Einsatz von Kernenergie*, Lehrstuhl für Reaktorsicherheit und –technik der RWTH Aachen, Institut für Sicherheitsforschung und Reaktortechnik des Forschungszentrums,München 20.03.06

2.3.9 Proliferation

Im Werk „Hochtemperaturreaktortechnik" von Professores Kurt Kugeler und Rudolf Schulten, Seite 408 ff, ISBN 3-540-51535-6 bei Springer, Berlin 1989 wird zur Vermeidung von Atomwaffen Wegweisendes gesagt: Die für Leichtwasserreaktorelemente notwendigen Wiederaufarbeilungskosten schätzte man damals auf ca. 3.000 DM/kg des Schwermetalles. Eine Wiederaufarbeitung im Thoriumzyklus, wobei auch der Konversionsfaktor erhöht würde, ist damit vorerst nicht wirtschaftlich.

Im Abschnitt 9.6 heißt es zur Proliferation bei Brennstoffzyklen im Hochtemperatur-Reaktor:

Ein Mißbrauch der Spaltstoffe bei weiterem weltweitem Ausbau der Kernenergie zum Bau von Kernwaffen ist nicht auszuschließen. Geeignete Spaltstoffe für Kernwaffen sind ^{235}U, ^{233}U, ^{239}PU und ^{241}PU. ^{235}U wird durch Anreicherung aus Natururan gewonnen. In jedem Kernreaktor, der ^{238}U enthält, werden im Betrieb die Isotope ^{239}PU und ^{241}PU erbrütet. In Reaktoren mit ^{232}TH ·Einsatz wird dagegen ^{233}U gebildet. Um reines ^{239}PU und ^{233}U herzustellen benötigt man Wiederaufarbeitung und Anreicherung in speziellen Anlagen. Mittel- bis hochangereichertes Uran oder Plutonium können in vielen Kombinationen der Isotope zu nuklearen Explosionen eingesetzt werden. Bei der Durchführung umfangreicher Tests wurde festgestellt, welche Isotopenmischungen (siehe Tabelle 9.6 a.a.O.) waffentauglich sind.

Tab. 9.6. a.a.O.	Übersicht über kritische Massen für waffentaugliche Isotopengemische · (Oxide vorausgesetzt)			
Bezeichnung	Charakterisierung	Spaltstoff-Anteil (%)	Kritische Masse (kg Spaltstoff)	Bemerkung
Waffenplutonium	239PU und 241PU	100	~ 8	mit Reflektor (Beryllium)
Waffenuran	235U	93	~ 25	mit Reflektor (Beryllium)
Waffenuran	233U	100	~ 8	mit Reflektor (Beryllium)
Reaktor-Plutonium	70% PU-Anteil	~ 33	~ 60	Abbrand ~ 35.000 MWd/t
Reaktoruran	238U, 235U	~ 10	~ 1500	15 t Schwermetall
Reaktoruran	Uran + Plutonium 20% Anteil	~ 13	~ 250	äußerst geringe Energiefreisetzung

Mit unterschiedlichen Isotopengemischen hat man festgestellt, dass Urangemische mit weniger als 20 % ^{238}U bzw. weniger als etwa 12 % ^{233}U für Waffen praktisch nicht brauchbar sind. Plutonium eignet sich ebenfalls für viele Isotopengemische für eine krit. Masse bei schnellen Neutronen.

Durch Beimischung von nichtspaltbaren Isotopen ^{240}PU und ^{242}PU wird die Energie-Umsetzung erheblich herabgesetzt.

Wenn auch durch besondere Maßnahmen der Spaltstoffflußkontrolle in allen Stationen des Brennstoffkreislaufs eine genaue Kontrolle und Bilanzierung der spaltbaren Materialien durchgeführt wird, so muss man auch die Möglichkeit einbeziehen, dass solche Stoffe entwendet werden.

In umfangreichen Studien ist für den Kugelhaufen-HTR dieses Problem untersucht worden, insbesondere wurde nach Brennstoffzyklen gesucht, die für die Proliferation besonders ungeeignet sind. Ein Zyklus dieser Art ist offenbar der sog. Th/U 20 % (MEU)-Zyklus. Bei diesem Brennstoffzyklus wird bei einer Urananreicherung von 20 % eine mittlere Anfangsanreicherung von 7,76 % verwendet. Als Partikelkerne werden (U, Th) O_2 Mischoxyde mit zwischen 34 und 57 % Uran eingesetzt. In diesem Zyklus werden die Plutoniumisotope 239 bis 241 in Abhängigkeit vom Abbrand in unterschiedlichen Verläufen aufgebaut.

Bemerkenswert am Th/U 20 % (MEU)-Zyklus ist die Tatsache, dass nach den vorliegenden Kenntnissen bei Erreichen des Zielabbrandes von 100.000 MWd/t Schwermetall **offenbar kein Uran in waffenfähiger Konzentration entsteht.** In den entladenen Brennelementen beträgt der Spaltstoffgehalt in der Mischung der Uranisotope nur 5,8 % Plutonium, welches beim Durchlauf der Elemente durch den Reaktor aus ^{238}U erbrütet wird. Es enthält wesentliche Anteile an nichtspaltbarem ^{240}PU und ^{242}PU,

Darüber hinaus enthalten die Brennelemente nur vergleichsweise geringe Plutoniummengen. Hohe Abbrände sind besonders günstig, um einen Isotopenvektor, der nicht waffenfähiges Material darstellt, realisieren zu können.

Für den MEU-Zyklus lässt sich daraus ableiten: es wird kein waffenfähiges Spaltmaterial zugeführt und auch die entladenen Brennelemente enthalten pro Stück nur rund 13 mg spaltbares Plutonium.

Das prinzipiell gewinnbare Plutonium enthält nur rund 37 % spaltbares Material. Wenn man aus diesem Material eine Kernwaffe bauen will, muss man etwa 8 kg Spaltplutonium einsetzen. Bei einem Gehalt an spaltbarem Plutonium von 13 mg pro Brennelement braucht man etwa 620.000 abgebrannte Brennelemente, die wiederaufbereitet und nach Isotopen getrennt werden müssten. Die Techniken der Wiederaufarbeitung von HTR-Brennelementen standen damals – und wohl auch heute - weltweit noch nicht zur Verfügung.

Wollte man das Plutoniumgemisch ohne Isotopentrennung zur Detonation bringen, so wäre die benötigte Zahl der Brennelemente noch erheblich höher (siehe Tab. 9.6), zudem ist die Detonationswirkung äußerst gering.

Die Autoren halten daher einen **proliferationsresistenten** Brennstoffzyklus für den **HTR grundsätzlich für möglich.** Waffenfähiges Material kann in eigens dafür ausgelegten Produktionsreaktoren, die an einigen Stellen in der Welt in Betrieb sind, ungleich einfacher erfolgen als in jedem Leistungsreaktor.

Insgesamt müssen die Anstrengungen, durch lückenlose Kontrollen in allen Schritten des Brennstoffkreislaufs eine Nichtweiterverbreitung von waffenfähigem Material zur missbräuchlichen Verwendung zuverlässig zu verhindern, weltweit intensiviert werden. Dies kann nur in engster internationaler Kooperation geschehen.

FAZIT:
Proliferationsresistent bedeutet, dass ein erheblicher Aufwand betrieben werden müsste, um an das spaltbare Material zu kommen. Viel leichter wäre es, z. B. RBMK oder andere -Reaktoren zu nutzen.

Die Abkürzung „MEU" bedeutet „Medium Enriched Uranium".

2.3.10 Hochtemperaturreaktor mit Kugelbrennelementen
in Deutschland entwickelt, im Ausland realisiert

Das folgende Papier schrieb H. Dr. Ing. Heinrich Bonnenberg in seiner Eigenschaft als Mitglied der DGAP Deutsche Gesellschaft für Auswärtige Politik e.V. anlässlich des

Shell Energie – Dialog
Strategische Herausforderungen für die europäische Energiepolitik
Berlin, 1. Februar 2007
veranstaltet von
Deutsche Gesellschaft für Auswärtige Politik e.V. und
Shell in Deutschland.

31. Mai 2007: Die bis heute zugegangenen Diskussionsbeiträge wurden eingearbeitet.

****

Kugelbett-Reaktor oder –Ofen ?

Für die Energiewirtschaft der Zukunft sind vor allem fünf gleichermaßen wichtige Fragen zu beantworten, die allesamt Entwicklungen von Techniken verlangen:

1. Gelingt es, CO_2 mit vertretbaren Kosten aus dem Abgas abzuscheiden und dauerhaft sicher zu lagern?

2. Gelingt es, die Prozesse der erneuerbaren Energien wirtschaftlich zu machen, d.h. frei von Subventionen?

3. Gelingt es, das Problem der Speicherung von elektrischer Energie zu lösen?

4. Gelingt es, kontinuierlich und wirtschaftlich arbeitende Kernkraftwerke für die Nutzung der Kernenergie durch Kernfusion zu realisieren?

5. Gelingt es, katastrophenfreie Kernkraftwerke für die Nutzung der Kernenergie durch Kernspaltung bereit zu stellen?

Die ersten vier Fragen sind noch offen.

Die fünfte Frage hingegen ist bereits mit einem eindeutigen JA beantwortet. Viele Zeitgenossen sind allerdings noch nicht bereit, dieses zu akzeptieren, vor allem in Deutschland.

Die Antwort auf die fünfte Frage ist der Hochtemperaturreaktor mit Kugelbrennelementen, kurz HTR Kugelhaufenreaktor genannt.

International bekannt ist dieser Typ von Kernkraftwerk unter dem Kürzel PBMR (Pebble Bed Modular Reactor).

Der HTR Kugelhaufenreaktor ist eine deutsche Entwicklung, die ab den 1950er Jahren unter Einbindung von Know-how aus USA und Groß-Britannien und mit Zuarbeit aus Italien, Schweden und der Schweiz erfolgte.

Die industrielle Entwicklung dieser Zukunftstechnologie zur Marktreife wurde Ende der 1980er Jahre in Deutschland eingestellt.

Sie erfolgt seitdem sehr erfolgreich in China, Südafrika, USA, Japan, Russland, Südkorea und bei unseren Nachbarn Niederlande und Frankreich.

Im technisch-wissenschaftlichen Bereich wird zum Hochtemperaturreaktor gearbeitet bei
- Massachusetts Institute of Technology MIT, Cambridge/Boston, USA
- Tsinghua University, Beijing, China und
- RWTH Rheinisch-Westfälische Technische Hochschule Aachen, Deutschland.

Der Hochtemperaturreaktor gilt als aussichtsreichster Vertreter im internationalen Projekt GENERATION IV, an dem auf eine Initiative hin des U.S. Department of Energy, DOE, Washington, alle Länder, die Kernenergie nutzen, beteiligt sind,

außer Deutschland.

Diese Abstinenz Deutschlands führt unter anderem auch dazu, dass Informationen über moderne Sicherheitstechnik an Kernkraftwerken aus dem Projekt GENERATION IV nur auf Umwegen und verspätet nach Deutschland gelangen.

Wichtigste Einrichtungen eines Kernkraftwerks sind die Brennelemente.

In den Brennelementen befinden sich

- das Spaltmaterial für die Erzeugung der erwünschten Energie und
- die Spalt- und Zerfallsprodukte (der radioaktive Abfall) als Quellen der gefährlichen Radioaktivität und der zu beachtenden Nachwärme.

Je robuster das Brennelement, umso sicherer das Kernkraftwerk!

Beim Hochtemperaturreaktor befindet sich der Brennstoff in Milliarden von winzigen Partikeln, jedes von der Größe etwa eines Stecknadelkopfs mit einer Leistung von etwa 0,2 Watt pro Partikel. Diese Brennstoffpartikel haben eine mehrschichtige Einhüllung aus keramischem Material, druckfest und dicht, letzteres auch bei sehr hohen Temperaturen, und nicht brennbar (Siliziumcarbid). Die Gefahrenquelle ist somit zergliedert in Kleinstmengen marginaler Gefahr, jede widerstandsfähig eingekapselt (coated particles).

Die Grundidee des Hochtemperaturreaktors zur Eliminierung von Risiko ist genial:

Mini-Gefahrenquellen in Mini-Containments.

Die bei den anderen Kernkraftwerkstypen üblichen Brennstäbe haben milliardenfach mehr Material pro Stab, als es pro Partikel beim Hochtemperaturreaktor der Fall ist. Und die Brennstäbe sind metallisch umhüllt. Sie sind deshalb extrem empfindlich, vor allem gegenüber hohen Temperaturen, im Gegensatz zum Partikel beim Hochtemperaturreaktor.

Die Partikel sind beim HTR Kugelhaufenreaktor eingebunden, d.h. eingepresst, in druckfeste, robuste Kugeln aus Graphit, Tennisball groß mit einer Leistung von etwa 3 Kilowatt pro Kugelbrennelement, d.h. etwa 15 000 Partikeln pro Kugel. Die Brennelemente bei den anderen Kernkraftwerkstypen, zu denen die Brennstäbe zusammengefasst sind, sind bei weitem nicht vergleichbar robust.

Einige Hunderttausend Kugeln befinden sich im Kernreaktor. Die Menge ist abhängig von der Leistung des Kraftwerks. Die Kugeln bilden einen Kugelhaufen, der von oben beschickt und nach unten abgezogen wird. Der HTR Kugelhaufenreaktor wird somit mit einer kontinuierlichen Zugabe des Spaltmaterials betrieben. Auf diese Weise ist immer nur soviel Spaltmaterial im Reaktor, wie es der laufende Betrieb des Kraftwerks erfordert, also ohne „bedrohliche" Reservemenge an frischem Spaltmaterial, wie sie bei den üblichen, in Chargen beschickten Kernkraftwerken erforderlich ist, um den Abbrand des Spaltmaterials über die Standzeit der Brennelemente zu kompensieren.

Der kontinuierliche Betrieb des Kugelhaufenreaktors ermöglicht darüber hinaus eine hohe Ausnutzung des eingesetzten Spaltmaterials.

Die Abfuhr der erzeugten Wärme aus dem Hochtemperaturreaktor erfolgt durch Helium, ein reaktionsresistentes Edelgas.

Kugelbett-Reaktor oder –Ofen ?

Parallel zur deutschen Entwicklung des HTR Kugelhaufenreaktors wurde in den USA ein Hochtemperaturreaktor entwickelt, in dem die Brennstoffpartikel in Blöcken (aus Graphit) gefasst sind.

Der HTR Kugelhaufenreaktor erzeugt Strom mit hohem Wirkungsgrad, unter Verwendung moderner Dampfturbinenprozesse; auch Gasturbinen sind möglich. Außerdem kann der Hochtemperaturreaktor Wärme mit hohen Temperaturen für technische Prozesse zur Verfügung stellen. Hier sind vor allem zu nennen

- die Herstellung von Erdgas und Treibstoff durch die Vergasung von Braunkohle und Steinkohle sowie
- die Herstellung von Wasserstoff durch die thermische Spaltung von Wasser,

beides für den Antrieb von Kraftfahrzeugen und zum Heizen.

Das besondere Potenzial des HTR Kugelhaufenreaktors für die Veredelung von Kohle war neben seiner herausragenden Sicherheit der wesentliche Grund dafür, dass sich das Bundesland Nordrhein-Westfalen bis Ende der 1980er Jahre so intensiv für den Hochtemperaturreaktor vom Typ Kugelhaufen engagiert hat.

Ein weiteres Potenzial besteht in der Nutzung der Wärme (aus kleineren Hochtemperaturreaktoren) zur Ölgewinnung durch Dampffluten, auch aus Ölsand und Ölschiefer.

Die Entwicklung des deutschen HTR Kugelhaufenreaktors wurde im Wesentlichen finanziert von
- Europäische Atomgemeinschaft (EURATOM),
- Bundesrepublik Deutschland und
- Bundesland Nordrhein-Westfalen,

Sprit mit Kernwärme aus Biomasse und Kohle

nota bene mit Steuergeldern und sie wurde von allen Regierungen getragen, gleich welcher Couleur.

Diese Förderung erfolgte besonders nach dem Ölpreisschock 1974, als Bundeskanzler Helmut Schmidt mit seiner Politik der neuen Kernkraftwerke gegen die „energiepolitische Erpressbarkeit" Deutschlands ankämpfte, bis hin zu seiner Rücktrittsdrohung auf dem Berliner SPD-Parteitag im Dezember 1979 für den Fall der Verweigerung seiner SPD.

Federführend für die Entwicklung des Hochtemperaturreaktors mit Kugelbrennelementen war die Kernforschungsanlage Jülich in Nordrhein-Westfalen, die 1956 durch die Landsregierung von Nordrhein-Westfalen unter Ministerpräsident Fritz Steinhoff, SPD, gegründet wurde. Erinnert sei in diesem Zusammenhang an den dortigen Staatssekretär Professor Dr. Leo Brandt, SPD, einen Visionär moderner Technik und Förderer des HTR, und an das von ihm geleitete Landesamt für Forschung beim Ministerpräsidenten des Landes Nordrhein-Westfalen, das die Weiterentwicklung der Nutzung der Kernenergie (Fusion und Spaltung) als Chefsache der Politik förderte. Die Politik hatte die Kernenergie als eine wirtschaftlich und umweltfreundlich nutzbare Energiequelle mit Versorgungssicherheit zu Recht identifiziert.

Folgende Prototypkernkraftwerke vom Typ Hochtemperaturreaktor mit Kugelbrennelementen wurden betrieben, beide im „Energieland" Nordrhein-Westfalen, beide durch die Politik gefördert:

- AVR   15 MW   bei Jülich
- THTR   300 MW   bei Hamm

Bedauerlicherweise wurden die beiden Prototypkernkraftwerke Ende der 1980er Jahre außer Betrieb genommen.

Eine wesentliche Ursache für die Entscheidung der Außerbetriebnahme war der Beschluss des Bundesparteitags der SPD in Nürnberg vom August 1986: „Ausstieg aus der Kernenergie binnen zehn Jahren". Dieser Beschluss – etwa vier Monate nach der Katastrophe in Tschernobyl - muss als ein Auftakt für den Kampf zur Bundestagswahl Kohl – Rau am 25. Januar 1987 gesehen werden.

In Nordrhein-Westfalen wurde dieser Beschluss durch die nordrhein-westfälische Landesregierung Johannes Rau, SPD, bezüglich des Zukunftsprojekts HTR Kugelhaufenreaktor (und auch bezüglich des Zukunftsprojekts Schneller Brüter) nach über 30 Jahren sehr erfolgreicher Arbeit aus politischen Gründen umgesetzt, allerdings mit Zustimmung der Bundesregierung, vertreten durch das Bundesministerium der Forschung und Technologie unter Minister Dr. Heinz Riesenhuber, CDU. Den beiden Prototypprojekten wurden keine staatlichen Mittel mehr gewährt, weder vom Land, noch vom Bund. Die Förderung wurde eingestellt, noch bevor dieser Kernkraftwerkstyp die Marktreife erreicht hatte.

Auf wen hatte die Politik Rücksicht zu nehmen?

Es gab es kaum Widerstand gegen diese Entscheidung

Bei der Wirtschaft in Nordrhein-Westfalen hatte es nie eine wirklich fundierte Nachfrage nach Kernenergie zur Stromerzeugung gegeben. Das Gegenteil war eher der Fall im Land der Braunkohle und der Steinkohle; lieferten doch die dortigen Bergbauunternehmen die Kraftwerkskohle für die deutschen Kohlekraftwerke. In Nordrhein-

Westfalen gab es nur ein kommerzielles Kernkraftwerk, den Siedewasserreaktor Würgassen (Kernkraftwerk 1. Generation). Sein Standort war weit weg von den mächtigen Kohlezentren: im Dreiländereck mit Niedersachsen und Hessen.

Und die potentielle Lieferindustrie des HTR Kugelhaufenreaktors war zu einer sachbezogenen Auseinandersetzung mit der Politik nicht bereit, nicht in der Lage. Die Defizite ihrer Zukunftsfähigkeit waren unübersehbar, und die Lobby der Leichtwasserreaktoren, die den Wettbewerb mit dem HTR befürchtete, war zu mächtig.

Für diesen politischen Opportunismus wurden die Ängste der Bevölkerung nach der Katastrophe von Tschernobyl am 26. April 1986 sträflich missbraucht.

Jedem Interessierten und Verantwortlichen war bekannt, dass das havarierte, sowjetische Kernkraftwerk vom Typ RBMK in keiner Weise – weder physikalisch, noch technisch, somit nicht im Geringsten - dem Sicherheitsstandard der ansonsten in der Welt betriebenen Kernkraftwerke, vor allem auch nicht dem in Deutschland üblichen Sicherheitsstandard entsprach.

Jeder Eingeweihte wusste: Der russische Typ RBMK ist nachweislich unsicher.

Der Hochtemperaturreaktor mit Kugelbrennelementen ist hingegen unbestritten das weltweit sicherste Kernkraftwerk.

Begründet ist diese Tatsache darin, dass die Entwicklung des HTR Kugelhaufenreaktors ausdrücklich der Vorgabe folgte, ein Kernkraftwerk mit einer solchen Qualität von Sicherheit zu realisieren, wie es die Erzeugung von Strom aus Kernspaltung in Regionen mit hoher Besiedlung, selbst in Städten verlangt, auch mit Wärme-Kraft-

Kopplung zur Beheizung der Haushalte und auch als Lieferant von Prozessdampf in Industriebetrieben, z.B. der Chemischen Industrie.

Alle anderen Kernkraftwerke haben diese ausdrückliche Vorgabe nicht. Sie leiten sich ab aus Kernreaktoren, die Vorgaben aus der militärischen Nutzung hatten, entweder von den Reaktoren für U– Boote (Ziel: hohe Kompaktheit) oder den Reaktoren zur Produktion von Waffenplutonium (Ziel: hohe Ausbeute an Plutonium). Durch Hinzunehmen von aktiv wirkenden Sicherheitseinrichtungen wurden diese Kernkraftwerkstypen für die zivile Erzeugung von Elektrizität einsetzbar gemacht.

Der Hochtemperaturreaktor mit Kugelbrennelementen wird als inhärent sicher bezeichnet.

Das soll sagen, dass er „passiv" sicher ist (naturgesetzlich) und nicht „aktiv" sicher gemacht wird (durch technische Einrichtungen). Technische Einrichtungen haben immer Versagenswahrscheinlichkeiten, seien sie auch noch so gering.

Die herausragende Sicherheit des HTR Kugelhaufenreaktors ist vor allem begründet in

- seinen robusten Brennstoffpartikeln, die auch bei sehr starken Überhitzungen (wie nach Verlust des Kühlmittels) die gefährlichen radioaktiven Produkte zurückhalten und deren Umschichtungen obendrein nicht schmelzen,
- seiner physikalischen Grundauslegung, die einen unkontrollierten Anstieg der Kernspaltung nicht zulässt, und
- seiner maßvollen Leistungsdichte (Leistung bezogen auf das Bauvolumen), die eine unkontrollierte Überhitzung, auch durch die Nachwärme ausschließt.

Durch „geplante" Störfälle im Maßstab 1 : 1 am HTR Kugelhaufenreaktor AVR bei Jülich wurden diese Vorteile nachgewiesen. Das katastrophenfreie Sicherheitsverhalten des HTR Kugelhaufenreaktors wurde somit im faktischen Betrieb belegt, nicht nur durch theoretische Untersuchungen, durch Studien.

Hinzu kommt, dass ein Lufteinbruch in den Reaktor, der zum Verbrennen der Brennelementkugeln führen könnte, naturgesetzlich ausgeschlossen ist, durch entsprechende technische Konstruktionen. Dieses wurde beim erwähnten THTR in wesentlichen Zügen verwirklicht.

Das Abzweigen von waffenfähigem Material aus den Brennstoffpartikeln des Hochtemperaturreaktors ist unmöglich.

Ein weiterer, sehr erheblicher Sicherheitsvorteil des Systems Hochtemperaturreaktor mit Kugelbrennelementen besteht darin, dass die genutzten Kugelbrennelemente nach Entnahme aus dem Reaktor ohne Zwischenbehandlung in ein Endlager überführt werden können, da

- ihr Spaltmaterial genügend abgebrannt ist,
- sie keine technisch ausgelegte, aktive Abfuhr der Nachwärme erfordern

und da

- die Umschichtungen ihrer Brennstoffpartikel die Strahlung der sehr langlebigen Alpha-Strahler abschirmen, d.h. nicht durchlassen,

wobei noch hinzukommt, dass die Umschichtungen
- nicht zerbrechen, auch nicht unter hohem Druck, und

- nicht durch Wasser zersetzt werden.

Die Gamma-Strahlung ist bei der jeder Art der Endlagerung auf längere Sicht generell ohne Bedeutung. Sie klingt vergleichsweise schnell ab.

Wegen der Abschirmung der Alpha-Strahler durch die Umhüllungen der Brennstoffpartikel könnte ein Kugelbrennelement nach 200 Jahren in die Hand genommen werden.

Nicht erforderlich beim HTR Kugelhaufenreaktor sind vor der **Endlagerung des radioaktiven Abfalls**

- das Heraustrennen des verbliebenen Spaltmaterials und des radioaktiven Abfalls aus den Brennelementen sowie die Trennung des Spaltmaterials und des radioaktiven Abfalls voneinander (Wiederaufarbeitung)

und damit auch nicht

- die anschließende Konditionierung der radioaktiven Abfalls (z.B. Verglasung) für die Endlagerung,

im Gegensatz zu den üblichen Kernkraftwerkstypen.

Beim System Hochtemperaturreaktor mit Kugelbrennelementen entfallen somit die Risiken der Anlagen der Wiederaufbereitung und der Konditionierung des radioaktiven Abfalls.

Die Kugeln können unzerstört in ein Endlager verbracht werden.

Das gegebenenfalls aus logistischen Gründen erforderliche, zeitlich begrenzte überirdische Zwischenlagern der Kugeln verlangt nur den üblichen Schutz.

Die Endlagerung der Kugeln mit ihrem radioaktiven Abfall ist in solchen geologischen Strukturen und Tiefen möglich, die eine Rückkehr der Radioaktivität in die Biosphäre geophysikalisch, somit naturgesetzlich, für immer völlig ausschließen.

Somit kann das System Hochtemperaturreaktor mit Kugelbrennelementen auch im Hinblick auf die Entsorgung seines radioaktiven Abfalls als katastrophenfrei bezeichnet werden.

Schließlich sei darauf hingewiesen, dass es sich bei den zur Endlagerung anfallenden Kugeln um geringe Volumina handelt.

Pro 1.000 MW Kugelhaufenreaktor beläuft sich das Volumen der abzulagernden Kugeln auf etwa 30 m^3 pro Jahr, eher weniger, also rechnerisch auf einen Würfel von maximal etwa 3 m x 3 m x 3 m.

Ein modernes Grundlastkraftwerk auf Kohlebasis von 1.000 MW produziert etwa 5 Millionen t CO_2 pro Jahr. Das ist ein Volumen von etwa 2,5 Milliarden m^3 pro Jahr, rechnerisch ein Würfel von etwa 1,4 km x 1,4 km x 1,4 km. Durch hohen Druck kann das CO_2 verflüssigt und auf 0,27 % des Ausgangsvolumens reduziert werden, also beim genannten Beispiel auf 6.75 Millionen m^3, entsprechend einem Würfel von etwa 190 m x 190 m x 190 m.

Eine überirdische Zwischenlagerung dieser Volumina von verflüssigtem CO_2 ist nicht möglich; sie würde gigantische Druckbehälter erforderlich machen, die nicht realisierbar sind.

Es sei die Frage erlaubt, ob die unterirdische Endlagerung solcher riesigen Volumina von verflüssigtem CO_2 unter hohem Druck ebenso ungefährlich sein wird für den Menschen wie die Endlagerung der Kugelbrennelemente des Hochtemperaturreaktors?

Kugelbett-Reaktor oder –Ofen?

Ganz zu schweigen von dem nachhaltigen Schaden, den derjenige Teil des gasförmigen Abfalls CO_2 anrichten wird, der weiterhin wie bisher in die Atmosphäre emittiert werden muss, unter anderem weil nicht genügend geeignete Kavernen für die Endlagerung des verflüssigten CO_2 verfügbar sind.

Das in der politischen Diskussion oft verwandte Argument, es gäbe zu wenig Spaltmaterial für eine zukünftige, nuklear ausgerichtete Energieversorgung, ist schlechterdings falsch, auch schon bezüglich der heute üblichen Kernkraftwerkstypen.

Beim Hochtemperaturreaktor kommt noch förderlich hinzu, dass er das von ihm benötigte Spaltmaterial teilweise selbst erzeugen kann, ausgehend von dem in den Reaktor mitbeschickten Thorium, das in der Natur im Überfluss vorhanden ist. Dieses Potenzial des Hochtemperaturreaktors wurde im THTR (Thorium-Hochtemperaturreaktor) bei Hamm in Nordrhein-Westfalen genutzt, konnte aber dort nicht völlig nachgewiesen werden, da der THTR zu früh still gelegt wurde.

Der Nutzen des „Brütens" des Spaltmaterials Uran 233 aus Thorium 232 konnte aber dankenswerterweise am HTR Kugelhaufenreaktor AVR abschließend vorgeführt und somit seine Machbarkeit bewiesen werden. Ein weiterer „Rekord" des Kugelhaufenreaktors AVR!

Die Ausnutzung des Brennstoffs erfolgt beim HTR Kugelhaufenreaktor mit einem thermodynamischen Wirkungsgrad, der deutlich höher ist als der Wirkungsgrad des heute üblichen Leichtwasserreaktors. Der niedrige Wirkungsgrad des Leichtwasserreaktors ist im Wesentlichen begründet in der Schwäche seiner Brennstäbe.

Der Wirkungsgrad des HTR Kugelhaufenreaktors entspricht dem Wirkungsgrad moderner Kohle- und Gaskraftwerke. Auch sind mit dem Hochtemperaturreaktor kombinierte Gas- und Dampfturbinen-Kraftwerke (GuD, Combined Cycle Power Plant CCPP) möglich, mit Wirkungsgraden bis 46 %.

Hinzu kommt noch die bereits oben erwähnte höhere Ausnutzung des Spaltmaterials durch

- den kontinuierlichen Betrieb beim HTR Kugelhaufenreaktor und das Brüten sowie
- die Möglichkeit der Nutzung der Kraft-Wärme-Kopplung.

Der HTR Kugelhaufenreaktor schont die Ressourcen an Spaltmaterial, im Gegensatz zum Leichtwasserreaktor.

Überall, wo Kohlenstoff verbrannt wird (Kohle, Heizöl, Benzin, Diesel, Erdgas, Holz, Torf, Müll, Biomasse), entsteht das Abgas CO_2. Überall wo stattdessen Kernenergie direkt oder indirekt als Energiequelle eingesetzt wird, entsteht kein Abgas CO_2.

Der Hochtemperaturrektor kann die gewünschte Verminderung des gasförmigen Abfalls CO_2 in allen Bereichen der Energiewirtschaft (Strom, Treibstoff, Heizung und Industriewärme) leisten.

Die Stromerzeugung mit dem HTR Kugelhaufenreaktor wurde im Vergleich zum Leichtwasserreaktor verschiedentlich kalkuliert, mal als geringfügig teurer, mal als gleich teuer. Bei den Strompreisen allerdings, die der Verbraucher am Ende zu zahlen hat, fallen solche marginalen Unterschiede nicht ins Gewicht. Da die Uranpreise ansteigen werden, wird sich wegen der höheren Effizienz der Spaltmaterialnutzung im HTR Kugelhaufenreaktor der Unterschied zu Gunsten des HTR entwickeln, das auch im Übrigen wegen der weiterhin

Kugelbett-Reaktor oder –Ofen?

zunehmenden Sicherheitsanforderungen an den Leichtwasserreaktor.

Der mit dem HTR Kugelhaufenreaktor erzeugte Strom wird zukünftig auch kostengünstiger sein als der Strom aus Verbrennungskraftwerken, wenn diese wegen der CO_2-Problematik nachgerüstet sind, und erst recht als der Strom aus den Kraftwerken, die als Energieträger erneuerbare Energie - ohne Subventionen - nutzen.

Förderlich ist, dass der HTR Kugelhaufenreaktor als kleine Einheit wirtschaftlich ist. Er bietet damit die Vorteile der modularen Bauweise. Ein HTR Modul von 250 $MW_{thermisch}$ ist bereits möglich und er verfügt über alle oben genannten Vorteile, insbesondere auch die der Sicherheit, wie der TÜV Rheinland Fachbereich Kerntechnik in einer sehr eingehenden Analyse bereits im Juni 1982 festgestellt hat.

Die Politik hat die für die Zukunft so bedeutsame Technologie Hochtemperaturreaktor mit Kugelbrennelementen zunächst geholt, dann gefördert, am Ende aber verraten.

Der Ausstieg aus der deutschen Hochtechnologie HTR Kugelhaufenreaktor in Deutschland ist ein widersinniger Verzicht auf eine umweltfreundliche, wirtschaftliche und versorgungssichere Technik und ein dramatischer Verlust an technologischer Seriosität. Der Ausstieg ist ein Skandal, den Politik und Wirtschaft gleichermaßen zu vertreten haben.

China, Südafrika und den anderen sei Dank gesagt, dass sie die Zukunftstechnologie Hochtemperaturrektor weiter pflegen!

210 Kernkraftwerke mit 437 Kraftwerksblöcken sind derzeit weltweit in Betrieb, diese ganz überwiegend vor 1985 beschlossen und

größtenteils auch vor 1985 in Betrieb gegangen. Nach 1985 wurden nur etwa 30 Baubeschlüsse für neue Kernkraftwerksblöcke weltweit gefasst, davon für nur acht in USA und Kanada und für nur sechs in Europa (ohne Russland, Ukraine und EU-Beitrittsländer).

Diese mangelnde Nachfrage war begründet in einer temporären Sättigung des Bedarfs an neuen Kraftwerken überhaupt. Das hat sich zwischenzeitlich geändert, wegen der notwendigen Nachrüstung in den Industriestaaten sowie der zunehmenden Nachfrage in den Emerging Countries.

Und es wächst die Erkenntnis, dass eine zukünftige Energieversorgung (Strom, Treibstoff, Heizung und Industriewärme) ohne die Nutzung der Kernenergie nicht denkbar ist. Mancherorts wächst diese Erkenntnis früher, anderen Orts später.

In Anbetracht dieser Entwicklung sei vorsorglich festgehalten, was in der übrigen Welt als selbstverständlich bekannt ist, in Deutschland aber weiterhin verdrängt wird:

Der deutsche Hochtemperaturreaktor mit Kugelbrennelementen

- **ist katastrophenfrei, auch die Entsorgung seines radioaktiven Abfalls,**
- **arbeitet ohne die Umwelt belastende Emissionen,**
- **nutzt das Spaltmaterial besonders effizient,**
- **kann im gesamten Energiemarkt (Strom, Treibstoff, Heizung und Industriewärme) eingesetzt werden,**
- **ermöglicht die Bauweise in Modulen,**
- **ist wirtschaftlich und**

- **bietet keine Möglichkeit des Abzweigens Waffen tauglichen Materials!**

In Deutschland ist eine Rückbesinnung auf den Hochtemperaturreaktor mit Kugelbrennelementen, den HTR Kugelhaufenreaktor, geboten, dessen Entwicklung als vielseitiges Zukunftssystem bekanntlich Ende der 1980er Jahre im deutschen Bundesland Nordrhein-Westfalen ohne Not eingestellt wurde.

Noch - gerade noch - gibt es einschlägiges technisches und wissenschaftliches Wissen zum Hochtemperaturreaktor mit Kugelbrennelementen in Deutschland!

Situation heute (Angaben in MW$_{thermisch}$)

Folgende Hochtemperaturreaktoren sind in Betrieb:
- China: HTR 10   10 MW (mit Kugeln)
- Japan: HTTR   30 MW (mit Blöcken)

Folgende Hochtemperaturreaktoren vom Typ Kugelhaufenreaktor sind in der Planung:
- Südafrika: PBMR   400 MW (mit Gasturbine)
- China: HTR – Modul 250 MW (mit Dampfturbine)

Folgende Programme des zukünftigen Einsatzes des Hochtemperaturreaktors werden bearbeitet:
- Internationale Kooperation: GENERATION IV
- China: 30 HTR 250 bis 2020
- Südafrika: 20 - 30 HTR 400 bis 2050
- Frankreich (EU-Programm): ANTARES (mit Gasturbine)

- USA, Russland: MHTGR zur Vernichtung von Plutonium
- USA: HTR zur Erzeugung von Wasserstoff
- Südkorea: HTR zur Erzeugung von Wasserstoff
- Japan: HTR zur Erzeugung von Wasserstoff
- Niederlande: HTR als Schiffsantrieb

Literatur:

Kugeler K., R. Schulten: Hochtemperaturreaktortechnik, Springer Verlag Berlin, Heidelberg, New York, 1989

AVR – Experimental High-Temperature Reactor, 21 years of successful operation for a future energy technology, Association of German Engineers (VDI), VDI-Verlag GmbH, Düsseldorf, 1990, ISBN 3-18-401015-5

Schulten R., H. Bonnenberg, Brennelement und Schutzziele, Jahrbuch 91, VDI-GET, VDI-Verlag GmbH, Düsseldorf, S. 175, 1991

Kugeler K. et al., Fortschritte in der Energietechnik, Prof. Rudolf Schulten zum 70. Geburtstag, Monographien des Forschungszentrums Jülich, Bd 8, 1993

Kugeler K., H. Bonnenberg, Der Hochtemperatur-Reaktor, VDI-Bericht Nr. 1493, S. 147, Düsseldorf, 1999

Nickel H. et al., Long Time Experiments with the Development of HTR Fuel Elements in Germany, Nuclear Engineering and Design 217 (2002) pp 141 – 151

Röhrlich Dagmar, China baut Kugelhaufen-Kernreaktor, DIE WELT, 19. Februar 2005, Seite 31

Pohl P., The Importance of the AVR Pebble-Bed Reactor For the Future of Nuclear Power, CD-Rom Proceedings PHYSOR 2006, ANS Topical Meeting on Reactor Physics, Vancouver, Canada, 2006, Sep. 10-14, B085.

Kugeler K., Moderne Konzepte für eine sichere Kernreaktortechnik, Vortrag bei der Deutschen Physikalischen Gesellschaft, Magnus – Haus Berlin, 13. Februar 2007

WIKIPEDIA - Internet: pebble bed reactor (PBR), pebble bed modular reactor (PBMR) und Hochtemperaturreaktor (HTR)

2.3.11 Der THTR – 300 – eine vertane Chance?

Sonderdruck aus

Internationale Zeitschrift für Kernenergie

Jahrgang XLVII (2002), Heft 2 Februar

Vor rund 30 Jahren wurde mit dem Bau des Thorium-Hochtemperatur-Reaktors (THTR-300) in Hamm-Uentrop begonnen. Eine neue Epoche der nuklearen Energiegewinnung war angestrebt, da dieser Reaktortyp mit Helium-Gaskühlung, nicht nur zur Stromerzeugung dienen sollte, sondern auch Wärme hoher Temperatur für vielfältige Einsatzbereiche bereit stellen sollte.

Dementsprechend engagierten sich Bundes- und Landesregierung beim THTR-300 zusammen mit der Beteiligtengruppe.

Hochtemperatur-Reaktoren des THTR-300 Konzeptes zeichnen sich aus durch: integrierte Bauweise des Reaktordruckbehälters; hohe Sicherheit und technologische Vorteile des Konzeptes Reaktor aus Graphit – Brennelemente aus Graphitkugeln; Verwendung des chemisch inerten Primärkühlmittels Helium; hohe inhärente Sicherheit aufgrund der Gesamtkonzeption; optimale thermodynamische Parameter des Wasser-Dampf-Kreislaufs mit hohem Wirkungsgrad.

Errichtung und Betrieb des THTR-300 waren durch eine Reihe genehmigungstechnischer und -politischer Hindernisse mit erheblichen Bauzeitverzögerungen belastet. Im Jahr 1988 erfolgte aufgrund fehlender notwendiger Perspektiven für einen Weiterbetrieb der Stilllegungsbeschluss.

Nach der ersten Teilerrichtungsgenehmigung im Jahr 1971 waren bis zur vollen Inbetriebnahme insgesamt 16 Teilerrichtungsgenehmigungen mit 21 Ergänzungen und 1 350 neuen Auflagen durch die Genehmigungsbehörde als erforderlich angesehen worden. Die vorgesehene Lieferzeit von rund 60 Monaten verlängerte sich damit auf fast 200 Monate. Damit verbunden war ein Anstieg der ursprünglichen Errichtungskosten von rd. 350 Mio. € auf rd. 2 050 Mio. €

In den 16 410 Betriebsstunden des THTR-300 konnten wertvolle Erkenntnisse gesammelt werden. Insgesamt erwies sich das Konzept auch durch das Engagement der beteiligten Wissenschaftler, Ingenieure und Energiewirtschaftler als hervorragend.

Der THTR-300
– Eine vertane Chance?

K. Knizia, Herdecke

Einleitung

Vor etwas mehr als 40 Jahren gab das öffentliche Netz ab und vor 30 Jahren wurde mit dem Bau des *Thorium-Hochtemperatur-Reaktors* THTR-300 in Hamm-Uentrop, dem Standort des Kohlekraftwerks *Westfalen* der VEW, begonnen. Eine Gruppe von Energieversorgungsunternehmen hatte im Jahr 1968 die *Hochtemperatur-Kernkraftwerks-Gesellschaft* (HKG GbR) gegründet und am 12.01.1970 das Genehmigungsverfahren nach § 7 des

Anschrift des Verfassers:
Prof. Dr.-Ing. Klaus Knizia, Blumenweg 17, 58313 Herdecke
(ehem. Vorsitzender des Vorstands der VEW AG und ehem. Geschäftsführer der HKG GmbH)

Atomgesetzes (AtG) eingeleitet. Am 17.07.1970 erfolgte die Umgründung in die *Hochtemperatur Kernkraftwerksgesellschaft mbH* (HKG mbH, Gemeinsames Europäisches Unternehmen), Hamm-Uentrop und am 03.05.1971 wurde die erste Teilerrichtungsgenehmigung zum Bau des Kernkraftwerks THTR-300 erteilt.

Eine neue Epoche nuklearer Energiegewinnung sollte mit dem Bau der ersten Großanlage eines von Rudolf Schulten und der *Kernforschungsanlage Jülich* (heute Forschungszentrum Jülich) seit den fünfziger Jahren entwickelten gasgekühlten Reaktoren beginnen. Er sollte nicht nur Strom aus der unerschöpflichen und preisgünstigen Quelle Kernenergie erzeugen, sondern später auch Wärme hoher Temperatur für die Grundstoffindustrie, Chemie, Stahlindustrie zur Verfügung stellen. Auch der Bergbau sollte durch ihn unterstützt werden. So heißt es in den Unterlagen zur Umgründung

Sprit mit Kernwärme aus Biomasse und Kohle

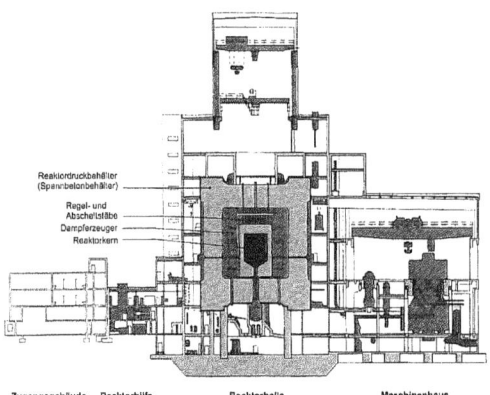

Abb. 1: Querschnitt durch den THTR-300 mit Reaktor, Maschinenhaus und Hilfsgebäuden

zur HKG mbH u. a. der Reaktor sollte gebaut werden, „um eine Reaktorkonzeption zu verfolgen, mit deren Hilfe in der Zukunft der Großchemie preisgünstige Prozesswärme geliefert und der Stahlindustrie möglicherweise bei dem verfahrenstechnischen Schritt zur Direktreduktion von Erzen und über kostengünstigen Strom auch bei der Erzeugung von Elektrostahl genutzt werden kann" und: „Mit der Ruhrkohle wurde ... eine Vereinbarung abgeschlossen, wonach die HKG bereit ist, der Ruhrkohle alle Erfahrungen aus dem THTR zugänglich zu machen, um sie in den Stand zu versetzen, zu einem späteren Zeitpunkt entscheiden zu können, ob sie Reaktoren dieses Typs bei neuen Verfahren der Kohlevergasung einsetzen will. Die HKG hat grundsätzlich ihre Bereitschaft erklärt, auch der Rheinischen Braunkohle den Zugang zu dem Wissen in ähnlicher Form zu gestatten." Das Interesse an dem Reaktor ging also unter der Devise „Kohle und Kernenergie" weit über seine Bedeutung für die Elektrizitätswirtschaft hinaus.

Deswegen und wegen des Prototypcharakters entschlossen sich Bundes- und Landesregierung dazu, den THTR-300 zu finanzieren und einen Risikobeteiligungsvertrag mit den Betreibern abzuschließen. Die Betreibergruppe dagegen hatte neben der Ausstattung der HKG mit Eigenkapital und ihrem Anteil am Risikobeteiligungsvertrag die erforderliche Reserveleistung vorzuhalten, einen geeigneten Standort zu stellen, die Netzeinbindung vorzunehmen und die Stromabnahme zu garantieren. Sie hatte weiter das Genehmigungsverfahren für einen Prototyp-Reaktor zu betreiben, die Forschung und Entwicklung der Hochtemperatur-Reaktor-Linie zu unterstützen, ihre Betriebserfahrungen aus großen Wärmekraftwerken in Bau und Betrieb einzubringen und geschultes Personal beizustellen sowie vorhandene periphere Anlagen wie Gleis- und Hafenanschluss, Werkstätten, Labors, die Zusatzwasserbeschaffung und die Wasseraufbereitung vorzuhalten. Die Prämisse für das Zustandekommen des Projektes von Betreiberseite war dagegen insbesondere eine kostenmäßige Gleichstellung gegenüber normaler vergleichbarer Stromerzeugung. Dem Betreiberkonsortium sollte insofern kein Schaden entstehen.

Der THTR-300 wurde von einem Konsortium errichtet, das aus den Firmen Brown, Boveri & Cie. (BBC), deren Tochter *Hochtemperatur-Reaktorbau GmbH* (HRB, vor als *Brown-Boveri/Krupp Reaktorbau GmbH*) und der Nukem bestand.

Das Konzept des THTR-300 (Abb. 1) und des daraus zu entwickelnden Potenzials lässt sich in drei Abschnitten erläutern: dem der kerntechnischen Merkmale des Reaktors, dem des nachgeschalteten Dampfkraftprozesses und schließlich dem des Verbundes des Hochtemperaturreaktors mit anderen Energie- und Rohstoffversorgungstechniken.

Charakteristische kerntechnische Merkmale des THTR-300

Allgemein zeichnen sich Hochtemperatur-Reaktoren dieses Konzeptes durch folgende günstige Eigenschaften aus:

Inhärente Sicherheit; eine Kernschmelze ist physikalisch bedingt ausgeschlossen; als Kühlmittel wird das inerte Edelgas Helium eingesetzt; keine Evakuierung der umwohnenden Bevölkerung auch bei hypothetisch angenommenen schweren Störfällen erforderlich; daher Eignung auch für dichtbesiedelte Regionen; einfacher Betrieb und langsame Störfallabläufe; geringe Strahlenbelastung für Personal und Umgebung; laufender Brennelementwechsel unter Last möglich (also ohne Betriebsstillstand); direkte Endlagerung der abgebrannten Brennelemente; hoher Wirkungsgrad des Dampfkraftprozesses; Koppelung mit (Helium-)Gasturbinen und Kraft-Wärme-Kopplung vorteilhaft ausführbar; Potenzial für Prozesswärme auf hohem Temperaturniveau gegeben.

Der THTR-300 arbeitete als Zweikreisanlage. Der Gaskreislauf des Reaktorteils (Primärkreislauf) und der Wasser-Dampf-Kreislauf (Sekundärkreislauf) waren getrennt geschaltet. Der Reaktorkern bestand aus einer Schüttung von 675 000 Brennelementkugeln (*Kugelhaufenreaktor, pebble bed reactor*) (vgl. Abb. 2). Dieser *Kugelhaufen befand sich in einem zylindrischen Gefäß*, dessen Wände aus Graphitblöcken aufgebaut waren. Sie wirkten zugleich als Neutronenreflektor.

Der Reaktordruckbehälter (vgl. Abb.1, Innenansicht: Abb. 2) war berstsicher als Spannbetondruckbehälter ausgeführt worden. Er umschloss alle Hauptkomponenten des

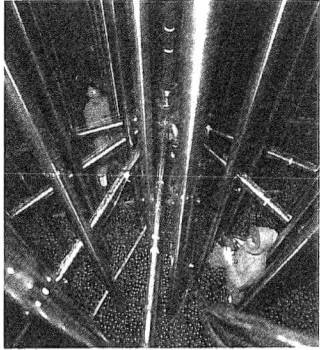

Abb. 2: Blick auf den Kugelhaufen des THTR-300 Cores bei seiner Erstbeladung mit eingefahrenen Core-Stäben

Primärsystems (Integrierte Bauweise). Dazu gehörten der Reaktorkern mit Reflektor und thermischem Schild, die Kühlgasgebläse, die Dampferzeuger und die Gasführungen sowie die Einrichtungen zur Reaktorregelung, zur Reaktorabschaltung und Überwachung. Der Gasdruck des Behälters ($39 \cdot 10^5$ Pa (Pa39 bar)) wurde vom Spannbeton aufgenommen, der wiederum durch einen gasdichten, wassergekühlten Innenmantel (Liner) gegen unzulässige Temperaturen geschützt wurde. Der Liner trug an der Innenseite eine Metallfolienisolierung, die während des Betriebes von „Kaltgas" beaufschlagt wurde. Der Spannbetondruckbehälter wurde durch innerhalb des Betons das Druckgefäß vertikal und horizontal umschließende Spannkabel vorgespannt. Seine Wände mit einer Stärke von 4,45 m im zylindrischen Teil und 5,1 m im Boden und in der Decke schirmten die Umgebung gegen ionisierende Strahlung ab. Sie stellten aber zugleich auch einen Schutz des Reaktorkerns vor Einwirkungen von außen dar. Die Durchbrüche durch den Spannbetondruckbehälter waren mit Panzerrohren ausgekleidet.

Graphit wurde als Hüllwerkstoff für die Brennelemente sowie als Moderator und Reflektor verwendet. Im Core befand sich kein Metall. Graphit entzieht dem Multiplikationsprozess praktisch keine Neutronen durch Absorption. Er besitzt eine hohe Wärmeleitfähigkeit und auch bei hohen Temperaturen noch eine ausgezeichnete Festigkeit.

Die Brennelemente (Abb. 3) bestanden aus tennisballgroßen Graphitkugeln (60 mm Durchmesser), im Inneren gefüllt mit weniger als einem halben Millimeter großen, in die Graphitmatrix eingebetteten Brennstoffteilchen mit einer doppelten Schicht aus pyrolytisch abgeschiedenem Kohlenstoff. Sie ließ praktisch keine Spalt-

produkte austreten. Die Brennstoffkerne (coated particles) bestanden aus hoch angereichertem Uran 235 als UO_2 und Thorium 232 in der Form von ThO_2 als Brutstoff und zwar je Brennelement aus 192 g Kohlenstoff (Graphit), 1,032 g hoch (93 %) angereichertem Uran 235 und 10,2 g Thorium. Der Uran/Thorium-Zyklus ermöglichte hohe Konversionsraten, dabei wird Thorium 232 im Reaktor zum Kernbrennstoff Uran 233 umgewandelt. Thorium ist etwa viermal so häufig in der Erdkruste vorhanden wie Uran. Der nukleare Brennstoffvorrat lässt sich somit wesentlich erweitern

Die Leistungsdichte im Reaktorkern betrug 6 MW/m³. Durch Einsatz von Graphit als Strukturmaterial des Reaktorkerns war auch bei hohen Temperaturen eine Kernschmelze ausgeschlossen. Der negative Temperaturkoeffizient der Reaktivität gewährleistete nämlich, dass bei einem Temperaturanstieg über die Auslegungstemperatur hinaus die Kernspaltungen und damit die Neutronenproduktion abnahmen. Der Reaktor schaltete sich dadurch bei (störfallbedingten) höheren Temperaturen naturgesetzlich bedingt von selbst ab, weit bevor eine kritische Temperatur im Kern erreicht werden konnte, so liegt z. B. die Sublimationstemperatur für Graphit sehr bei etwa 3 400 °C.

Der Reaktor enthielt 36 Absorberstäbe (646), die sich frei in Bohrungen der Seitenreflektors bewegten und 42 Kernstäbe, die direkt in den Kugelhaufen eingefahren wurden. Die Reflektorstäbe dienten der Temperatur- und Teillastregelung. Sie wurden aber auch bei der Schnellabschaltung eingesetzt, wobei sie bei spannungslos gemachten Antrieben durch die Schwerkraft selbsttätig einfielen. Die Kernstäbe ermöglichten dagegen das Kaltfahren des Reaktors. Ihr Einfahren wurde durch eine geeignete Ausformung ihrer Spitzen und eine unterstützende NH_3-Schmierung ermöglicht. Der Reaktor besaß vier voll redundante Sicherheitseinspeisesysteme, sowie vier (4 mal 50 %) voll redundante Nachwärmeabfuhrsysteme.

Als Kühlmittel wurde das chemisch neutrale, phasenstabile und radiologisch nicht aktivierbare Edelgas Helium eingesetzt. Es wurde von oben nach unten durch den Kugelhaufen gedrückt und dabei von 250 °C auf 750 °C aufgeheizt. In einer Kühlgasreinigungs-

anlage wurde es fortwährend von etwaiger radioaktiver Belastung gereinigt und zudem in seinem Wasser- und Wasserstoffanteil auf Werte begrenzt, bei denen keine Korrosionswirkung im Primärkreis bzw. Kohlenstoffablagerung an den Dampferzeugern auftreten konnte. Die Reinigung geschah in zwei Stufen, bei Temperaturen > 0 °C mechanisch/chemisch und in der zweiten Stufe bei -180 bis -190 °C physikalisch/chemisch. Die sechs Kühlgasgebläse waren je einem (Zwangsdurchlauf)-Dampferzeuger zugeordnet. Antriebsmotor und Gebläse bildeten eine Einheit, die als gekapselte Einschubeinheit auszubauen war.

Eine Beschickungsanlage ermöglichte die kontinuierliche Zugabe und Entnahme der Brennelementkugeln unter Last. Jede sollte der Reaktor innerhalb von drei Jahren durchschnittlich sechsmal durchlaufen. Nach jedem Durchlauf wurde die Kugel im Kugelabzugsrohr entnommen, in einer Abbrandmessanlage gemessen und diejenigen ausgeschieden, deren Abbrand 110 000 MWd je Tonne Schwermetall erreicht hatte. Außerdem konnten auch schadhafte Brennelemente ausgeschleust werden. Bei der Außerbetriebnahme des Reaktors am 01.09.1989 befanden sich 704 426 Betriebselemente im Kern und in der Beschickungsanlage, zu 11,2 % aus Brennelementen, zu 84,0 % aus Graphitelementen und zu 4,8 % aus Absorberelementen bestanden. Bis zum Erreichen des Gleichgewichtskerns mussten Graphit- und Absorberkugeln zugegeben werden, um während der Einfahrphase reaktorphysikalisch diesen Gleichgewichtskern herzustellen.

Durch den kontinuierlichen Brennelementwechsel war praktisch kein Reaktivitätsüberschuss erforderlich. Die relativ geringe Leistungsdichte im Reaktorkern und die hohe Wärmekapazität des Graphits ergaben zudem ein relativ träges Störfallverhalten, das viel Zeit für Eingriffsmöglichkeiten schaffte. Wie im THTR-300 Genehmigungsverfahren nachgewiesen wurde, konnte der Reaktor bei vollständigem Ausfall der Kühlung für mehrere Stunden sich selbst überlassen werden, ohne dass sicherheitstechnisch relevante Schäden an den Primärkreiskomponenten entstanden.

Wasser-Dampf-Kreislauf

Der Wasser-Dampf-Kreislauf entsprach mit seinen thermodynamischen Parametern den Werten einer Vielzahl bereits seit Jahren erfolgreich und störungsfrei (u. a. auch im Kraftwerk *Westfalen*) betriebener Wärmekraftwerke gleicher Blockgröße. Eingesetzte Werkstoffe und Armaturen

Abb. 3: Querschnitt durch ein Brennelement (oben) und ein Coated Particle (unten)

Sprit mit Kernwärme aus Biomasse und Kohle

waren langfristig erprobt. Die Heliumtemperatur von 750 °C ermöglichte einen Frischdampfzustand von $180 \cdot 10^5$ Pa (180 bar) und 530 °C. Nach Durchströmen des Hochdruckteils der Turbine wurde der Dampf im Reaktor zwischenüberhitzt und mit $44 \cdot 10^5$ Pa (44 bar) und 540 °C dem Mitteldruckteil der Turbine zugeführt. Das Speisewasser trat nach der Regenerativvorwärmung mit $240 \cdot 10^5$ Pa (240 bar) und 180 °C in die Dampferzeuger innerhalb des Spannbetondruckgefäßes ein.

Im Vergleich mit Leichtwasserreaktoren ist bei einem solchen Prozess das nutzbare Wärmegefälle groß. Das ermöglicht einerseits einen wesentlich besseren Wirkungsgrad und damit eine Verkleinerung vieler Komponenten und macht andererseits Gefälleverluste am Prozessende erträglich. Aus diesem zweiten Grund wurde der THTR-300 mit einem Naturzug-Trockenkühlturm versehen, um die Verwendbarkeit des Kraftwerks auch in ariden Gebieten zu demonstrieren, obwohl Zusatzwasser für eine herkömmliche Nasskühlung aus dem Datteln-Hamm-Kanal verfügbar war. Ein solcher Trockenkühlturm, betrieben mit einem geschlossenen Kühlwasserkreislauf, also einer weiteren Barriere gegen den Austritt von Radioaktivität, erfordert kein Kühlturmzusatzwasser. Er hat aber gegenüber Nasskühltürmen wesentlich größere Abmessungen. Sie ließen sich mit einem Seilnetzmantel mit Aluminiumverkleidung verwirklichen, der ähnlich vorher bei dem Dach des Münchener Olympiastadions ausgeführt worden war. Der das Seilnetz tragende Mittelpfeiler hatte eine Höhe von 181 m, die Höhe des Seilnetzmantels betrug 147 m und der Durchmesser des Kühlturms am Boden 141 m.

Errichtung und Betrieb des THTR-300

Nach der ersten Teilerrichtungsgenehmigung am 03.05.1971 begann der lange Weg durch die Instanzen. Die Folgejahre waren durch immer neue Ergänzungsgenehmigungen und Auflagen aus dem Genehmigungsverfahren und durch andere verzögernde Einflüsse geprägt. Da es sich bei dem Reaktor um einen Prototyp handelte, standen die Genehmigungsbehörden vor dem Problem ohne ein bereits bestehendes Regelwerk den Bau begleiten zu müssen und dabei dieses Regelwerk erst zu erstellen. Sie bezogen deshalb den Wissensstand aus den Verfahren der bereits genehmigten Reaktoren. Alle Änderungen der Genehmigungsrichtlinien für Leichtwasserreaktoren hatten auch Gültigkeit für den THTR-300. So sollten beispielsweise hypothetisch erdachte Rohrbrüche beherrscht werden, obwohl sie bei gleichen Werkstoffen und gleichen Belastungen in vielen und seit vielen Jahren betriebenen Kohlekraftwerken niemals aufgetreten sind. Als Folge musste der gesamte Wasser-Dampf-Kreislauf neu geplant werden. Bei insgesamt 16 Teilerrichtungsgenehmigungen und 21 Ergänzungen mit 1 350 neuen Auflagen mussten Zeit- und Kostenplanungen auf der Strecke bleiben. Kennzeichnend für die behördliche Unsicherheit im Genehmigungsverfahren war, dass in Papier umgerechnet und den zwischenzeitlichen Einsatz elektronischer Hilfsmittel außer Acht lassend, das Genehmigungsverfahren etwa das Tausendfache des Aufwandes betragen hat, wie das für den daneben stehenden 300 MW-Steinkohle-Block mit gleichen thermodynamischen Parametern für den Dampfkraftprozess.

In die so immer wieder hinausgeschobene Fertigstellung des Reaktors fiel die Umkehr der veröffentlichten Meinung mit ihrem Einfluss auf die öffentliche Meinung und mit ihren Auswirkungen auf die Behördenarbeit. War 1973 die Kernenergie als Folge der ersten Ölpreiskrise von der damaligen SPD-Bundesregierung in mehreren Fortschreibungen ihres Energieprogramms noch mit einem stetig wachsenden Anteil vertreten, so führten in den Folgejahren bürgerkriegsähnliche Zustände an geplanten oder vorhandenen Baustellen von kerntechnischen Anlagen zu einer Verminderung der Akzeptanz. Während sich die Unionsparteien auf ihrem Parteitag 1977 einmütig für die Kernenergie aussprachen, kam auch die SPD auf ihrem Parteitag noch zu einer, wenn auch eingeschränkt, zustimmenden Formel, nämlich bei Vorrang für die Kohle die Kernenergie zuzulassen. Letztlich eine dem THTR-300 entgegenkommende Formulierung, wurde doch seinem Potenzial eine energie- und wirtschaftspolitisch wichtige mit der Kohle verzahnte Rolle zugemessen, die eine nachhaltige und umweltfreundliche Energieversorgung ermöglichen, die Wirtschaftlichkeit der deutschen Kohle steigern und zugleich eine politisch gefährliche hohe Abhängigkeit von Öleinfuhren vorbeugen sonne. Und noch 1979 kam eine vom Deutschen Bundestag eingesetzte Enquete-Kommission „Zukünftige Kernenergiepolitik" zu dem Ergebnis „Sparen plus Kernenergie".

Im März des 1979 hatte sich der Störfall im Kernkraftwerk *Three Mile Island* (TMI-2) in den USA ereignet, bei dem zwar niemand zu Schaden kam, dennoch hatte er eine große Öffentlichkeitswirksamkeit. Sie gab der Anti-Kernkraft-Bewegung auch in Deutschland großen Auftrieb.

Dennoch hatte die Bundesregierung unter *Helmut Schmidt* noch im Frühjahr 1982, als Folge der zweiten Ölkrise in der dritten Fortschreibung ihres Energieprogramms für das Jahr 1995 eine Ausweitung der Kapazität der Kernkraftwerke je nach Alternative auf 38 000 bis 40 000 MW für erforderlich gehalten im Jahr 1995 betrug die tatsächliche Kapazität 22 800 MW..

Am 19.07.1983 erhielt die HKG die Teilgenehmigung zur Inbetriebnahme des Reaktors und am 13.09.1983 wurde die erste sich selbst erhaltende Kettenreaktion gefahren. Am 09.04.1985 folgte die Teilgenehmigung zum Leistungsversuchsbetrieb und nur einige Monate später am 16.11.1985 speiste der THTR-300 zum ersten Mal Strom ins Netz.

In der Nacht vom 25. zum 26.04.1986 ereignete sich dann die Katastrophe an einem der RBMK-Reaktoren (Hochleistungs-Druckröhren-Reaktor mit Siedewasserkühlung) des sowjetischen *Kernkraftwerks Tschernobyl*. Dieser Reaktor war auch graphitmoderiert, er war aber durch Wasser gekühlt und besaß einen positiven Void-Koeffizienten der Reaktivität, unterschied sich also grundsätzlich vom THTR-300. Um es zu betonen: Beim THTR-300 waren die Temperaturkoeffizienten sowohl des Brennstoffs als auch des Moderators negativ, was eine Leistungsexkursion im Störfall unmöglich machte. Da die Reaktorkatastrophe in Tschernobyl dazu beitrug, unwahren Behauptungen über deutsche Kernkraftwerke Vorschub zu leisten, sei darauf hingewiesen, dass der THTR-300, wie auch die deutschen Druckwasserreaktoren allgemein, über sechs Barrieren gegenüber einem Austritt von Radioaktivität verfügte, während die RBMK-Reaktoren nur drei besitzen. Diese sechs Barrieren beim THTR-300 waren: Das Brennstoff-Kristallgitter UO_2/ThO_2, die dichten Pyrokohlenstoffschichten, die graphitumhüllten Brennelementkugeln, der Spannbetondruckbehälter mit Liner und die Luftführungswand.

Für das Unglück von Tschernobyl wurde die Arbeit am THTR-300 weiter erschwert. Eine Desinformationskampagne konnte innerhalb und außerhalb Deutschlands für kurze Zeit sogar den Eindruck erwecken, nicht durch Tschernobyl, sondern durch eine kleine Störung am THTR-300 habe es eine unzulässige radioaktive Belastung der Umgebung gegeben. Was war passiert? Durch eine Fehlbedienung in der Beschickungsanlage war am 04.05.1986 eine geringe Menge Helium in die Umgebung abgegeben worden. Dieses Helium hatte an Graphitpartikel gebundene Aerosolaktivität mit sich geführt, die jedoch nicht die genehmigten und wegen der Vorteilhaftigkeit des THTR-300 ohnehin sehr niedrigen Grenzwerte überschritt. Diese Aerosolaktivität ließ sich zudem wegen ihrer Geringfügigkeit nur rechnerisch und

Kugelbett-Reaktor oder –Ofen ?

nicht messtechnisch ermitteln und betrug 0,1 Bq/m^2, während die natürliche Bodenaktivität bereits 500 Bq/m^2 beträgt. Die Aufsichtsbehörde forderte deshalb auch nicht die Einstufung dieses Vorfalls als meldepflichtiges Ereignis. Die radioaktive Wolke aus Tschernobyl hatte zufällig fast zeitgleich am 02.05.1986 Nordrhein-Westfalen erreicht, mit einem Anstieg der radioaktiven Luftbelastung bis auf 42 Bq/m^3 Diese Wolke wurde am 03.05.1986 durch einen Gewitterregen ausgewaschen. Dadurch nahm die radioaktive Belastung der Luft ab, während die Bodenaktivität auf 50 000 Bq/m^2 anstieg und zwar auf das 500 000-fache durch die Aerosolabgabe aus dem THTR-300 bewirkten Aktivitätssteigerung. Und sie stieg nicht nur in der Nähe des Reaktors, sondern auch weit entfernt davon. Zum Vergleich: Durch die weltweiten oberirdischen Kernwaffenversuche hatte die Aktivität an der Oberfläche des Bodens im Jahr 1963 schon einmal mehr als 50 000 Bq/m^2 betragen.

Am 07.05.1986 berichtete das Wirtschaftsministerium des Landes Nordrhein-Westfalen als Genehmigungsbehörde, dass inzwischen weitere Messungen eine Bodenaktivität zwischen 11 800 und 19 000 Bq/m^2 ergeben hätten und dass ein Zusammenhang zwischen dem THTR-300 und dem Aktivitätsanstieg in der Umgebung nicht bestehe. Obwohl allen Stellen dieser Sachverhalt bekannt war, veröffentlichte das *Öko-Institut Freiburg*, ein eingetragener Verein von Kernenergiegegnern, am 29.05.1986 eine Pressemitteilung, wonach die HKG 70 % der aufgetretenen Aktivitätserhöhung zu verantworten habe. Die HKG spekuliere darauf, dass diese Strahlung auf den Unfall in Tschernobyl zurückgeführt werde. In der Zeit des kalten Krieges blieb es dann auch nicht aus, laut WAZ vom 05.06.1986, dass die *Prawda* meldete, der Störfall am THTR-300 sei mehrere Wochen lang geheim gehalten worden. Man habe versucht, den plötzlichen Anstieg der Radioaktivität in der UdSSR abzuschieben.

Trotz dieser Störversuche wurde im September dieses Jahres 1986 erstmalig für die Dauer von 10 Tagen die volle Leistung gefahren. Am 26.08.1986, also kurz zuvor, war auf dem Nürnberger Parteitag der SPD der Beschluss zum Ausstieg aus der Kernenergie gefasst worden. Innerhalb von zwei Jahren sollten die ersten und innerhalb von 10 Jahren die letzten Kernkraftwerke abgeschaltet werden.

Am 01.06.1987 erfolgte die Übergabe des THTR-300 an die Betreibergesellschaft, die HKG. Eineinviertel Jahr später, am 29.09.1988, wurde der Reaktor zu einer Revision abgeschaltet. Wie bei dem Prototyp einer neuen Technik nicht anders zu erwarten, wurden einige kleinere Mängel festgestellt, so auch an der Wärmeisolierung der Heißgaskanäle. Von insgesamt 2 600 Befestigungsschrauben dieser Isolierung waren 35 abgerissen. In 33 der Fälle war es der zentrale der je Deckblech insgesamt fünf Bolzen. Nach der Festigkeitsauslegung hätten allerdings bereits die vier Eckbolzen je Deckblech für einen sicheren Langzeitbetrieb ausgereicht. Diese Schäden sprachen aus sicherheitstechnischer Sicht nicht gegen ein Wiederanfahren des Reaktors. Zeitliche laufende Verhandlungen über finanzielle und genehmigungstechnische Fragen kamen dagegen nicht zu einem befriedigenden Ergebnis führen, wodurch nach 423 Volllasttagen der Stilllegungsbeschluss gefasst werden musste.

Ergebnisse des Betriebs

Der Reaktor hat insgesamt knapp 2,8 Mrd. Kilowattstunden erzeugt, er wurde insgesamt 16 410 Stunden betrieben und war davon 14 108 Stunden am Netz.

Wegen eines Mangels in der Umwälzeinrichtung musste in der Anfangszeit an Wochenenden auf 40 % Last zurückgefahren werden. Nach einem Umbau während der Revision 1987/88 entfiel diese Einschränkung jedoch.

Im Einzelnen wurden folgende positiven Ergebnisse erzielt:
- Die Auslegungsleistung wurde auf Anhieb erreicht.
- Die thermodynamischen Auslegungsdaten wurden bestätigt. So wurde der spezifische Wärmeverbrauch in einer Abnahmemessung mit 8 941 kJ/kWh gemessen, was einem Wirkungsgrad von etwas mehr als 40 % entspricht – und das, obwohl die Anlage mit einem Trockenkühlturm betrieben wurde.
- Erstmals wurden wesentliche THTR-spezifische neuartige Kraftwerkskomponenten wie Brennelemente, Gebläse, Dampferzeuger und der Spannbetonbehälter mit Liner und Graphitauskleidung großtechnisch erfolgreich erprobt.
- Ausbauarbeiten am bereits betriebenen Primärkreis erwiesen sich ohne unzulässige Strahlenbelastung durchführbar.
- Die Personendosisbelastung des Betriebspersonals war äußerst gering. Die Kollektivdosis von Eigen- und Fremdpersonal lag im Jahr 1986 bei 0,045 manSv. Der höchste Monatswert trat in der Abschaltpause Oktober 1986 mit 0,02 manSv in 44 000 Begehungsstunden auf.
- Die mögliche Fahrweise des Lastverhaltens waren gut. In der Inbetriebnahmephase wurden die nach der Auslegung geforderten Werte bereits verifiziert. Innerhalb eines jeden Lastbandes von 25 % konnte die Leistung mit 8 % der Nennlast je Minute hinauf oder herunter gefahren werden. Lediglich oberhalb einer Last von 85 % waren die Laststeigerungen auf 0,8 %/min begrenzt, um unzulässige Transienten sicher zu vermeiden. Im Übrigen wurden die Möglichkeiten der Laständerung nur von den dickwandigen Teilen des Wasser-Dampf-Kreislaufs begrenzt, nicht vom Reaktor.
- Die ausgezeichnete Rückhaltung von Spaltprodukten durch die Beschichtung der Brennstoffpartikel wurde bestätigt. Diese Barrieren blieben auch in den seltenen Fällen intakt, in denen der äußere partikellose Bereich der Brennelemente bei verschärften Erprobungen innerhalb der Inbetriebnahmephase beschädigt worden war.
- Insgesamt reichten die in der Planungs-, Bau- und Inbetriebnahmephase gewonnenen Erfahrungen aus, die damals ins Auge gefassten Blockgrößen von 500 und 1 200 MW in wesentlichen Teilen auszulegen.

Vertrags-, Termin- und Kostenlage und der Stilllegungsbeschluss

Die öffentliche Hand zahlte nicht nur weit überwiegend die Kosten für die Errichtung des THTR-300, über viele Jahre vorauslaufenden Entwicklungen u. a. in der Kernforschungsanlage Jülich (heute: Forschungszentrum Jülich) wurden ebenfalls von ihr getragen. Das galt auch für dem THTR-300 vorauslaufenden 15 MW-Reaktor der Arbeitsgemeinschaft Versuchsreaktor (AVR), der in Jülich betrieben wurde.

Im Frühjahr 1970 hatten, wie schon erwähnt, die Aufsichtsräte der an der HKG beteiligten Unternehmen zustimmende Beschlüsse für den Bau des THTR-300 gefasst. Neben der Voraussetzung, dass die von den Mutterunternehmen für den Strom aus dem THTR-300 gezahlten Strompreise marktgerecht seien, wurde festgelegt, dass das finanzielle Engagement der HKG den Betrag von 66,47 Mio. € (130 Mio. DM) nicht überschreiten dürfe und dass Bund und Land auch das Zinsrisiko für die aufgenommenen Fremdmittel übernehmen, wenn der Block nicht wirtschaftlich betrieben werden könne. Im gleichen Jahr kam es zu den ersten Zuwendungsbescheiden und Ende 1971 zu einem Risikobeteiligungsvertrag. Zudem wurde die *Europäische Gesellschaft zur Auswertung von Erfahrungen bei Planung, Bau und Betrieb von Hochtemperaturreaktoren GmbH* (Euro HKG) gegründet, um auch anderen Staaten ein EWG Zugang zu den gewonnenen Erkenntnissen zu vermitteln.

Sprit mit Kernwärme aus Biomasse und Kohle

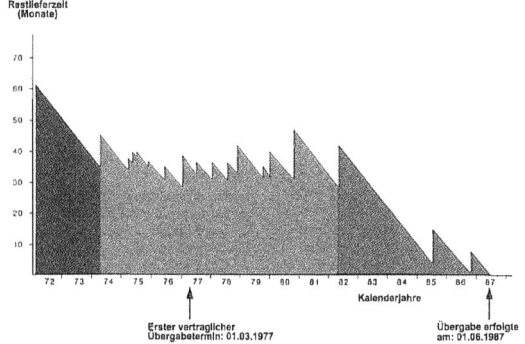

Abb. 4: Entwicklung der Lieferzeit des THTR-300

Der der Bauentscheidung zugrunde liegende Basispreis sah für die Errichtungskosten einen Festpreis von 199,4 Mio. € (390 Mio. DM) vor, der sich mit den Kosten für die erste Brennstoffausstattung und sonstigen Kosten zu insgesamt 352,8 Mio. € (690 Mio. DM) aufsummierte. Der erste vertraglich festgelegte Übergabetermin war der 01.02.1977. Bis zu der dann tatsächlich erfolgten Übergabe der Anlage an die HKG am 01.06.1987, also nach mehr als zehnjähriger Verspätung, waren die Gesamtkosten auf einen zwischen 2,045 Mrd. und 2,1 Mrd. € (4,0 und 4,1 Mrd. DM) liegenden Betrag, also etwa das 5,8fache angewachsen. Die Verzögerung war durch Erschwernisse im Genehmigungsverfahren mit immer wieder zusätzlich geforderten neuen Nachweisen und daraus folgenden Maßnahmen hervorgerufen worden. So verminderte sich die bis zur Fertigstellung des Reaktors verbleibende Zeitspanne von etwa 40 Monaten in der Zeit vom 01.03.1974 bis zum 01.04.1982 praktisch um keinen Monat (Abb. 4) während die Kosten durch zusätzliche Auflagen und die Preisgleitung fortwährend weiter stiegen. (Abb. 5). Aus der Sicht der Lieferer wie auch der Betreiber stellten sich die Verzögerungen als politisch bewusst gewollt dar.

Das mag an dem vielleicht krassesten Beispiel für diese Verzögerung und die daraus resultierende Kostenexplosion erläutert werden: Obwohl der Wasser-Dampf-Kreislauf des THTR-300 in vielen Wärmekraftwerken jahrelang bei gleicher Belastung und gleichen Werkstoffen schadensfrei betrieben worden war, wurden für das Rohrleitungssystem Anforderungen gestellt, die bei Leichtwasserreaktoren üblich waren. Als man schließlich einsah, dass diese Anforderungen bei dem THTR-300 nicht erforderlich waren, bewegte sich die Anforderungsskala wieder rückwärts. Ergebnis war eine Verzögerung von drei Jahren, die zusammen mit den inzwischen durch die Preisgleitung gestiegenen Kosten allein einen Mehraufwand von 511 Mio. € (1 Mrd. DM) bedeutete. Die Kosten hatten sich damit für das doch weitgehend konventionelle Rohrleitungssystem versechsundzwanzigfacht, wovon 32 % für die Konstruktion anfielen, gegenüber vorgesehenen 5 % bei dem ursprünglich geringeren Betrag.

Der Aufwand des TÜV als Gutachter, einschließlich des Genehmigungsverfahrens, der Vorprüfungen und der Überwachung auf der Baustelle und zusätzlich beim Hersteller hat sich während der Bauzeit für den THTR-300 gegenüber vorausgeschätzten 45 Mannjahren vervierzehnfacht – und das alles bei einem Reaktor, dem besondere Sicherheit und beherrschbare Eigenschaften zugeschrieben wurden.

Die durch diese Verzögerungen stark gestiegenen Kosten des Projektes von 2,045 Mrd. € (4 Mrd. DM) einschließlich eines abzusichernden Darlehens in Höhe von 260,8 Mio. € (510 Mio. DM) waren bis zu diesem Zeitpunkt vertragsgemäß zu 74,2 % von der öffentlichen Hand übernommen worden. Sie war es aber andererseits auch, die die Verzögerungen zu vertreten hatte. Die HKG hatte 167 Mio. € (327 Mio. DM) bei Leichtwasserreaktoren üblich waren. Der Anteil der HKG setzte sich zusammen aus 46 Mio. € (90 Mio. DM), als dem Eigenkapital der Gesellschaft und zu 121 Mio. € (237 Mio. DM) aus den vom *Bundesministerium für Forschung und Technologie* (BMFT) von den Energieversorgungsunternehmen für „Fortgeschrittene Reaktoren" eingeforderten Zuschüssen. Den Einnahmen der HKG aus dem Stromverkauf und der Leistungspreisvorauszahlung der Gesellschafter für den laufenden Betrieb standen die Aufwendungen dafür wie auch für die spätere Stilllegung und Entsorgung gegenüber.

Darüber hinausgehender Aufwand war aus einem Risikobeteiligungsvertrag aufzubringen, den Bund und Land und die HKG geschlossen hatten, um Verluste zu decken, die im Zusammenhang mit dem Betrieb des THTR-300 entstanden. Während der ersten drei Jahre ab Betriebsübergabe hatten dabei Bund und Land 90 % und während der folgenden Jahre 70 % dieser Verluste zu decken. Die restlichen Verluste hatte die HKG auszugleichen. Dieser Risikobeteiligungsvertrag vom 29.12.1971 war in einer Neufassung im Jahre 1983 in seiner Haftsumme auf 230 Mio. € (450 Mio. DM) erhöht worden. Sie wäre unter der Annahme eines dem Projekt nach vorliegenden Betriebsergebnissen angemessenen Weiterbetriebes ausreichend gewesen. Für Betriebsverluste durften von

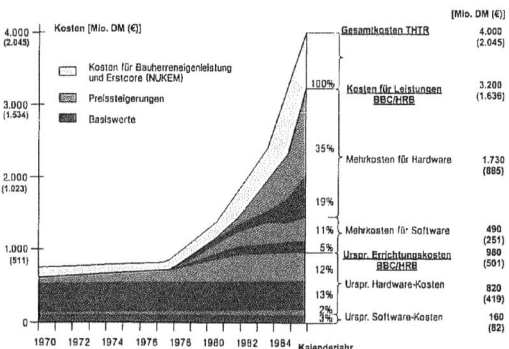

Abb. 5: Verlauf der Kostenentwicklung für den THTR-300

Kugelbett-Reaktor oder –Ofen ?

diesem Betrag 138 Mio. € (270 Mio. DM) in Anspruch genommen werden, während 92 Mio. € (180 Mio. DM) für die Stilllegung des Reaktors vorgesehen waren. 1988 war jedoch die Schätzung für den Stilllegungsaufwand von dem damit beauftragten Ingenieurbüro auf 212 Mio. € (415 Mio. DM) erhöht worden. Wäre die Anlage erfolgreich weiter betrieben worden, dann wäre dieser Betrag etwa nach 30 Jahren erforderlich gewesen. Es ist zweifellos ein schwieriges Unterfangen für einen so weit in der Zukunft liegenden Zeitpunkt eine belastbare Aussage zu treffen.

In der Zwischenzeit waren jedoch weitere, von den Betreibern nicht zu beeinflussende Risiken entstanden. So stellte Ende 1988 die Nukem die Brennelementefertigung ein. Die Wiederaufnahme einer solchen Fertigung war zwar durch eine andere Industriegruppe beabsichtigt, dennoch musste in dem Reaktorstillstand von einem Jahr einkalkuliert werden.

Die Betriebsgenehmigung war auf 1 100 Volllasttage begrenzt. Sie wäre 1992 ausgelaufen. In ihr war festgeschrieben, dass nach 600 Volllasttagen von der HKG eine Betriebsgenehmigung für die Transportbereitstellungshalle zur Einlagerung schwach aktiver Abfälle vorläge, um die Zeit bis zur Inbetriebnahme des geplanten Bundesendlagers *Schacht Konrad* zu überbrücken. Weiter war nachzuweisen, dass die externe Zwischenlagerung der abgebrannten Brennelemente im *Zwischenlager Ahaus* oder vergleichbar gesichert war. Verzögerungen bei diesen Nachweisen bedeuteten einen möglicherweise zusätzlichen Stillstand. Sie waren bei dem damaligen Widerstand gegen die Kernenergie wahrscheinlich.

Da das Land Nordrhein-Westfalen keine weiteren Mittel für den THTR-300 zur Verfügung stellen wollte, die HKG weitere Zahlungen von der Freistellung von politischen und genehmigungstechnischen Risiken einforderte und sich insbesondere nicht in der Lage sah, entgegen der bestehenden Vertragssituation, Rückstellungen für die stark angehobenen Schätzkosten für die Stilllegung zu bilden, drohte die Beendigung des Projektes THTR-300. Die Situation wurde dadurch erschwert, dass die atomrechtliche Aufsichtsbehörde des Landes wegen der offenen Handmeldungssituation Zweifel an der wirtschaftlichen Zuverlässigkeit des Betreibers gegeben sah und die Wiederanfahrerlaubnis vom Nachweis ausreichender wirtschaftlicher Ausstattung der HKG abhängig machte.

Die öffentliche Hand war also nicht bereit, die bestehenden Verträge der veränderten Situation anzupassen. Der für die HKG unbefriedigende Verlauf weiterer Vertragsverhandlungen war schließlich der Anlass für die Beendigung des Projektes, nicht aber ein technischer oder sicherheitstechnischer unbehebbarer Mangel des THTR-300!

Die HKG hat schließlich in einer Gesellschafterversammlung am 28.11.1988 beschließen müssen, vorsorglich bei der Bundes- und Landesregierung die Stilllegung des Reaktors zu beantragen.

Für den THTR-300 wirkte sich erschwerend aus, dass in Deutschland aufgrund des Atomgesetzes die Zuständigkeit für Fragen der Kernenergie bei der Bundesregierung liegt, die Durchführung der Maßnahmen aber im Auftrag des Bundes von den Ländern wahrgenommen wird. Dadurch unterschieden sich damals faktisch die Abläufe in den Genehmigungsverfahren der einzelnen Bundesländern. Weiterhin kam für den THTR-300 hinzu, dass er nicht nur der Elektrizitätswirtschaft, sondern ebenfalls anderen Industrien von Nutzen sein sollte und demzufolge auch ein finanzieller Beitrag von dritter Seite denkbar war, hätten die großen zeitlichen Verzögerungen nicht jede entsprechende Bereitschaft gedämpft. Zu erwähnen ist allerdings auch, dass sowohl Gewerkschaften (IG Bergbau und IG Chemie) wie auch die regionalen Vertreter aller drei Parteien (SPD, CDU und FDP) immer hinter dem Projekt standen.

Weitere Entwicklungsschritte

Der THTR-300 sollte Entwicklungsschritte zu Einheiten von 500 und 1 200 MW vorbereiten, für die in der Bauphase des THTR-300 auch bereits Rahmenprogramme und Referenzstudien erarbeitet wurden. Dabei wurde ein weiteres erhebliches Entwicklungspotential erkennbar.

Die weitere Entwicklung führte dann zu dem Brennelement mit niedrig (ca. 10 %) angereichertem Uran 235 mit einer zusätzlichen Schicht aus Siliziumcarbid zur Umhüllung der Partikel. Diese Brennelemente erfüllten die Bedingungen zur Nichtverbreitung von Atomwaffen.

Der Brennstoffkreislauf zukünftiger Reaktoren wurde von Schulten und der Kernforschungsanlage Jülich als „Otto-Prinzip" (Once through then out) verbessert worden. Die Brennelemente sollten dabei den Reaktor nur einmal durchlaufen und die kontinuierliche Beschickung des Reaktors wesentlich vereinfachen.

Am 15 MW Versuchsreaktor (AVR) der Kernforschungsanlage Jülich was zudem ein längerer Betrieb mit einer Gasaustrittstemperatur von 950 °C gefahren worden.

Bereits damals tauchten aber auch im Zusammenhang mit der Diskussion über die Sicherheit kerntechnischer Anlagen Begriffe wie Schutz vor Flugzeugabsturz, explodierender Gaswolke, Sabotage, kriegerischer Einwirkung, Intelligenzsabotage, aber auch der der unterirdischen Unterbringung der Reaktoren auf.

Die Bundesregierung, das Land Nordrhein-Westfalen, Hersteller und Betreiber des THTR-300 hatten von Anbeginn an große Hoffnungen in eine Weiterentwicklung des Hochtemperaturreaktors auf dem Bereich der Hochtemperaturwärme gesetzt. Es sollte sich denn auch sehr bald, nämlich in der ersten Ölkrise des Jahres 1973, herausstellen, dass die Devise „*Kohle und Kernenergie*" eine über die Stromerzeugung weit hinausgehende Bedeutung für die Energieversorgung eines Landes mit der industriellen Struktur der Bundesrepublik Deutschland besaß. Die Untersuchungen richteten sich demzufolge auf ein Energiegesamtsystem, das die vielfältige Verwobenheit der einzelnen Energierohstoffe und der unterschiedlichen Umwandlungsverfahren und Anwendungsgebiete umfasste und das zudem durch die Einbindung von Hochtemperaturreaktoren eine wesentliche Verminderung des Schadstoffausstoßes also höhere Umweltfreundlichkeit, eine höhere Wirtschaftlichkeit und eine Absicherung gegen Lieferstörungen auf dem Weltmarkt ermöglichte.

Von den eingangs geschilderten vorteilhaften Merkmalen des Hochtemperaturreaktoren kommen aus der Sicht eines weltweiten Einsatzes in der Energieversorgung zur Vermeidung von Versorgungsstörungen auch und insbesondere in Schwellenländern in Betracht:

– die Unmöglichkeit einer Kernschmelze,
– die hohe Störfallresistenz mit dem Selbststabschalteffekt,
– die hohe Konversionsrate,
– die einfachere Hantierung mit abgebrannten Brennelementen,
– der bei Koppelprozessen in einem Energiegesamtsystem vorteilhaften hohen Gastemperaturen,
– die großen nutzbaren Gefalle und
– der mögliche Einsatz von Naturzug-Trockenkühltürmen.

Nachhaltigkeit weltweit zu erzielen bedeutet, die fossilen Energien mehr und mehr in der Stromerzeugung durch Kernenergie zu ersetzen und die Kernenergie auch unterstützend bei der Veredelung der fossilen Energien zu einer weiten Produktpalette anzuwenden, um den fossilen Energien ihre wichtige Rolle als Rohstoff in der Chemie langfristig und bei weitergehender Schonung der Umwelt zu ermöglichen.

– Die Aufgaben der Hochtemperaturreaktoren sind somit neben der Stromerzeugung:

Reaktorkonzepte

– Die Kohleveredelung zur Gewinnung von Synthesegas und Wasserstoff als Vorprodukte der Kohlenwertstoffchemie bis hin zur Erzeugung von Düngemitteln und Treibstoff in wirtschaftlicher und CO_2 vermindernder Verfahrensweise. Braun- und Steinkohle stellen weltweit mit 75 % die größten Vorräte an fossiler Energie dar und sind wirtschaftspolitisch günstig über die Erde verteilt.
– Die Gewinnung von Öl aus Schweröl, Ölschiefer und Asphalt. Auch sie sind geopolitisch günstiger verteilt als die Vorräte von Rohöl und zudem mengenmäßig etwa dreimal größer. Mit Hochtemperaturreaktoren ließen sich diese Vorräte bei insgesamt geringerem Schadstoffauswurf erschließen. Kernenergie würde so gewissermaßen in Kohlenwasserstoffe „umgewandelt".
– Die Gewinnung von Wasserstoff über verbesserte Hochtemperatur-Elektrolyseverfahren.
– Die Bereitstellung von Prozesswärme und Wasserstoff für die Chemie und die Metallurgie und von Heizwärme in der Kraft-Wärme-Kopplung.
– Die Meerwasserentsalzung entweder in thermischen Prozessen oder mit Membranverfahren.
– Der Einsatz von Trockenkühltürmen in ariden Gebieten.

Die Behinderung der Öl- und Gasversorgung der Industriestaaten aus entfernt liegenden Regionen durch politische Verwicklungen ist nicht erst seit den Ölkrisen der 70er Jahre des vergangenen Jahrhunderts eine den Frieden gefährdende Bedrohung. Zweifelsohne können zudem die reichen Staaten steigende Energiepreise leichter ertragen als die energiearmen Länder der Dritten Welt. Bei diesen kommt zu dem erforderlichen Aufholbedarf an Lebensnotwendigem, bei steigendem Bedarf an Wasser und bei weiterem Bevölkerungswachstum noch ein starker Trend zur Verstädterung hinzu. Im Jahr 2015 werden nach Angaben des Weltenergierates von 27 Städten mit 10 bis 30 Millionen Einwohnern 25 in Entwicklungsländern oder in Ländern „im Übergang" liegen und damit einer Aufgabe gegenüberstehen, die mit regenerativen Energien nicht zu bewältigen ist. Im Jahr 1950 überschritten lediglich London und New York die 10 Millionen-Grenze. Bewirken die Industriestaaten eine Entlastung der Weltenergiemärkte durch die Kernenergie, so vermindern sie nicht nur den CO_2-Ausstoß, sie wirken auch bremsend auf Preissteigerungen bei Öl und Erdgas und handeln somit in einem globalen Sinn ökologisch, sozial und den Frieden stützend.

Fazit

Es hat zu keinem Zeitpunkt bei den mit dem THTR-300 vertrauten Wissenschaftlern, Ingenieuren und Energiewirtschaftlern ein Zweifel daran bestanden, dass die Linie der Hochtemperaturreaktoren ein hervorragendes Konzept ist, einen wesentlichen Beitrag zur Lösung der genannten Probleme zu liefern.

Literatur

K. Knizia: Energieumwandlung aus fossilen und nuklearen Brennstoffen in Kraftwerken- Stand und Entwicklungstendenzen. VGB-Kraftwerkstechnik, 1973, S. 277-283

K. Knizia: Pressekonferenz zum THTR 300 in Hamm-Uentrop am 06.05.1982

K. Knizia: Das Marktpotential des Hochtemperaturreaktors. VGB-Kraftwerkstechnik 1982, S. 1032-1036

K. Knizia und *D. Schwarz*: Der THTR 500 als nächster Hochtemperaturreaktor. Kraftwerks- technik, 1985, S. 195-207

K. Knizia und *D. Schwarz*: The high temperature reactor on its way to commercial application. Atomkernenergie-Kerntechnik, Vol. 47 (1985) S. 138-140

Kohleumwandlung und Hochtemperaturreaktor - Bausteine neuer Energiekonzepte. Vorträge der VGB Sondertagung vom 16. bis 19.09.1985 in Dortmund, VGB TB 111, VGB-Kraftwerkstechnik GmbH, Essen

K. Knizia: Die Koppelung von Kohle und Kernenergie in der langfristigen Energie - und Rohstoffsicherung. Brennstoff-Wärme-Kraft, Bd. 38, (1986), S. 418-424

K. Knizia: The development of an overall energy system based on coal and nuclear energy. Eigth Annual International Conference on the HTGR, San Diego, California, Sep. 1986

K. Knizia: The coupling of coal and nuclear energy for the long term supply of energy and raw materials. 13th Congress of the World Energy Conference, Cannes, 05.-11.10 1986

W. Kröger: Verbrauchernahe Kernkraftwerke aus sicherheitstechnischer Sicht. Jülich 2103, 1986

K. Knizia: Coal Combined Cycle Plants with integrated Coal Gasification. Benelux Association of Energy Economists, The Hague, 1987

K. Knizia: The High Temperature Reactor - an important tool in meeting the challenge of world energy supply. Tagung „Small and medium size reactors", Lausanne, Aug. 1987

K. Weinzierl: Untersuchungen zur Optimierung von Kombiprozessen mit integrierter Kohlevergasung. Fortschrittberichte VDI, Reihe 6, Verlag d. Vereins Deutscher Ingenieure, Düsseldorf, 1987

K. Knizia u. *H. Barnert*: Nuclear Process Heat: Aspects of Energy Supply and Environment. AAAS (American Society for the Advancement of Science) Annual Meeting, Boston, Feb. 1988

K. Knizia u. *M. Simon*: Betriebserfahrungen mit dem THTR-300 und Zukunftsaussichten für Hochtemperaturreaktoren. atomwirtschaft-atomtechnik, S. 435-441, August/September 1988

K. Knizia: Einführungsstrategie für ein Energiegesamtsystem auf der Basis von Kohle und Kernenergie. Tagung d. KFA Jülich, Wissenschaftszentrum Bonn, Okt. 1988

K. Knizia u. *M. Simon*: Kohlegefeuerte Kombikraftwerke und Hochtemperaturreaktoren für die Energieversorgung von morgen. Beitrag z. 14. Weltenergiekonferenz, Montreal 1989 VGB-Kraftwerkstechnik, 1989, S. 158-164

K. Kugeler u. *H. Schulten*: Hochtemperaturreaktortechnik. Springer Verlag Berlin, Heidelberg, New York, 1989

K. Kugeler u. *H. Barnert*: Nuclear Energy - Problems and future Developmitee Meeting and Workshop, 18-21.11.1991, IAEA TC - 92, Vienna, 1992

K. Kugeler u. *R. Schulten*: Überlegungen zu den sicherheitstechnischen Prinzipien der Kerntechnik. JÜL-2720, Jan. 1993

K. Kugeler u. *W. Fröhling*: Investitionskosten von HTR-Modul-Reaktoren, atomwirtschaft- atomtechnik, 1993, S. 68 -70

K. Kugeler u. *H. Barnert*: Kraft - Wärmekopplung mit Hilfe von Kernenergieanlagen. VDI- Tagung „Fortschrittliche Energiewandlung u. -anwendung, 24./25.März 1993

H. Michaelis u. *C. Salander*: Handbuch Kernenergie. Verlags-u. Wirtschaftsgesellsch. D. Elektrizitätswerke GmbH, 2000, darin insbes. *K. Knizia* u. *D. Schwarz*: Nukleare Wärme. S.433 ff

J. Vollradt: Dokumentation der Stilllegung d. THTR 300. Hochtemperatur-Kernkraft GmbH, Hamm-Uentrop, Sept. 1997 ❑

© Copyright INFORUM Verlag
Alle Rechte vorbehalten. Kein Teil dieses Sonderdruckes darf ohne schriftliche Genehmigung des Verlages vervielfältigt werden. Unter dieses Verbot fällt insbesondere auch die gewerbliche Vervielfältigung per Kopie, die Aufnahme in elektronischen Datenbanken und die Vervielfältigung auf CD-ROM.

2.3.12 Die Technik der Hochtemperatur-Reaktoren
von Dr. Urban Cleve Dezember 2009

Die Technik der Hochtemperaturreaktoren

Konstruktion-Bau-Inbetriebnahme-Betrieb des 15 MWel, AVR Jülich und des THTR 300el, im KW Westfalen

Urban Cleve, Dortmund

Die Idee zum Bau des *Atom-Versuchsreaktors (AVR)* stammt von *Prof. Dr. Rudolf Schulten*. Es waren geradezu visionäre Gedankengänge, die zum Erfolg dieser Technik führten:
Helium als Kühlmittel wegen der besonders hohen Wärmeübergangszahlen
Ein integriertes Primärkreis-Reaktorkonzept als Grundlage aller Sicherheitsbetrachtungen mit dem Ziel höchster Sicherheit
Uran-235 und Thorium-232 als Brennstoff mit dem Ziel, neuen Brennstoff zu erbrüten
Hohe Temperaturen zur Stromerzeugung mir höchsten thermodynamischen Wirkungsgraden, also bestmöglicher Brennstoffausnutzung
Die Möglichkeit mittels Kernbrennstoffen mit hohen Temperaturen chemische Prozesse wirtschaftlich zu ermöglichen
Inhärente Sicherheit des Reaktors, da ein schwerer Störfall bei komplettem Ausfall der Kühlung, wie beim *AVR* 2-mal erprobt, aus nuklear-physikalischen Gründen nicht stattfinden kann

Am 28. August 1968 erreichte der *AVR* Erstkritikalität und wurde über 20 Jahre, bei einer Zeitausnutzung von rund 67 % – ein hervorragendes Ergebnis für eine Prototypanlage zum Zweck der Erprobung – bis zum 31. Dezember 1988 betrieben. Er ist bis heute die weltweit einzige HTR-Anlage mit Langzeiterfahrungen für alle eingesetzten, oft neuartigen Werkstoffe und neu konstruierten technischen Anlagen, Maschinen und allen anderen Komponenten.

Das Grundkonzept des THTR-300 Demonstrationsreaktors mit den sogenannten baureifen Unterlagen wurde noch während der Inbetriebnahme des *AVR* erstellt. Es wurden eine Reihe von wesentlichen Änderungen zum Konzept des *AVR* umgesetzt.

Trotz eines relativ kurzen Betriebes des THTR konnten alle wichtigen Erkenntnisse und Ergebnisse, die zu Konstruktion und Betrieb neuer, zukünftiger kommerzieller HTR-Kraftwerke erforderlich sind, mit diesem Prototyp erzielt werden.

Heute wird in vielen Ländern der Welt, in China, Südafrika, USA und Japan der HTR-Technik größte Aufmerksamkeit geschenkt und die Entwicklungen gefördert.

Anschrift des Verfassers:
Dr.-Ing. Urban Cleve
Hohenfriedeberger Str. 4
44141 Dortmund

Überarbeitete Fassung eines Vortrags, gehalten auf der 21. Tagung der KTG Fachgruppe „Nutzen der Kerntechnik", 5. April 2009

1 Der Atom-Versuchsreaktor (AVR) in Jülich

Die Idee zum Bau des *Atom-Versuchsreaktors (AVR)* stammt von Prof. Dr. Rudolf Schulten [1, 2] aus den Jahren 1956 bis 1958, als er junger Physiker und Ingenieur bei BBC war. Wenn man zurückblickend diese Ideen mit dem heutigen Entwicklungsstand der nun weltweit als zukunftsträchtigen Energiesektor angesehenen HTR-Technologie vergleicht, kann man nur mit Erstaunen feststellen, welche unglaublich richtigen und weitsichtigen Überlegungen schon in den ersten Grundkonzepten bestanden.

Kugelförmige Brennelemente wegen ihrer überlegenen Strömungs- und Wärmeübertragungseigenschaften, und der Möglichkeit, sie während des laufenden Reaktorbetriebes umwälzen zu können, und damit ohne Abschaltung des Reaktors die Brennelemente zu beladen, zu entladen, auszuwechseln und umzuschichten zu können, Grafit als Hauptwerkstoff, für die Brennelemente und für die Reaktoreinbauten, da dieser Werkstoff als Moderator der Neutronenstrahlung und für besonders hohe Temperaturen geeignet ist.

Helium als Kühlmittel wegen der besonders hohen Wärmeübergangszahlen

Ein integriertes Primärkreis-Reaktorkonzept als Grundlage aller Sicherheitsbetrachtungen mit dem Ziel höchster Sicherheit

Uran 235 und Thorium 232 als Brennstoff mit dem Ziel, neuen Brennstoff zu erbrüten

Hohe Temperatur zur Stromerzeugung mir höchsten thermodynamischen Wirkungsgraden, also bestmöglicher Brennstoffausnutzung,

Die Möglichkeit mittels Kernbrennstoffen mit hohen Temperaturen chemische Prozesse wirtschaftlich zu ermöglichen, wie Vergasung von Kohle, Braunkohle, Torf und sonstigen Biomassen zur Erzeugung u. a. von flüssigen Brennstoffen verschiedener Art

Inhärente Sicherheit des Reaktors, da ein „GAU" bei komplettem Ausfall der Kühlung, wie beim *AVR* 2-mal erprobt, aus nuklear-physikalischen Gründen nicht stattfinden kann

Es waren geradezu visionäre Gedankengänge, die zum Erfolg dieser Technik führten, auch, wenn die Politik das heute nicht mehr bzw. noch nicht sehen oder wahrhaben will. Die in Deutschland durchgeführte Entwicklung ist ein großer Erfolg. Alle diese Überlegungen waren und sind richtig. Die verbesserten Techniken zur Umsetzung dieser Ideen kamen zwangsläufig, sie betrafen praktisch alle Anlagenkomponenten. Die parallel laufenden Entwicklungen mit dem *Peach Bottom Reactor* in den USA und dem *Dragon Reactor* in GB, beide mit stabförmigen Brennelementen, blieben erfolglos. In vielen Ländern der Welt, in China, Südafrika, USA, und Japan wird der HTR-Technik heute größte Aufmerksamkeit geschenkt und der Entwicklungen gefördert.

Bild 1 [3] zeigt das *AVR*-Kernkraftwerk. *Bild 2* zeigt einen Schnitt durch das Reaktorgebäude. Sicherheitstechnisch wurde die Anlage noch für radioaktiv hochbelastetes Helium und in allen Kreisläufen konzipiert. Bei Fertigstellung des Reaktors waren die „Coated Particles" bereits entwickelt. Diese Entwicklung war sicher der entscheidendste Fortschritt zur Sicherheit dieser Technik. Sie halten die Spaltprodukte weitgehend schon bei der Kernspaltung, also im Inneren der Brennelemente, zurück. Das Grundkonzept der Reaktoranlage wurde aber beibehalten, der Bau war und wird fortgeschritten. Die Aktivität des Primärgases, also des Heliums, wurde bei Auslegung des Reaktors mit 10^7 Curie ermittelt. Mit den neuen gepressten Brennelementen, und aber durch die Entwicklung der „Coated Particles" wurden nach der Inbetriebnahme

Sprit mit Kernwärme aus Biomasse und Kohle

Bild 1: Gesamtansicht des AVR-Versuchskernkraftwerkes in Jülich [3]

Bild 2: Schnitt durch das Reaktorgebäude des AVR [3]

des Reaktors nur noch eine Aktivität von ca. 360 Curie im Helium Primärgas gemessen. Die „Coated Particles" zeigten ein ausgezeichnetes Rückhaltevermögen für die entstehenden Spaltprodukte, insbesondere für Kr-88 und Xe-133.

Die vorgesehenen Einrichtungen zur Strahlenabschirmung gegen Neutronen- und Gammastrahlen sind von innen nach außen:
- Grafit Reflektor und Kohlesteineinbauten
- Thermischer Schild
- Innerer Reaktorbehälter aus Stahl
- Biologischer Schild 1 aus Beton
- Schutzbehälter aus Stahl
- Biologischer Schild 2 aus Beton
- Ummantelung aller He-Gas führenden Rohrleitungen einschließlich der Messstellen zur Kontrolle der Aktivität

Auch die Funktions- und Sicherheitsprüfungen aller Bauelemente wurden nicht vereinfacht, eine gute Entscheidung, die sicher mit Grundlage für den weitgehend störungsfreien Betrieb dieser „Erstausführung" des Versuchsreaktors über mehr als 20 Jahre war. Ein BBC-Vorstandsmitglied hielt mir einmal vor, „Sie bauen alles 2-mal", meine Antwort, „das stimmt fast, aber nichts 3-mal". Dies führte zwangsläufig bei der Neuartigkeit aller Bauteile zu ständigen Kostenerhöhungen und Terminverschiebungen.

Wesentliche Herausforderung war der Einsatz des Heliumgases. Nirgendwo gab es Erfahrungen mit Bauelementen unter den neuen Bedingungen. Helium ist ein sehr dünnes und trockenes Gas, das völlig andere Reibungseigenschaften hat, als Luft. So blieben die Abschaltstäbe, die in der Versuchsanlage hunderte von Malen erprobt worden waren und nie Schwierigkeiten machten, nach Lösen der Kupplung immer anstandslos herunterfielen, nach Einbau in den Reaktor unter Heliumbedingungen einfach „im Freien hängen". Tagelang haben wir geprobt, bis wir eine Lösung hatten, die Gleitlagerung wurde durch eine Rollenlagerung ersetzt. Die 4 Abschaltstäbe haben während der gesamten Betriebszeit ohne Störungen gearbeitet [31].

Große Probleme hatten wir mit dem Zwangsdurchlauf-Dampferzeuger. Der erste wurde komplett vom TÜV verworfen, da bei der US-Prüfung sogenannte „Pittings" „erschallt" wurden, vermeintliche Unebenheiten im Inneren der Rohre. Für die zweite Ausführung wurden dann verschärfte laufende Prüfungen mit z.T. neu entwickelten Prüfverfahren - so auch dem Wirbelstromverfahren - vom Rohrwerk, über die Clean-Fertigung bis zur Abnahmeprüfung festgelegt. Ergebnis: die „Pittings" wurden wieder gefunden. Dann wurde mit dem TÜV vereinbart, dass wir vor Einbau in den Reaktor in einer gasdichten Hülle um den fertigen Dampferzeuger herum eine Druck- und Dichtigkeitsprüfung mit Helium durchführen. Ergebnis: Der Dampferzeuger war dicht, auch nach dem Einbau hat er die Druckprobe problemlos überstanden.

Der Dampferzeuger war dann über 20 Jahre in Betrieb. Es gab eine gravierende Störung durch eine Leckage, wahrscheinlich in einer Schweißnaht. Dadurch trat Wasser in den Primär-Helium-Gaskreislauf ein. Der erhöhte Wassergehalt wurde durch die Detektoren erkannt. Nach Abschalten des Reaktors wurde der Dampferzeuger weiter mit Speisewasser gespeist, um den Reaktor abzukühlen. Ursache war vermutlich eine undichte Schweißnaht im Endüberhitzer des Dampferzeugers. Die Störung trat während der über einige Jahre dauernden Versuchsbetriebsphase mit einer Kühlgastemperatur von 950 °C auf, also 100 °C über der Auslegungstemperatur. Dies bedeutet aber nicht, dass die höhere Kühlgastemperatur die Ursache für diesen Riss war. Der Schaden konnte behoben werden, da der Dampferzeuger mit einem 4-Kreissystem konstruiert war, der es ermöglichte, den undichten Teil außer Betrieb zu nehmen. Nach dieser Maßnahme war der Dampferzeuger weiter

Kugelbett-Reaktor oder –Ofen ?

störungsfrei in Betrieb. Die Reaktorleistung musste nicht zurückgefahren werden, da ausreichende Reserve konstruktiv von vorneherein vorgesehen war. Diese nicht gravierende Störung zeigt aber nochmals die Gutmütigkeit des ganzen Systems. Es gab keinen radioaktiv-kritischen Zustand. Der Reaktor konnte nach Behebung des Schadens problemlos weiter betrieben und der Versuchsbetrieb fortgesetzt werden.

Eine sehr schwierige Lage entstand bei der Druck- und Funktionsprüfung aller Gasleitungen mit Helium. [11] Jede einzelne Armatur war lange im Prüfstand auf Funktion getestet worden, letztmals vor dem Einschweißen. Dennoch, alle Sitzdichtungen aus Viton lösten sich, da die dünngasige He unter die Dichtungen „krabbelte" und diese bei Betätigung aus der Fassung herausdrückte, und alle ca. 250 Gasventile waren undicht. Der Lieferant war stumm und ratlos, konnte und wollte nicht mehr weiter machen. Wir standen schwer unter Druck, eine „Katastrophe" bahnte sich auf höchster Ebene an. Wir mussten Mitarbeiter in die USA und nach Großbritannien entsenden, um dort nach geeigneten Armaturen zu suchen, ergebnislos. Inzwischen hatten wir selbst neue Armaturen in einer Nacht- und Nebelaktion, und das in den Weihnachtstagen 1965, konstruiert, in Rekordzeit wurden sie in der Lehrwerkstatt von *Krupp* gefertigt. Auch der neue Prüfstand im Labor war fertig, diesmal mit der Möglichkeit, die neuen Armaturen unter He-Bedingungen und unter Druck prüfen zu können. Alle neuen Testarmaturen waren auf Anhieb dicht. Zwischenzeitlich war aber auf höchster Ebene eine Konferenz einberufen worden, die sich mit der Frage beschäftigte, ob der ganze „Test AVR" abgebrochen werden sollte. Vor allem *BBC* drängte zu diesem Entscheid. Nur dem persönlichen, entschlossenen Einsatz von *Cautius* [2] war es zu verdanken, dass die Arbeiten weitergehen konnten. Der Ausbau aller alten Ventile und das Einschweißen der neuen Armaturen unter Clean-Bedingungen in kürzester Zeit war eine Leistung der *VRB* (seinerzeit *Vereinigte Rohrleitungsbau GmbH*).

Auch alle anderen neu konstruierten Anlageteile, Beschickungsanlage [7, 9] mit Brennelementzuführung, Kugelabzugsvorrichtungen Verweniger, Vereinzelner, Bruchabscheider, die Abbrandmesseinrichtung, die ölgelagerten Kühlgasgebläse mit den Ölversorgungsanlagen, alle wurden eingehend getestet, sowohl in den Prüfständen der Firmen, im Labor von *BBC/Krupp* [15] (*Bild 3*) und letztlich nach Einbau in den Reaktor. Ergebnis: Umfassende Tests kosten viel Geld und auch Zeit, ergeben aber dann eine optimale Betriebssicherheit. Die Beschickungsanlage ermöglichte die Umwälzung und Neubeladung des Cores mit Brennelementen während des laufenden Betriebes, also ohne Reaktorstillstand. Über 20 Betriebsjahre lief sie ohne gravierende, nicht behebbare Störungen mit sehr geringer Bruchrate. [31]

Bild 3: Blick in Versuchsanlagen der BBC/Krupp Reaktorbau GmbH (links: Ansicht einer Kugelschüttung in einem Plexiglasbehälter; Packungsart nach Umwälzen von 500.000 Kugeln; rechts: Versuchsturm zur Erprobung der Abschaltstäbe [15]

Eines der kritischsten Bauelemente waren die Kohlestein- und Grafiteinbauten des Cores. *Bild 4* zeigt einen Blick in das fertiggestellte Core. Alle Steine wurden einfach aufeinander gestellt, ohne jede Verbindungssubstanz. Auch hier bestanden keinerlei Vorbilder. Dr. *Marnet* hatte kurz vor der Inbetriebnahme in 1967 gefragt, was denn passiere, wenn das Deckengewölbe einstürze. Antwort war, wenn das in den ersten 2 Jahren passiere, dann sei das HTR-Experiment gescheitert, wenn er 5 Jahre halte, so haben wir ausreichend Erfahrungen, um zu überlegen, ob wir weitermachen können oder nicht, hält er länger, so beginnen wir, mit dem erzeugten Strom die weiteren Entwicklungsberechnungen bezahlen zu können. Ähnlich wurde auch die Frage eines Prüfers des *Bundesrechnungshofes* beantwortet, ob der Bau des Sekundärteils nicht eine Fehlinvestition sei. Nach 25 Jahren, also nach der Abschaltung des Reaktors, merkte Dr. *Marnet* an, dass alle Kohlestein- und Grafiteinbauten wie neu aussehen, [31] nicht ein Block hätte sich auch nur um einen Millimeter ver-

schoben. Für eine weltweite Erstkonstruktion ein großartiger Erfolg.

Die 1. Kritikalität des Reaktors wurde am 28. August 1966 erreicht. Danach erfolgten die Durchführungen aller nuklear-physikalischen Messungen zur Überprüfung der Berechnungen. Die Experimente ergaben eine gute Übereinstimmung mit den Auslegungsberechnungen. Aber auch alle übrigen Anlageteile wurden weiter erprobt. Vor allem wurden alle erdenklichen Störfallszenarien untersucht, die verliefen ohne Beanstandungen. Im November 1967 wurde dann die uneingeschränkte Genehmigung zum Betrieb des Reaktors erteilt. Am 18. Dezember 1967 wurde erstmals die Turbogruppe ans Netz geschaltet, mit einer Leistung von 6 MW.

Ein Ereignis, das seinerzeit völlig normal war, dessen Bedeutung erst später, nach dem Unfall in *Tschernobyl*, erkannt wurde, war die Erprobung des Reaktorverhaltens bei vollständigem Ausfall der Kühlung, heute allgemein als GAU bezeichnet, zum Nachweis des negativen Temperaturkoeffizienten. Der Reaktor wurde auf

Bild 4: Blick von unten in das Core mit Graphiteinbauten [3]

Betriebstemperatur von 850 °C gefahren, die Abschaltstäbe wurden blockiert, die Kühlgasgebläse abgeschaltet. Der Ausfall der Reaktorkühlung war mit die Ursache für die Katastrophe von *Tschernobyl*. Mit dem *AVR* passierte nichts. Das Kugelbett wurde langsam über Tage durch Wärmeabfuhr nach außen kühler. Der erste „GAU", der beim *AVR* nicht eintreten kann, war damit erfolgreich erprobt. Dieser Versuch wurde nach 10 Betriebsjahren 1977 [31] wiederholt, mit dem gleichen ausgezeichneten Ergebnis. In China hat in 2005 mit dem dort gebauten Versuchs-Pebble Bed Reactor *HTR-10* das gleiche Experiment stattgefunden, mit gleichem Ergebnis.

Das thermodynamische Sicherheitsverhalten von HT-Reaktoren wird in [28, 31, 33] eingehend beschrieben. Die 3 durchgeführten Versuche über das Verhalten des *AVR* und des *HTR-10* in China bei vollständigem Ausfall der Kühlsysteme bestätigen die theoretischen Modellberechnungen. Diese extremen Versuche sind öffentlich kaum wahrgenommen worden. Keine Radioaktivität wurde freigesetzt. Auch das Bedienungspersonal wurde nicht auch nur im Geringsten belastet.

Weitere für den späteren Betrieb ganz wichtige Bauelemente waren die Werkzeuge und Vorrichtungen zum eventuellen Austausch von Komponenten. Vor allem das automatische Verschweißen der Deckel für die Bruchbehälter der gebrochenen Brennelemente und deren Austausch während des laufenden Reaktorbetriebes wurde intensiv und erfolgreich erprobt. Ebenso für alle Teile der Beschickungsanlage. Diese Technik ist von ganz wesentlicher Bedeutung für einen späteren möglichst störungsfreien Betrieb. Alles hat später im Betrieb funktioniert.

Wichtig zur Beurteilung des Erfolgs dieses Versuchsreaktors ist es, dass der Reaktor längere Zeit zur Demonstration weiterer Einsatzmöglichkeiten der HTR-Technik mit einer Gasaustrittstemperatur von 950 °C störungsfrei betrieben wurde, also 100 °C über der ursprünglichen Auslegungstemperatur. Grafit- und Kohlesteineinbauten machten problemlos mit. In dieser Zeit wurde eine Schweißnaht im Dampferzeuger undicht. Es entstand ein Schaden, der nicht durch die höhere Betriebstemperatur verursacht worden war.

Am 31. Dezember 1988 wurde der *AVR* stillgelegt. Er ist bis heute die weltweit einzige HTR-Anlage mit Langzeiterfahrungen für alle eingesetzten, oft neuartigen Werkstoffe und neu konstruierten technischen Anlagen, Maschinen und allen anderen Komponenten. Wie erfolgreich dieser Versuchsbetrieb war, geht aus folgenden Zahlen hervor. Die Zeitausnutzung, das Verhältnis der Generatorbetriebsstunden zur gesamten Kalenderzeit von 1969 bis 1988 betrug 67,2 %. Die beste Zeitausnutzung erreichte der *AVR* in 1979 mit 91,9 %. Für ein völlig neues Reaktorkonzept das weltweit herausragende Ergebnisse. [3]. Die mittlere Dosisbelastung für alle strahlenexponierten

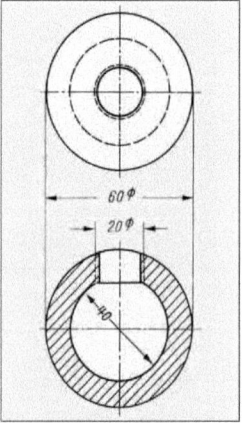

Bild 5:   *Schnitt durch das erste Brennelement [4]*

Personen ist von 6,17 mSv im Jahre 1968 auf 0,39 mSv im Jahr 1988 zurückgegangen. Alle Erfahrungen, insbesondere zum Strahlenschutz und Sicherheit, die mit dem Versuchsbetrieb des *AVR* gewonnen werden konnten, sind umfassend und ausführlich in dem Abschlussbericht festgehalten. [31].

2 Brennelemente und Reaktorphysik

Nach den Ideen von *Prof. Dr. Schulten* [1] sollten für die Brennelemente [1, 4, 32] nur keramische Stoffe wie bspw. Oxide oder Karbide und sonst nur Grafit verwendet werden. Als erstes Konzept wurde ein Brennelement gewählt, das in einer Grafitkugel mit Verschlussstopfen (*Bild 5*) ein Pellet mit einem Gemisch von Uranoxid und Grafitpulver enthielt. Damit wurde eine Kontamination der Kreisläufe mit allen Spaltprodukten in Kauf genommen. Die weitere Entwicklung führte dann zu so genannten „Coated Particles", also umschichteten weitgehend gasdichten Brennstoffteilchen und letztlich zu gepressten Brennelementen mit darin eingeschlossenen „coated particles". Diese Konstruktion, mit der auch variable Brennstoffmischungen erprobt werden können, ist bis heute die beste Lösung (*Bild 6*). Mit den ersten Brennelementen konnte mit 2 Kugeln eine thermische Leistung von 1 kW erzeugt werden. Mit den neuen Brennelementen wurde eine Leistung von 1,6 kW/Kugel erreicht bei einer Leistungsdichte von 2,4 MW/m^3. Die Elemente wurden insbesondere von der *KFA Jülich* jahrelang in Forschungsreaktoren, u.a. in *Mol*/Belgien getestet, bevor sie in den Reaktor eingebracht wurden. Im *THTR* wurde bereits eine Leistungsdichte von 6 MW/m^3 erreicht.

Die neutronenphysikalischen Berechnungen eines Kugelbettes sind wegen der Strömung des Kühlgases um die Kugeln sehr kompliziert. Umfangreiche Versuche zur Ermittlung der Wärmeübergangszahlen rund um die Kugeln und im Kugelbett wurden durchgeführt. Diese Probleme erschweren auch die Berechnung der Temperaturverteilung im Kugelbett. Alle diese Fragen sind ausführlich in [13] beschrieben, ich möchte, da eine Beschreibung zu sehr ins Detail gehen würde, diese hier nicht erläutern. Ich habe auch noch nie ein Core berechnet. Nur die thermodynamische Auslegung von Kraftwerken hatte ich bis dahin

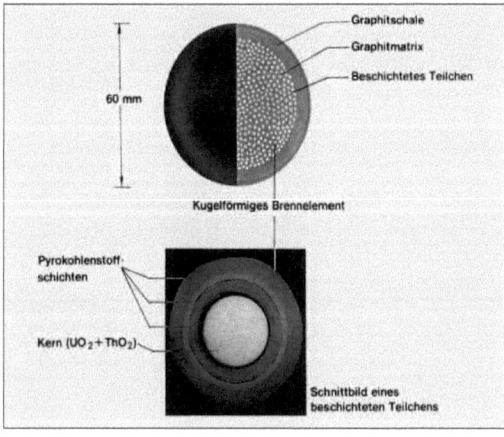

Bild 6:   *Querschnitt durch ein Brennelement mit „Coated Particles" des AVR und THTR [21]*

Kugelbett-Reaktor oder –Ofen ?

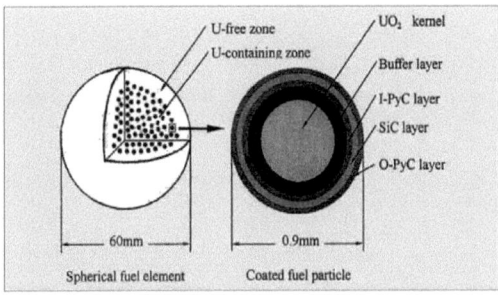

Bild 7: Brennelement des HTR-10 in Peking [24]

gelernt. Fakt ist nur, dass die Brennelemententwicklung, die besonders im *AVR* als idealem Testreaktor von Anfang an eingeplant war, weitergegangen ist. Alle hierbei gewonnenen Erfahrungen sind detailliert in [31] beschrieben. Auch die Auslegung und Dimensionierung der Cores ist mit den Reaktorentwicklungen in China und Südafrika weitergegangen. Das neueste Element aus einer Veröffentlichung über den chinesischen *HTR-10* zeigt *Bild 7*.

Zusammengefasst lässt sich sagen, dass die Entwicklung der Brennelemente mit Verwendung von Uran-235 und dem „Brutstoff" Thorium-232 in „Coated Particles" die Weiterentwicklung zum thermischen Brüter ermöglicht hat. Beim *AVR* wurde der Thoriumgehalt der Brennelemente von 5 g auf 10 g angehoben. Dies zu erproben sollte nach Abschaltung des *AVR* eine wesentliche Aufgabe des *THTR-300* sein. Die Leistungsdichte bei der Auslegung des *THTR-300* betrug bereits 6 MW$_{th}$/m³ Kugelschüttung gegenüber 2,4 MW$_{th}$/m³ beim *AVR*. Auch sollten hier Brennelemente verschiedener Konfigurationen erprobt werden. Heute werden diese Brennelemente in China weiterentwickelt. Wir erkennen, welchen Rückschlag diese Entwicklung durch die rein politisch bedingte Stilllegung des *THTR-300* erfahren hat. Auch der *AVR* hätte noch Jahre weiter als Testreaktor betrieben werden können.

3 Das THTR-300 MW Demonstrationskraftwerk in Hamm-Uentrop Schmehausen

Das Grundkonzept des *THTR-300 Demonstrationsreaktors* mit den sogenannten baureifen Unterlagen wurde noch während der Inbetriebnahme des *AVR* erstellt, konnte also noch keine Erfahrungen aus dem Betrieb des *AVR* enthalten. Einen Schnitt durch die Gesamtanlage zeigt *Bild 8* [21].

Gegenüber der *AVR*-Technik wurde folgende wesentlichen Änderungen durchgeführt:
– Der Reaktor erhielt statt des Stahlbehälters einen neu zu konstruierenden und zu erprobenden Spannbetondruckbehälter. Eine sicherheitstechnisch großartige Neukonstruktion. Bei einem Durchmesser von 16 m und einer Höhe von 18 m war ein Stahlbehälter nicht mehr machbar. Wir wollten aber auf keinen Fall das integrierte Reaktorkonzept mit Core und Dampferzeuger in einem Behälter aus Sicherheitsgründen verlassen. Mit einer Wandstärke von mehr als 5 m Beton ist er gleichzeitig eine ideale biologische Abschirmung. Eine bis heute eindeutig richtige Entscheidung.
– Auf einen Schutzbehälter konnte wegen der geringen Aktivität im Helium-Kühlgas auf keinen Fall das integrierte Reaktorkonzept verzichtet werden. Ein gasdichtes aber druckloses Containment reicht aus, um einen sicheren Einschluss aller gasführenden Teile innerhalb des Reaktorgebäudes zu gewährleisten, die Luft innerhalb des Containments auf Radioaktivität zu prüfen, zu reinigen, zu

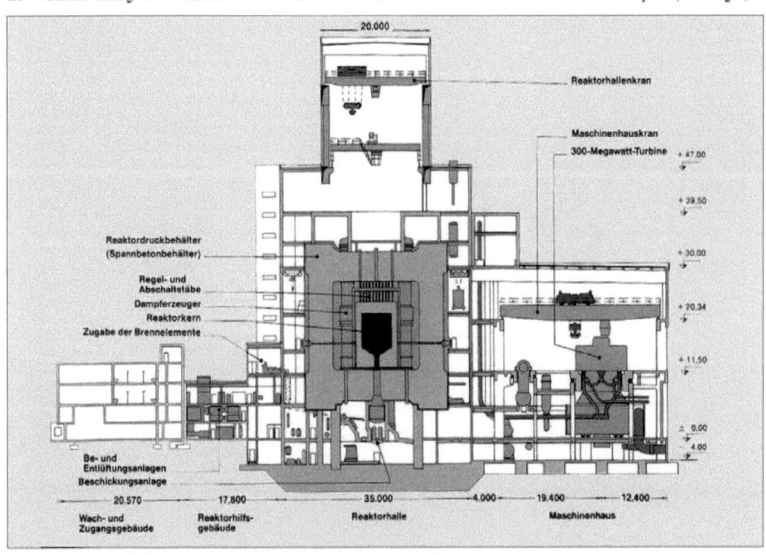

Bild 8: Querschnitt durch den THTR-300 mit Reaktor, Maschinenhaus und Hilfsgebäuden [21]

filtern und radioaktiv freie Luft kontrolliert in die Umgebung abzuleiten.

Die Führung des Helium-Kühlgases wurde umgestellt, das Kugelbett wurde nicht mehr von unten nach oben, wie beim *AVR*, sondern von oben nach unten durchströmt. Grund hierfür war, dass bei höheren Gasgeschwindigkeiten die Brennelementkugeln bei Anströmung von unten im oberen Bereich beginnen, sich abzuheben, also im Kühlgas zu „tanzen". Eine nicht vermeidbare und richtige Änderung. Weiter wurde hierdurch eine gleichmäßige Anströmung des Kugelbettes erreicht. Dadurch wird die Bildung von möglichen „heißen Strähnen" im Kugelbett und strömungstechnisch bedingte Bildung einer zu hohen Erwärmung der Brennelemente in einzelnen Bereichen praktisch ausgeschlossen. Die Temperaturverteilung und deren Berechnung im Kugelbett wird gegenüber dem *AVR* wesentlich verbessert bzw. vereinfacht [13].

Bei der Abzugsvorrichtung, die auch den unteren Abschluss des Kugelabzugrohres bildet, wurde ein neu konstruierter und unter normalen Bedingungen erprobter Vereinzeler eingesetzt.

Die Dampferzeuger wurden neben dem Core in den Spannbetondruckbehälter eingebaut. Neben konstruktiven Vorteilen bietet diese Anordnung die Möglichkeit, im Falle einer Undichtigkeit den undichten Strang zu ermitteln, ohne dass das Core, wie beim *AVR* geschehen, „unter Wasser gesetzt" wird. Die zur Ermittlung einer Leckage im Falle einer Undichtigkeit erforderliche Druckprüfung kann also einfacher und problemloser durchgeführt werden. Der Störfall mit der undichten Schweißnaht am *AVR*-Dampferzeuger hat gezeigt, dass die Feuchtigkeitsanzeige im Heliumkühlgas so schnell ansprach, dass das Kugelbett des *AVR* nicht während des Betriebes, also in heißem Zustand, mit flüssigem Wasser in Berührung kam. Lediglich der Feuchtigkeitsgehalt des Helium als gasförmigem Wasser wurde erhöht. Erst bei der Druckprüfung zur Ermittlung des undichten Dampferzeugerstranges wurde das Kugelbett „unter Wasser" gesetzt. Auch nach Behebung des Schadens wurde der Reaktor mit den gleichen BE, also mit der Füllung, die zuvor unter Wasser gestanden hat, problemlos weiterbetrieben.

Die Gaskreisläufe wurden entsprechend der geringeren zu erwartenden Aktivität durch Einsatz der neuen Brennelemente mit „coated particles" ausgelegt. Auf eine Ummantelung des gasführenden Rohre konnte verzichtet werden, eine erhebliche Vereinfachung und Verbilligung.

Die Reaktorphysik hat dann das ganze Konzept mit neueren Programmen nochmals nachgerechnet und kam zu der uns als überraschenden Erkenntnis, dass ohne Einfahren von Abschaltstäben in das Kugelbett ein „Kaltfahren" des Reaktors nicht möglich sei, der **negative Temperaturkoeffizient** reichte, im Gegensatz zum *AVR*-Reaktor, nicht aus, um das Kugelbett auf eine niedrige Temperatur herunterzufahren. Der Reaktivitätsüberschuss beim Abfahren war wegen des größeren Durchmessers des Kugelbettes und dem zu großen Abstand der Brennelemente in der Mitte des Cores zu den Absorberstäben höher als beim *AVR*. Damit war ein Vorteil des Kugelbettreaktors nicht mehr in vollem Umfang gegeben.

In einer Sitzung im 1967 mit den technischen Vorständen von *Brown Boveri*, Baden, *BBC*, Mannheim, *Krupp*, *Prof. Dr. Schulten* und der Leitung von *BBC/Krupp* wurden die Konsequenzen beraten. Problem war, dass das Verhalten der Abschaltstäbe im heißen Core nicht zuvor in einer Versuchsanlage erprobt werden konnte. Niemand konnte die Frage beantworten, ob diese sich unter Strahlung und den hohen Temperaturen, sowie durch die Biegebeanspruchung, bedingt durch die Fließvorgänge in Kugelhaufen [17], verbiegen, abbrechen oder festfahren würden. Weiter war nicht erprobbar, ob die sich im Kugelbett bewegenden Stäbe zu einer erhöhten Bruchrate der Brennelemente führen könnten. Eine sehr kritische Situation, die die Frage aufwarf, ob der Reaktor überhaupt gebaut werden sollte, und ob dieser Bau noch verantwortbar sei. Diese Fragen wurden sehr eingehend und sehr ernsthaft besprochen. Eine alternative Konstruktion, mit Führung der Abschaltstäbe in den Grafiteinbauten innerhalb des Cores, ähnlich wie beim *AVR*, wurde verworfen, da keine Erfahrungen über das Verhalten mit Grafiteinbauten vorlagen. Das Risiko wurde hier als noch größer angesehen. Die Diskussion führte letztlich zum Ergebnis, dass nur mit dem Bau und dem Betrieb des *THTR*-300 diese Fragen zu beantworten seien. Für das Personal und die Umgebung bestanden keinerlei sicherheitstechnische Bedenken. Nur der Reaktorbetrieb könnte erschwert werden. Daher wurde entschieden, diese Reaktorentwicklung weiterzuführen. Im Extremfall sollte der Reaktor unter Einbringung von Bor vergiftet werden.

Die Konstruktion des Spannbetondruckbehälters war neu. Die Kühlung der inneren Betonwand erfolgt durch eine Isolierung und einen wassergekühlten gasdichten Liner. Ein Spannbetonbehälter wurde als Versuchsmodell mit allen wesentlichen Teilen maßstabsgetreu 1:20 gebaut und druckgetestet. Als Versuchsmedium wurde Wasser verwendet. Der Betriebsdruck des Heliumkühlgases beim *THTR* liegt bei 40 bar. [16]. Die Versuchsinstrumentierung bestand aus Dynamometer zur Kontrolle von Spannkraftverlusten der Kabel, Rissanzeigern aus Beton und Thermoelementen zur Temperaturkontrolle bei den Warmversuchen. Die äußeren Verformungen wurden mit Dehnungsmessstreifen und speziell für die Versuche entwickelten Geräten zur Verschiebungsmessung gemessen. Im ersten Belastungszyklus von max. 50 bar im kalten Behälter verhielt sich der Behälter völlig elastisch. Der zweite Versuchszyklus wurde mit warmem Behälter durchgeführt. Die Drucksteigerung erfolgte in Schritten von 10 zu 10 bar bis zum Auftreten der ersten Risse. Die ersten Haarrisse traten bei einem Druck von etwa 90 bar in der Zylinderwand auf. Bei der weiteren Drucksteigerung traten die ersten senkrechten Risse in der Zylinderwand bei etwa 116 bar auf. Beim abschließenden Berstversuch wurde der Druck kontinuierlich gesteigert. Große Risse entstanden bei 180 bar und die ersten senkrechten Kabel rissen bei 190 bar. Erstaunlich und überraschend war, dass der Behälter nach dem Bruch und Druckentlastung bis zum Versuchsende wieder annähernd gasdicht war [16]. Dies bedeutet, dass in einem angenommenen Störfall nur ein Teil der Primärgasmenge hätte entweichen können. Ein großartiges Versuchsergebnis. Damit war die Entscheidung für einen Spannbetondruckbehälter beim *THTR* endgültig gefallen, in ein entscheidender sicherheitstechnischer Fortschritt und Erfolg darstellt.

Inbetriebnahme und Betrieb des *THTR* sind nicht ganz so problemlos erfolgt, wie beim *AVR* [17, 19, 20]. Schwierigkeiten traten beim Brennelementabzug durch in im Verhältnis zum *AVR* wesentlich höhere Bruchrate der Brennelemente auf. Dies lag u.a. daran, dass die Genehmigungsbehörden einen wahrscheinlich viel zu lange dauernden Testbetrieb zum Einfahren und Bewegen der Abschaltstäbe in die Core forderten. Dadurch ist eine hohe Bruchrate schon vor der eigentlichen Inbetriebnahme des Reaktors entstanden. Das Risiko durch das Fahren der Stäbe im Core mit der Gefahr, Brennelemente zu beschädigen, war beim *AVR*, Abschaltstäbe sind beim Abfahren des Reaktors im Stillstand im Core eingefahren. Bei laufendem Betrieb bewegen sie sich nicht im Kugelbett, können, dann auch keine Kugeln beschädigen. Es hätte also Sinn gemacht, diese Versuche vor der Inbetriebnahme auf ein Minimum zu beschränken. Dennoch haben die Versuche gezeigt, dass das Jahre zuvor befürchtete Problem, das durch das Bewegen der Stäbe innerhalb des Kugelbettes eine höhere Bruchrate als erwartet, eingetreten ist. Aber das war konstruktiv aus damaliger Sicht nicht zu ändern. Wahrscheinlich aber bedingten alle schon früher erkannten Risikofaktoren die höhere Bruchrate. Bild 9 zeigt einen Blick in das Core mit den Abschaltstäben. Ob die Stäbe bei Dauerbelastung standgehalten hätten, konnte nicht mehr erkannt werden, dazu waren die Betriebszeiten ohne durchgehenden Dauerbetrieb mit ausgefahrenen Stäben zu kurz. Dennoch lassen sich aus dem *THTR*-Betrieb wichtige Schlüsse für Verbesserungen bei zukünftigen Reaktoren zusammen mit den aufgezeichneten Betriebserfahrungen des *AVR* ziehen.

Die anfänglich bestehenden Probleme mit den Vereinzelern bei der Aufgabe hat, die Kugeln aus den Abzugsschacht einzeln abzuziehen, konnte ohne anfängliche Schwierigkeiten weitgehend behoben werden. Nach Beheben der Anfangsschwierigkeiten

Kugelbett-Reaktor oder –Ofen ?

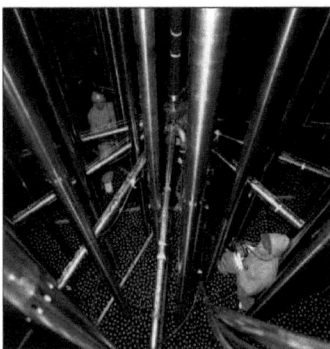

Bild 9: Blick in das Core des THTR-300 mit eingefahrenen Corestäben [21]

und dem Ausschleusen des größten Teils der Brennelemente, die bei der Inbetriebnahme beschädigt worden waren, lag die Bruchrate der Brennelemente bei 0,6 % der abgezogenen Elemente. Die Bruchrate beim AVR war erheblich geringer, sie lag bei etwa 0,01 % [31].

Ausdrücklich ist zu erwähnen, dass keiner der beim Betrieb THTR aufgetretenen anfänglichen Schwierigkeiten eine sicherheitstechnisch relevante Bedeutung hatte. Alle anderen Komponenten arbeiteten über 16.000 Betriebsstunden genau so problemlos, wie beim AVR in über 20 Jahren und in mehr als 100.000 Betriebsstunden. In keinem einzigen Fall ist eine unzulässig hohe Strahlenbelastung des Personals oder der Umgebung eingetreten [21]. Selbst eine kurzfristige „Freisetzung" – ein Vorgang, der nur theoretisch überhaupt denkbar ist – des im Kühlkreislauf eingesetzten Helium hätte nicht zu einer Evakuierung im Umkreis des THTR geführt, da die Radioaktivität weit unter den zulässigen Grenzen lag. Umso bedauerlicher ist es, wenn deutsche „wissenschaftliche Forschungsinstitute" eine bewusste Fehlinformation zum tragischen Reaktorunfall in der Ukraine aus dortiger Quelle aufnehmen und behaupten, die Strahlenbelastung sei nicht durch Tschernobyl, sondern durch eine Störung im THTR-300 verursacht worden. Ein geradezu beschämendes Verhalten des Freiburger ÖKO-Instituts, das nur als Irreführung betrachtet werden kann, und beweist, was Bürger von „Warnungen" solcher Institute halten können.

Zusammenfassend [22] kann trotz des relativ kurzen Betriebes des THTR festgestellt werden, dass alle wichtigen Erkenntnisse und Ergebnisse, die zu Konstruktion und Betrieb neuer, zukünftiger kommerzieller HTR-Kraftwerke erforderlich sind, mit diesem Prototyp erzielt werden konnten.

Bei der Stilllegung war die Gesamtanlage technisch intakt und hätte jederzeit innerhalb von 3 Tagen wieder angefahren werden können.

Wesentliche Ergebnisse sind:
- HTR-Kraftwerke können im elektrischen Verbundnetz nach Vorgabe der Lastverteilung eingesetzt werden. Das Regelverhalten, auch zur Frequenzhaltung, ist einwandfrei.

Die gesamte Anlage ist sicherheitstechnisch problemlos zu betreiben.
- Die Gesamt-Personendosis ist mit 10 mSv bei Normalbetrieb und 40 mSv bei Stillstand, Reparaturen und Revisionen selbst am offenen Primärteil sehr gering.
- Ausbauarbeiten und Reparaturen am Primärteil sind durchführbar.
- Durch Kugelbruch entsteht keine höhere Aktivität des Primärgases Helium.
- Sicherheitstechnisch begründete Betriebseinschränkungen oder sicherheitstechnisch relevanten Schäden hat es nie, auch beim AVR nicht, gegeben.
- Der thermodynamische Gesamtwirkungsgrad von konventionellen Kraftwerken mit Zwischenüberhitzung des Wasser-Dampf-Kreislaufes wurde erreicht. Damit ist die Ausnutzung des nuklearen Brennstoffes annähernd doppelt so hoch, wie bei Wasserreaktoren.

Der THTR-300 hat also trotz der kurzen Betriebszeit seine eigentliche Aufgabe zusammen mit den Erfahrungen aus dem 20-jährigen störungsfreien Betrieb des AVR im Wesentlichen erfüllt:
- Alle Erkenntnisse wurden gewonnen, um den Bau größerer kommerzieller Anlagen zu ermöglichen.
- Die Gesamtanlage und alle neuen Kraftwerkskomponenten konnten im großtechnischen Einsatz erprobt werden.
- Der Nachweis wurde erbracht, dass die HTR-Technik im Kraftwerksbetrieb zur Stromerzeugung auch im Netzbetrieb unter regelungstechnischen Bedingungen uneingeschränkt nutzbar ist.
- Die Sicherheitstechnik ist soweit entwickelt, dass keine Gefahr für das Bedienungspersonal oder die Bevölkerung gegeben ist, und sogar im schlimmsten, überhaupt denkbaren Störfall keine Evakuierung der Bevölkerung im Umkreis erforderlich ist [33].

4 Konzept einer HTR-Baureihe mit Leistungen über 300 MW

Aus den Erfahrungen und Überlegungen lassen sich konkrete Schlüsse zur Konstruktion von HTR-Reaktorbaulinien, die bis zu den größten Leistungen entwickelbar sind, ziehen [19].

Diese sind folgende:
- Am grundlegenden Sicherheitskonzept des THTR-300 sollte nichts geändert werden. Die integrierte Bauweise mit einem Spannbetondruckbehälter muss erhalten werden, auch wenn die Entwicklungsprojekte in den USA, Japan, China und Südafrika andere Konstruktionen zeigen. Weder beim AVR noch beim THTR ist auch nur eine einzige unzulässige Strahlenbelastung eines Mitarbeiters oder der Umgebung aufgetreten. Wer etwas anderes behauptet, kennt das Anlagensystem nicht oder er ist boshaft unbelehrbar. Sicherheit ist das höchste Gebot, auch bei der an sich schon überzeugenden Sicherheitsbetrachtung, die durch die erstellten Sicherheitsberichte bestätigt wurde.
- Zwei erfolgreich erprobte „GAU" in unseren Anlagen sollten ausreichender Beleg auch für die größten Skeptiker und Kritiker sein.
- Der AVR-Betrieb hat erwiesen, dass die Grafiteinbauten zuverlässig einsetzbar sind und keine Probleme bereiten. Sie haben sich im AVR-Betrieb als langjährig stabile Bauelemente erwiesen. Daher ist die schon in 1967 angedachte Bauweise des Cores mit mehreren Brennelement-Abzugsvorrichtungen und Führung der Abschalt- und Regelstäbe nur in Grafiteinbauten ausgeführt werden. Diese Konstruktion führt auch zu einer Vergleichmäßigung des Kugelflusses im Core [17], und damit zu einer genaueren Berechnungsmöglichkeit des Abbrands der einzelnen Kugeln. Beim AVR und in der Versuchsanlage wurde festgestellt, dass die BE in der Randzone langsamer fließen, als angenommen. Auch dieses Problem wird durch mehrere Abzugseinrichtungen erheblich gemindert.

Das Helium-Kühlgas wird wie beim THTR-300 von oben nach unten, also gleichmäßig zum Kugelfluss, durch das Kugelbett geleitet. Damit wird das zuvor erwähnte Abheben-Tanzen der Kugeln im oberen Ende des Kugelbettes verhindert. Ebenso wird die Berechnung und Einhaltung einer gleichmäßigen Temperaturverteilung im Kugelbett erheblich vereinfacht. Auch die neu entwickelten, sogenannten „once through and out" Brennelemente könnten das Kugelbett gezielter und besser berechenbar durchfließen.
- Durchmesser und Höhe des Cores sind nuklearphysikalisch und unter wirtschaftlichen Gesichtspunkten zu optimieren.
- Die Brennelement-Abzugs -Umwälzanlage eines zukünftigen HTR sollten unter Berücksichtigung der Erfahrungen mit AVR und THTR weiter untersucht und auch geeignete weitere Varianten erprobt werden. Mit neuen Ideen, basierend auf den vorliegenden Erfahrungen, sollten neue Konstruktionen weiter getestet werden. Hier liegt noch ein gutes und Erfolg versprechendes Entwicklungspotenzial. Die höhere Zahl von Abzugsvorrichtungen bei einer größeren

Zahl von Abzugsrohren aus den Reaktorbetten lässt dies sinnvoll erscheinen. Zur Planung der Umwälzanlage gehört eine sehr gut konstruierte und erprobte Einrichtung mit Werkzeugen zum Ausbau bei erforderlichen Reparaturen unter Betriebsbedingungen, also auch bei laufendem Reaktor. Auch hier liegen positive Erfahrungen mit den im *AVR* und vor allem mit den am *THTR* erprobten Apparaturen vor, die bewiesen haben, dass solche sehr schwierigen „Operationen" möglich sind, und nicht zu einer unzulässig hohen Strahlungsbelastung des Betriebspersonals führen.

Bei einer Vergrößerung der HTR-Kraftwerksleistung, etwa beim Übergang vom *THTR-300* auf Leistungen von 500 MW$_{el}$ und größer, werden nachstehend die wichtigsten Komponenten hinsichtlich konstruktiver Fragen zur Leistungserhöhung betrachtet:

Die Brennelemente sind entwickelt und unverändert einsetzbar, nur die Zahl wird erhöht. Die neuen Erfahrungen mit Brennelementen, ggf. auch aus China und Südafrika, stehen hierzu mit zur Verfügung. Wenn möglich sollte auch die Leistungsdichte im Core erhöht werden, dies führt zu einer kompakteren Bauweise und ist kostengünstiger. Der alles entscheidende Vorteil aber liegt in der Möglichkeit zur Erbrütung neuen Kernbrennstoffes in der Größenordnung von etwa 60 % beim *THTR-300*, bis zum Ziel von etwa 95 % bei weiterer Entwicklung der Reaktortechnik und der Brennelemententwicklung.

Mit Einsatz dieser Technik reichen die vorhandenen und bekannten Uranvorkommen so auf viele Hunderte von Jahren aus.

Der Spannbetondruckbehälter muss neu dimensioniert und berechnet werden. Danach ist zu entscheiden, ob erneute Berstversuche durchgeführt werden müssen. Bedenken, dass diese nicht gelingen könnten, sind gering.

Das Core besteht weiter aus Grafiteinbauten. Die Größe eines/der Cores muss neu berechnet werden, vor allem wenn die Abschalt- und Regelstäbe in die das/die Cores umgebenden Grafiteinbauten geführt werden. Für die nuklear-physikalischen Berechnungen sind neue Programme zu erstellen.

Die Heißgastemperatur kann auf 900 bis 950 °C erhöht werden. Eine Erhöhung des Betriebsdruckes sollte untersucht werden. Beides ist aber nur möglich, wenn die Heißgas führenden Kanäle mit geeigneten Materialien gebaut werden können. Hier liegt noch ein Entwicklungspotenzial, das zu einer Minderung der Baukosten beitragen kann [20].

Die Konstruktion der Abschaltstäbe, im THTR auch in den Grafiteinbauten eingesetzt waren, ist problemlos übertragbar, also praktisch risikolos, nur die Zahl der Stäbe wird sich erhöhen, bei praktisch unveränderter Konstruktion.

Die größeren Kühlgasgebläse müssen von den Herstellern unter Berücksichtigung der Erfahrungen, die beim Betrieb des *THTR-300* gewonnen wurden, mit größerer Leistung gebaut werden. Da die Gebläse im *THTR* weitgehend einwandfrei liefen, sollte hier kein größeres Problem entstehen. Die vorhandenen Erfahrungen der Gebläselieferanten sollten ausreichen, um Gebläse mit größerer Leistung zu bauen.

Die Gasreinigungsanlagen können problemlos extrapoliert und somit für größere Leistungen ausgelegt und konstruiert werden.

Die Dampferzeuger mit den vorliegenden Konstruktions- und Berechnungsunterlagen ohne Schwierigkeiten für größere Leistungen berechnen. Die Prüfungen erfordern keine nennenswert neuen Erkenntnisse oder Konstruktionen. Die „gewickelte" Konstruktion der Rohrleitungen des *THTR* ist einfacher und sicherer zu prüfen, als die „Evolventen" Konstruktion des *AVR*.

Der komplette Stromerzeugungsteil ist konventionell, hier braucht nichts mehr entwickelt zu werden.

Die Fragen einer sicheren „Stilllegung" eines solchen Reaktors nach Beendigung des Betriebes müssen schon bei der Konstruktion berücksichtigt werden. Zurzeit wird das Konzept des „sicheren Einschlusses" nach Abzug aller Brennelemente im *THTR* erprobt. Es scheint sich gut zu bewähren, bei relativ geringen Kosten. Es könnte eine Dauerlösung, vor allem wegen des „strahlensicheren" Spannbetonbehälters mit hervorragender biologischer Abschirmung des gesamten „eingeschlossenen" Systems, sein.

Für den Fall des terroristischen oder kriegerischen Bedrohung können die kugelförmigen Brennelemente in rund 5 Minuten unter Schwerkraft aus dem Core in unterirdischen Bunker entladen werden. Dieser Fall wurde in einem 1/6-Modell erprobt. [32, 33, 34]. Eine größere Zahl von Kugelabzügen ermöglicht einen schnelleren Abzug der Brennelemente in diesem Fall.

Dieses „Notfalllager für Brennelemente" kann auch so geplant werden, dass es als Endlager für abgebrannte und nicht mehr aufzubereitende Brennelemente und für die gebrochenen und aus dem Kreislauf ausgeschiedenen Kugeln Verwendung findet. So kann die ganze Frage der Endlagerung wegen des verhältnismäßig geringen strahlenden Abfallvolumens schon bei einer Neukonstruktion wirtschaftlich und mit vergleichsweise geringen Kosten gelöst werden.

Die Transporte von radioaktivem strahlendem Material sind dann beschränkt auf die beendete-Transporte von der Wiederaufbereitungsanlage und zurück zum Kernkraftwerk.

Die Gesamtanlage wäre bei dieser Bauweise nicht nur gegen eventuelle Flugzeugabstürze, sondern sogar gegen terroristische Angriffe mit gezieltem Raketenbeschuss immun.

Der Spannbetonbehälter ist sicher das beste „Endlager", noch sicherer zu bauen ist technisch kaum möglich. Vor allem kann eine mögliche Gefährdung des Grundwassers hier völlig ausgeschlossen werden.

Der Sekundärteil des *THTR-300*, also der gesamte Bereich der Stromerzeugung, ist vollkommen unbelastet und ist daher bereits „entsorgt", zum Teil sogar verkauft worden. Die Dampfturbogruppe ist in einem anderen Kraftwerk konventioneller Bauart heute noch in Betrieb. Ein weiterer Vorteil dieses HTR-Konzeptes.

Beim *AVR* hat an diese Frage niemand gedacht. Vielleicht hätten dann die enormen Kosten eines „Rückbaus" verringert werden können, doch es war ja ein Versuchsreaktor, vielleicht jetzt mit dem Vorteil, auch die mit einem Rückbau zu gewinnenden Erfahrungen in Zukunft verwerten zu können. Vor allem muss bei einem Neubau eine denkbare Belastung des Bodens und damit auch des Grundwassers durch „strahlendes" Material ausgeschlossen sein.

Damit ist die Weiterentwicklung aller relevanten Komponenten technisch ohne größere Probleme lösbar. Die Erfahrungen, die beim Bau und Betrieb des *THTR*, aber auch bei dessen Montage und bei den Prüfungen erhalten wurden, sind voll verwertbar und auf zukünftige Großanlagen übertragbar.

Für Reaktoren bis zu einer thermischen Leistung von etwa 200/300 MW$_{th}$ ein modifizierter *AVR*, im Prinzip in konstruktionsähnlicher Bauweise, aber unter Berücksichtigung der auch für den *THTR* erwähnten Änderungen, eingesetzt werden.

Die in Deutschland entwickelte HTR-Technik ist die z.Zt. noch einzige in der Welt erprobte Technik, die den Nachweis erbracht hat, dass HT-Reaktoren betriebssicher und mit hoher Verfügbarkeit arbeiten.

Weiter kann ein HT-Reaktor zum Betrieb mit Gasturbinen eingesetzt werden. Bei dem hier gewählten Zweikreissystem aus Sicherheitsgründen bevorzugen. Im Primärkreis wird unverändert Helium verwendet, im Sekundärkreis je nach Wirtschaftlichkeit CO_2 oder auch Helium.

Aus den vorstehenden Überlegungen ist zu erkennen, dass bei Großanlagen eine erhebliche Kostendegression zu erwarten ist. Eine Abschätzung der Kosten eines HTR-500 ist erst nach detaillierter Konstruktion mit Erstellung baureifer Unterlagen möglich, dies mit Berücksichtigung und Auswertung der Erfahrungen, die beim Bau und Betrieb des *THTR-300* erworben wurden. Ein Team von etwa 40 bis 50 Reaktorphysikern, Ingenieuren und Konstrukteuren sollte in der Lage sein, neue Genehmigungsantrags- bzw. baureife Unterlagen, in 1 bis 1 1/2 Jahren zu erstellen.

Das technische Know-how hierzu ist vollständig vorhanden. Allerdings müssen die neuen Mitarbeiter, nach dem 20 Jahren Stillstand der Prototypen, durch Studium der vorhandenen Unterlagen gründlich eingearbeitet werden. Weiter sind bei der reinen Kosten der Brennelemente, also der reinen

Kugelbett-Reaktor oder –Ofen?

"Brennstoffkosten", mit den verschiedenen Brennelementkonfigurationen zu ermitteln. Nach heutigem Kenntnisstand könnten sie unter 1 cent/kWh liegen.

Eine weitere Studie sollte sich mit dem Einsatz der Hochtemperatur-Technik in chemischen Prozessen [20, 23, 30, 32] unter dem Begriff "Nukleare Prozesswärme" [19, 30, 32], so zur Vergasung von Biomassen, wozu auch alle Kohlen gehören, mit dem Ziel der Erzeugung flüssiger Kraftstoffe für Kraftfahrzeuge, befassen. Weiter kann die Wirtschaftlichkeit zur Erzeugung von Wasserstoff durch verbesserte Hochtemperatur-Elektrolyseverfahren untersucht werden [35]. Zusätzliche ergänzende Studien sollen die Möglichkeit zur wirtschaftlichen Bereitstellung billiger Wärme zur Aufbereitung und Förderung von Ölsanden und Ölschiefer und damit zur Gewinnung von Erdöl untersuchen. [18, 21, 23, 30, 32] Der Einsatz der HTR-Reaktorbaulinie zielt mit auf das große Ziel, aus Kernbrennstoffen flüssige Brennstoffe zu erzeugen, die dann auch im Haushalt und in Kraftfahrzeugen eingesetzt werden können [23]. Keine einzige, heute auch nur in der Idee vorhandene Technologie, verspricht eine solch große, vor allem wirtschaftliche Erfolgschance. Weiter können Kernkraftwerke in Stadtnähe mit Auskopplung von Heizwärme, also Kombikraftwerke, gebaut werden.

Eine wichtige Energiequelle ist die HTR-Technologie auch zur Erzeugung von Wasser und Trinkwasser und zur Meerwasseraufbereitung in Entwicklungsländern, da hier die Kombination von Stromerzeugung mit hohem thermodynamischen Wirkungsgrad und Wassererzeugung durch Abwärmeverwertung besondere Vorteile bietet. Leichtwasserreaktoren sind hier wirtschaftlich unterlegen.

In einer weiteren Studie kann ein mit Helium oder CO_2 im Sekundärkreis betriebener HTR mit Gasturbinen zur Stromerzeugung untersucht werden.

Weiter ist die Extrapolierbarkeit aller Komponenten, vor allem des Cores und des Spannbetonbehälters bis zu größtmöglichen Leistungen zu untersuchen.

Doch all dies ist nichts Neues, das hatte Prof. Dr. Schulten schon vor mehr als 50 Jahren erkannt.

Auch das Endlagerungsproblem von abgebrannten Brennelementen wird erheblich vereinfacht, da die keramischen Barrieren der "Coated Particles" und der Brennelemente selbst schon die beste Vorsorge für den Einschluss der Spaltprodukte sind. Weiter ist das "endzulagernde" Volumen erheblich geringer, als bei allen anderen, z.Zt. weltweit in Bau und Betrieb befindlichen Reaktorkonzepten. Ein erstes Entsorgungskonzept wird in [20] beschrieben. Durchgeführte Experimente werden in [33] erläutert. Über alle diese Fragen könnte mit den Kernkraftgegnern trefflich in einer sachlich fundierten Diskussion gesprochen werden.

Herr *Hermann Josef Werhahn* hat den HTR in der "Welt" schon als "Grünen Reaktor" bezeichnet [23].

Preiswerte Energie ist die Grundlage jeden wirtschaftlichen Fortschritts. Dass Strom aus Kernkraft billiger ist, zeigt uns Frankreich. Hier liegen die Strompreise wegen des hohen Anteils an Atomstrom bei etwa 50 % der vergleichbaren Preise in Deutschland. Verantwortungsvolle Politiker, vor allem aber die "Kernkraftwerksgegner und Bedenkenträger" sollten hierüber einmal nachdenken und erkennen, wie sehr sie durch unsachliche Argumente und Verbreitung von unbegründeter Angst der Wirtschaft und der Bevölkerung schaden und volkswirtschaftlich hochrentable Arbeitsplätze vernichten.

Danksagung

Ich bedanke mich sehr herzlich bei
Prof. Dr.-Ing. Dr. h. c. h. Klaus Knizia, früherer Vorsitzender des Vorstands der *VEW AG*
Hermann Josef Werhahn, ehemals Mitglied des Beirats der *AVR*
Prof. Dr. Ing. Kurt Kugeler, emeritierter Professor und Leiter des Lehrstuhls für Reaktorsicherheit und -technik der *RWTH Aachen*
Dr. Günther Dietrich, Technischer Geschäftsführer der *Hochtemperatur-Kernkraftwerk GmbH Hamm*, und Herrn *Reisch*, Leiter der Technik, sowie
Prok. und Betriebsleiter Dipl.-Ing. *Arno Esser* und *Nikolaus Wendelin*, Betriebsleitung der *AVR Arbeitsgemeinschaft Versuchsreaktor GmbH Jülich*

für ihre Unterstützung durch Gespräche vor Ort in Neuss, Schmehausen und Jülich, den Gedanken- und Erfahrungsaustausch, die Zurverfügungstellung zahlreicher wertvoller Unterlagen und Veröffentlichungen, die im Literaturverzeichnis aufgeführt sind. Nur durch ihre Hilfe war ich in der Lage, diesen Beitrag ausarbeiten zu können.

Literaturverzeichnis

[1] *R. Schulten*: Entstehungsgeschichte des AVR-Reaktors. atomwirtschaft – atw 5 (1966)
[2] *W. Cautius*: Warum unterstützt die AVR die Hochtemperaturreaktorentwicklung. atomwirtschaft – atw 5 (1966)
[3] *H. Braun, U. Cleve, H. Knüfer, J. Oberkius*: Die Gesamtanlage. atomwirtschaft – atw 5 (1966)
[4] *K. Ehlers, C. Marnet*: Die Brennelemente. atomwirtschaft – atw 5 (1966)
[5] *W. Bellerman, H.G. Schwiers*: Reaktordruckbehälter und tragende Einbauten. atomwirtschaft – atw 5 (1966)
[6] *W. Dering, E. Sergejczchik*: Der Dampferzeuger. atomwirtschaft – atw 5 (1966)
[7] *W. Fricke, H. Gnutzmann, H. Handel, W. Muser*: Die Abschaltanlage. atomwirtschaft – atw 5 (1966)
[8] *H. Bialuschewski, W. Fricke, G. Honecker, H. Landwehr*: Die Beschickungsanlage. atomwirtschaft – atw 5 (1966)

[9] *U. Cleve, H. Handel, U. Scholz*: Onload fuelling of pebble bed high temperature reactors. Vortrag HTR-Symposium London 1968
[10] *U. Scholz, W. Volz, F. W. Wegener*: Die Kühlgasgebläse. atomwirtschaft – atw, 5/1966
[11] *U.R. Glill, J. Schönling, L. Werner, W. Wehrlein*: Die Heliumreinigungsanlage. atomwirtschaft – atw 5 (1966)
[12] *U. Hennings, J. Wohler, B. Wolfram*: Sicherheitsfragen und Sicherheitseinrichtungen. atomwirtschaft – atw 5 (1966)
[13] *W. Drechsel, G. Ivens, A. Schatz*: Die Physik des AVR-Reaktors. atomwirtschaft – atw 5 (1966)
[14] *K.-H. Bromkamp, U. Cleve, H.-J. Hantke, F. Schweiger*: Inbetriebnahme und Funktionsprüfungen. atomwirtschaft – atw 5 (1966)
[15] *C.B. von der Decken, H.-J. Hantke, W. Rausch*: Experimente mit Anlageteilen. atomwirtschaft – atw 5 (1966)
[16] *U. Cleve*: Der AVR-Kugelhaufenreaktor und seine Weiterentwicklung. Industrie-Elektrik+Elektronik, 3/1969, Vortrag vor dem *VDI*-Arbeitskreis der Betriebsingenieure
[17] *R. Bäumer*: Ausgewählte Themen aus dem Betrieb des THTR 300. VGB-KWT 2/1989
[18] *Kohleumwandlung und Hochtemperaturreaktor*. VGB-KWT TB 111 (1985)
[19] *K. Knizia, M. Simon*: Betriebserfahrungen mit dem THTR 300 und Zukunftsaussichten für Hochtemperaturreaktoren. atomwirtschaft – atw 8/9 (1988)
[20] *K. Knizia, D. Schwarz*: Der HTR-500 als nächster Hochtemperaturreaktor. VGB-KWT 3/1985
[21] *K. Knizia*: Der THTR-500 – Eine vertane Chance? atomwirtschaft – atw 7 (2002)
[22] *U. Cleve*: Vertane Chance im Kernkraftwerksbau. Leserzuschrift *FAZ* 22.7.2008
[23] "Grüne Atomkraftwerke" Die Welt 15.11.2008. Interview mit H.J. Werhahn
[24] "in der Kugel steckt die Kraft" *FASZ* 8.10.2006: Beschreibung der Weiterentwicklung der HTR-Technik in Südafrika
[25] "Dreimal so heiß", Wirtschaftswoche, 11.11.2004: Beschreibung der Weiterentwicklung der HTR-10 Technik in China
[26] *E. Bogusch, D. Hittner*: Programmes and Projects for High-Temperature Reactor Development. atomwirtschaft – atw 2 (2009)
[27] *J. Vollradt*: Dokumentation der Stillegung des THTR 300. 1997
[28] *R. Bäumer*: Die Situation des THTR im Oktober 1989. VGB KW-Technik, 1 (1990)
[29] *W. Rehm und W. Jahn*: Thermodynamisches Sicherheitsverhalten des HTR. bei Coreaufheizunfällen. BWK Bd. 39 (1987) Nr. 10 Oktober 1987
[30] *K.H. Becherts, G. Dietrich*: Projekt Fernwärme, Versorgung für Millionenstädte. Bild der Wissenschaft 1. Jg. 1976, S. 64-70
[31] *E. Ziermann, G. Ivens*: Abschlussbericht über den Leistungsbetrieb des AVR-Versuchskernkraftwerkes, 1997
[32] *K. Kugeler, M. Kugeler, H.Hohn*: Prozessdampferzeugung mit Hilfe modularer Hochtemperaturreaktoren. Bericht FZ Jülich 1988
[33] *K. Kugeler*: Gibt es einen katastrophenfreien Kernreaktor? Physikalische Blätter 37(2001), Nr.11
[34] *K. Kugeler, I.M. Tragsdorf, N. Pöppe*: Aspekte der zukünftigen Nutzung der Kernenergie
[35] *K.R. Schultz, L.C. Brown, G.E. Besenbruch, C.J. Hamilton*: Large-scale Produktion of Hydrogen by nuclear energie for Hydrogen Economy. General Atomics Project 49009, February 2003

2.3.13 Der NHTT – Auszug aus Vortrag Dr. Cleve 27. März 2010

In diesem bemerkenswerten Vortrag schlägt der in Jülich und Uentrop dabeigewesene verantwortliche Konstrukteur eine neue Bauweise für den Kugelbett-Reaktor vor. Diese wurde gemeinsam mit Prof. Dr. Kurt Kugeler erarbeitet.

Als Hauptmerkmal werden dabei die Kugel-Brennelemente nicht in einem einfachen Rundbehälter, sondern in einem ringförmigen Core aufgeschüttet. Damit gibt es keine Berührung mir den Regelstäben.

Ausserdem können mit dieser Bauweise Reaktoren in bisher nicht bekannten Grössenordnungen weit über 1.000 MW thermisch errichtet werden.

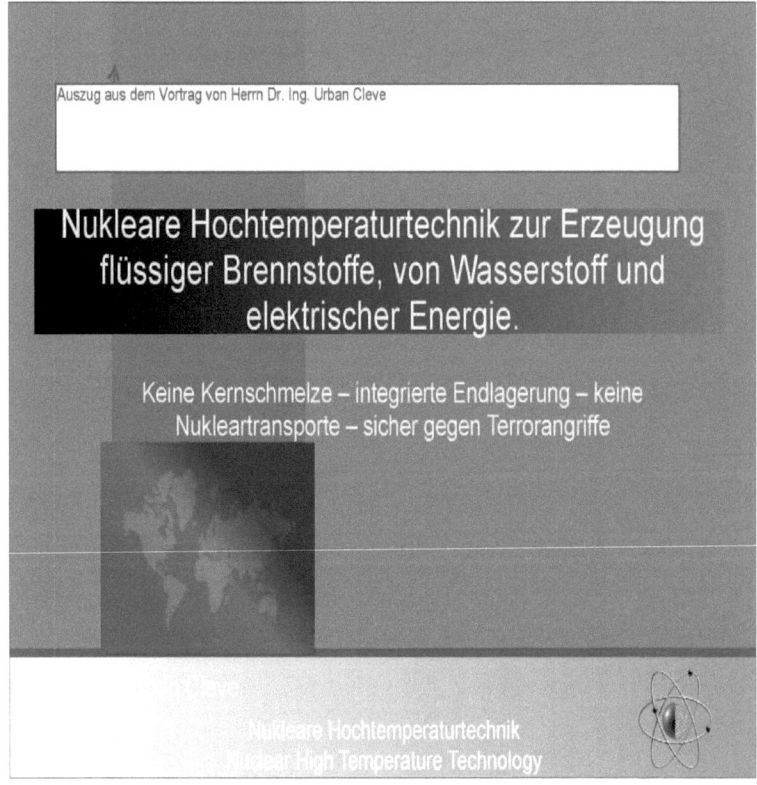

Erfahrungsstand aus Betrieb von AVR und THTR

❖ Nach mehr als 20 jähriger Unterbrechung der Arbeiten an der nuklearen Hochtemperaturtechnik stellt sich die Frage, ob die noch vorhandenen Erfahrungen zum Bau neuer Anlagen ausreichen.

❖ Hierzu folgendes Statement:

❖ „Die Ingenieurtechnik in Deutschland ist auch heute noch in der Lage, nach Auswertung und Verwendung der vorhandenen Konstruktions- und Genehmigungsunterlagen mit einem neu einzuarbeitenden Team neue und größere Anlagen unter Verwertung der Erfahrungen aus Betrieb des AVR und des THTR zusammen mit den in den letzten Jahren durchgeführten sicherheitstechnischen Untersuchungen an der RWTH Aachen und dem FZ Jülich zu planen, zu konstruieren und zu betreiben.

NHTT als Weiterentwicklung des AVR und THTR 300

- Ziel und Aufgabe der NHTT Baureihe ist es, mit einem einheitlichen Konzept bei Nutzung der erworbenen negativen und positiven Erfahrungen einen nuklearen Hochtemperaturwärmeerzeuger für alle wirtschaftlich und technisch möglichen Anwendungsfälle und mit verschiedenen Brennelementen zu konstruieren und zu bauen.
- **Hierzu folgende Aufgabenstellung:**
- Einheitlicher Aufbau der Anlage im Leistungsbereich von 200 MW thermisch bis 4.000 MW thermisch;
- Spannbetonbehälter als sicherheitstechnisch bestmögliche Konstruktion;
- Berechnung bis zu Erdbebensicherheit Stufe „6" nach Richter Skala;
- Integriertes, in sich geschlossenes Konzept für den gesamten nuklearen Teil mit dem Ziel, keine „strahlenden" Bauteile außerhalb der Anlage transportieren zu müssen.
- Lösung der Endlagerung nach Betriebsende im Bereich der Anlage;

NHTT Nukleare Hochtemperaturtechnik
Nuclear High Temperature Technology

Der Bauteil

- In kerntechnischen Anlagen ist Beton ein besonders gut geeigneter Werkstoff. Neben seinen bautechnischen Vorteilen hat er eine besondere Bedeutung für Sicherheit und Strahlenschutz. Für eine NHTT-Anlage ist er daher besonders gut geeignet.
- Der Bauteil einer NHTT-Anlage besteht im wesentlichen aus:
  - Dem Spannbetondruckbehälter;
  - Der ringförmigen Stützkonstruktion für den Druckbehälter;
  - Einem starken, großflächigen, erdbebensicheren Fundament;
  - Einem bunkerähnlichen großen, gasdichten Unterbau mit Betonwänden und Decken zur Unterbringung eines gesondert abgeschirmten Lagers für abgebrannte Brennelemente und des BE-Bruchs; der BE-Beschickungsanlage; einen Notfallbunker; einer Dekontaminationsanlage; einem Lager für ausgebaute „strahlende" Teile und Komponenten; einer eventuellen späteren Wiederaufbereitungsanlage für BE und einer eigenen Belüftungsanlage.

NHTT — Nukleare Hochtemperaturtechnik / Nuclear High Temperature Technology

Der Aufbau des Cores und das Innere des Spannbetonbehälters

- Der Aufbau des Cores und der Komponenten innerhalb des Spannbetondruckbehälters erfolgt ringförmig von innen nach außen wie folgt:
- Zentraler Grafitblock als innerem Moderator mit darin geführten Abschalt- und Regelstäben und als Stützkonstruktion für die obere Reflektordecke;
- Ringförmiges Core mit mehreren Abzügen für die Brennelemente;
- Äußerer Reflektor und Moderator mit darin geführten Abschalt- und Regelstäben;
- Thermischer Schild;
- Ringraum zur Aufnahme der He/He Wärmetauscher;
- Spannbetonbehälter mit innen liegender Isolierung, Liner und wassergekühltem Linerkühlsystem;

NHTT — Nukleare Hochtemperaturtechnik / Nuclear High Temperature Technology

Anforderungen an die Sicherheit der NHTT Anlagen

- Keine Kernschmelze und damit kein „GAU";
- Sichere Nachwärmeabfuhr;
- Keine Gefährdung der Umgebung auch bei fiktiven Bruch des Spannbetonbehälters;
- Containment zur doppelten Sicherheit;
- Beherrschung bzw. Vermeidung einer Gefährdung durch Fremdmedieneinbruch in das Primärsystem;
- Höchste Sicherheit auch bei kriegerischen oder terroristischen Ereignissen;
- Keine Gefährdung der Umgebung bei Flugzeugabsturz und ggfs. großflächigen Kerosinbränden;
- Keine Störfälle durch Sabotage;
- Keine Unfälle oder Störfälle entsprechend INES-Skala „2 -7";

NHTT Nukleare Hochtemperaturtechnik
Nuclear High Temperature Technology

Maßnahmen zur Vermeidung und Beherrschung von Störfällen

- **Kernschmelze** ist aus nuklear physikalischen Gründen ausgeschlossen;
- Entstehende **Nachwärme** wird abgeführt durch He-Kühlgasgebläse, durch Linerkühlsystem oder durch natürliche Wärmeableitung durch den Spannbetonbehälter;
- **Bruch des Spannbetonbehälters** ist ausgeschlossen durch hohe Überdimensionierung und hohe Zahl von Spannkabeln; er wird nach Druckentlastung durch Spannkabel gasdicht geschlossen;
- **Fremdmedieneinbruch** ist ausgeschlossen durch He/He-Wärmetauscher; durch gasdichten Abschluss und Restüberdruck ist ein Eindringen von Luft in das Innere des Cores ausgeschlossen;
- Bei **kriegerischen oder terroristischen Ereignissen** wird das Core in wenigen Minuten in den Notfallbunker entleert;
- **Containment** zur doppelten Absicherung gegen Austritt von Spaltprodukten;

NHTT — Nukleare Hochtemperaturtechnik / Nuclear High Temperature Technology

Bewertung der Sicherheitsmaßnahmen

- Der geringe Gehalt an radioaktiven Spaltprodukten im Primär-Helium-Gassystem zusammen mit den Sicherheitsmaßnahmen ermöglicht ein fast vollständiges Verbleiben der radioaktiven Gasanteile innerhalb der Gesamtanlage;
- Selbst im extremsten Fall können nur geringe Mengen an Caesium 137 (<1Curie) und/oder Jod 13 aus der Anlage freigesetzt werden;
- Die radiologischen Auswirkungen derartiger Freisetzungen in der Umgebung der Anlage sind sehr gering;
- Die getroffenen konstruktiven Maßnahmen beschränken das Risiko des Betriebes nach INES-Bewertung auf max. „1" Störung: „Abweichung von den zulässigen Bereichen für den sicheren Betrieb der Anlage ohne Gefährdung des Betriebspersonals", sonst Stufe „0": „keine oder sehr geringen sicherheitstechnische Bedeutung";
- **Damit ist der Anspruch an eine katastrophenfreie Kerntechnische Anlage erfüllt.**
- Damit können diese Anlagen einen Versicherungsschutz erhalten.

NHTT   Nukleare Hochtemperaturtechnik
        Nuclear High Temperature Technology

Zwischen- und Endlagerung radioaktiv belasteter Komponenten

- Alle radioaktiv belasteten Teile werden ausschließlich im Betonbunker unterhalb des Spannbetonbehälters dekontaminiert, behandelt und gelagert;
- Die BE-Beschickungsanlage wird innerhalb der Stützkonstruktion eingebaut;
- Das Volumen der abgebrannten oder beschädigten Brennelemente ist sehr gering, daher ist nur ein relativ kleiner strahlungsgesicherter Raum zur Lagerung erforderlich;
- Es wird ein speziell strahlenabgeschirmter Raum zur Lagerung von defekten ausgebauten Komponenten vorgesehen;
- Damit verbleiben alle radiologisch bestrahlten Teile innerhalb der Gesamtanlage;
- Castor-Transporte für Brennelemente und externer Transporte sonstiger „strahlender" Komponenten sind nicht erforderlich;
- Nach Stilllegung der Gesamtanlage wird der Spannbetonbehälter zum Endlager, so wie seit 21 Jahren beim THTR-300 in Schmehausen erprobt.
- **Ein sichereres Endlager ist technisch nicht realisierbar.**

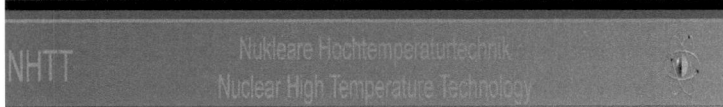

Wirtschaftlichkeitskriterien

- Die hohen Betriebstemperaturen ermöglichen höchste thermodynamische Wirkungsgrade, der nukleare Brennstoff wird etwa um 30-40% besser ausgenutzt.
- Kraftwerke zur kombinierten Erzeugung von Strom und Wärme können auch in Stadtnähe gebaut werden, mit einfacher und doppelter Zwischenüberhitzung.
- Bei Einsatz von Uran 235 und Thorium 232 kann Uran 233 als neuem spaltbaren Brennstoff erbrütet werden.
- Die erzeugte Hochtemperaturwärme kann in allen verfahrenstechnischen Prozessen als wirtschaftliche Sekundärenergie zur Minderung der Energiekosten genutzt werden.
- Die kontinuierliche Beschickung mit BE ermöglicht die Nutzung der vollen jährlichen Betriebsstunden, also 8760 h/a auch in aufeinander folgenden Jahren.
- Alle wesentlichen Komponenten sind mehrfach vorhanden. Sie können während des laufenden Betriebes repariert oder ausgetauscht werden.
- Das geringen Volumen abgebrannter BE ermöglicht deren Lagerung im Anlagenbereich. Castor Transporte für BE sind nicht erforderlich.
- Radioaktiv strahlende Teile müssen nicht mehr außerhalb der Anlage transportiert werden.
- **Diese Vorteile hat kein anderes Reaktorkonzept. Daher wird diese Technik allen anderen Anlagen wirtschaftlich überlegen sein.**

2.3.14 DIE WELT: Atomkraft - aber in Grün
Von Ulli Kulke 20. Februar 2010, 04:00 Uhr

Kernkraftwerke, die keinen Atommüll abwerfen? Alternative Reaktoren, die garantiert harmlos sind? China, die USA und die Euratom haben da ein paar interessante Vorschläge:

Alternative Atomkraft - das ist die Idee, die immer mehr Länder auf der Welt verfolgen. Mit der Forschung an Konstruktionen, mit denen selbst beim größten anzunehmenden Unfall (GAU) der Kern nicht schmelzen kann wie einst in Tschernobyl. Oder an Meilern, die Strom, aber keinen Atommüll abwerfen. Im Visier haben die Experten sogar eine Methode, mit der die Jahrtausende dauernde Strahlung abgebrannter Kernbrennstäbe auf ein paar Jahre verkürzt werden kann. Die Entwicklung neuer Konzepte hat mittlerweile in allen großen Industrienationen Fahrt aufgenommen - mit Ausnahme von Deutschland. Dabei waren die Deutschen noch vor wenigen Jahren führend an der Forschung beteiligt, mit Pilotprojekten und Versuchsreaktoren.

Im Jahr 2001, ein Jahr, bevor das deutsche Gesetz zum Ausstieg aus der Atomenergie beschlossen wurde, hat sich der internationale Forschungsverband mit dem etwas gestelzten Titel „Generation IV International Forum" (GIF) gegründet. Seit 2006 sind daran die wirtschaftlich bedeutendsten Länder beteiligt: Argentinien, Brasilien, China, Frankreich, Großbritannien, Japan, Kanada, Russland, Schweiz, Südafrika, Südkorea, die USA sowie die Europäische Atomgemeinschaft (Euratom). Koordiniert wird der Verbund von der Regierung der USA. Der Name „Generation IV" dieses internationalen Forschungsverbundes deutet den Arbeitsauftrag an: Es geht um die Entwicklung einer völlig neuen Generation von Kernkraftwerken, die von vornherein die bisherigen drei großen Nachteile dieser Energie umschiffen soll: die Gefahr einer Kernschmelze, die Produktion von atomwaffentauglichem Material sowie das Anwachsen der Berge von sehr lange strahlendem Atommüll, für die weltweit noch kein Endlager bereitsteht. Auch wenn wir diese Risiken geradezu untrennbar mit dem Betrieb von Atommeilern in Verbindung bringen, so lassen sie sich doch durch einige der neuartigen Kraftwerkstypen bauartbedingt ausschließen - bei Bewahrung der Vorteile: Uranlagerstätten, die länger als die Öl- und Gasreserven reichen und die einen Brennstoff liefern, der sich in Atomkraftwerken nahezu frei von CO_2-Emissionen in Strom verwandeln lässt.

Manch eine Entwicklungslinie, die die GIF-Forscher nun beraten, könnte Déjà-vu-Effekte auslösen bei den deutschen Experten, die von den neuerlichen weltweiten Planungen ausgeschlossen sind. Der Hochtemperaturreaktor beispielsweise, hin und wieder auch als „Kugelhaufenreaktor" bezeichnet. Ein Prototyp davon lieferte Mitte der 80er-Jahre im westfälischen Hamm-Uentrop Strom, damals als weit sichtbare Landmarke, die jeden, der auf der Autobahn A 2 in Richtung Ruhrgebiet fuhr, vom Horizont her grüßte. Doch die zwei wuchtigsten Kühltürme der Republik sind wie eine Fata Morgana längst aus der Landschaft verschwunden - als Opfer des Schicksalsjahres der Atomkraft 1986.

Nachdem im April jenes Jahres der Reaktor in Tschernobyl im Anschluss an eine Kernschmelze in die Luft geflogen war, kehrten sich der gesellschaftliche und anschließend der politische Wind gegen die Kernkraft in Deutschland. 1989 wurde der Hochtemperaturreaktor stillgelegt und abgerissen - obwohl gerade bei seiner Funktionsweise die Kernschmelze ausgeschlossen ist. Die atomare Kettenreaktion könnte bei Zwischenfällen nie in Eigendynamik außer Kontrolle geraten, sie würde im Falle einer Störung lediglich zum Stillstand kommen. Deshalb gehört der Hochtemperaturreaktor zu den Hoffnungsträgern der GIF-Forscher. Erst im vergangenen September stellte die US-Regierung 40 Millionen Dollar bereit, um die Chancen dieser Technologie auszuloten.

Anders als in herkömmlichen Leichtwasserreaktoren arbeitet das System nicht mit Wasser als Moderator und als Kühlmaterial. Grafitkugeln sind es, die den Uranbrennstoff während des Hitze spendenden Spaltvorganges im Reaktor in Position halten. Und zwischen ihnen hindurch weht Helium-Gas zur Kühlung, das dabei seinerseits auf 950 oder sogar auf 1000 Grad aufgeheizt wird und anschließend, mit dieser Energie geladen, Turbinen in Gang setzt. Anders als Wasser kann Helium dabei nicht nennenswert atomar kontaminiert werden. Der größere Vorteil: Steigende Temperaturen sorgen in diesem Reaktor dafür, dass das Uran seine Kernspaltung nicht steigert, sondern vermindert - ein GAU wird so ausgeschlossen. Ein weiterer Vorzug: Der Hochtemperaturreaktor kann sich seinen Uran-Brennstoff zum Teil während des Reaktorprozesses aus Thorium „erbrüten" - einem radioaktiven Metall, das im Vergleich zu Uran in vielfachen Mengen in allen Erdteilen abgebaut werden kann und obendrein ein Vielfaches an Energieeffizienz liefert.

Die Erfahrungen aus dem Betrieb des Prototyps in Hamm-Uentrop zeigen den GIF-Experten freilich noch erheblichen Forschungsbedarf auf. Der Betrieb stockte bisweilen, weil die Grafitkugeln, in die der Uranbrennstoff eingelassen war, brachen. Außerdem müsste der Kernbrennstoff in erheblich größeren Anteilen als bisher abgebrannt werden, weil es Probleme mit der Wiederaufarbeitung der Kugelelemente gibt. Entsprechende Forschungen

Sprit mit Kernwärme aus Biomasse und Kohle

wären lukrativ, denn es lockt nichts Geringeres als ein gegen alle GAU-Gefahren gefeites Atomkraftwerk.

Das Problem, zu viel Atommüll zu produzieren, der obendrein nicht aufzuarbeiten wäre, könnte eine andere Reaktorlinie lösen. Sie kommt ganz ohne Moderatoren aus, die den Spaltprozess dämpfen: die Schnellen Neutronen-Reaktoren, die entweder mit Natrium, Gas oder flüssigem Blei gekühlt werden. Bei ihnen fliegen freie Neutronen in so hoher Anzahl durch den Reaktorkern, dass dadurch bereits bestehender Atommüll aus anderen Kraftwerken gleichsam verbrannt und so zu einem großen Teil als Problem aus der Welt geschafft werden kann - wie auch die Mengen von Uran und Plutonium aus dem Waffenarsenal der Atommächte.

Auch hier hatte ein verwandtes Reaktorenkonzept in Deutschland als Prototyp in Betrieb gehen sollen: der Schnelle Brüter in Kalkar. Die Planungen für ihn begannen, als mit den Ölkrisen der 70er-Jahre die Angst vor der Abhängigkeit von ausländischen Energierohstoffen wuchs. Der Reaktor in Kalkar sollte im laufenden Betrieb mehr Brennstoff herstellen können, als man in ihn hineingesteckt hätte. Doch auch er wurde in den 80er-Jahren, vor seiner Fertigstellung noch, ein Opfer der Atomangst nach der Katastrophe von Tschernobyl. Die Vorbehalte gegenüber dieser Technik nährten sich allerdings auch daraus, dass er mehr noch als andere Kernkraftwerke darauf ausgelegt war, aus Uran einen berüchtigten Stoff zu erbrüten: Plutonium - der Stoff, der Atombomben so gefährlich macht und der jeden Staat, in dessen Hände er fällt, in die Lage versetzt, sie auch zu bauen.

Schnelle Reaktoren, Brütertechnologie - diese Forschungsrichtung ist dennoch zukunftsweisend und förderlich für die Atomsicherheit, weil sie dazu dienen könnte, das Problem jenes Atommülls zu lösen, der noch auf unabsehbare Zeiten gefährliche Strahlung abgibt. Transmutation heißt das Zauberwort - eine Technik, mit der ein chemisches Element in ein anderes verwandelt wird; ein Unterfangen, das im großen Stil nur kosmische Kräfte bewerkstelligen, das allenfalls funktionierte im Traum jener Alchemisten der frühen Neuzeit, die mit dem „Stein der Weisen" das 79. Element im Periodensystem herstellen wollten: Gold.

Heute geht es bei der Transmutation darum, lange strahlenden Atommüll in solchen umzuwandeln, der nach wenigen Jahren schon alle Gefährlichkeit verloren hat. In kleinen Versuchsanordnungen funktioniert es bereits, durch Neutronenbeschuss in Teilchenbeschleunigeranlagen, allerdings mit enormem Energieaufwand. Es könnte aber auch in Anlagen funktionieren, die durch diesen Prozess sogar Strom produzieren. Dies freilich wird hierzulande nicht funktionieren, jedenfalls nicht nach bestehender Gesetzeslage, obwohl der Atommüll gerade in Deutschland als eines der größten Umweltprobleme angesehen wird. Eine Anlage zur Transmutation, die Strom erzeugt, würde als Atomkraftwerk angesehen, was nach dem deutschen Ausstiegsbeschluss nicht einmal erforscht werden darf. Den neugierigen Experten am Forschungszentrum Karlsruhe, die dies in Gedankenspielen gern mal durchexerzieren, sind da die Hände gebunden. All dies wird dem GIF-Verbund überlassen bleiben, bei dem man bereits darüber nachdenkt, im niederländischen Petten in den nächsten Jahren eine Pilotanlage zu errichten.

2.3.15 Internationale Entwicklungen zum Hochtemperaturreaktor

In Südafrika läuft das Projekt PBMR der ESKOM Kooperation mit China – z. Z. sistiert. In folgenden Orten wird aktiv weiterentwickelt:

- am MIT in Boston, USA, bei General Atomic (USA),
- durch die Atomic Engines (AAE) (USA) als vollständig abgekapseltes System für Unterwasser- oder Weltraumprojekte
- durch die niederländische Romawa B.V. als einen 8 Megawatt-Reaktor (gen. „Nereus") in einem üblichen Transportcontainer
- in Japan und Indonesien

Dazu auch :

1 April, 2009 - 13:50 aus der Website Bürgerrechtsbewegung Solidarität

China und Südafrika: Zusammenarbeit beim Hochtemperaturreaktor

Am 26. März 2009 wurde in Beijing eine Absichtserklärung für eine Zusammenarbeit zwischen chinesischen und südafrikanischen Entwicklern des Hochtemperaturreaktors (HTR) unterzeichnet. Das südafrikanische Unternehmen Pebble Bed Modular Reactor (Pty) Ltd (PBMR) und das Institute of Nuclear and New Energy Technology (INET) der Tsinghua Universität, sowie das chinesischen Unternehmen Chinergy Co Ltd verfolgten bisher eigene Konzepte bei der Entwicklung des Kugelhaufenreaktors. Bei INET handelt es sich um eines der chinesischen Spitzen-Forschungsinstitute.

Man erhofft sich in China und Südafrika eine Zusammenarbeit auf einer Reihe von strategischen und technischen Gebieten des HTR-Projektes. In China wurde bereits im Dezember 2000 ein Forschungsreaktor in Betrieb genommen, der Anfang 2003 volle Funktionsfähigkeit erreichte.

Die Kugelhaufentechnologie wird verwendet, um einen Reaktor inhärent sicher zu machen, wobei auf Grund von physikalischen Gegebenheiten ein unkontrollierter Temperaturanstieg zu einem Abbruch der Kettenreaktion führt, lange bevor eine kritische Temperatur erreicht wird. Dazu ist kein Sicherheitssystem notwendig, welches dann eventuell ausfallen könnte.

China und Südafrika haben beide einen riesigen Energiebedarf und betonen zunehmend die Rolle der Kernkraft.

* ESEF *

The European Science and Environment Forum

Aufgabenbeschreibung

Das European Science and Environment Forum (ESEF) ist ein unabhängiger, gemeinnütziger Zusammenschluss von Wissenschaftlern, die sicherstellen wollen, dass wissenschaftliche Diskussionen korrekt wiedergegeben werden und dass Entscheidungen und Maßnahmen im Bereich der Umweltpolitik auf wissenschaftlich nachvollziehbaren Grundlagen beruhen.

Insbesondere will das ESEF Themen ansprechen, die in der Öffentlichkeit oder von Vertretern der Medien einseitig und irreführend dargeboten werden.

Zu diesem Zweck möchte das ESEF Wissenschaftlern, deren Auffassungen nicht gehört werden, obwohl sie zu Umweltfragen wichtige Beiträge beisteuern können, ein Forum schaffen.

Personen aus allen Lebensbereichen und allen Wissenschaftszweigen sind willkommen. Die Mitgliedschaft ist kostenlos.

Von den Mitgliedern wird jedoch erwartet, dass sie sich an Publikationen des ESEF beteiligen, wenn sie einen fachlichen Beitrag leisten können.

Für weitere Informationen, wenden Sie sich an

ESEF: 4 Church Lane,
Barton Cambridge, England, CB3 7BE Vertrieb - Deutschland:
Telefon: (+44)(0)1223 264 643   Dr. Boettiger Verlags GmbH
Fax: (+44)(0)1223 264 645   Bahnstr. 9a
Web:http:/Avww.esef.org   65205 Wiesbaden, Germany
E-Mail: lorraine@esef.org   Telefon: (+49) 611 778610
                                Fax: (+49) 611 7786118

VORWORT

Strom ist entscheidend für die Verbesserung des Lebensniveaus aller Menschen - das geht aus den weltweit gemachten Erfahrungen hervor. In den vergangenen Jahren wurden in Südafrika dadurch besondere Erfolge erzielt, dass ländliche und städtische Gebiete auf wirtschaftlich lukrative Weise mit Strom versorgt wurden. So kam auch den in der Vergangenheit benachteiligten Bevölkerungsschichten ein deutlicher Vorteil zu.

Einer der entscheidenden Faktoren eines solchen Elektrifizierungsprogramms ist offensichtlich die Beschränkung der Stromkosten auf ein Minimum. Dieses ist stets eine Herausforderung für die Ingenieure. Südafrika ist ein großflächiges Land mit unterschiedlichsten Klimazonen und geographischen Gebieten, die die Aufgabe der Elektrifizierung für Ingenieure umso interessanter gestalten.

Die Neuentwicklung eines Kernreaktorkonzepts, des sogenannten „Pebble Bed Modular Reactor (PBMR)", verspricht einen erheblichen Fortschritt für die kostengünstige und sichere Stromproduktion. Schon jetzt zeigt sich, dass die erfolgreiche Entwicklung des PBMRs nicht nur südafrikanische Bedürfnisse ansprechen wird, sondern auch für andere Länder von Nutzen sein kann. Es ist ermutigend, das internationale Interesse an diesem Projekt zu sehen.

Ich freue mich, dass diese Entwicklung in Südafrika stattfindet und dass das Projekt des PBMRs den Lebensstandard der Menschen in vielen Teilen der Welt verbessern wird.

Ich wünsche dem PBMR-Team, allen Beteiligten und vor allem den potentiellen Begünstigten alles Gute in ihren Bestrebungen.

Leon Louw
Executive Director, Free Market Foundation of Southern Africa
CEO, Law Review Project

DR. KELVIN KEMM

Dr. Kelvin Kemm ist Berater im Bereich Technologie-Strategie und führt sein eigenes Unternehmen *Stratek* in Pretoria, Südafrika. Er ist in verschiedensten Bereichen der Gesellschaft im Interesse der Technologie-Strategie-Entwicklung tätig.

Mathematik und Kernphysik studierte er an der Natal University.

Dr. Kemm ist an der Entwicklung diverser Fortbildungsprogramme beteiligt und hält regelmäßig an unterschiedlichen Institutionen Vorträge. Dr. Kemm ist der Überzeugung, dass ohne ein tiefes Verständnis der wichtigen Rolle der Technologie keine gesunde Wirtschaft möglich ist. Sein Interesse am Technologie-Bewusstsein der Öffentlichkeit führte ihn dazu, viele populärwissenschaftliche Artikel in internationalen Magazinen und Zeitungen zu veröffentlichen.

Auch erschien er in Radio- und Fernsehsendungen in Südafrika und im Ausland und ist regelmäßiger Gastredner bei öffentlichen Veranstaltungen. Als Initiator, Designer, Textautor, Moderator und Qualitätsmanager, war er an der Erstellung vieler Video- und Filmproduktionen beteiligt. Dr. Kemm schrieb ein Buch über die Entwicklung südafrikanischer Technologie: *„Techtrack - A Winding Path of South African Development ".*

Dr. Kemm ist Gründer des Umweltinteressenverbandes *Green and Gold Forum,* dessen Zielsetzung es ist, der Öffentlichkeit und politischen Entscheidungsträgern Umweltangelegenheiten wissenschaftlich präzise und ausgewogen darzustellen.

1994 wurde er Mitglied des internationalen Beratergremiums der Umweltlobbygruppe *The Committee For A Constructive Tomorrow* mit Sitz in Washington, DC. Im Oktober 1996 wurde Dr. Kemm im *European Science and Environment Forum* zum ersten Vertreter aus Afrika ernannt.

Danksagung

Die Entstehung dieser Broschüre wäre ohne die wertvolle Unterstützung von Dave Nicholls, Wynn Roscoe und Thabang Makubire vom PBMR-Team undenkbar gewesen – herzlichen Dank!

Ebenfalls gilt mein Dank an dieser Stelle Sue Cook und Sakkie du Plessis für ihre Hilfe bei der Erstellung der Bibliographie und der Diagramme. Justine Burgess war an der Produktion maßgeblich beteiligt.

Die deutsche Übersetzung wurde von Renate Wolf angefertigt.

Der Entwurf der Titelseite stammt von Riana van Niekerk.

Allen sei an dieser Stelle herzlich gedankt!

STRATEK,
P 0 Box 74416,
Lynnwood Ridge,
0040, Pretoria,
Südafrika
Tel.: (+27) 12-807 0067
Fax: (+27) 12-807 0069
E-Mail: Stratek@pixie.co.za

2.3.15.1 Ein neues Zeitalter der Kernkraft in Südafrika

2.3.15.1.1   ***Strom - Kraft zum Leben***
In einem 1966 veröffentlichten Bericht zeigten zwei NASA-Wissenschaftler, R.L. Lesher und G.J. Howick, die wachsende Geschwindigkeit technologischer Entwicklung auf. [1] Veranschaulicht haben sie dieses Phänomen wie folgt: teilt man die letzten 50 000 Jahre der Menschheitsgeschichte in durchschnittliche Lebensspannen von jeweils 62 Jahren auf, dann entspricht die Gesamtgeschichte 800 Menschenleben. Davon wurden 650 Leben in Höhlen verbracht, nur in den letzten 70 bestand das geschriebene Wort. In den letzten vier war es dem Menschen möglich, Zeit genau zu erfassen und erst in den letzten beiden Leben war der Elektromotor in Gebrauch. Die meisten uns heute bekannten Gegenstände wurden im letzten Leben entwickelt.

Eine hervorragende Stellung nimmt in diesem Vergleich die grundlegende Wichtigkeit des Stroms im modernen Leben ein. Strom veränderte, zum Beispiel, die Arbeitswelt grundlegend: die Herstellung von Fahrzeugen mit elektrischen Schweißapparaten und auf elektrischen Fließbändern mit

Robotern unterscheidet sich maßgeblich von der Herstellung handgefertigter Holzkutschen von vor nur zwei Lebensspannen. Strom veränderte auch das gesamte Gesundheitswesen: eine neumoderne Intensivstation ist kaum noch mit Florence Nightingale und ihrer berühmten Lampe vergleichbar. Strom hat auch seinen Teil zur Befreiung der Frauen beigetragen: Öfen können einfach am Schalter eingeschaltet werden und brauchen nicht mehr mit mühsam gesammeltem Feuerholz geschürt werden; auch die heiße Dusche wird einfach am Wasserhahn aufgedreht. Manchmal wird von Frauen behauptet, dass die Bedeutung des Stroms von der Bedeutung der Pille als größte Befreiung der Frau überragt wird, aber hinsichtlich der täglichen Pflichten, ist der Nutzen von Strom weitaus größer.

Betrachtet man nun dieses Bild des Stroms als Inbegriff des modernen Lebens und vergleicht dies dann mit dem Leben der Menschen in Entwicklungsländern, so werden erschreckende Unterschiede deutlich.

Romantische Reiseberichte oder „Naturprogramme" am Fernsehen verherrlichen vielleicht das Bild der ländlichen Frau, die auf der Suche nach Feuerholz und Wasser kilometerweit durch eine bezaubernde Landschaft läuft, aber dabei wird meist nicht erwähnt oder nur verschönt dargestellt, wie viele dieser Frauen an Krankheiten, Hunger oder extremen Wetterbedingungen sterben.

Berechtigterweise streben auch Entwicklungsländer den gleichen Status der Industrieländer an, und zwar möchten sie diesen Stand so schnell wie irgend möglich erreichen. Doch verschieben sich die Ziele kontinuierlich, da auch in Industriestaaten die Entwicklung keinen Halt macht: Mobiltelefone, Internet und tiefgefrorenes Essen, das nur noch in der Mikrowelle aufgewärmt werden muss, setzen sich durch, derweil die Frau der Dritten Welt nach wie vor die Felder bestellt und ihr Wasser in einer Tonne nach Hause trägt.

Mit nur wenigen Ausnahmen haben alle Einwohner Englands, Frankreichs und Deutschlands Anschluss an das Stromnetz. Doch in Afrika sieht die Lage komplett anders aus: noch vor sechs Jahren standen nur 30% aller Südafrikaner im Luxus der Stromversorgung. Heute ist diese Zahl auf 60% angestiegen, in erster Linie wegen des Stromanschlussprogramms Eskoms, dem Stromversorger Südafrikas, durch das viele arme und entlegene Gebiete mit Strom versorgt wurden. [2]

Ebenfalls vor sechs Jahren hatten nur 10% der Einwohner des südlichen Afrikas Anschluss ans Stromnetz. [3] Bis heute hat sich diese Zahl nicht verändert. In diesem Zusammenhang ist es auch von Interesse, dass Südafrika über die Hälfte des Stroms des gesamten afrikanischen Kontinents produziert und verbraucht. [4] [5]

Aus diesen Zahlen wird deutlich, dass die Herausforderung, den Einwohnern des afrikanischen Kontinents Strom zukommen zu lassen, immens ist. Auf die meisten anderen Entwicklungsländer trifft Ähnliches zu.

Für die Erste Welt ist es wichtig, diese Bedürfnisse der Dritten Welt zu erkennen und zu berücksichtigen, da mit zunehmender Diskrepanz zwischen Arm und Reich auch Spannungen entstehen und die politische Stabilität abnimmt.

Das Problem der jetzigen Verschuldung der Dritten Welt kann nicht gelöst werden, solange die Unterschiede zwischen Erster und Dritter Welt es verhindern, dass die Dritte Welt auf dem internationalen Markt konkurrenzfähig wird. Dabei spielt Strom auch eine große Rolle.

Die phänomenale Zunahme der Stromversorgung in der Ersten Welt in den letzten hundert Jahren ist in erster Linie auf die Verwendung der fossilen Brennstoffe Erdöl, Kohle und Gas zurückzuführen.

Einige Länder, wie zum Beispiel. Südafrika, befinden sich in der glücklichen Lage, riesige eigene Kohlereserven zu haben, die es ihnen ermöglichen, einen Großteil ihres Stroms von Kohle zu generieren und gleichzeitig noch Kohle auszuführen, die wiederum ausländische Devisen ins Land fließen lässt.

Andere Länder, wie zum Beispiel viele der europäischen Länder, haben sich in der Vergangenheit auf importiertes Erdöl verlassen, das dann als Brennstoff in der Stromerzeugung verwendet wurde. Die politischen Spannungen der 1970er führten erdölgewinnende Staaten dazu, auf künstliche Weise politisch begründete Ölkrisen zu kreieren. [6] In den anderen Ländern führte dies zu einem öffentlichen Aufschrei und Energiesparmaßnahmen aus einem Notstand heraus, der die politischen Führungskräfte dazu veranlasste, danach einen Weg einzuschlagen, der es verhindern sollte, dass sie sich hinsichtlich ihrer Stromversorgung jemals wieder in einem solchen „geknebelten" Zustand anderen Nationen ausgeliefert sehen.

Ebenfalls in den 1970ern haben Umweltaktivisten weltweit Panik über das sogenannte „Global-Cooling" verbreitet. [7] [8] In den darauffolgenden fünfzehn Jahren wandelten sich die Bedenken bezüglich des „Global-Cooling" in „Global-Warming"-Bedenken. Ob diese Phänomene wissenschaftlich berechtigt sind, ändert nichts an der Tatsache, dass der Begriff des „Global-Warming" einen öffentlichen „Angstfaktor" darstellt, der von gewissen Gruppierungen dazu gebraucht wird, die Benutzung fossiler Brennstoffe in der Industrie, und somit auch in Kraftwerken, zu reduzieren.

Dieses Wechselspiel der öffentlichen Meinung führte nicht zuletzt zu der pressewirksamen internationalen Konferenz der Vereinigten Nationen, die im Dezember 1997 in Kyoto stattfand und die zum Kyoto-Protokoll (zur

UN Rahmenkonvention zu Wetterveränderungen) führte, das Länder zwingen soll, ihre CO_2 -Emissionen zu reduzieren. Dies führte weltweit zu einer Abnahme in der Errichtung weiterer Kohlekraftwerke, die „übermäßig viel" CO_2 produzieren. [9] Auf Grund politischen Drucks können neue Kohlekraftwerke nur dann errichtet werden, wenn sie technologisch absolut fortschrittlich sind und minimale Emissionen (fast null) in die Atmosphäre entlassen, da sie sonst der Kritik der Ersten Welt ausgeliefert sind.

Entscheidet sich ein Land der Dritten Welt also, ein Kohlekraftwerk mit seiner eigenen Technologie zu errichten, würde es vor allem von der Ersten Welt dafür verurteilt, dass es große Mengen an CO_2 und anderen Emissionen ausstößt, die die allgemeine Gesundheit unseres Planeten gefährden.

Doch gibt es eine Alternative zu solchen Kohlekraftwerken: Mini-Kernkraftwerke, die wirtschaftlich lukrativ sind, sicher sind und wenige Mitarbeiter benötigen.

2.3.15.1.2 Die Alternative: Kernkraft

Die starke Front der in der Ersten Welt stark vertretenen Gegner fossiler Brennstoffe scheint auf die Notwendigkeit der 'Kernkraftalternative hinzudeuten, da Kernkraft keine Kohlenstoffdioxidemissionen, keinen Rauch oder andere Abgase verursacht. Bei der Stromerzeugung entstehende Kohlenstoffdioxidemissionen sanken in Frankreich zwischen 1980 und 1987 um 80%, als seine Kernkraftkapazitäten erweitert wurden, und in Deutschland sparte das Kernkraftprogramm seit 1961 insgesamt über zwei Milliarden Tonnen Kohlendioxid, die von der Verbrennung fossiler Brennstoffe entstanden wären. [10]

Doch sind es dieselben Fronten, die sich gegen die Stromerzeugung. mit fossilen Brennstoffen auflehnen, die auch gegen die Kernkraft sind. [11] [12]

Die kernkraftfeindlichen Gefühle der Öffentlichkeit beruhen meist auf zwei Argumenten: der Gefahr eines Kernkraftwerkunfalls; und der Entsorgung des radioaktiven Abfalls.

Vorfälle, wie zum Beispiel in Tschernobyl in der ehemaligen Sowjetunion im Jahre 1986 und Three Mile Island (TMI) 1979 in den Vereinigten Staaten, tragen weiterhin zur allgemeinen Beunruhigung bei. Viele der Kraftwerke aus der Zeit der Sowjetunion, wie zum Beispiel das Tschernobyl-Kraftwerk (RBMK-Reaktoren), können jedoch nicht mit westlichen Kraftwerken verglichen werden. Es gibt eine Vielzahl an Punkten, in denen ehemalige sowjetische Kraftwerke nicht den Kraftwerksicherheitsbestimmungen westlicher Länder entsprechen, doch soll hier nur einer erwähnt werden: Kraftwerke, wie das in Tschernobyl, wurden ohne Sicherheitsvorrichtungen (Containment) gebaut. [13] Alle Kraftwerke des Westens werden in Containment-Gebäuden gebaut, die dem direkten Aufprall eines großen Düsenverkehrsflugzeugs widerstehen können. [14] Tschernobyl hatte ein solches Containment nicht. Die Kette von Ereignissen begann mit einer Anzahl von Dampfexplosionen innerhalb der Anlage, die dann zu einem enormen Graphitfeuer führten, das wiederum den gesamten Reaktorkern zum Schmelzen brachte -dem größten anzunehmenden Unfall, GAU. Dadurch wurden große Mengen radioaktiver Substanzen freigestellt. [15] Diese bestanden vorwiegend aus radioaktiven Gasen und Rauch, der höchst radioaktive Nuklide enthielt, die über eine riesige Fläche verteilt wurden, unter anderem weil Tschernobyl nur ein Wellblechdach hatte! Es kann also behauptet werden, dass ein Großteil der Tschernobyl-Tragödie auf grobe Fahrlässigkeit im Management und Unwissenheit seitens sowjetischer Behörden zurückzuführen ist. [16]

Im Gegensatz dazu, ist in TMI kein Mensch ums Leben gekommen und war keiner einer Strahlung, die über den rechtlich festgelegten Werten lag, ausgesetzt. [17] In TMI führte der fehlerhafte Betrieb des Reaktors nicht zu einem Desaster und die Strahlung wurde, wie beim Entwurf des Kraftwerks vorgesehen, im Containment aufgefangen. Die von den Behörden organisierten Notfallmaßnahmen waren erfolgreich, da sie als Eingriffsmöglichkeiten vorher geplant und geübt worden waren. TMI war eine finanzielle Katastrophe für den Eigentümer des Reaktors, Metropolitan Edison, Teil der GPU Nuclear Corporation, aber keine Kernkraftkatastrophe für die Öffentlichkeit!

Die Angst vor radioaktivem Abfall, wie sie allgemein gefördert wird, ist größtenteils falsch. Einer der größten Vorteile radioaktiven Abfalls ist sein vergleichsweise geringes Volumen im Gegensatz zu den Abfallstoffen eines Kohlekraftwerks, zum Beispiel. Ein großes Kohlekraftwerk verbraucht täglich etwa sechs Zugladungen Kohle; ein Kernkraftwerk dergleichen Größe jedoch nur eine LKW-Ladung Brennstoff pro Jahr! Ein Kilogramm natürlichen Urans stellt die gleiche Menge an Energie frei, wie 17 Tonnen Kohle. [18]

Ein zweiter Vorteil radioaktiven Abfalls ist eben seine Radioaktivität, da er durch seine ständige Strahlung leicht zu erkennen ist und folglich strenger Kontrolle unterworfen werden kann. Radioaktiver Abfall kann also nicht in einer Mülldeponie 'Verlegt" werden, was zum Beispiel mit höchstgiftigem chemischem Abfall geschehen kann.

Radioaktiven Abfall kann man bearbeiten und er kann sicher gelagert werden. Es ist in erster Linie die oftmals lautstark vertretene Meinung gewisser Gruppierungen, die es verhindert, dass eine Lösung gefunden wird. [19] Insgesamt scheint es jedoch, dass die Kernkraft in Zukunft eine reelle Option ist. [11]

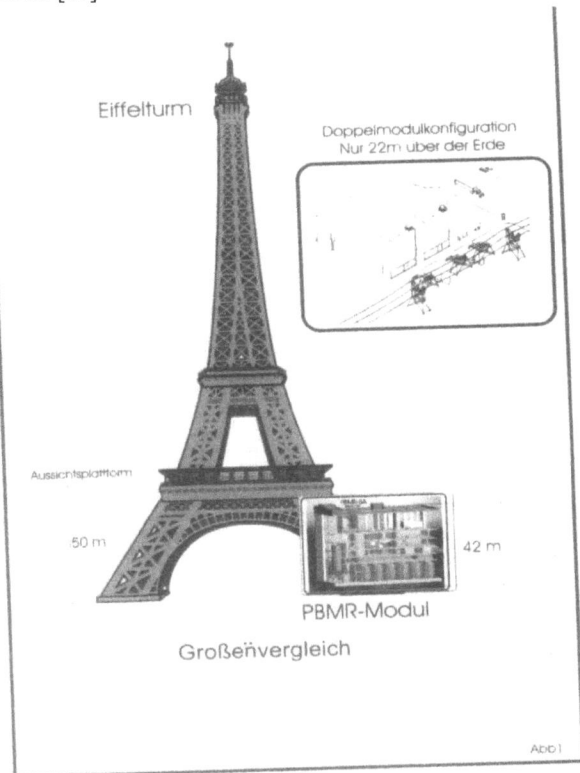

2.3.15.1.3 PBMR-Modul Größenvergleich

Doch bleibt es dabei, dass große Anlagen auch zu entsprechend großen Bedenken der Öffentlichkeit führen. Große industrielle Anlagen sind selbstverständlich schwieriger zu verwalten und zu betreiben als kleine. Auch ist es schwieriger, geeignete Standorte für solche Anlagen zu finden.

2.3.15.1.4 Die Entscheidung Südafrikas

Angesichts aller dieser Faktoren, hat sich Eskom, der Hauptstromversorger Südafrikas, entschieden, die Möglichkeit zu untersuchen, eine Reihe

Mini-Kernkraftwerke als Teil der zukünftigen gemischten Stromerzeugung Südafrikas zu errichten. [20]
Die momentan im Entwurfsstadium befindliche Anlage soll eine Größe von 114 MW haben, was ca. 10 % eines typischen Kernkraftwerks entspricht. Folglich ist auch der kernkraftgenerierende Abschnitt entsprechend kleiner als im konventionellen Kernkraftwerk. (Abb. 1)
Der Reaktor ist ein Hochtemperatur-Gasreaktor (HTGR), d.h. dass der Reaktorkern gas- und nicht wassergekühlt ist. Helium wird in einem geschlossenen Brayton-Kreislauf für den Antrieb einer Gasturbine verwendet. Ferner ist dieser Reaktor ein Kugelhaufenreaktor, der als Brennstoff tennisballgroße Graphitkugeln mit beschichteten Urandioxidpartikeln verwendet.

Der Reaktor wird als Modulreaktor entworfen, damit zusätzliche Einheiten bei Bedarf problemlos hinzugefügt werden können. Dies führte zur Namensbildung „Kugelhaufenmodulreaktor" („Pebble Bed Modular Reactor", oder auch „PBMR"). Das System kann bis zu zehn Module in einem Kontrollraum überwachen.

Die physikalische Grundlage des Reaktorsystems bietet passive Sicherheitsvorkehrungen, d.h. dass bei Fehlern, die während des Betriebs auftreten, das System im schlimmsten Fall zum Stillstand kommt und Wärme auf einer abnehmenden Kurve ausgestrahlt wird, ohne jedoch zu einem Reaktorkernversagen zu führen. Das heißt, dass der PBMR inhärent sicher ist und den häufig in den Medien dargestellten „Angstfaktoren" der Öffentlichkeit, wie zum Beispiel Schmelzen des Reaktorkerns und Strahlungsverseuchung, die bei konventionellen wassergekühlten Reaktoren auftreten können, keine Berechtigung mehr gibt.

Am Ende seiner Lebenserwartung wird der Brennstoff für vierzig Jahre nach dem Schließen der Anlage vor Ort gelagert und kann dann entsorgt, der gesamte PBMR vernichtet und das Land wieder als „unerschlossenes Bauland" erklärt werden. Dieser Ablauf, ebenso wie die langfristige Lagerung abgereicherten Brennstoffs, wurde in der jetzigen Kostenrechnung berücksichtigt. [21]

2.3.15.1.5 Gegebenheiten in Südafrika
Es ist wichtig, sich die südafrikanischen Gegebenheiten zu betrachten, die zur Entscheidung führten, die Rentabilität eines PBMRs genauer zu untersuchen.

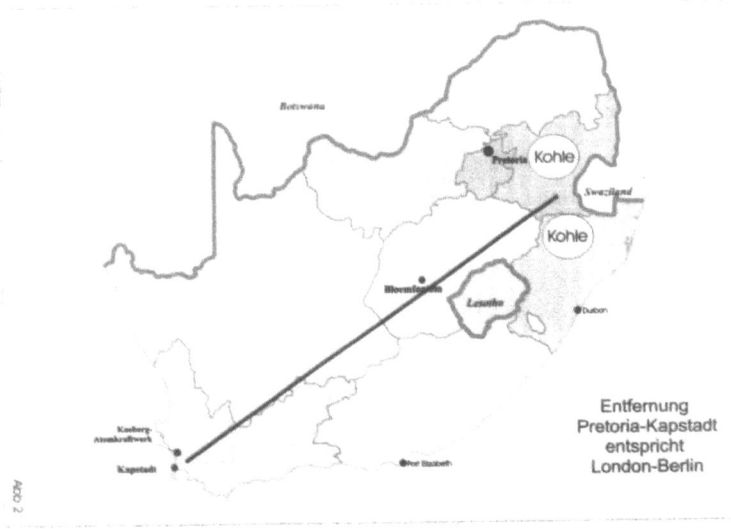

Abb. 2 Entfernungen in Südafrika

Die Entfernung Pretoria-Kapstadt entspricht London-Berlin. Momentan werden ca. 93,5 % des südafrikanischen Stroms in Kohlekraftwerken erzeugt. In der Nähe Kapstadts ist ein Kernkraftwerk gelegen, das weitere 4,5 % erzeugt und zusätzliche 1,5 % werden mit Wasserkraft erzeugt. Es gibt keine anderen Standorte, die rentable Stromerzeugung mit Wasserkraft erlauben würden.

Der Großteil des von Kohle erzeugten Stroms in Südafrika wird von zwei großen Anlagen in der Nähe der Schachtöffnungen zweier großer Kohlefelder im östlichen Inland Südafrikas gewonnen. (Abb. 2)

Südafrika ist ein großes Land und die Entfernung zwischen Kapstadt im Süden und Pretoria im Norden entspricht etwa der Entfernung zwischen London und Berlin. Dies würde lange Stromleitungen von den Kohlefeldern oder enorme Anlieferungsstrecken des Brennstoffs von den Kohlefeldern im Inland zu den Zentren des Stromverbrauchs an der Küste erfordern, sofern auch in Zukunft die Stromerzeugung von Kohlekraftwerken geleistet werden müsste. Wirtschaftlich sind diese Optionen jedoch nicht lukrativ. [22]

Der Transport großer Mengen an Kohle über lange Entfernungen ist nicht rentabel und Südafrika müsste, um die Errichtung 1000 km langer

Hochspannungsleitungen zu vermeiden, als Alternative die Kraftwerke nahe den Ballungszentren errichten.

Südafrika hat viel Uran, das zum Teil als Nebenprodukt des umfangreichen Goldbergbaus mit abgebaut wird.

Angesichts dieser Tatsachen, hat die südafrikanische Regierung sich vor einigen Jahren dazu entschieden, an der Küste der Westkapprovinz ca. 40 km von Kapstadt entfernt ein großes Kernkraftwerk zu errichten. (Abb. 2) Diese „Koeberg"-Anlage ist das weltweit am südlichsten gelegene Kernkraftwerk, hat zwei Druckwasserreaktoren mit je 952 MW und ist seit 1984 in Betrieb.

Seit einiger Zeit ist man sich in der Energieplanung Südafrikas einig, dass es weder sinnvoll ist, ein weiteres großes Kernkraftwerk (wie Koeberg) noch irgendein anderes großes Kraftwerk zu errichten. [23}

2.3.15.1.6   Der Hintergrund der Entscheidung für einen PBMR

Südafrika ist ein Land mit etwa sechs großen Städten, die über eine enorme Räche verteilt gelegen sind. Dazwischen befinden sich in unregelmäßigen Abständen einige Kleinstädte und große landwirtschaftliche Nutzflächen. (Abb. 2)

Einige der Kleinstädte haben jedoch einen extrem hohen Stromverbrauch, zum Beispiel einige Bergbaustädtchen, die über einigen der weltgrößten Goldbergwerke gelegen sind. Ein solches Bergwerk benötigt weitaus mehr Strom, als die Stadt darüber. So, zum Beispiel, verbraucht das Goldbergwerk 300 MW im Vergleich zu den 15 MW, die von Caritonville, dem dazugehörigen Städtchen, verbraucht werden.

Die oben genannten Tatsachen führten dazu, dass sich Eskom entschied, kleinere Stromwerke direkt dort zu errichten, wo der Strom auch verbraucht wird. Doch sollten diese kleinen Kraftwerke bei zunehmender Nachfrage schrittweise erweiterungsfähig sein, was wiederum zum Konzept einzelner Bausteine, oder Module, führte.

1993 begann dann also die genaue Untersuchung kleinerer Kernkraftwerke, die 1995 intensiviert wurde und zu wissenschaftlich, als auch finanziell präziser Forschung führte. Bis Mitte 1998 war dieses Projekt soweit fortgeschritten, dass die technische Entwurfsphase begonnen werden konnte. Zu Beginn der Untersuchung kleiner Kernkraftwerke entschied man sich für einen Hochtemperatur-Gasreaktor (HTGR). Ferner fiel auch eine Entscheidung für einen Kugelhaufenreaktor, d.h. einen Reaktor, der Brennstoff in der Form kleiner Kugeln verwendet. In einem gasgekühlten Reaktor sind kleine Brennstoffkugeln leicht zu hantieren und, sind sie aufeinander gestapelt, kann das Kühlgas leicht hindurchfließen.

2.3.15.1.7 Wie funktioniert eine solche Anlage?

Der PBMR besteht aus einem vertikalen Stahldruckgefäß mit einer Höhe von 18 m, das mit einer 60 cm dicken Schicht Graphit ausgekleidet ist. (Abb. 3)

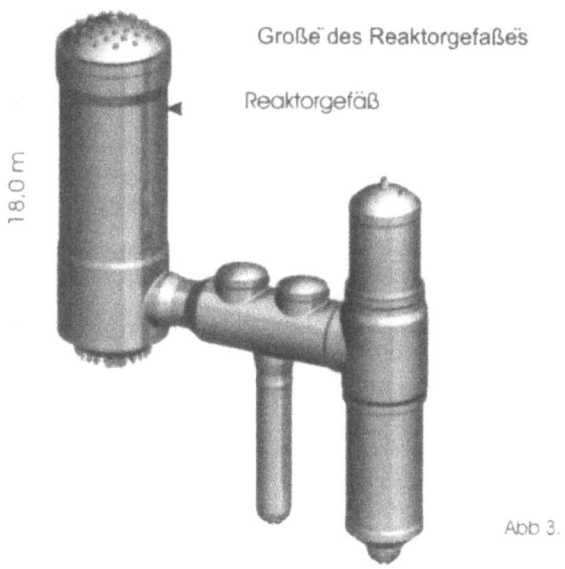

Abb. 3. Reaktorgefäss in seinen Abmessungen

Bei Normalbetrieb enthält dieses Gefäß eine Brennstoffladung von 440 000 Kugeln mit je 60 mm Durchmesser. Diese Ladung besteht aus 310 000 Graphitbrennkugeln, die in Graphit und Silikonkarbid eingeschlossene Urandioxidpartikel enthalten, als auch zusätzlich 130 000 reine Graphitkugeln, die als zusätzliche Nuklearmoderatoren auftreten. Die Urandioxidpartikel haben einen Durchmesser von unter einem halben Millimeter und eine Brennstoffkugel enthält 15 000 solcher Partikel, was 9 g Uran entspricht. Folglich enthält eine Brennstoffladung 2,79Tonnen Uran.

Ein Reaktor ist für eine Lebensdauer von 10 bis 15 solcher vollen Brennstoffladungen angelegt; genaue Berechnungen haben 13,8 Brennstoffladungen ergeben.

Zur Reduzierung der Hitze, die während des Kernspaltungsvorganges entsteht, wird Heliumgas bei 540 °C von oben durch das Druckgefäß geführt. Es bewegt sich dann zwischen den heißen Brennstoffkugeln nach unten und verlässt das Gefäß bei ca. 900 °C. Das heiße Gas wird dann durch ein konventionelles Gasturbinensystem zum Antrieb von Stromerzeugern genutzt. (Abb. 4) Der Turbinengaskreislauf kann entweder wassergekühlt oder luftgekühlt werden; dadurch kann die Anlage an verschiedenen Standorten errichtet werden.

2.3.15.1.8 *Brennstoffherstellung*

Beabsichtigt ist es. in Zukunft auch Brennstoff in Südafrika herzustellen, und diesbezüglich läuft bereits ein Projekt als Joint-Venture zwischen dem PBMR-Team und der südafrikanischen Atomic Energy Corporation.

Der Brennstoff besteht aus Graphitkugeln mit 60 mm Durchmesser, die urandioxidbeschichtete Partikel enthalten, die wie in Abb. 5 ersichtlich gleichmäßig verteilt sind. Der Graphit ist eine Mischung aus 75 % natürlichem und 25 % synthetischem Graphit.

Beschichtete Partikel Pyrolytischer Kohlenstoff
    Silikonkarbid-Trennschicht
    Innere Lage Pyrolytischen Kohlenstoffs
    Poröser Kohlenstoffpuffer
    5 mm Graphitschicht
    Beschichtete Partikel in Graphithülle
    Urandioxid Durchmesser 0.5mm
    Brennstoffkugel

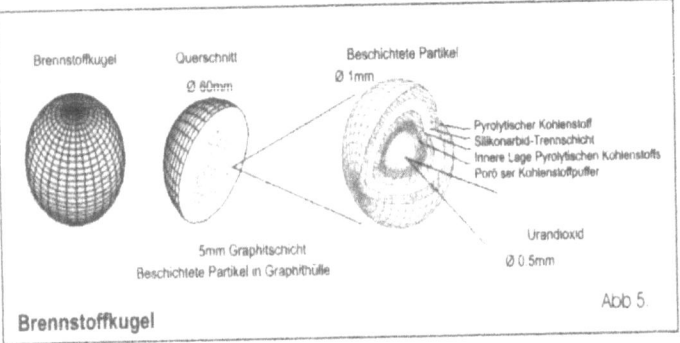

Abb. 5 Brennstoffkugel

Die kleinen Urandioxidkugeln sind mit einer Lage porösem Kohlenstoff, einer Lage verdichtetem, pyrolytischem Kohlenstoff, Silikonkarbid und schließlich einer weiteren Lage pyrolytischem Kohlenstoff beschichtet. Dieser Brennstoff ist auch als 'Triso-Brennstoff" bekannt.

Eine der Funktionen des porösen Kohlenstoffs ist es, alle mechanischen, in der Halbwertzeit des Urandioxid auftretenden Verformungen zu absorbieren, damit dadurch die Integrität der Silikonkarbideinschließungen verbessert wird und radioaktive Tochternuklide nicht aus den Partikeln austreten können.

Die innere Lage des pyrolytischen Kohlenstoffs erfüllt zwei Funktionen: zum einen stärkt sie die Silikonkarbidstruktur, und zum anderen ist sie Schutz gegen die Migration einiger Fissionsprodukte (Spaltprodukte). Das Gewicht einer solchen Brennstoffkugel ist 202 g, einschließlich 9 g Uran.

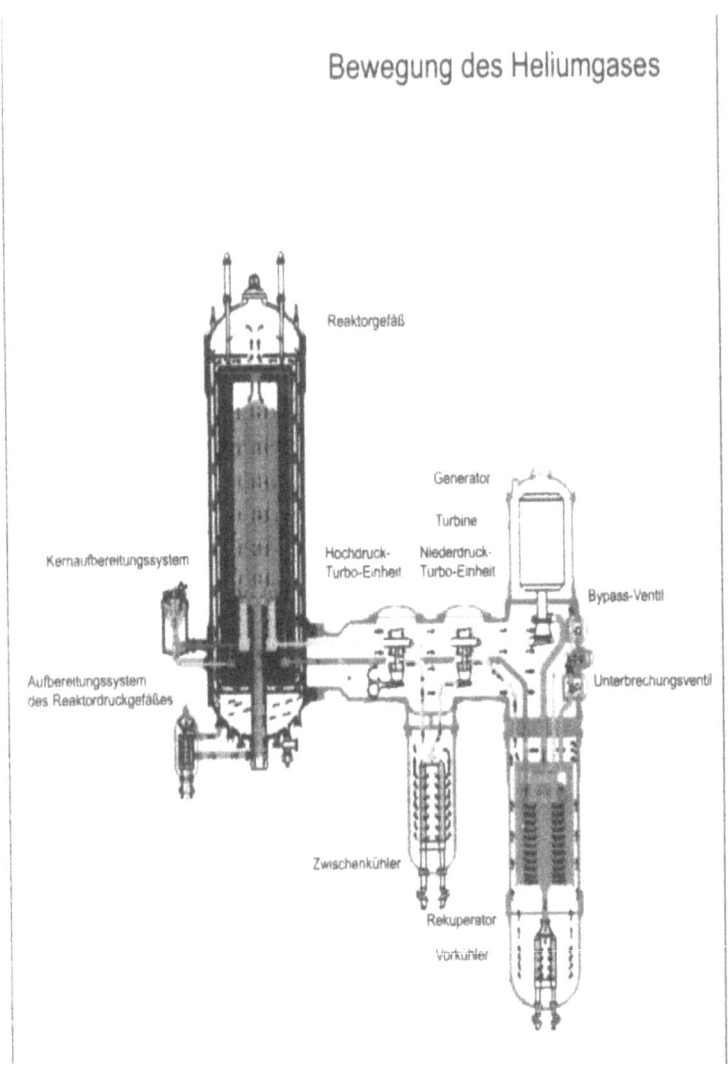

Abb. 4. Heliumkreislauf

Beim Anfahren ist eine 4%ige Anreicherung ausreichend, um die Kernreaktion fortlaufend stattfinden zu lassen. Mit der Zeit entstehen jedoch

Kugelbett-Reaktor oder –Ofen?

Nuklide als Nebenprodukte im Brennstoff, die die Effizienz des Kernprozesses unterdrücken, was eine Anreicherung des Brennstoffes auf 8 % erfordert. Wie oben bereits erläutert, ist jede Brennstoffpartikel ihre eigene Einschließungsgrenze. Jedes Brennstoffeinschließungsversagen, das beim PBMR auftreten könnte, ist geringfügig, da kein allgemeines Versagen des gesamten Brennstoffes auftreten kann und folglich die von konventionellen Druck- oder Siedewasserreaktoren bekannten Reaktorkernschmelzen (GAU) nicht möglich sind. [24]

2.3.15.1.9 Vorteile des PBMRs

Der Kugelhaufenmodulreaktor („Pebble Bed Modular Reactor" - PBMR) hat einige markante Vorteile:

- Der Reaktor ist in sich gesichert. Die Konstruktion der konventionellen Druck- und Siedewasserreaktoren führt dazu, dass sich bei dem höchst unwahrscheinlichen Kühlmittelverlust-Unfall (LOCA) Metall- und Uranoxidbrennstoffkassetten überhitzen und zum allgemein bekannten Reaktorkernschmelzen (GAU) führen.'
  - Dieses kann beim PBMR nicht passieren, da sein Kern heliumgas- und nicht wassergekühlt ist. Tritt eine Unterbrechung des Gasflusses auf, so kann die Temperatur des Brennstoffes auf 1600 °C steigen. Da das verwendete Gas inertes Helium ist, finden keine chemischen Reaktionen zwischen dem Brennstoff und dem Kühlgas statt. Da der Brennstoff aus Graphit und Metalloxid besteht, kann er nicht schmelzen.
  - Durch den natürlichen Wärmeverlust durch die Gefäßwände, stabilisieren sich die Temperaturen innerhalb von 72 Stunden nach dem Schließen auf Grund einer Unterbrechung des Kühlgasflusses. Selbst bei der höchsten theoretisch möglichen Temperatur (2000 °C) besteht keine Möglichkeit der Brennstoffdegradierung, die zu einer messbaren Freistellung spaltbarer Materialien außerhalb des Kraftwerks führen könnte. [25]
- Die PBMR-Bausteine sind klein. Heutige Entwürfe sehen ein 114 MW-Modul vor.
- Diese kleinen Module sind nicht nur nach südafrikanischen Verhältnissen, sondern auch auf dem internationalen Markt kostengünstig. Ferner ist der PBMR nicht nur im Vergleich mit anderen Kernkraftwerken kostengünstig, sondern auch im Vergleich mit den Kohlekraftwerken Südafrikas, die weltweit bereits zu den günstigsten gehören. [21]

- o Momentan werden die laufenden Betriebskosten des PBMRs auf 1,6 US Cents/kWh geschätzt. Südafrikanische Kohlekraftwerke produzieren Strom zu einem Preis von 1,0 US Cents/kWh, doch müsste heute ein Kohlekraftwerk durch ein neues ersetzt werden, so würde sich der Preis 1,6 US Cents/kWh nähern.
- Die Herstellung des erforderlichen Brennstoffes ist im Vergleich mit der Herstellung konventioneller Kernbrennstoffe einfach. Auch können beachtliche Mengen an Brennstoff vor Ort sicher gelagert werden, was angesichts der oftmals langen Lieferungswege einen weiteren erheblichen Vorteil darstellt.
- Der Betrieb des PBMRs ist nicht auf Wasser angewiesen. Die Turbinenkondensatoren können entweder wasser- oder luftgekühlt werden. Folglich können die PBMRs an unterschiedlichsten Standpunkten errichtet werden. Eskom hat langjährige Erfahrungen in der Errichtung großer luftgekühlter Kohlekraftwerke.
- PBMRs können schnell und verhältnismäßig kostengünstig errichtet werden. Einer der kostensenkenden Faktoren ist die inhärente passive Sicherheit des Systems, die im Entwurf des PBMRs bedacht wurde und die die Ausgaben für aktive Sicherheitssysteme, wie sie bei Druckwasserreaktoren und Siedewasserreaktoren erforderlich sind, vermeidet. Die herkömmlichen Druck- und Siedewasserreaktoren sind nicht weniger sicher als die PBMRs, aber erfordern für die Gewährleistung dieser Sicherheit komplexe, kostenaufwändige Sicherheitsmaßnahmen. **Der PBMR dahingegen verfügt über inhärente, in dem System miteingebaute passive Sicherheit, d.h. dass die physikalischen Gesetze den Reaktor auf sichere Weise zum Stillstand bringen, sobald ein Fehler beim normalen Betrieb auftritt.**
- PBMRs verbrennen einen sehr hohen Prozentsatz ihres Brennstoffes, aber da die Brennstoffkugeln nicht in Gehäusen sind, können sie sich nicht im Reaktorkern verformen oder dort steckenbleiben, wie es bei Druck- und Siedewasserreaktoren möglich ist. Der hohe Verbrennungsprozentsatz führt auch zur kostensenkenden guten Verwertung des Brennstoffes.
- Der PBMR eignet sich hervorragend dafür, Hitze auf kostengünstige und effiziente Weise für Entsalzungszwecke zu generieren.

2.3.15.1.10 Zeitplan für den Bau eines PBMRs

Das PBMR-Team hofft, dass bis Ende 1999 eine Entscheidung getroffen wurde, ob Eskom mit dem Bau einer Probeeinheit fortfahren möchte. Ist die Entscheidung positiv, so sieht der Zeitplan wie folgt aus: (Tabelle 1)

Tabelle 1: Terminplanung

Juli 1999 erforderlichen Lizenz	Erhalt der ersten den Bestimmungen gemäß
September 1999	Bau in Auftrag geben
Juli 2000	Fertigstellung des Endentwurfes
Januar 2003	Fertigstellung des Baus
April 2003	Brennstoffladung
Juli 2003	Erste Kritikalität
Dezember 2004	Kommerzielle Lizenz

Ein typisches PBMR-Produktionsmodul kann in 24 Monaten fertig gestellt werden.

Die für die Bedienung eines solchen Reaktors erforderlichen Mitarbeiter benötigen keine besonderen Qualifikationen und die Anzahl der benötigten Mitarbeiter ist sehr gering. Dies sind bei der Betrachtung der Betriebskosten einer solchen Anlage wichtige Faktoren.

2.3.15.1.11 Bestehende internationale Erfahrung

Südafrika blickt auf eine lange Geschichte im Bereich der Kernkraft zurück. Der erste Forschungsreaktor SAFARI wurde 1961 ca. 20 km westlich von Pretoria in Betrieb genommen. Das Koeberg-Kraftwerk läuft seit 1984 und über die Jahre entwickelte Südafrika bei der Atomic Energy Corporation auch Brennstoffherstellungsanlagen für SAFARI und Koeberg. Insgesamt verfügt Südafrika über umfangreiches Wissen in Entwurf und Entwicklung im Bereich der Kerntechnik.

Als Südafrika im Jahre 1993 das PBMR-Projekt begann, bestand weltweit bereits eine beachtliche Wissensgrundlage im Hinblick auf Hochtemperatur-Gasreaktoren (Tabelle 2).

Dies ermöglichte es Eskom, verschiedene Partnerschaften und Zusammenarbeit mit unterschiedlichsten Firmen einzugehen, die bereits über etliche Jahre an verschiedenen Anlagen und Entwürfen gearbeitet hatten (Tabelle 3). Das Konzept des PBMRs ist also keine ungeprüfte neue Technologie. Eskom konnte das Fachwissen und die Erfahrungen verschiedenster Firmen zusammenfließen lassen und dann seinen eigenen Entwurf auf einer soliden Wissensgrundlage machen.

Tabelle 2: Frühere internationale HTGRs und andere Programme

Britisches Programm
- Dragon   20 MWth   1964-77
US-Programme
- Peach Bottom 1   40 MWel   1967-74
- Fort St.Vrain   330 MWel   1979-89
Deutsche Programme
-AVR Jülich   15 MWel   1967-89
- THTR – Hamm-Uentrop   300 MWel   1985-89
Andere nationale Programme
-HTTR (Japan)   30 MWth   1998-
- HTR-10 (China)   10 MWth   1999-

2.3.15.1.12 Maßnahmen gegen Weiterverbreitung
Tabelle 3:
Momentan beim Eskom-PBMR-Projekt engagierte Organisationen

HTR GmbH (Siemens/ABB)	Deutschland)
AEA Technology PLC	(Vereinigtes Königreich)
NRG	(Niederlande)
INET	(China)
Kurchatov/OKBM/Minatom	(Russland)

Der Brennstoff aus niedrig angereichertem Uran besteht aus Urandioxidpartikeln mit einem Durchmesser von einem halben Millimeter, die von Graphit und Silikonkarbid umgeben und schließlich in der eigentlichen Graphitkugel eingeschlossen sind.

Die Brennstoffkugeln werden etwa zehnmal im Reaktor wiederverwertet. Sie werden herausgenommen, gemessen, um somit den noch bestehenden Anteil an spaltbarem Material zu ermitteln, und werden schließlich entweder in den Reaktor zurückgegeben oder als abgereichertes Brennmaterial gelagert. Dadurch ist die aus dem abgereicherten Brennstoff zu extrahierende Menge an spaltbarem Material minimal.

Die Kosten und die aufwändige Technologie, die für die Extraktion des minimalen Anteils spaltbaren Materials aus den winzigen Silikonkarbidkugeln im abgereicherten Brennstoff erforderlich sind, machen diesen Brennstoff angesichts der Bedenken bezüglich der Weiterverbreitung radioaktiver Substanzen oder Kernwaffen sehr sicher. [26]

2.3.15.1.13 Lagerung des abgereicherten Brennstoffs

In einem PBMR wird fast kein schwach- oder mittelaktiver Abfall erzeugt, abgesehen von den von Mitarbeitern innerhalb eines bestimmten Strahlungsraumes getragenen Handschuhen und Schutzmänteln.

Abgereicherte Brennstoffkugeln können jahrelang vor Ort gelagert werden. Sie können jedoch auch zu einer anderen Lagerstätte verfrachtet werden, je nach den Bestimmungen des Betreibers. Der jetzige Entwurf des PBMRs geht davon aus, dass abgereicherte Brennstoffkugeln 40 Jahre vor Ort zu lagern sind, nachdem die Anlage das Ende ihrer erwarteten Lebensdauer von 40 Jahren erreicht hat.

Brennstoffkugeln werden folglich erst dann gelagert, wenn der Anteil an spaltbarem Material sehr gering ist.

2.3.15.1.14 Ausfuhrmöglichkeiten

Obwohl Südafrika den PBMR momentan in erster Linie als Teil seiner eigenen Stromerzeugungsmöglichkeiten betrachtet, bestehen gute Ausfuhrmöglichkeiten in Länder der Dritten Welt, in Entwicklungsländer und in Industrieländer.

Als die führende Wirtschaftsmacht des südlichen Afrikas, wird Südafrika als wichtigstes Land für den wirtschaftlichen Aufschwung der Region betrachtet.

Ferner besteht für Südafrika diesbezüglich auch eine moralische Verpflichtung, die auch vom südafrikanischen Staatspräsidenten, Präsident Thabo Mbeki, in seinem Vorschlag zur sogenannten Afrikanischen Renaissance zum Ausdruck gebracht wurde. [27]

Südafrikanische Stromerzeuger haben in den vergangenen zehn Jahren Vorschläge zu einem weitreichenden Stromnetz für das gesamte südliche Afrika regelmäßig stillgeschwiegen. [28] [29] Theoretisch könnte sich ein solches Netz von Südafrika über Mosambik, Tansania, Sambia, der DRK, Angola und andere Länder erstrecken. Rein technisch wäre ein solches Projekt durchaus durchführbar. Doch machen geographische und machtpolitische Verhältnisse die Ausführung dessen schwer, da der erzeugte Strom über Landesgrenzen hinweg geleitet werden müsste und Zahlungs- und Messmethoden gefunden werden müssten, die für alle beteiligten Länder sowohl finanziell als auch politisch akzeptabel wären.

Hinzu kommt das Problem der Instandhaltung der Stromleitungen in unzugänglichen Gebieten, fernab aller Fachkräfte, Depots und Lager, als auch die Gefahr des Vandalismus und Diebstahls.

Daher ist das Konzept mehrerer kleinerer Netzwerke mit einem oder mehreren PBMRs, im Gegensatz zu einem großen Netzwerk mit einem enormen Kraftwerk, im Hinblick auf soziale und politische Verhältnisse die realistischere Option. Auch logistisch und technisch ist diese Lösung sinnvoller.

Bei den großen Entfernungen kommt hinzu, dass es wesentlich einfacher ist, die Brennstoffvorräte eines Jahres für einen PBMR als für ein Kohlekraftwerk zu transportieren. Ein PBMR kann seine Jahresvorräte selbst lagern, was bei Kohlekraftwerken undenkbar wäre. Die Belieferung eines Kraftwerkes mit Kohle setzt einen fortlaufenden Vorgang und die Zuverlässigkeit der Kohlebergwerke und der dauerhaften Lieferungssysteme des Kraftwerks voraus.

Zu den innen- und außenpolitischen Problemen kommt hinzu, dass in Afrika häufig auftretende Naturkatastrophen, wie zum Beispiel Stürme und Überschwemmungen, regelmäßig Brücken, Straßen und Schienen beschädigen oder zerstören.

Vergleicht man die Angewiesenheit auf ständige Belieferung mit Kohle oder Erdöl, die wiederum zuverlässige Straßen- oder Bahnverbindungen, Fließbänder oder Pipelines voraussetzt, mit der Möglichkeit, Brennstoffvorräte eines Jahres lagern zu können, so wird letztere Option noch lukrativer.

Wie bereits erläutert, kann auch der schwerste Reaktorunfall nicht zu Strahlungsschäden oder anderen Gefahren außerhalb der Anlage selbst führen. Der PBMR ist weniger gefährlich als eine Chemie-Anlage oder ein anderer industrieller Betrieb vergleichbarer Größe.

Da sie nicht wassergekühlt sind, können die PBMRs unabhängig von bestehenden Wasserreserven an jedem beliebigen Ort errichtet werden. In Entwicklungsländern können sie so platziert werden, dass sie ihr eigenes Netzwerk haben und brauchen nicht in ein nationales Netzwerk mit eingebunden werden.

2.3.15.1.15 Ausfuhr in Länder der Ersten Welt

Der PBMR eignet sich auch hervorragend für die Ausfuhr in Länder der Ersten Welt.

Da der PBMR aus kleinen Einzelmodulen besteht, stehen verschiedene Konfigurationen zur Verfügung, die es ermöglichen, dort Strom zu erzeugen, wo er gebraucht wird. So können PBMRs zum Beispiel in ein bestehendes Netzwerk dort eingegliedert werden, wo zusätzlicher Bedarf besteht, anstatt dass ein komplettes neues Kraftwerk errichtet werden muss. So können auch zusätzliche Module bei Bedarf an einen bestehenden Reaktor angefügt werden. Ferner können PBMRs als Ersatz für bestehende stromerzeugende Kraftwerke eingesetzt werden, wenn erstere das Ende ihrer Lebenserwartung erreichen. Wiederum bieten die Module des PBMRs die Möglichkeit, die der jeweiligen Situation entsprechende optimale Konfiguration zusammenzustellen, anstatt einfach nur ein großes Kraftwerk mit einem neuen ebenso großen zu ersetzen.

Bei den für den südafrikanischen Markt gebauten PBMRs sollen 81 % der Komponenten für Stationen vor Ort hergestellt werden. Bei den für das Ausland gebauten PBMRs sollen 50 % der Komponenten für Stationen vor Ort hergestellt werden. [20] Dieser Prozentsatz der in Südafrika herzustellenden Anlagenkomponenten trägt direkt zum südafrikanischen Bruttoinlandsprodukt bei.

2.3.15.1.16 Lizenzen

Der Vorgang der Kernkraftlizenzierung wird momentan in Südafrika vom Council for NuclearSafety (CNS) nach bewährten Normen neu erarbeitet.

Der CNS ist eine unabhängige, öffentlich-rechtliche Körperschaft, die mit der International Atomic Energy Agency zusammenarbeitet. Südafrika hat das Nuclear Non-Proliferation Treaty (NPT - Vertrag über die Nichtverbreitung von Kernwaffen) unterzeichnet und unterliegt folglich regelmäßigen Inspektionen seiner Kernkraftwerke von IAEA-Teams.

Nach südafrikanischer Gesetzgebung kann der PBMR nur unter Lizenz vom CNS gebaut und betrieben werden.

2.3.15.1.17 Schlussfolgerungen

Weltweit ist zunehmende Stromerzeugung für die Gesundheit und das Wohlergehen der Menschen notwendig. Dies trifft jedoch vor allem auf Länder der Dritten Welt und auf Entwicklungsländer zu. [30]

Doch lässt sich die Diskrepanz zwischen dem Lebensniveau der Ersten und Dritten Welt nicht übersehen und in absehbarer Zukunft sind diese Unterschiede auch nicht zu überwinden. Hinzu kommt die Tatsache, dass die Erste Welt Entwicklungsländer stark unter Druck setzt, sich ihren Stromerzeugungsbestimmungen anzupassen. Ein Beispiel hierfür ist die Veröffentlichung der Warnung vor „Global-Warming" und der damit verbundene Aufruf, CO_2-Emissionen zu reduzieren. Dies führt zu erschwerten Umständen in der Errichtung neuer Kraftwerke, die mit fossilem Brennstoff arbeiten, selbst wenn sie den strengen Bestimmungen der Ersten Welt entsprechen.

Diese Gegebenheiten führen dazu, dass der Kugelhaufenmodulreaktor beste Aussichten hat. Aus einem inhärent sicheren und einfachen Kernreaktor bestehend, bietet dieses System die Möglichkeit, kleine lokalisierte Stromnetzwerke zu errichten, die die Lebensbedingungen großer Bevölkerungsgruppen weltweit dramatisch verbessern können.

2.3.15.1.18 Referenzliteratur

[1] Assessing Technology Transfer, (1966) Richard L Lesher und George J Howick
NASA SP-5067

[2] Dr.X. Mkhwanazi,CEO: National Electricity Regulator, in: Meer huise het nou elektrisiteit, Sake Beeld 11. Juni 1999, S. 11

[3] International Electric Power Encyclopaedia; (1998), S. 144

[4]   1995 Energy StatisticsYear Book; United Nations, New York (1997), S. 432
[5]   BP Statistical Review of World Energy; (1998), S. 38
[6]   1996 Funk & Wagnalls New Encyclopaedia, (1996) Vol 9, S. 243
[7]   Global Cooling? P E Damon und S M Kunen Science (1976) Vol 193, Nr. 4252 S. 447
[8]   „The Cooling World" Newsweek 28. April, 1975
[9]   World Coal Institute; ECoal:Juni(1999)Vol30,S.4
[10] Nuclear Power, Energy and the Environment: The Uranium Institute, London; (1995)
[11] Nuclear Energy: Environmental Problem or Solution? Margaret N Maxey, pub ESEF Cambridge (1999)
[12] Political Pressure in the Formation of Scientific Consensus, Sonja Boehmer-Christiansen 234-248 (1996) The Global WarmingDebate: ESEF Cambridge
[13] ABLAZE The Story of Chernobyl; Piers Paul Reed: Secker & Warburg; London S. 20(1993)
[14] Three Mile Island: A Report to the Commissioners and to the Public; Vol 1S. 3, M. Rogovin, G. T. Frampton jr: NRC Special Inquiry Group, (1980)
[15] Exposures and Effects ofthe ChernobylAccident UNSCEAR document R.599 (1999)
[16] Beneficial Ionizing Radiation, Zbigniew Jaworowski 151-172 (1997) What Risk: Butterworth-Heinemann Oxford
[17] Three Mile Island: A Report to the Commissioners and to the Public; Vol 1S. 21, 153,154 M. Rogovin, G. T. Frampton jr: NRC Special Inquiry Group, (1980)
[18] The Uranium Institute: Corporate Brochure; London (1996) S. 6
[19] For our Nuclear Wastes, there's Gridlock on the way to the Dump; J Wheelwright, Smithsonian Magazine, Mai (1999)
[20] Pebble Bed Modular Reactor: A New Option; DNicholls Energize März/April (1999) S. 53
[21] The Eskom Pebble Bed Modular Reactor, JH Gittus; Uranium Institute Symposium: London (1999)
[22] SA's Nuclear Programme Gains Critical Mass; Finance Week 7. Mai 1999
[23] J. de Beer: CEO Eskom Enterprises, Privates Schreiben, August (1999)

[24] Nuclear Power Reactor Safety: E. E. Lewis, John Wiley & Sons: New York S. 480 (1977)

[25] Potential and limitations in maximising the power Output of an inherently safe modular pebble bed reactor, W. Scherer, H.J. Rutten, K.A. Haas, (FZJ). Symposium: High Temperature Gas Cooled Reactor Technology Development; Johannesburg 13. -15. Nov. (1996)

[26] MHTGR for Burning Weapons Plutonium, http://www.nuc.berkeley.edu/designs /mhtgr/weps.html

[27] Einführungsrede, Präsident Thabo Mbeki, Pretoria News, 16. Juni 1999

[28] Dreams of Power, I .McRae, Leadership SA (1989) , 8:2 S. 58-62

[29] Powerhouse, I. McRae, Leadership SA (1991) 10:4 S. 10-12

[30] Healthy Choices in Technologies: Role of Electrotechnologies & the Fuels That Energize Them; M P Mills, Mills McCarthy & Associates Inc., Western Fuels Association; Arlington, Virginia, April (1997)

2.3.15.2 Südafrika – Status etwa Mitte 2009   (www.pbmr.co.za)

From a small research and development company with barely 100 employees at its inception in 1999, PBMR has grown into one of the largest nuclear reactor design teams in the world. In addition to the core team of some 800 people at the PBMR head-office in Centurion near Pretoria, more than a 1000 people at universities, private companies and research institutes are involved with the project.

Pebble Bed Modular Reactor (Pty) Limited is a public-private partnership comprising the South African government, nuclear industry players and utilities. The PBMR is a strategic national project due to its significance to South Africa and its potential in international markets, as a prospective provider of safe, clean energy.

The PBMR project is one of the most technologically advanced capital investment projects yet undertaken in South Africa. The successful deployment of this leading-edge technology has the potential to make a significant contribution to local and international energy supply. In addition, it will contribute to the transformation of South Africa's current resource-based economy.

The Company's goal is to be the first organisation that successfully commercializes pebble bed technology for the world's energy market. This is the first time that South Africa is designing, licensing and building its own nuclear reactor.

Government support

The South African Government recognizes the importance of energy security and supply and the fact that PBMR can contribute significantly to local economic growth and development by forming part of a technology-intensive nuclear manufacturing sector which could, in future, export this technology.

The Government therefore regards the PBMR project as one of the most important capital investment and development projects yet undertaken in the country. According to Government statements, the intention is to eventually produce 4 000 MW to 5 000 MW of power from pebble bed reactors in South Africa.

At a media briefing in Pretoria on 5 December 2008, Ms Portia Molefe, the director general of the Department of Public Enterprises (DPE), announced the Government's decision to put on hold the plan to embark on a conventional new build nuclear programme. She pointed out, however, that the decision did not pertain to the PBMR technology and indicated that the DPE was looking at ways of speeding up the PMBR process, rather than slowing it down.

In view of the above, PBMR, Eskom Holdings Limited and the Government are currently in discussion regarding the way forward for the development and demonstration of the PBMR technology.

Recent developments

On 26 March 2009, PBMR signed a Memorandum of Understanding (MOU) with the Institute of Nuclear and New Energy Technology (INET) of Tsinghua University and Chinergy Co Ltd of China, whose pebble bed concept is based on a 10 MW (thermal) research reactor that was started up in Beijing in December 2000 and achieved full power operation in January 2003. INET is a top nuclear research and experimental institute in China.

The MOU, based on mutual respect and appreciation for the developments achieved by both countries to date, is designed to facilitate cooperation on identified areas of common interest. South Africa and China hope to pursue collaboration in a number of strategic and technical areas relating to high temperature reactor (HTR) projects in both countries.

While PBMR's design and development efforts were initially focused mainly on electricity generation, it has become increasingly apparent that the high-temperature, gas-cooled reactor technology will also enable access to markets that call for process heat applications. To this end, PBMR announced in February 2009 its intention to take advantage of near-term market opportunities based on customer requirements to service both the electricity and process heat markets.

The company subsequently decided to modify the design planned for the Demonstration Power Plant project at Koeberg near Cape Town to also service potential customers such as the Next Generation Nuclear Plant (NGNP) project in the US, which is funded by the US Department of Energy, oil sands producers in Canada and the South African petrochemical company Sasol.

The design is aimed at steam process heat applications operating at 720°C, which provides the basis for penetrating the nuclear heat market as a viable alternative for carbon-burning, high-emission heat sources.

In December 2008, PBMR's Fuel Development Laboratories – in collaboration with Necsa (the South African Nuclear Energy Corporation) – successfully manufactured High Temperature Reactor coated particles containing 9.6% enriched uranium. The licence for the production campaign was granted by the South African National Nuclear Regulator on 5 December 2008 and on Saturday 6 December, the fuel particles were successfully manufactured. The coated particles were shipped to the US and are currently being tested at the Idaho National Laboratory.

Test facilities commissioned

During 2007, a Heat Transfer Test Facility (HTTF) was commissioned at the University of North-West in Potchefstroom. The HTTF performs high-pressure and high-temperature tests to verify and validate thermohydraulic calculations and analyses.

Also in 2007, a Helium Test Facility (HTF) was commissioned at Pelindaba. This testing facility enables the first full-scale operating tests on the critical components of the reactivity control system, reserve shutdown system and the fuel handling system. All active components such as valves and measuring equipment, are being tested in an actual high-temperature, high-pressure helium environment. These tests are providing crucial and early feedback regarding the performance of equipment designed and built for the high-temperature and high-pressure helium environment.

Fuel Development Laboratories

In 2007, the Minister of Environmental Affairs and Tourism's upheld the positive Record of Decision on the Environmental Impact Assessment (EIA) for the Pilot Fuel Plant at Pelindaba. The Minister also de-linked the EIA for the Pilot Fuel Plant (PFP) from that of the Demonstration Power Plant (DPP). This means that – from an environmental point of view – manufacturing of fuel can commence.

In December 2008, the Fuel Development Laboratories – in collaboration with the South African Nuclear Energy Corporation (Necsa) – successfully manufactured coated particles containing 9.6% enriched uranium. The licence for the production campaign was granted by the South African National Nuclear Regulator on 5 December 2008 and on 6 December, the fuel particles were successfully manufactured. On 5 January 2009, the coated particles were shipped to the Oak Ridge National Laboratory in the United States where they will be compacted into specimens, after which they will be inserted in irradiation test samples for irradiation testing at the Idaho National Laboratory (see news release).

Products and services

While PBMR's design and development efforts were initially focused mainly on electricity generation, it has become increasingly apparent that the high-temperature, gas-cooled reactor technology will also enable access to markets that call for process heat applications.

The high operating temperature of 900°C provides flexibility to generate process heat for a variety of industrial chemical processes, including coal liquefaction and the production of hydrogen in the longer term. Another PBMR design is aimed at steam process heat applications (500 MW) operating at 720°C, which provides the basis for penetrating the nuclear heat market as a viable alternative for carbon-burning, high-emission heat sources.

In South Africa, there is interest in the possible use of PBMR technology in petrochemical complexes, notably for Sasol, to either produce process steam and/or hydrogen to upgrade coal products. In Canada, there is interest from oil sands producers to use the PBMR to produce the temperature and associated pressure needed to extract bitumen from oil sands instead of gas-fired plants.

In the USA, PBMR is a partner in the Westinghouse-led consortium which has been awarded a contract by the US Department of Energy to consider the PBMR technology as heat source for producing non-carbon derived hydrogen. The scope for the first phase of this contract, which has now been completed, was for the pre-conceptual engineering of a nuclear co-generation plant for the production of electricity and hydrogen. Requests for proposals for the second phase of the NGNP project will soon be issued, to which the PBMR consortium will be responding.

PBMR can contribute significantly to local economic growth and development by forming part of a technology-intensive nuclear manufacturing sector which could, in future, export this technology. The South African government furthermore recognizes the importance of energy security and supply. This calls for the development and deployment of new technologies in a sustainable, economic and environmentally sound manner. The PBMR technology serves to achieve this objective.

2.3.15.3 HTGR PROJECTS IN CHINA

ZONGXIN WU and SUYUAN YU[*] Institute of Nuclear and New Energy Technology, Tsinghua University Beijing, 100084, China
[*]Corresponding author. E-mail : suyuan@tsinghua.edu.cn
Received March 25, 2007

The High Temperature Gas-cooled Reactor (HTGR) possesses inherent safety features and is recognized as a representative advanced nuclear system for the future. Based on the success of the HTR-10, the long-time operation test and safety demonstration tests were carried out. The long-time operation test verifies that the operation procedure and control method are appropriate for the HTR-10 and the safety demonstration test shows that the HTR-10 possesses inherent safety features with a great margin. Meanwhile, two new projects have been recently launched to further develop HTGR technology. One is a prototype modular plant, denoted as HTR-PM, to demonstrate the commercial capability of the HTGR power plant. The HTR-PM is designed as 2X250 MWt, pebble bed core with a steam turbine generator that serves as an energy conversion system. The other is a gas turbine generator system coupled with the HTR-10, denoted as HTR-10GT, built to demonstrate the feasibility of the HTGR gas turbine technology. The gas turbine generator system is designed in a single shaft configuration supported by active magnetic bearings (AMB). The HTR-10GT project is now in the stage of engineering design and component fabrication. R&D on the helium turbocompressor, a key component, and the key technology of AMB are in progress.

KEYWORDS : HTGR, HTR-PM, HTR-10GT, Helium -Gas Turbine
The following is an excerpt from the original text.

2.3.15.3.1   1. INTRODUCTION

The high temperature gas-cooled reactor (HTGR) is graphite moderated, helium cooled reactor with ceramic coated fuel particles (TRISO fuel particles). The HTGR is inherently safe and expected to be applied to various industrial fields such as electric generation, hydrogen production, etc. with high efficiencies. It is also recognized as a representative advanced nuclear system for the future. At the beginning of the year 2006, China issued guidelines on a national medium- and long-term program for science and technology development (2006-2020), announcing that it planned to speed up the pace of research on 16 key technologies including the pressurized water reactor (PWR) and the HTGR.

In China, research and development on the HTGR technology has been ongoing for several decades. After an initial fundamental study, the 10MW High Temperature Gas-cooled Test Reactor (HTR-10) project was launched in 1992. It was built in the Institute of Nuclear and New Energy Technology (INET), Tsinghua University. The system, schematically illustrated in Fig. 1, reached its first criticality in 2000 and begun full power operation in 2003 (Wu, et al., 2002). Based on the success of the HTR-10, long-time operation and safety demonstration tests were carried out in order to record operation experiences and show the inherent safety features. Meanwhile, two new projects have been recently launched to further develop the HTGR technology. One is a prototype modular plant, denoted as HTR-PM, to demonstrate the commercial capability of the HTGR power plant. The other is a gas turbine generator system coupled with the HTR-10, denoted as HTR-10GT, to demonstrate the feasibility of the HTGR gas turbine technology.

2.3.15.3.2   HTR-10 TESTS

2.3.15.3.2.1   Operation Tests

After reaching full power operation of the HTR-10 at the beginning of 2003, a long-time operation test was carried out. Generally, the HTR-10 is operated to provide electric power to the grid only. However, in winter, the HTR-10 provides both electric power to the grid and district heating to the INET campus. After long and continuous operation, the entire system and main components were checked. The results show that all detected data are below safety values and all subsystems and main components, such as the loading and discharging system for fuel elements, control rod system, boron ball system, steam generator, helium circulator, etc. are under correct working conditions. It can be concluded that the operation procedure and control method are appropriate for the HTR-10.

Fig. 1. Layout of HTR-10 Primary System

view following page

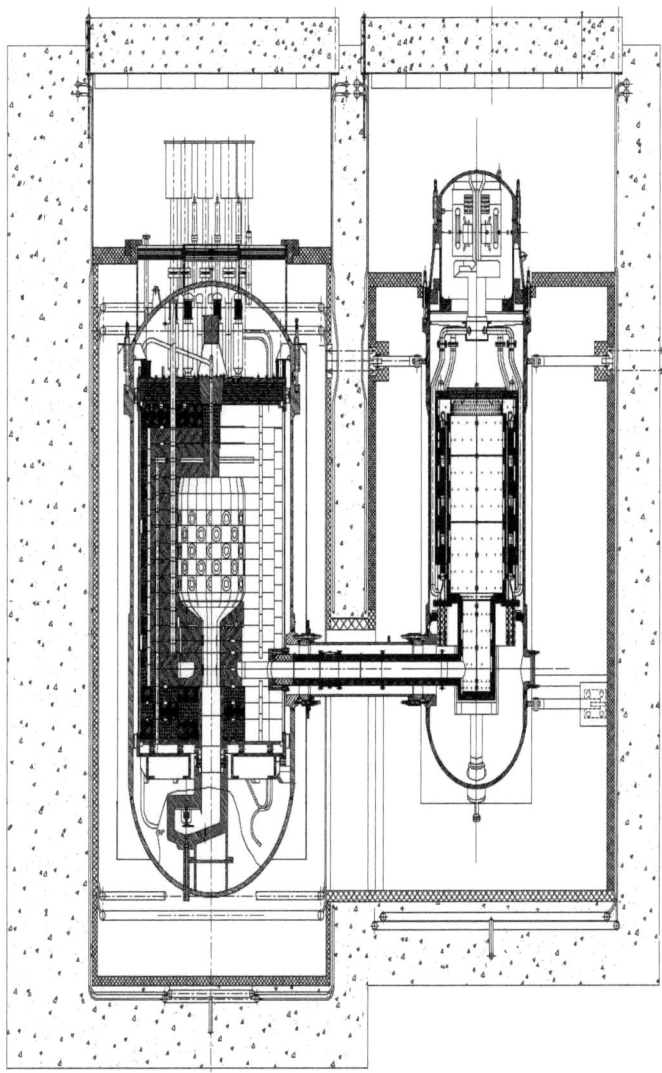

Fig. 2 summarizes the operation records of the HTR10 in 2006. It operated for a total of 97 days and the integrated reactor power reached 458.2

MWD. In addition to district heating for the INET campus, the HTR-10 also provided 660 MWh of electric power to the grid.

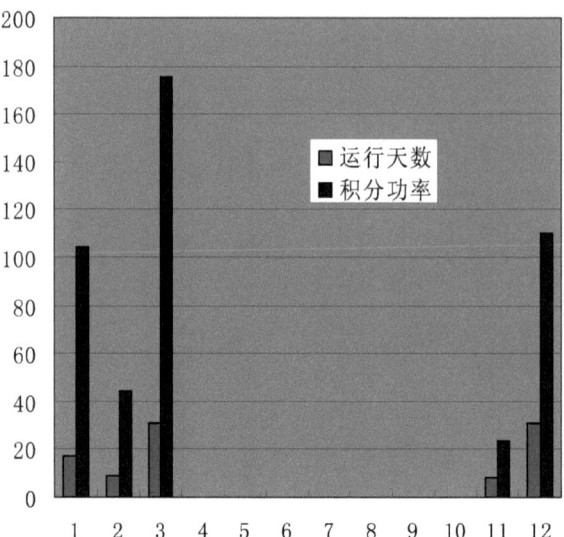

Fig. 2. Operation Record of HTR-10 in 2006

2.3.15.3.2.2 Safety Tests

A series of safety tests were carried out to verify and demonstrate the inherent safety features of the HTR-10.

The tests included hypothetic accidents of the control rod system, helium circulator, the shut-off valve to prevent the primary loop from reverse natural circulation, the main pump of the secondary loop, the residual heat remove system, etc. All the test results showed that the total safety related data fell below the limited values with wide margins.

Among these tests, the most important is Anticipated Transients Without Scram (ATWS), where the helium circulator is stopped while under the full power operation condition of the HTR-10. The test was performed at 4:00 PM on July 7, 2005. The HTR-10 was being operated on a full power level of 10 MW. The test began by turning off the electric power of the helium circulator. The circulator was then stopped and its shut-off valve was closed. The flow rate of the primary system was reduced sharply such that the protection system gave signals for reactor scram. The secondary system was separated from the primary system immediately. However, the control rods were locked and could not be inserted into the core. Even under these conditions, the reactor could reduce its power automatically and **finally reach its subcriticality by mean of a negative feedback feature (negative temperature coefficient)**. During this process all safety related variables were under their limited values with wide margins. This test demonstrates that the HTR-10 possesses excellent inherent safety characteristics. Fig. 3 illustrates the process of the test.

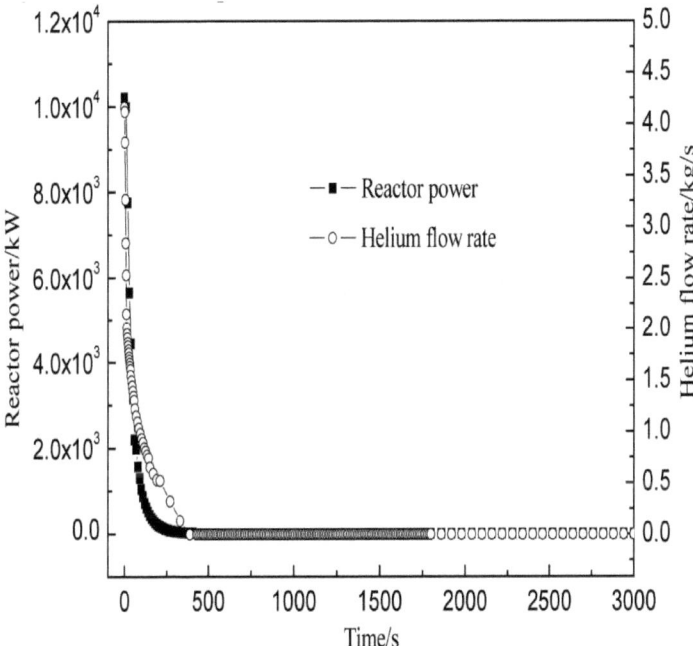

Fig. 3. ATWS Test for Stopping Circulator and Locking Rod under 10 MW Operation Condition of HTR-10

2.3.15.3.3   *HTR-PM PROJECT*

2.3.15.3.3.1   General Plan

Based on the technology and experience of the HTR10, preparation of the High-Temperature Gas-cooled Reactor-Pebble bed Module (HTR-PM) is currently in WU et al., HTGR Projects in China progress.

The standard design of the HTR-PM, work on which started in the beginning of 2004, is scheduled to be completed in the middle of 2007. In the meantime, the selection of a site for the HTR-PM demonstration plant is being done in parallel. Potential sites are located in Shandong province. A combination of actual site parameters and the HTR-PM standard design will comprise the preliminary design of the HTR-PM demonstration plant. The construction of the HTR-PM demonstration plant is slated to begin in 2008 and is scheduled to be finished in 2012.

2.3.15.3.3.2   3.2 Design of HTR-PM

The main philosophy of the HTR-PM project is
- safety,
- standardization,
- economy, and
- proven technology.

As a result of optimization and balance between the safety and economical features of the HTR-PM, the main technical features of the HTR-PM can be succinctly described as a pebble bed core with a conventional steam turbine.

Fig. 4 presents a sketch of the primary system of the HTR-PM reactor.

Fig. 4. Primary System of HTR-PM

Please view on the following page

Kugelbett-Reaktor oder –Ofen ?

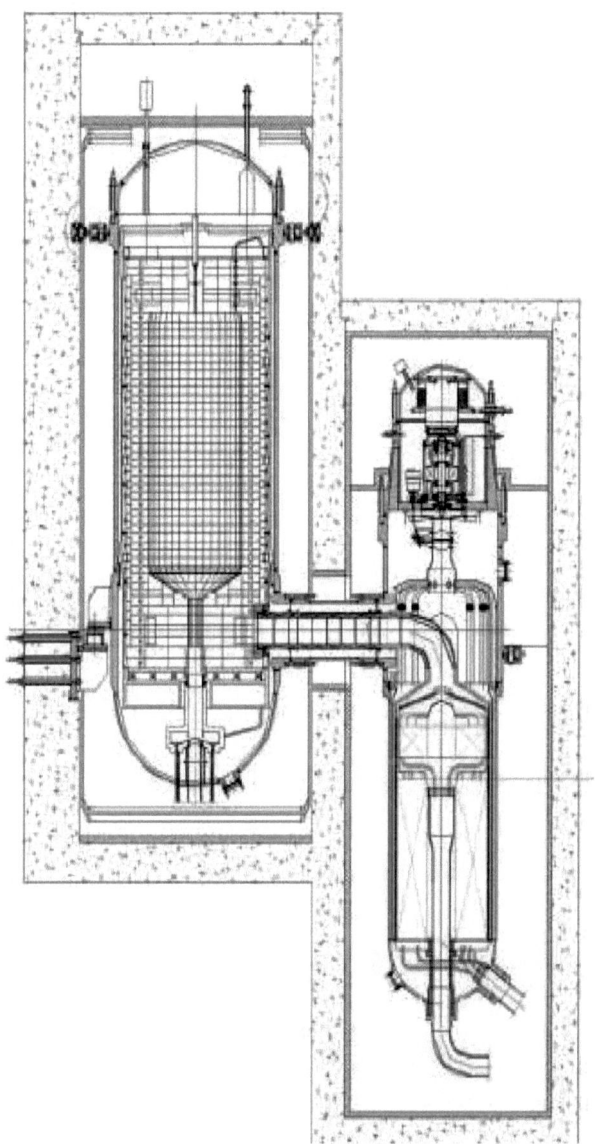

2.3.15.3.3.3 Power Generation System

Based on proven technology requirements, the HTRPM demonstration plant will adopt a mature sub-critical steam turbine proven in coal-fired plants for power generation systems. The aims are to demonstrate the feasibility and maturity of the reactor itself, the connection technology between the nuclear island and conventional island, and the adoptability of a new power generation system in the future. New power generation systems under consideration include the configuration of two reactor modules connected to one turbine, adoption of a super-critical steam turbine, and adoption of a super-super-critical steam turbine. All choices will depend upon Chinese state-of-the-art standard and mature turbine technology.

The re-heater is another technical issue. The efficiency gain from the re-heater is obvious, but the structural complexity and safety impact arising from the re-heater are also apparent. Hence, the re-heater is included in the conceptual design. A configuration without a re-heater and a configuration with a re-heater outside the reactor primary loop are also under consideration.

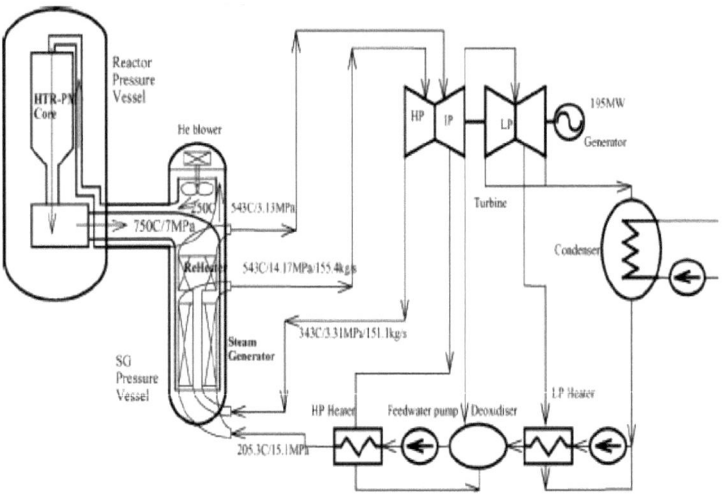

Fig. 5. Flow Diagram of HTR-PM Steam Turbine Cycle

2.3.15.3.4   4. HTR-10GT PROJECT

2.3.15.3.4.1   Introduction

For the HTR-10GT project, the initial basic design was a joint effort by the Institute of Nuclear and New Energy Technology (INET), Tsinghua University, and State Unitary Enterprise I.I. Afrikantov, Experimental Design Bureau of Mechanical Engineering (OKBM), Russia. The engineering design, component R&D, and key technology research were carried out by the INET. The following sections detail the main design features, component R&D, and current status of the HTR-10GT project.

2.3.15.3.4.2   Design Features

The layout of the HTR-10 primary system is shown in Fig. 1. The left side pressure vessel contains the reactor core and the right side the steam generator and helium circulator, which are connected by a horizontal hot gas duct pressure vessel.

For the HTR-10GT project, the previous pressure vessel of the steam generator at the right side will be removed and a new pressure vessel containing a helium turbine and generator will be installed, as shown in Fig. 6.

The new pressure vessel is called a Power Conversion Vessel (PCV) and its role is to convert reactor core energy to electric energy. The turbocompressor and generator are supported by an active magnetic bearing system to prevent lubricant contamination in the primary system. Various heat exchangers are installed around the turbocompressor.

Fig. 6. Layout of Power Conversion System of HTR-10GT

Please view following page

Sprit mit Kernwärme aus Biomasse und Kohle

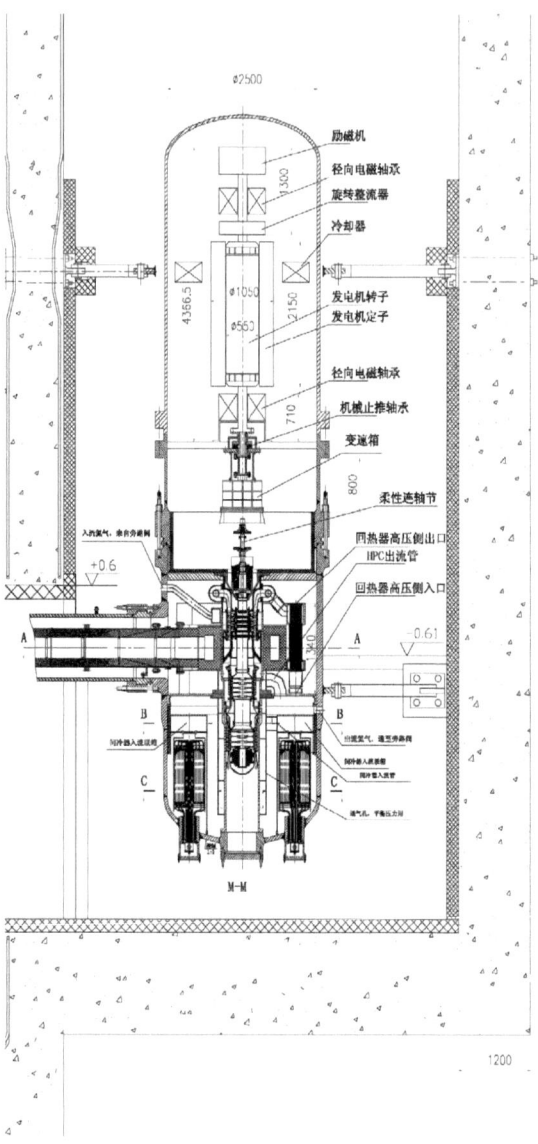

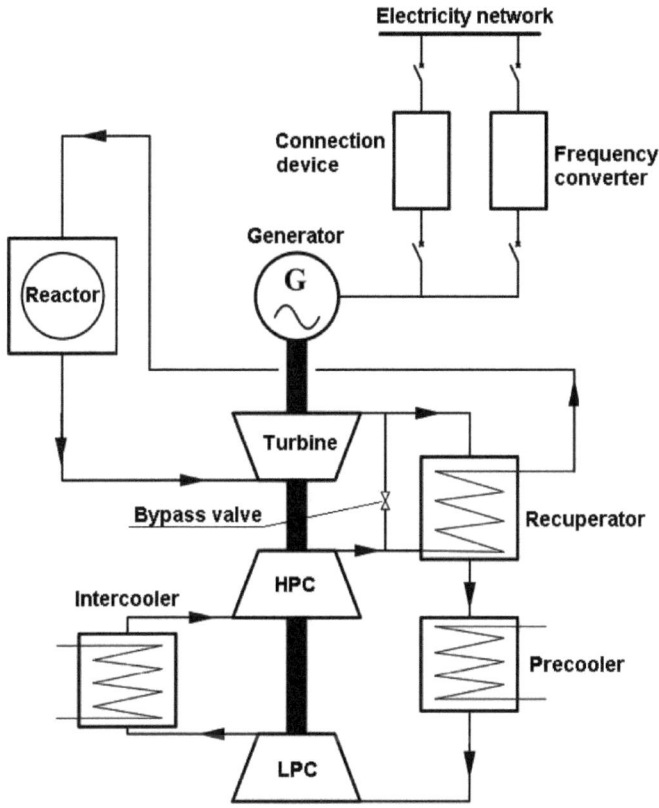

Fig. 7. Flow Diagram of HTR-10GT

The helium flow chart of the HTR-10GT is depicted in Fig. 7. Helium from the core with high temperature and pressure expands in the turbine and drives the turbine with the compressors and generator together. The exhausted helium enters the recuperator to heat helium at the other side from the compressor outlet. The helium is then further cooled in the precooler and pressurized to high pressure through a two-stage compression process with intercooling. The high pressure helium is preheated through the other side of the recuperator as mentioned above and then enters the reactor core to be heated and thus complete the Brayton cycle. The main parameters of the HTR-10GT in full power operation mode are shown in Table 3. Main Reactor Core.

Power, MW	10
Inlet /outlet Temperature ( )	
Inlet / outlet Pressure (MPa)	1.53 / 1.52
Mass flow rate (kg/s)	
Turbocompressor speed (r/min)	15000
Turbine expansion ratio	2.2
Compressor ratio for HPC	1.58
Compressor ratio for LPC	1.58
Generator speed (r/min)	3000

Fig. 8. Turbocompressor for HTR-10GT

Recuperator Power, MW Helium temperature at inlet/outlet (LP) (
5.25 494/278 0.687/0.682 109/330 1.605/1.604
Turbomachine Precooler Intercooler

Please view following page

Kugelbett-Reaktor oder –Ofen ?

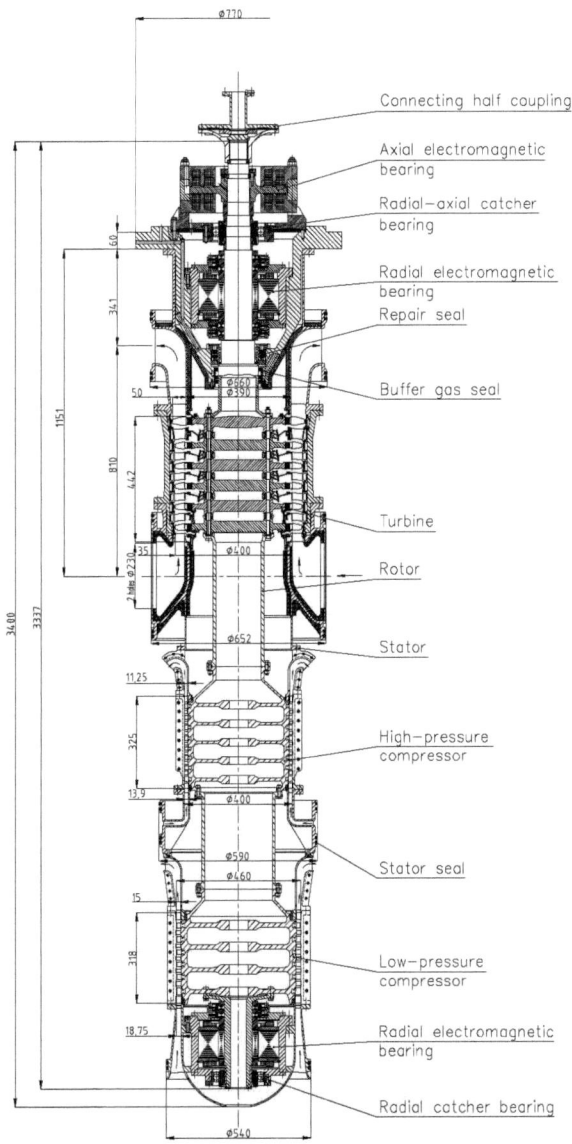

2.3.15.3.4.3 Component R&D

Inside the power conversion vessel, the main components can be divided into two groups. One is a rotating group containing the turbocompressor, gearbox, and generator, where the turbocompressor and generator are supported by an active magnetic bearing system. The other is a stationary group containing heat exchangers, a pressure vessel, metal works, valves, penetrations, etc. The component R&D is currently underway. Among these components, the turbocompressor is the most important and entails many technical difficulties. WU et al., HTGR Projects in China

```
Power, MW                      10
Inlet /outlet Temperature ( )  330 / 752
Inlet / ou
```

2.3.15.3.4.4 Turbocompressor

The turbocompressor contains three components: a turbine, a low-pressure compressor (LPC), and a high-pressure compressor (HPC). The compressors and turbine are vertically arranged in the lower cavity of the power conversion vessel as shown in Fig. 8. From bottom to top, the turbocompressor is comprised of lower active magnetic bearing and catcher bearing, low pressure compressor, high pressure compressor, turbine, buffer seal, repair seal, and upper active magnetic bearing and catcher bearing. At the top of the turbocompressor shaft, a flexible coupling is used to connect the reduction gearbox and transfer the torque between the turbocompressor and generator.

The main features of the helium turbocompressor are lower compression ratio and expansion ratio, more stage numbers, and higher rotating speed than a combustion turbocompressor. Other important features in the design of the helium turbocompressor are its large hub diameter and short blade height in comparison with a combustion turbocompressor. The fundamental parameters of the turbocompressor are summarized in Table 4.

Recently, a closed aerodynamic test facility with air or helium has been established to verify the design of the compressors. The test facility is a closed loop consisting of air and helium gas storage tanks, a desiccator, a flow regulating valve, a membrane compressor, a gas heater and cooling system, a pressure regulation system, a test section, a reduction gearbox, a motor, and a control system, as shown in Fig. 9. The helium or air is pressurized by the membrane compressor, and the test blades or compressor is placed in the test section. The blades or compressor is driven by the motor through the gearbox to reach the design rotating speed, 15000 r /min. The gearbox is lubricated by oil, and a dry gas seal is used to prevent leakage of helium from the shaft gap.

Component	LPC	HPC	Turbine
Power (MW)	1.74	1.77	5.73
Flowrate (kg/s)	4.76	4.77	4.66
Inlet temperature (°Ê)	23.9	26.7	750
Outlet temperature (°Ê)	94.3	97.8	502
Inlet pressure (MPa)	0.65	1	1.5
Outlet pressure (MPa)	1.03	1.58	0.68
Efficiency (%)	84.5	84.5	86.5
Blade height rotating (mm)	18.8	13.9	35
stationary blades (mm)	15	11.3	50
Tip diameter (mm)	460	400	490
Net length (mm)	318	325	442
No. of Stages	6	8	6
No. of rotating	650	1014	372
stationary blades	733	1122	252

Table 4. Fundamental Parameters of the Turbocompressor

Please view Tables on preceding page

Fig. 9. Test Facility for Helium Compressor

Several experiments were carried out at the test facility. First, the design blade was tested in helium and air. In the second test a stage of blades of the compressor was evaluated in helium and air. Finally, the whole compressor was assessed. The aims of these tests are to determine and compare the helium and air behaviors in blades for the helium blade design, obtain the performance of the compressor, and check errors pertaining to the similarity law in data conversion. The blade experiments in helium and air have been completed, for which some important results have already been obtained.

2.3.15.3.4.5   4.3.2 AMB Technology
The Active Magnetic Bearing (AMB) is another key technology for the HTR-10GT project. INET has invested a great deal of effort into this aspect of the project. In order to explore the AMB engineering design and validate the

technology, a full experimental plan was elaborately prepared. First, a small test rig was established to test the control method for a flexible rotor and accumulate experience for passing through critical speeds. A large size magnetic bearing with a rigid rotor was then constructed to verify the large magnetic bearing design and check its characteristics in long time operation. After the above two experiments are successfully conducted, a full-scale engineering test (1:1) will be performed outside the reactor to validate all the designed properties of the AMB system. Finally, the actual turbomachine rotor system along with the AMB system will be mounted in the HTR-10 reactor.

Fig. 10. Structure of Small Flexible Test Rig

Table 5. Main Parameters of the Small Setup Table 6.Main Structure Parameters of the Rigid Rotor Test Rig

Figure and table omitted

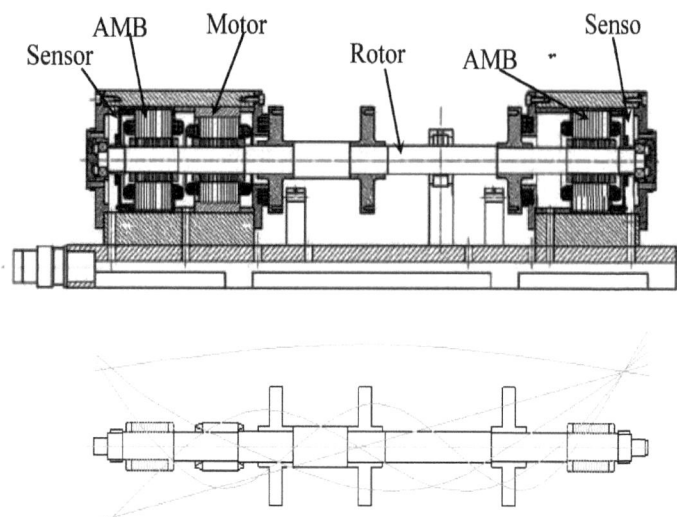

(1) Small flexible rotor test rig

The emphasis of this experiment is on studying the control arithmetic for passing through the bending critical speed (BCS) and attaining experience for future turbomachine rotor control. The first and second BCS are designed as 300Hz and 700Hz, respectively, which are higher than those of the actual turbomachine rotor. Higher values were deliberately chosen to place some burden on the control research in order to compensate for the difference between the small rotor in the experiment and the large rotor in the reactor. The structure and main parameters of the setup are shown in Fig. 10 and in Table 5, respectively.

The experiment was successfully carried out through the second BCS, thus verifying that the modeling and control design method are feasible and effective. These experiences will be useful in the actual tuning process for the HTR-10GT AMB system. WU et al., HTGR Projects in China

(2) Large size rigid rotor test rig

This experiment's aim is to study the characteristics of the actual size AMB and verify the design. The performance of the prototype of the power amplifiers will also be tested and they will be thereupon improved in the subsequent design phase. In order to simplify the experiment, a rigid rotor is designed so as to place emphasis on the magnetic bearing itself. The structure layout of the test rig is shown in Fig.11 and the main parameters are listed in Table 6.

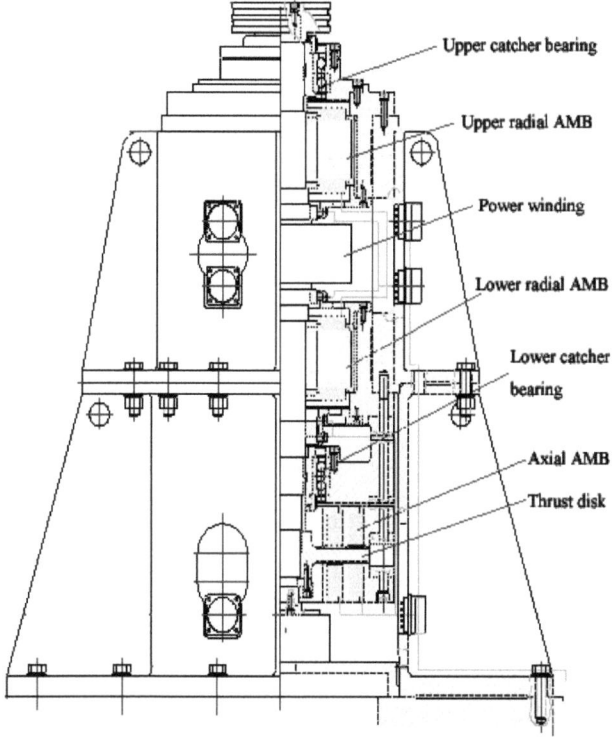

Fig. 12. Structure of the Full Scale Engineering Test Rig

Numerous characteristic experiments, including tests related to the stiffness, damping, force-current coefficient, and force-displacement coefficient, have been carried out, including a 72-hour continuously running test to validate the stability of the whole AMB system. At present, the test rig has completed more than 1000 start-ups, and fulfilled 5 drop-down experiments for testing the catcher bearing at 1200 rpm. All of the above experiments Table 7. Main Structure Parameters of the Full Scale Engineering Test Rig show that the technical index of the AMBs, the power amplifier, and catcher bearing satisfy the design goals. This is the basis for the full-scale engineering test rig.

(3) Full scale engineering test rig

The experimental rig is designed for validation of the actual engineering full size AMBs of the HTR-10GT generator rotor, as shown in Fig. 12. The main parameters are shown in Table 7. All the mechanical and electrical AMB component types, sizes, and working principles correspond with those to be used in the actual HTR-10GT project in the future, including the magnets, catcher bearing, DSP controller, high precision sensors, large power amplifier, cables, and electrical interface.

Recently, a five-degree suspending and low speed running experiment was successfully carried out. In the following phase a high speed running experiment at a speed of 3600 rpm in long time operation will be carried out to test the properties of the whole AMB system.

2.3.15.3.5 CONCLUSIONS

The High Temperature Gas-cooled Reactor (HTGR) possesses inherent safety features and provides high temperature heat sources that can be applied to various industrial fields such as electric generation, hydrogen production, etc. with high efficiencies. It is recognized as a representative advanced nuclear system for the future. China has announced plans to speed up the pace of research on the HTGR technology, as it has been designated one of 16 special, key technologies in the national medium- and long-term program for science and technology development (2006-2020)

In China, the 10MW High Temperature Gas-cooled Test Reactor (HTR-10) project was launched in 1992. It reached its first criticality in 2000 and begun full power operation in 2003. Based on the success of the HTR-10, long-time operation and safety demonstration tests were carried out. The long-time operation test verifies that the operation procedure and control method are appropriate for the HTR-10 and the safety demonstration test shows that the HTR-10 possesses inherent safety features with a wide margin.

Meanwhile, two new projects have recently been launched to further develop the HTGR technology. One is a prototype modular plant, denoted as HTR-PM, to demonstrate the commercial capability of the HTGR power plant. The other is a gas turbine generator system coupled with the HTR-10, denoted as HTR-10GT, built to demonstrate the feasibility of the HTGR gas turbine technology. The HTRPM is designed with two 250 MWt pebble bed cores and one energy conversion system, which is a steam turbine generator. The HTR-PM project is currently in the design stage. For the HTR-10GT project, the gas turbine system is designed in a single shaft configuration supported by active magnetic bearings (AMB). R&D on the helium turbocompressor and the key technology of AMB are now in progress.

REFERENCES

1] Bathie, W. W., 1984. Fundamentals of Gas Turbines. John Wiley & Sons, New York, pp. 201-260.

2] Ju, H. M., Xu, Y. H., Li, H. X., 1990. Program and Handbook of Thermal Property Calculation. China Atom Press, Beijing, pp. 1-15.

3] Kostin, V. I., Kodochigov, N. G., et al., 2004. Power Conversion Unit with Direct Gas-turbine Cycle for Electric Power Generation as a Part of GT-MHR Reactor Plant. Proceedings of the 2nd International Topical Meeting on High Temperature Reactor Technology, Beijing, China.

4] Kunitomi, K., Yan, X., et al., 2004. GTHTR300C for Hydrogen Cogeneration. Proceedings of the 2nd International Topical Meeting on High Temperature Reactor Technology, Beijing, China.

5] Logen, E., 1993. Turbomachinery. Marcel Dekker, New York, pp. 9-27.

6] Matzner, D., 2004. PBMR Project Status and the Way Ahead. Proceedings of the 2nd International Topical Meeting on High Temperature Reactor Technology, Beijing, China.

7] Muto, Y., Ishiyama, S., Shiozawa, S., 2001. Selection of JAERI's HTGR-GT Concept. Gas Turbine Power Conversion System for Modular HTGRs, IAEA-TECDOC-1238.

8] Wang, J., Huang, Z. Y., Zhu, S. T. and Yu, S. Y., 2004. Design Features of Gas Turbine Power Conversion System for HTR10GT. Proceedings of the 2nd International Topical Meeting on High Temperature Reactor Technology, Beijing, China.

[9] Wu, Z.X., Lin, D.C., Zhong, D. X., 2002. The design features of the HTR-10. Nuclear Engineering and Design 218(1-3), 25-32.

[10] Zhang, Z. Y., Wu, Z. X., et al., 2004. Design of Chinese Modular High-temperature Gas-cooled Reactor HTR-PM. Proceedings of the 2nd International Topical Meeting on High Temperature Reactor Technology, Beijing, China.

[11] Reutler, H., Lohnert, G.H., 1983. The modular hightemperature reactor. Nucl. Technol. 62, 22–30.

2.3.16 Chinas HT – gasgekühlter Reaktor HTR-PM

DESIGN OF CHINESE MODULAR HIGH-TEMPERATURE GAS-COOLED REACTOR HTR-PM - Beijing 2004

Zuoyi Zhang, Zongxin Wu, Yuanhui Xu, Yuliang Sun, Fu Li
Institute of Nuclear and New Energy Technology, Tsinghua University, Beijing 100084, China

ABSTRACT: Modular high-temperature gas-cooled reactor (MHTGR) has distinct advantages in the sense of the inherent safety, economy property, high electricity efficiency, potential usage for hydrogen production, and etc. Chinese design of MHTGR, named as High Temperature Gas-Cooled Reactor-Pebble bed Module (HTR-PM), based on the technology and experiences of the HTR-10, is under the standard design phase. And the HTR-PM demonstration plant is planned to finish the construction in 2010. The main philosophy of HTR-PM project is safety, standard, economy, and proven technology. The works in the categories of market, organization, project and technology is done in predefined order. And the biggest challenge for the

HTR-PM is to ensure the economical competition while maintaining the inherent safety. As a result of optimization and compromise, a design of 450 MWth annular pebble bed core is presented in this paper.

KEYWORD: MHTGR, annular core, pebble bed, HTR-10, HTR-PM

0. CURRENT STATUS OF HTR

Starting from the gas-cooled reactor in 1950s and advanced gas-cooled reactor in 1960s, and the high-temperature reactor Dragon in 1964, the high-temperature gas-cooled reactors have developed for nearly 50 years. And the concept of modular high temperature gas-cooled reactor (MHTGR), which is much safer than its ancestor and other type of reactors, was proposed more than 20 years ago, and was realized and verified by 10MW high-temperature gas-cooled test reactor (HTR-10) designed in China in 2000. Therefore the MHTGR is a mature reactor now.

And MHTGR is very excellent in the safety, market flexibility. For safety, MHTGR eliminates the possibility of core melt and radioactive release to the environment, provides an inherent safety solution. The market flexibility is realized by the small power size of each module, multiple modules in one plant, batch and standard construction of each module, higher output temperature, possibility for many processing heat application including hydrogen production. Therefore MHTGR is very attractive and competitive in the world, many research and engineering projects are planned and ongoing, for example, the South African PBMR project, USA-Russia GT-MHR project, USA NGNP (Next generation Nuclear Power) in Idaho, HTTR in Japan, Korean HTGR plan, and Chinese High Temperature Gas-Cooled Reactor-Pebble bed Module (HTR-PM) demonstration project.

It is especially urgent for China to develop and construct new nuclear power plants. The economy grows continuously, the energy demand increases continuously, the shortage of electricity, oil and coal becomes serious and serious, the environment pressure (green house gas and air pollution) increases continuously, thus nuclear power becomes inevitable for China [1]. Because of the distinguished advantages of MHTGR in safety, and the success of HTR-10 project [2], HTR-PM project becomes urgent, practical, feasible for China [3,4].

And this is also the main topic of this paper.

1. THE PHILOSOPHY OF HTR-PM PROJECT

The main philosophy of HTR-PM project is safety, standard, economy and proven technology.

The „safety" requirement means the HTR-PM will comply with the inherent safety principles of MHTGR, which must remove the decay heat passively from the core under any designed accident condition, and keep the maximum fuel temperature below 1600°C so as to contain nearly all fission products inside the SiC layer of TRISO coated fuel. Therefore it eliminates the possibility of core melt and large release of radioactive into environment.

The „standard" requirement means that the design of the HTR-PM nuclear power plant, especially the nuclear island, must be standardized and modularization, so multiple modules can be constructed in a batch and standardized way in one site or in many sites. The standard design of HTR-PM try to solve this problem as discussed later.

The „economy" requirement means that the designed power plant must be competitive with other type of energy sources, including the current PWR, while providing more safety margin and application flexibility. This is the most serious challenge for us.

The „proven technology" requirement means the HTR-PM will adopt as much as possible the proven technology. According to this guideline, the HTR-PM design will take HTR-10 as prototype reactor, including the system configuration, the layout, the fuel element technology, the design, manufacture and construction experience of HTR-10, and take HTR-MODUL design as a reference and starting point, and use the proven, high efficient, conventional steam turbine proven and used in coal plant as the solution of the conventional island.

The work done and been doing on HTR-PM project can be divided into four categories, namely the market, organization, project, and technology.

The market category concerns the market requirement and the market chance. Now China is eagerly searching the new energy sources for its rapid economy growth, the nuclear energy has big chance to develop. In current stage, cheap and safe electricity is the main object for nuclear energy, in future, the hydrogen production, the seawater desalination may become main stream. Although mature PWR is the main stream for the new Chinese nuclear power plants, as the Chinese national policy and world trend, but MHTGR is very attractive for its safety, higher electricity efficiency and possibility for hydrogen production. And through HTR-10, China has achieved full intelligence property and know-how of the high temperature reactor. So Chinese government agrees to support HTR-PM project in the sense of both the policy and finance. Therefore HTR-PM is suitable for the Chinese market, and finds its position in Chinese market, that is the supplement of PWR for electricity production in current stage and main source for hydrogen production in future.

In the organization category, a development team includes all aspects of Chinese nuclear industry is set up to push forward the HTR-PM project, including the research, design, construction, manufacture, operation, and utility. The kernel of this team is Institute of Nuclear and New Energy Technology (INET) of Tsinghua University, which owns the experience and experts to design, construct, operate the HTR-10, and is responsible for the research, design and technology development of the nuclear island of HTR-PM. The second level of this team is a future Architecture and Engineering (AE) company for HTR-PM which is responsible for the engineering design, main components supply, all issues about the construction. This future AE company is set up just for short time, and is a joint venture company between Chinese Nuclear Industry Construction Company, which is responsible for the construction of all Chinese nuclear power plants, and Tsinghua University, which can provide HTR design technology. This AE company will be responsible to combination of design, manufacturer, construction, utility together to provide a complete HTR-PM power plant to utility. Another part of the team is the future utility company. This company will be a joint venture company among a Chinese electricity company, namely Huaneng Group Company, and nuclear industry company, namely the Chinese Nuclear Industry Construction Company, and Tsinghua University, and other local investors located near the final site of the HTR-PM power plant. Maybe the shares of the stock will be expanded further to combine more positive strength for HTR-PM. This utility company will be responsible for the issues of marketing, financial, site selection, and etc.

For project category, a roadmap for the demonstration plant is set up, a long term roadmap of the HTR-PM is in the preliminary stage. For the demonstration plant, two parallel line of project is outlined. One is the reactor itself, including the site selection, standard design, experiment verification, safety review, demonstration plant, and future batch construction of HTR-PM. Another line of project is for the nuclear fuel plant, which is very different from the fuel plant for PWR. This work is outlined as, to expand the size of the plant, to stabilize the production technics, to produce fuel elements for physical critical of demonstration nuclear power plant, and produce more fuel elements for operation of demonstration plant and future power plants. The long term development project concerns the development of new technology, including helium turbine (prototype will be tested in HTR-10), hydrogen production technology (technology developing in laboratory), gas fast reactor technology, very high temperature gas-cooled reactor technology, and etc.

For technology category, the main work is to finish the HTR-PM standard design which is based on the enveloping or reference site condition. This idea of standard design is like the standard design of ABWR done by GE company. The purpose of standard design to hurry up the design process and improve the design quality. According to Chinese rules, the design of nuclear power plant must follow the stages of: 1) preliminary feasibility study which chooses the site, outlines the conceptual scheme, analyzes the economic feature, forms the utility company, outlines the financial source, 2) feasibility study which includes the site seismic and geology report, site choice safety analysis report, environment impact analysis report and project feasibility study report itself, 3) preliminary design aimed at to get the construction license, 4) final construction design. As a new type of nuclear power plant, the first two stages are too lengthy and the government permission must be obtained one by one. Therefore the standard design which uses the enveloping site condition and reaches the depth of preliminary design can make the design of the HTR-PM more detailed and at early stage. From another viewpoint, MHTGR requires the standardization of the design in nature because a power plant may contains tens of reactor modules, each module must be standardized. Based on the standard design, only the design of some BOP system will be modified or reified according to specified site parameters. Therefore the standard design can speed up the process of the design, safety review, construction and commissioning of the power plant.

2. TECHNIQUE DATA ABOUT HTR-PM

As a result of optimization and balance between the safety and economy features of HTR-PM, the main technique features of HTR-PM can be described as: pebble bed core, annular active zone with inner graphite balls zone, conventional steam turbine.

The pebble bed core is chosen because of the long history of research on pebble bed core in China, the experience obtained in HTR-10, the online fueling and de-fueling feature of pebble bed core, and the success of the design of HTR-MODUL [5].

The annular core is chosen in order to further improve the economy performance of the HTR-PM. Annular core with inner graphite zone can greatly reduce the maximum fuel temperature under loss of coolant and loss of pressure accident [6], thus can increase the power level of each reactor module, and reduce the construction cost per unit of output power, while maintaining the inherent safety. The solution of movable graphite ball zone and fixed graphite column is compared and balanced for the inner graphite zone, according to the safety margin, the reactor power level, the engineering feasibility, and the component cost. The fixed graphite column can provide more advantages for the safety margin and thermo-hydraulic design, but the cost to replace this inner graphite column will be very high, or even impractical because of the lack of enough irradiation data of graphite and thus the lack of the confidence of the replacement solution. The movable graphite zone solution is more reasonable, after some technique challenges is solved, for example, how to setup and maintain the boundary between the fuel ball zone and graphite ball zone, how to mix the hot helium out from the fuel zone and cold helium out from the graphite zone, how to provide enough reactivity to shutdown the reactor from outer reflector of larger core, how to ensure the enough life time for the reflector graphite for whole reactor life time, and etc. But the confidence to solve the problems concerning the movable graphite balls is higher than to solve the replacement problem of fixed graphite column. As a result, the annular core with inner movable graphite balls zone is selected for HTR-PM project, at least at current stage.

Now, the steam turbine, whose parameters and manufacture technics are used and proven in coal plant, is chosen. The main purpose of the demonstration HTR-PM power plant is to demonstrate the standard nuclear island and the technology to connect the nuclear island and conventional island, so a practical, existing and proven steam turbine is the best choice. When new technologies such as gas turbine become mature, HTR-PM can directly adopt them in future, if the nuclear island is safe and mature.

As a result, Fig.1. presents the draft schematic about the primary system of the HTR-PM reactor, with the reactor unit and the steam generator unit being arranged in the so-called „side-by-side" way. The main helium circulator sits above the steam generator. In the steam generator, secondary feed water is heated and live steam of 535°C at 13.5MPa is generated to drive the turbine-generator system. Re-heat is foreseen. The re-heater is designed above the steam generator tubes. And another proposal to use re-heater outside the reactor vessel are under discuss and review.

Kugelbett-Reaktor oder –Ofen ?

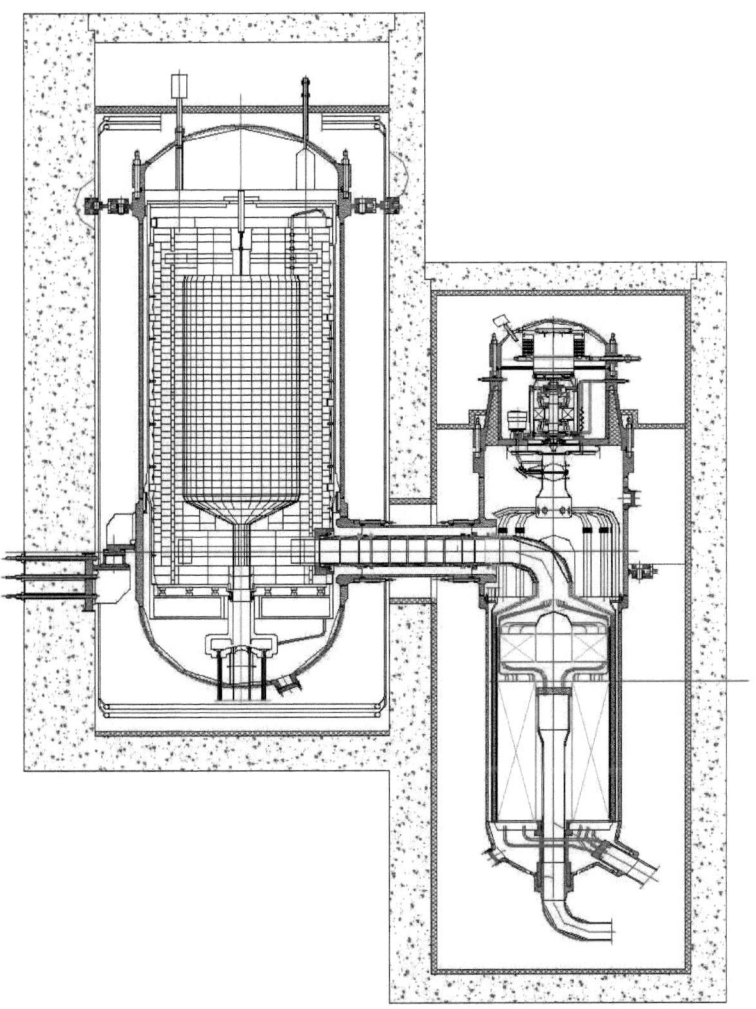

FIGURE 1 Primary system of HTR-PM

In summary, the HTR-PM design has the following key technical features:

- Spherical fuel elements with TRISO coated particles are used, which have proven capability of fission product retention under 1600°C in accident cases.
- A two-zone core design is adopted, with one central movable column of graphite spheres surrounded by pebble fuel elements.
- The active reactor core shall be surrounded by ceramic materials of graphite and carbon bricks, which are high temperature resistant.
- Decay heat in the fuel elements shall dissipate by means of heat conduction and radiation to the outside of reactor pressure vessel, and then taken away to the ultimate heat sink by water cooling panels on the surface of the primary concrete cell. Therefore, no coolant flow through the reactor core shall be necessary for decay heat removal in case of loss of coolant flow or loss of pressure accidents. Maximum accident fuel temperature shall be limited to 1600°C.
- Spherical fuel elements shall be charged and discharged in a so-called „multi-pass" mode, which means that before the fuel elements reached the discharge burn-up, they will go through the reactor core several times.
- Two independent reactor shutdown systems are foreseen. Both systems shall be designed in the side reflector graphite blocks. The neutron absorber elements shall fall into the designated channels in side reflectors by gravity when called-upon.
- The reactor core and the steam generator are housed in two steel pressure vessels which are connected by a connecting vessel. Inside the connecting vessel, the hot gas duct is designed. All the pressure retaining components, which comprise the primary pressure boundary, are in touch with the cold helium of the reactor inlet temperature.
- At a complete loss of pressure accident, the primary helium inventory shall be allowed to be released into the atmosphere. Then the helium release channel shall be closed and the reactor building shall be vented and serves as the last barrier to radioactivity release.

- Several of HTR-PM modular reactors can be built at one site to satisfy the power capacity demand of utility. Some auxiliary systems and facilities shall be shared among the modules.

Table 1 gives some key design parameters of HTR-PM. Its rated thermal power is 450MW, and the generator power output is 190MW. The active reactor core has a height of 11m and an outside diameter of 4m. The central movable graphite ball column has a diameter of 2.2m, so that the annular fuel pebble bed is in fact 0.9m in width. Fuel elements are 6cm in diameter. Every spherical fuel element contains 7g heavy metal with an enrichment of nearly 8.8%. The overall height of the reactor pressure vessel is 25m and the inner diameter of the vessel is 6.7m. The reactor is designed for 40 years of operational life with a load factor of 85%.

TABLE 1 HTR-PM main design parameters

Design parameters	units	Designed Value
Reactor thermal power	MW	450
Designed operational life time	year	40
Expected load factor	%	85
Fuel Elements		
Diameter of fuel elements	mm	60
Nuclear fuel		UO_2
U-235 enrichment of fresh fuel	%	8.8
Heavy metal loading per fuel element	g	7
Number of fuel balls		520,000
Number of graphite balls		225,530
Average discharge burn-up	MWd/tU	80,000
Fuel loading scheme		Multi-pass (10 times)
Number of fuel balls discharged each day		8,036
Number of fresh fuel balls required each day		803
Number of graphite balls discharged each day		3,485
Nuclear Design parameter		
Diameter of central graphite column	cm	220
Inner/outer diameter of fuel zone	cm	220/400
Average height of active core	cm	1100
Average power density of fuel zone	MW/m3	4.67

Reactivity Control
Number of control rods   18
Number of absorber ball units   18
Graphite Reflector
Height of graphite structure   m   15.2
Nominal diameter   m   5.5
Height of core cavity   m   11.4
Carbon brick
Height of carbon structure   m   16.6
Outer diameter   m   6.0
Core barrier
Height   m   19.1
Inner diameter   m   6.3
Reactor Pressure vessel
Inner diameter   m   6.7
Height   m   25.4
Wall thickness   mm   146~250
Coolant
Primary helium pressure   MPa   7.0
Helium temperature at reactor outlet °C 750
Helium temperature at reactor inlet   °C 250
Primary helium flow rate   kg/s   172
Maximum fuel temperature under normal operation   °C   1035
Maximum fuel temperature under accident   °C   1471
Steam Cycle
Main steam flow rate   t/h   543
Feed water temperature   °C   205.3
Main steam pressure at turbine inlet   MPa   13.5
Main steam temperature at turbine inlet   °C   535
Generator power   MW   190

3. CONCLUSION REMARKS

After the physical criticality of HTR-10 in year 2000, the HTR-PM began the conceptual study and design. Aimed at finishing the construction of HTR-PM demonstration plant in 2010, the urgent task is to finish the standard design of HTR-PM based on enveloping site parameters in the mid of 2006, in the meantime, choosing appropriate site, setup utility company, querying the manufacture of large component, carrying out some verification experiments, all these thing are doing in predefined order.

The biggest challenge for the HTR-PM is to improve the economy features while maintaining the inherent safety. Through the optimization design, a 450 MWth pebble bed annular core design is presented in this paper, which adopts a movable graphite ball zone in the core center, and use standard steam turbine proven in coal plant as the conventional island. There are still some technique and engineering problems required to be solved in next two years, such as how to maintain the boundary between fuel ball zone and graphite ball zone, how to ensure the reflector graphite withstanding the whole reactor life time, how to mix the hot helium out form the fuel zone and the cold helium out from the graphite zone, and etc.

REFERENCES

[1] Wang Dazhong, Lu Yingyun, Roles and prospect of nuclear power in China's energy supply strategy, Nuclear Engineering and Design, v218 (2002), p3

[2] Zongxin. Wu, Dengcai. Lin and Daxin. Zhong, The design features of the HTR-10, Nuclear Engineering and Design, v218 (2002), p25

[3] Z. Zhang and S. Yu, Future HTGR developments in China after the criticality of the HTR-10, Nuclear Engineering and Design, v218 (2002), p249

[4] Y. Xu,The Chinese Point and Status, Proceedings of the Conference on High Temperature Reactors, Petten, NL, April 22-24, 2002

[5] H.Reutler, G.H.Lohnert. The Modular High-Temperature Reactor. Nuclear Technology, Vol. 62 (July 1983), 22-30.

[6] Fu Li, Xingqing Jing, Comparison of fuel loading pattern in HTR-PM, HTR-2004, Beijing, Sept.22-25, 2004

2.3.17 Beiträge von Dr. Werner von Lensa, Jülich

Herr Dr. v. Lensa bringt die Erkenntnisse seiner wissenschaftlichen Arbeit in Vorträgen zum Ausdruck:

2.3.17.1 Veranstaltung - 02.11.2005 in Aachen

Der Hochtemperaturreaktor (HTR) findet weltweit Interesse als ein Reaktortyp der „Vierten Generation (Gen IV)". Im Mittelpunkt des Interesses stehen seine besonderen Sicherheitseigenschaften und die Fähigkeit zur Erzeugung von Prozesswärme. Dies erlaubt hohe thermische Wirkungsgrade und den Einsatz zur Kraft-Wärme -Kopplung (KWK) im industriellen Umfeld. Künftige Anwendungen ergeben sich neben der Stromerzeugung insbesondere für die Lieferung von Elektrizität und Prozesswärme in der Petrochemie sowie für die großtechnische Wasserstoff-Produktion.

Dr. Werner von Lensa erläuterte die aktuelle HTR - Entwicklung und gab einen Überblick über die HTR - Entwicklungsprogramme in China, Frankreich, Japan, Südafrika, Südkorea und in den USA. Dr. von Lensa ist Vize-Präsident des europäischen „HTR -Technologie-Netzwerk" und engagiert sich für EURATOM im „Generation IV International Forum (GIF)".

Zu Beginn der kerntechnischen Entwicklung vor rund 60 Jahren haben gasgekühlte Reaktoren (GCR) mit Graphit als Moderator eine wichtige Rolle gespielt. Insbesondere in Frankreich, Großbritannien, Italien, Japan, Spanien, USA und Deutschland sind verschiedene gasgekühlte Reaktorvarianten gebaut worden. Über zwanzig GCR sind noch in Großbritannien mit guter Verfügbarkeit in Betrieb.

Bei den heutigen HTR -Varianten wird der Kernbrennstoff in Form sehr kleiner UO_2-Partikel (0,5 mm Ø) eingesetzt, die mit mehreren Schichten aus pyrolytischem Graphit und Siliziumcarbid umgeben sind. Diese coated particles (1 mm Ø) haben ein extrem großes Rückhaltevermögen für Spaltprodukte bis zu sehr hohen Temperaturen (1.600 °C), die Anreicherung liegt bei etwa 8 %. Sie sind in einer Brennelement-Graphitmatrix eingepresst (z. B. Kugeln mit 6 cm Ø). Die Heliumtemperaturen können bis zu 1.000 °C erreichen.

„Coated particles": Extrem großes Rückhaltevermögen für Spaltprodukte

Die Leistung modularer HTR beträgt 200 bis 600 MW thermisch. Im angeschlossenen Dampferzeuger wird Heißdampf (530 °C/200 bar) erzeugt, der Dampfturbinenprozess arbeitet mit einem Wirkungsgrad von über 40 %. Wie bei modernen Wärmekraftwerken sind grundsätzlich auch superkritische Dampfzustände als weitere Verbesserung realisierbar. Bei Gasturbinenprozessen und Anhebung der Heliumtemperatur auf ca. 900 °C werden Wirkungsgrade um 45 % möglich. Modulare HTR kleiner Leistung können nach Verlust der Kühlung und des Kühlmittels keine Kernzerstörung erfahren, weil die Nachwärme auch ohne aktive Sicherheitssysteme selbsttätig abgeführt wird. Derzeit werden sowohl in Südafrika und China, in USA, Russland und Frankreich als auch in Japan drei verschiedene Brennelement - Designs entwickelt. Allen gemeinsam aber ist das Konzept der coated particles.

Der HTR ist sowohl für die Strom- als auch für die Wärmeversorgung konzipiert. Aufgrund seiner KWK-Eignung kann er industrielle Komplexe mit Strom und Prozesswärme oder auch Heizwärmenetze versorgen. Das Anwendungsspektrum umfasst neben zentraler oder dezentraler Strom- und Wärmeversorgung z. B. auch die Meerwasserentsalzung, verschiedene industrielle (speziell petrochemische) Prozesse sowie zukünftig auch die großtechnische Wasserstoff-Produktion.

Der Vorteil des Modul-Konzeptes eines HTR ist die Ausrichtung der Anlage auf den Wärmebedarf des Abnehmers. Der Wärmebedarf bestimmt dementsprechend die Leistungsgröße und die Zahl der Module. Für die Prozesse der Erdöl-Raffinerien kann der HTR sowohl Elektrizität und Prozessdampf als auch Wasserstoff bereitstellen. Beim Aufschluss der zukünftig verstärkt anfallenden „Dirty Fuels" wie z. B. Teersande, Ölschiefer, Schweröle und Kohle lässt sich der erhöhte Bedarf an Prozesswärme ebenfalls durch den HTR ersetzen. Auch für die Wasserstoff-Erzeugung bietet der HTR Alternativen zum derzeitigen Verfahren der Dampfreformierung von Erdgas, bei dem dann zukünftig ca. 30 % weniger CO_2 freigesetzt und die Ausbeute entsprechend erhöht würde. Thermochemische Kreisprozesse oder die Hochtemperaturelektrolyse würden den CO_2-Ausstoß gänzlich vermeiden.

Weitere Mengenreduzierung bei der nuklearen Entsorgung

Die Nutzung des hohen Abbrands bietet zudem aussichtsreiche Chancen, das Problem der nuklearen Endlagerung zu entschärfen. Sehr langfristig lassen sich voraussichtlich Verfahren des Partitioning und der Transmutation einsetzen, um die langlebigen Isotope in den Abfällen, insbesondere Aktiniden, zu vernichten und damit die Endlagerung im Hinblick auf die Mengen noch weiter zu verbessern und stark zu entlasten. Aus dem Nachweisproblem für ein Endlager mit derzeit rund einer Million Jahren wird dann ein solches für etwa 1000 Jahre. Danach wäre die Radiotoxizität der endgelagerten Reststoffe vergleichbar mit derjenigen einer natürlichen Uranlagerstätte. An diesen Verfahren wird weltweit intensiv gearbeitet.

Während die Entwicklung des HTR um 1990 in Deutschland eingestellt wurde, hat der HTR im Ausland weiteres Interesse als Reaktor der Gen IV gefunden. Mittlerweile sind zwei HTR -Testreaktoren in Betrieb, welche die inhärenten Sicherheitseigenschaften dieses Reaktortyps und die Fähigkeit zur Auskopplung von Prozesswärme demonstrieren. Der japanische 30 MWth Hochtemperatur -Testreaktor (HTTR) basiert auf blockförmigen Brennelementen mit keramischen Brennstäben (Pin-in-Block) und verfügt erstmals über einen Zwischenwärmetauscher, der n einigen Jahren mit einer Anlage zur thermochemischen Erzeugung von Wasserstoff verbunden wird.

Der chinesische 10 MWth Versuchsreaktor (HTR-10) verfügt über einen Reaktorkern mit kugelförmigen Brennelementen und stellt einen technologischen Meilenstein dar, indem das Auslegungsprinzip von modularen HTR zur passiven Nachwärmeabfuhr trotz geringer Leistung nahezu in Originaldimensionen realisiert wird. Beide Anlagen befinden sich erfolgreich im Versuchsbetrieb und generieren Daten, die zur Validierung von Rechencodes dienen und somit die weitere Entwicklung des HTR auf internationaler Ebene unterstützen.

HTR-Demonstrationsanlagen in Südafrika und China in Vorbereitung

Sowohl in Südafrika als auch in China gibt es Ansätze zur kommerziellen Nutzung von modularen HTR und zum Bau von Demonstrationsanlagen. Der südafrikanische „Pebble-Bed Modular Reactor (PBMR)" setzt auf einen direkten Gasturbinen-Kreislauf zur Erzielung hoher thermischer Wirkungsgrade bei einer Betriebstemperatur von 900 °C, während der chinesische HTR -PM bei moderateren 750 °C den schon beim deutschen THTR bewährten Dampfkreislauf verwendet.

Von Framatome ANP wird ein modularer 600 MWth HTR (ANTARES) mit blockförmigen Brennelementen vorgeschlagen, der über einen Zwischenwärmetauscher sowie über einen quasi konventionellen Gas-/Dampfturbinen-Prozess verfügt. Alle diese Anlagen sollen zu mehreren Blöcken zusammengefasst werden, um die erforderlichen Leistungsgrößen flexibel darstellen zu können. Bezogen auf die gleiche Gesamtleistung sind für modulare HTR die beanspruchte Fläche, die Zahl von Sicherheitssystemen und der Bedarf an Baumaterial geringer als bei großen LWR. Dies ist die Folge konsequenter Systemvereinfachung.

Mit der langfristigen Zielsetzung zur Erzeugung von Wasserstoff gibt es größere nationale Entwicklungsprogramme in USA, Japan und Südkorea, um die Abhängigkeit von Ölimporten zu reduzieren. Die dazu notwendigen F&E - Arbeiten werden über das „Generation IV International Forum (GIF)" arbeitsteilig durchgeführt, an welchem u. a. auch EURATOM als Partner beteiligt ist. Der HTR wird in den USA als „Next Generation Nuclear Plant (NGNP)" eingestuft. Der Bau einer NGNP -Demonstrationsanlage mit Inbetriebnahme um 2015 ist im amerikanischen Idaho National Laboratory (INL) geplant und Teil der amerikanischen Energiepolitik zur Reduzierung von CO_2-Emissionen.

Fazit

Modulare HTR sind eine Ergänzung zum LWR. Sie erschließen neue Märkte im Bereich der KWK und der Wasserstoff- Erzeugung. In Symbiose mit dem LWR können sie zur Kontrolle des Plutonium-Inventars genutzt werden, wobei für drei LWR ein HTR erforderlich wäre, um netto kein zusätzliches Plutonium mehr zu erzeugen. Die technologische Weiterentwicklung in Europa ist zusammengefügt im HTR -Technologie Netzwerk. Kürzlich wurde im Rahmen der Konsolidierung europäischer F&E in einem integrierten EU-Projekt ein neues Projekt mit 35 Partnern gestartet (inkl. China und Südafrika), das den Namen RAPHAEL erhielt (Reactor for Process Heat, Hydrogen and Electricity Generation). Der Trend der Ausweitung internationaler Kooperationen wird durch das Generation IV International Forum (GIF) unterstrichen. Gerade die gemeinsamen internationalen Anstrengungen im Bereich der Entwicklung nuklearer Technologien, welche mit den Kriterien der Nachhaltigkeit für zukünftige Energiesysteme kompatibel sind, stärken die Hoffnung auf einen sachlichen Diskurs zur künftigen Kernenergienutzung auch in Deutschland.

IM GESPRÄCH

Während in einigen europäischen Ländern am Ausstieg aus der Nutzung der Kernenergie festgehalten wird, steigen andere Industrieländer in neue Technologien für Kernreaktoren (Generation IV) als langfristige CO_2-freie Energieoptionen ein.

Mitglieder des europäischen HTR-Technologie Netzwerks sind zurzeit 21 Organisationen aus Industrie und Forschung. Dabei liegt insbesondere die Nachhaltigkeit als Entwicklungsziel auch für die Kernenergie zugrunde durch Sicherheitsverbesserungen, innovative Technologien, wettbewerbsfähige Energiekosten, neue Ansätze zur Abfallminimierung und -lagerung. Weiterhin zählen dazu die Verringerung des Proliferations-Potentials, der Erhalt von Expertise und Kompetenz in der EU sowie die Vereinbarkeit von Kerntechnik mit öffentlicher Meinung.

Zur Frage der Wirtschaftlichkeit des HTR gegenüber fossilen Energieträgern gibt die Entwicklung in Südafrika einigen Aufschluss. Das Land hat sehr geringe Kosten für die Eigenversorgung mit Steinkohle. Man geht jedoch davon aus, dass auch ein HTR dort wirtschaftlich eingesetzt werden kann. Nach erfolgter Demonstration ist naturgemäß auch der Export dieser Technologie vorgesehen.

IMPRESSUM Verlag:
INFORUM Verlags- und Verwaltungs- GmbH
Herausgeber:
Informationskreis KernEnergie, Robert-Koch-Platz 4,
10115 Berlin, Tel.: +49 30 498555-30
Verantwortlich im Sinne des Pressegesetzes:

Dipl.-Geogr. Volker Wasgindt
Wiedergabe der Beiträge nach Aufzeichnung der Redaktion

2.3.17.2   Zur aktuellen Lage im Sept. 2009

Zum Kapitel 'Hochwärme und Strom':

1600°C kann das Brennelement nur in Störfällen und dann nur über einige hundert Stunden vertragen.

- In Südafrika ist die Firma PBMR und ihr Konzept (direkte Gasturbine) aufgegeben worden. Man hat die Planungen auf einen kleineren modularen Reaktor mit 200 MWth und ca. 700°C Gastemperatur und Dampferzeugung umgestellt. Seine Realisierung ist politisch umstritten.

- China hat mit dem Bau von zwei HTR-Modulreaktoren à 250 MWth, die auf eine Dampfturbine arbeiten, begonnen (HTR-PM)

- Nur beim THTR in Hamm-Uentrop und in Fort St. Vrain (USA) wurde hochangereichertes Uran (HEU) mit Thorium verwendet. Mittlerweile ist HEU jedoch wegen der Waffentauglichkeit für kommerzielle Zwecke geächtet. Auch U-233 ist waffenfähiges Material.

- Bei dem heute für HTR diskutierten Brennstoff handelt es sich um niedrig angereichertes Uran (LEU). Es ist mit 8-20% deutlich reicher als bei LWR, und erzeugt immer noch erhebliche Mengen Plutonium.

- Graphit wird wegen seiner Moderatoreigenschaften aber auch wegen relativ guter Wärmeleitung im Brennelement verwendet.

- 950-1000°C stellen eine heute wegen der Metall-Eigenschaften die obere Grenze für den Dauerbetrieb dar. Keramische Wärmetauscher sind derzeit

und auf längere Sicht noch nicht verfügbar. 850°C
bei akzeptabler Lebensdauer ist heute als sinnvolles Temperaturlimit anzusehen.

- Das Verdampfen des Graphits bei 3.500 Grad ist
nicht die entscheidende Größe. Luft- oder Wassereinbruch sind gefährlicher. Wenn sich Graphit mit
Sauerstoff oder Wasserdampf chemisch umsetzt, kann
es zu Graphitbrand bzw. Explosion kommen.
Damit ist nicht der bekannte GAU zu fürchten,
sondern ein Szenario, bei dem Graphitstaub oder andere Partikel aus dem Core in die Atmosphäre gelangen, die kontaminiert sind.

- Als 'reaktionsträges' Gas kommt Kohlendioxyd
nur bis ca. 650°C in Betracht, wobei durch Radiolyse schon erhebliche Korrosionseffekte eintreten,
welche die Lebensdauer der Anlagen (z.B. UK AGR)
einschränken.
- Stickstoff ist ungeeignet, weil es hohe Neutroneneinfangquerschnitte hat und große Mengen an
Radiokarbon als sehr problematischen langlebigen
Abfall erzeugt.
- Nur Helium ist bei höheren Temperaturen geeignet.

- Die 'kleinen' Einheiten sind mit 300 MWel und
750 MWth für die modulare Bauweise viel zu groß!
Interatom hatte seinerzeit 200 MWth und 80 Mwel
vorgeschlagen. Für Kugelhaufenreaktoren ist bei ca.
400 MWth die äußerste Grenze erreicht. Bei Blockreaktoren liegt dies bei ca. 600 MWth. Mir ist kein
darüber hinausgehender Entwurf bekannt. Diese Werte
stammen vom THTR-300, welcher aber kein typischer
Vertreter von modularen HTR ist.

- Ein Druckbehälter ist notwendig. HTR weisen je
nach Auslegung Drücke von 40-90 bar auf.

- Vorsicht ist beim Bruch der primären Umschließungen geboten, da der Kugelhaufenreaktor relativ viel Staub durch den Abrieb erzeugt. Dieser Staub belädt sich mit Aktivierungs- und Spaltprodukten und kann erhebliche Umgebungskontaminationen erzeugen. Da sind Filter oder Schutzgebäude erforderlich.

- Die radioaktiven Abfälle von HTR klingen naturgesetzlich nicht schneller ab als die von LWR. Jedoch die Zusammensetzung ist wegen unterschiedlicher Anreicherung und höherem Abbrand anders. Ausserdem fallen große Mengen an kontaminiertem Graphit an.

- Die Abgabe von nur wenigen Prozent Abwärme an die Umwelt ist nicht erreichbar. Der als nutzbare Abwärme hinter den Hochtemperaturprozessen anstehende Teil kann für Kraft-/Wärmekopplung z.B. Heizwärme genutzt werden. Damit lässt sich dann ein höherer Gesamt-Wirkungsgrad (so wie bei konventionellen Kraftwerken) erzielen.

2.3.18 Sicherheit bei Kernreaktoren

Grundsätzlich orientiert man Versicherungen an Schadenhöhe und Eintritts-Wahrscheinlichkeit. Bei Kern-Unfällen kann die erste fast unbegrenzt hoch sein. Man rechnet aber aufgrund von Sicherheits-Techniken bei KKW der Generationen 1 bis 3 damit, dass es nie zu einem GAU kommen wird.

Bei herkömmlichen Reaktoren gibt es in Form des GAU ein Risiko, das mit keinen normalen Maßstäben zu beschreiben ist. Daher setzt man darauf, den Eintrittsfall mit höchsten Sicherheitsvorkehrungen vermeiden zu können. Selbst in Tschernobyl ist es daher noch nicht zu dem GAU gekommen. Dieser wurde gerade noch vermieden, in dem unter hohen Gesundheits- und auch Lebens-Opfern der bekannte Betonsarg aufgeschüttet wurde. Dennoch sind Millionen Menschen in der Belarus und Ukraine schwer geschädigt.

Beim Kugelbett-Reaktor ist dies vom Prinzip her anders. Aufgrund des negativen Temperatur-Koeffizienten tritt nicht die gefürchtete rasant steigende Kettenreaktion ein, sondern das Gegenteil. Die Spaltteilchen finden immer weniger Auftreffpunkte und damit sinkt die Reaktion auf ungefährliche Werte.

Somit gibt es eine naturgegebene Katastrophensicherheit. Deswegen ist eine Versicherung gegen das GAU-Risiko nicht erforderlich. Auch bei einem fossilen Kraftwerk oder anderen Groß-Projekten braucht man keine Versicherung gegen die Kettenreaktion.
Selbstverständlich gibt es viele andere industrielle Risiken, wie bei jeder größeren Anlage. Hierzu bieten die Industrieversicherer maßgeschneiderte Lösungen an.
Im folgenden Abschnitt ist zum Vergleich wiedergegeben, wie die Situation bei heutigen Atomkraftwerken ist.

2.3.18.1 Versicherbarkeit von Atomrisiken

Kommerzielle Versicherungen decken daher den GAU nicht ab, sondern allenfalls andere Schäden bis zu einer Obergrenze von ca. 1.5 Mrd. Euro. An anderer Stelle ist von 2,5 Mrd. Euro die Rede.

Hierzu erläutert Wikipedia unter;
http://de.wikipedia.org/wiki/Deutsche_Kernreaktor-Versicherungsgemeinschaft
„Auch wenn die Eintrittswahrscheinlichkeit von Großschäden beim Betrieb von Kernkraftwerken gering ist, ist die maximal mögliche Schadenssumme außerordentlich groß. Aus diesem Grund ist ein einzelnes Versicherungsunternehmen typischerweise nicht in der Lage, diese Risiken alleine zu tragen. Auch die Möglichkeit, die Risiken an Rückversicherer weiterzugeben, scheitert an den gesetzlich vorgeschriebenen Höchsthaftungssummen. Seit 1998 schreibt das Atomgesetz eine Haftungshöchstsumme von ca. 2,5 Mrd. Euro vor. Für Schadenssummen über diesem Betrag haftet nach § 34 Atomgesetz der Bund.

Aus diesen Gründen wurden in den meisten Ländern, die Kernenergie einsetzen, Nuklear-Versicherungs-Pools gegründet, die die Risiken gemeinsam übernehmen. In Deutschland ist dies die Deutsche Kernreaktor-Versicherungsgemeinschaft. Die Organisation ist ähnlich wie bei Rückversicherern: Bei Schadensfällen zahlt zunächst der jeweilige Erstversicherer. Übersteigt die Schadenssumme einen vereinbarten Maximalbetrag von 255 Mio Euro, so springt die DKVG ein. Eine ähnliche Funktion hat die Nuklear Haftpflicht Gesellschaft bR bezüglich möglicher Evakuierungskosten.

© **Gabler Wirtschafts-Lexikon, 15. Auflage, Wiesbaden 2000 sagt dazu:**

Deutsche Kernreaktor Versicherungsgemeinschaft (DKVG): Versicherungspool der die Kernreaktor-Haftpflichtversicherung betreibenden Erst- und Rückversicherer, Sitz in Köln. Gemeinschaft des bürgerlichen Rechts, 1957 gegründet. Gemeinschaftszweck gemäß Satzung i. d. F. vom 9. 11. 1979 ist die Gewährung von Versicherungsschutz gegen die mit der Errichtung und dem Betrieb von Kernreaktoren und ähnlichen Anlagen verbundenen Gefahren.

Im Handwörterbuch der Versicherung,

Hrsg.: Farny, Helten, Koche, Schmidt, Verlag der Versicherungswirtschaft, Karlsruhe, 1988 Seite 347, sind weitere Details der einzelnen Teilrisiken und deren möglicher Versicherung bei Kernkraftwerken erläutert (Googlebooks, Google Buchsuche)

Die DKVG

Aachener Str. 75 in 50931 Köln 0221 936400-0

teilt auf Anfrage mit, dass für die Risikoübernahme politische Rahmenvorgaben existieren, die die Haftungssumme begrenzen. Im Rahmen von Erst- und Rückversicherungen und deren vorhandener Deckungskraft und bei Ausschluss des Nuklearrisikos ist diese Grenze etwa bei 1.5 Mrd. Euro anzusetzen.

Für den Kugelbett-Reaktor wird man Versicherungs-Lösungen dann bereitstellen, wenn konkrete Bauvorhaben vorliegen.

2.3.18.2 Sicherheitseigenschaften

In seinem Vortrag *Der Hochtemperaturreaktor – Sicherheitseigenschaften und Projekte* zur 67. Physikertagung der Deutschen Physikalischen Gesellschaft in Hannover am 24. – 28. März 2003 stellt Peter-W. Phlippen umfangreiches Material vor. Als Mitarbeiter des Institutes für Sicherheitsforschung und Reaktortechnik beim Forschungszentrum Jülich GmbH gibt er einen profund dokumentierten Überblick über die Sicherheitsaspekte.

Danach stehen die HT-Reaktoren in allen Aspekten weit sicherer da, als die gegenwärtig betriebenen Atomkraftwerke der Generationen I bis III

Einige seiner rund 50 Folien sind hier wieder gegeben:

Forschungszentrum Jülich GmbH
Institute for Safety Research and Reactor Technology

HTR-Projekte weltweit (2)

		Modul	HTR-10	PBMR	HTTR	MHTGC
country		Germany	China	South Africa	Japan	USA/Russia
thermal power	MW	200	10	400	30	600
electrical power	MW	80	3	110	-	286
purpose of plant	-	cogeneration, electricity production	experimental, electricity production	demonstration, electricity production	experimental, electricity production	demonstration electricity production
type of fuel element	-	spherical	sphercial	spherical	block	block
max. helium temperature	°C	700	700...900	900	850...900	850
max. temp. in case of accident	°C	< 1500	< 1100	< 1600	< 1600	< 1600
status	-	detailed engineering finished	operating	detailed engineering proceeding	operating	detailed engineering proceeding

DPG AKE 24. März 2003, Phlippen, FZJ-ISR

Zukünftige Kernenergienutzung

Forschungszentrum Jülich GmbH
Institute for Safety Research and Reactor Technology

"Katastrophenfreie" Kernenergienutzung

- Keine Todesfälle außerhalb des Anlagenzaunes
- Keine unzulässige Freisetzung von Radioaktivität in die Umgebung
  - Keine Umsiedlung
  - Keine Landkontamination
- Keine volkswirtschaftliche Katastrophe, denn
  - Schäden bleiben auf die Anlageninvestition begrenzt
  - Schäden sind versicherbar

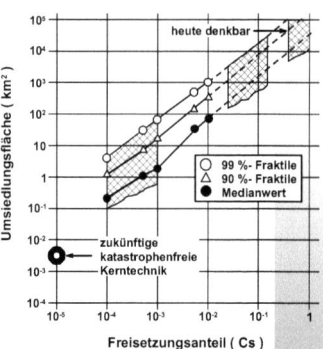

DPG AKE 24. März 2003, Phlippen, FZJ-ISR

Zukünftige Kernenergienutzung (2)

Forschungszentrum Jülich GmbH
Institute for Safety Research and Reactor Technology

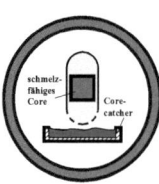

- Ertüchtigung der LWR-Technik durch Einführung des Core-Catchers (EPR) oder Reduktion der Kernschmelzhäufigkeit (AP-600, ABWR, SWR-1000)
→ Containment muss trotz Wasserstoffverbrennung, Druckaufbau und evtl. Kernschmelze für lange Zeit dicht bleiben!

- Dimensionierung/Realisierung nicht schmelzfähiger Reaktoren (HTR)
→ Kernschmelzen ist physikalisch ausgeschlossen.
→ Spaltprodukte bleiben im Brennelement!

DPG AKE 24. März 2003, Phlippen, FZJ-ISR

Kugelbett-Reaktor oder –Ofen ?

Forschungszentrum Jülich GmbH
Institute for Safety Research and Reactor Technology

Stabilitätskriterien (2)

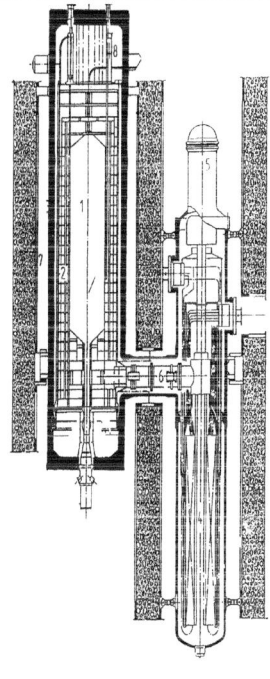

Der HTR erfüllt die Stabilitätskriterien durch

- keramischen Coreaufbau (Graphit)
- keramische Brennelemente (Graphit)
- Limitierung der Leistungsdichte im Core und der bestimmenden Dimensionen (Durchmesser)
- inertes Kühlmittel (He)
- Limitierung des Zutritts korrosiver Medien (Luft, Wasser)
- Wahl des Primärkreiseinschlusses (z. B. vorgespannte Behälter)

Brennstofftemperaturen bleiben stets unterhalb der Schädigungsgrenze

DPG AKE 24. März 2003, Phlippen, FZJ-ISR

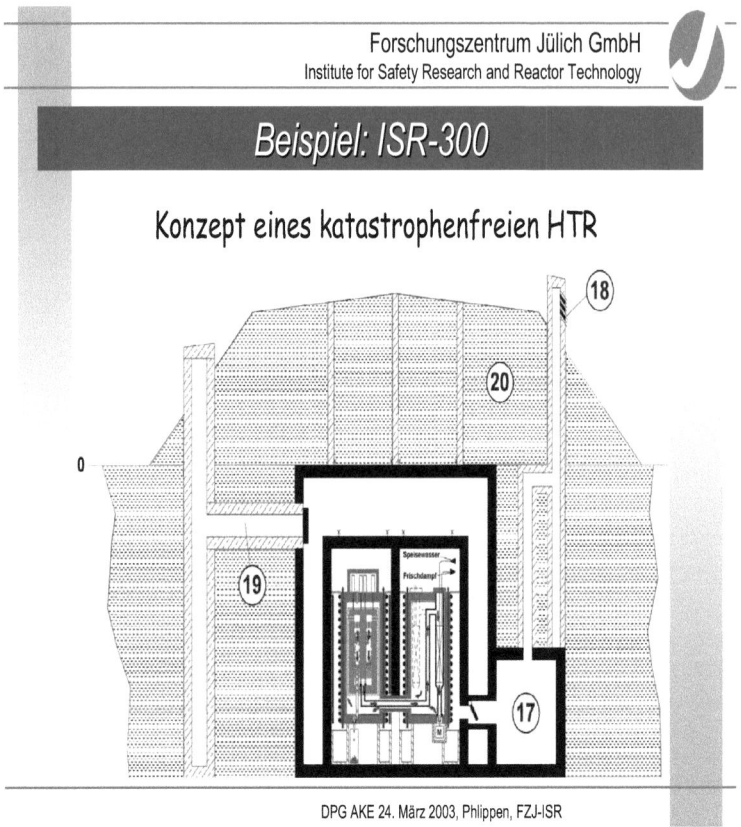

DPG AKE 24. März 2003, Phlippen, FZJ-ISR

2.3.19 Angaben zum Jülicher Versuchsreaktor

Die Arbeitsgemeinschaft Versuchsreaktor ist derzeit dabei, das Gelände dieses Pionierprojektes komplett wieder in eine grüne Wiese zurückzubauen. Ausserdem berät sie bei Neubauprojekten in China, Südkorea, Südafrika und einem Sicherungsprojekt der EU.

Einzelheiten finden sich unter dem folgenden Link

http://www.ewn-gmbh.de/ewngruppe/avr/das-unternehmen/daten-und-fakten.html

2.3.19.1 Technische Daten des Versuchsreaktors

Thermische Leistung	46,0 MW
Elektrische Bruttoleistung	15,0 MW
Elektrische Nettoleistung	13,2 MW
Bruttowirkungsgrad	32,6 %
Gesamte elektr. Arbeit	1,63 GWh
Frischdampftemperatur	505°C
Frischdampfdruck	74 bar
Kühlgastemperatur	850°C /950°C
Kühlgasdruck	10,8 bar
Verfügbarkeit	67,2 %
Verfügbarkeit max. (1976)	91,9 %
Anzahl Brennelemente im Core	ca. 100.000
Durchmesser eines Brennelementes	6 cm

2.3.20 Atompolitik und Deutschland

Zur Politik Konrad Adenauers schreibt uns der Historiker Dr. Holger Löttel von der Stiftung Dr. Konrad-Adenauer-Haus in Rhöndorf im August 2010. Daraus ist ersichtlich, dass **Adenauer eine Herstellung von Kernwaffen** unter alleiniger deutscher Verantwortung **nicht anstrebte**:

„Generell muss man einen scharfen Trennstrich zwischen den militärischen und den zivilen Aspekten der Atomtechnologie ziehen. Die Nukleartechnik galt in den fünfziger Jahren als Zukunftstechnologie, und keine politische oder gesellschaftliche Gruppierung (nicht die SPD, auch nicht die Träger der Anti-Atomtod-Kampagne von 1957/58) hat das in Zweifel gezogen.

Konrad Adenauer, der ja generell ein **sehr modernisierungsfreudiger Politiker war, wollte die Bundesrepublik auf diesem Feld der Energiepolitik gut aufgestellt sehen**. So schrieb er am 13.10.1955 an den FDP-Partei- und Fraktionsvorsitzenden Thomas Dehler: „Den Fragen der Kernforschung und der friedlichen

Verwertung der Kernenergie kommt jedoch unter wissenschaftlichen, wirtschaftlichen, sozialen und politischen Gesichtspunkten **eine immer größere und für die Zukunft nicht absehbare Bedeutung** zu. Dazu kommt, dass in der Bundesrepublik durch Krieg und Besatzungsstatut bedingte Rückstände auf diesem Gebiet so bald wie möglich, auch durch Vereinbarungen mit dem Ausland, aufgeholt werden müssen. Parlamentarische Kreise wie die maßgeblichen Persönlichkeiten der Wissenschaft und Wirtschaft stimmen mit mir in der Erkenntnis dieser Notwendigkeit überein."

Diese politische Einstellung Adenauers schlug sich nieder in der Ernennung von Franz Josef Strauß zum Atomminister 1956. Übrigens sahen die ein Jahr später unterzeichneten Römischen Verträge nicht nur die Schaffung eines europäischen Binnenmarktes, sondern auch **eine europäische Zusammenarbeit in nuklearen Fragen (EURATOM)** vor. Von einer ablehnenden Haltung des Bundeskanzlers gegenüber der zivilen Nutzung der Kernenergie kann also keine Rede sein. Damit bewegte er sich aber im Einklang mit dem vorherrschenden Zeitgeist.

Komplizierter nimmt sich die Frage der militärischen Aspekte der Nukleartechnik aus. Generell trifft es zu, dass Adenauer „gegen die Herstellung von Atomwaffen" eingestellt war und für eine kontrollierte Globalabrüstung plädierte. Die Angst, der Dritte Weltkrieg könnte atomar geführt werden und insbesondere Mitteleuropa verwüsten, hat ihn bis an sein Lebensende umgetrieben. Hierfür liegen einige eindrucksvolle Zeugnisse vor.

Gleichwohl hat Adenauer die Atomfrage immer auch unter außen- und sicherheitspolitischen Gesichtspunkten betrachtet. **Sein Zugeständnis bei den Pariser Vertragsverhandlungen 1954, die Bundesrepublik darauf zu verpflichten, keine ABC-Waffen herzustellen, entsprang einem nüchternen Kalkül und war dem Ziel geschuldet, den Westalliierten die bundesdeutsche Souveränität abzuringen.** Diese Zusage galt freilich nur mit der völkerrechtlichen Einschränkung rebus sic stantibus, das heißt, sie legte Bonn nicht für immer unwiderruflich fest, sondern machte es theoretisch möglich, unter veränderten politischen Rahmenbedingungen ein andere Position einzunehmen. Bis heute ist die Deutschland allerdings nicht in den Kreis der Atommächte vorgestoßen; **insofern war Adenauers Entscheidung doch von Dauer.**

Mit der fortschreitenden Nuklearisierung der Waffentechnologie im Kalten Krieg mehrten sich bei Adenauer aber die Befürchtungen, eine rein konventionell gerüstete Bundeswehr würde im Kriegsfall als „Schlachtvieh" (so ein einem Brief an Dwight D. Eisenhower) aufgerieben werden, während sich die Supermächte hinter ihren atomaren Schutzschirm zurückziehen könnten. Daher suchte er nach Möglichkeiten, die atomare Option offenzuhalten, um den Deutschen eine friedenssichernde Abschreckung gegenüber dem Osten zu garantieren. Ein geheim gehaltenes Atombombenprojekt, das Mitte der 50er Jahre gemeinsam mit Frankreich und Italien realisiert werden sollte, scheiterte 1958 an der ablehnenden Haltung de Gaulles. Zu diesem Zeitpunkt hatte sich Adenauer bereits auf **die Ausrüstung der Bundeswehr mit atomaren Trägersystemen im NATO-Rahmen festgelegt**. Dabei verblieben die Sprengköpfe zwar in amerikanischer Verfügungsgewalt, im Ernstfall sollten sie nach der Freigabe durch den US-Präsidenten auf die deutschen Träger montiert und damit scharf gemacht werden. So verabschiedeten es der NATO-Rat im Dezember 1957 und der Deutsche Bundestag im März 1958.

Diese von Adenauer und Strauß (als Verteidigungsminister) durchgesetzte Politik war heftig umstritten führte zu den Protestkampagnen der sogenannten Anti-Atom-Tod-Bewegung („Göttinger Erklärung" führender Atomforscher im April 1957; diverse Radioappelle Albert Schweitzers 1957/58). Adenauer hatte der allgemeinen Erregung auf einer Pressekonferenz im April 1957 Nahrung gegeben, als er zwischen „kleinen" und „großen" Atombomben unterschied und die nukleare Gefechtsfeldsbewaffnung als „Weiterentwicklung der Artillerie" bezeichnete. Letztlich konnte sich der Kanzler in dieser von ihm als lebenswichtig betrachteten sicherheitspolitischen Entscheidung aber durchsetzen und trotz der öffentlichen Diskussion bei der Bundestagswahl 1957 die absolute Mehrheit erringen. „

2.3.21 BDI Manifest für Wachstum und Beschäftigung
– Deutschland 2020   1. Auflage Sommer 2008 -------Seite 169 f.

Die wissenschaftliche Grundlage für diese breite Kompetenz wurde in den Großforschungszentren und Universitäten gelegt. Die Industrie hat gemeinsam mit den staatlichen Zentren an eigenen Forschungseinrichtungen in Erlangen, Karlstein und Bensberg die Entwicklung zu Sicherheit und Wettbewerbsfähigkeit der Anlagen fortgeführt.

Das aktuelle Ergebnis der jahrzehntelangen Forschung und Entwicklung sind der in Deutschland entwickelte Siedewasserreaktor (SWR 1000) und der gemeinsam mit Frankreich konstruierte europäische Druckwasserreaktor (EPR). Beides sind weltweit die ersten Reaktoren der sogenannten Generation 3+. Der EPR wird derzeit in Finnland und Frankreich gebaut.

Von den sechs vom GIF ausgewählten Erfolg versprechenden Reaktorkonzepten, nämlich dem gasgekühlten Höchsttemperatur-Reaktor VHTR, dem gasgekühlten schnellen Reaktor GFR, dem wassergekühlten Reaktor mit überkritischen Dampfzuständen SCWR, dem bleigekühlten schnellen Reaktor LFR, dem Salzschmelze-Reaktor MSR und dem natriumgekühlten Reaktor SFR, sind drei Typen – VHTR, SCWR und SFR – in Deutschland im Prototypenzustand bzw. als Demonstrationsanlage gebaut worden. Das sind der Thorium-Hochtemperaturreaktor THTR 300 sowie die Arbeitsgemeinschaft Versuchsreaktor AVR (Hamm-Uentrop und Jülich), der HDR Karlstein und der schnelle Brüter in Karlsruhe bzw. Kalkar.

Traditionell stützt sich die industrielle FuE dabei auf Kooperationen mit und Aufträge an Universitäten und den großen deutschen Forschungszentren. Allein das kerntechnische Engineering der AREVA NP GmbH arbeitet z. Z. mit mehr als zehn Institutionen intensiver zusammen. Auch die Kernkraftwerksbetreiber leisten Beiträge zum Erhalt der kerntechnischen Forschungskapazitäten. So fördert E.ON mit 2,5 Millionen Euro einen Stiftungslehrstuhl an der Technischen Universität München im Fachbereich Kerntechnik, der zum 1. April 2007 eingerichtet wurde. Auch EnBW wird eine Stiftungsprofessur Geothermie an der Universität Karlsruhe und eine Stiftungsprofessur Wasserkraft an der Universität Stuttgart mit insgesamt 4. Mio. Euro finanzieren, die jeweils ab Ende 2008 besetzt werden.

Solche Formen der Zusammenarbeit sind unverzichtbarer Bestandteil für eine Wertschöpfungsstrategie beim Reaktorbau. Allerdings führen sinkende Studentenzahlen und das altersbedingte Ausscheiden der Lehrstuhlinhaber zu einer Reduktion des Lehrangebots, das 2010 nur noch etwa 50 Prozent des Angebots von 2000 erwarten lässt. Es muss das erklärte Ziel von Bund und Ländern sein, einer Verlagerung der Ausbildung z. B. nach Frankreich, den USA und China entgegenzuwirken.

Für die überwiegend aus öffentlichen Mitteln finanzierten Forschungszentren in Karlsruhe in Baden-Württemberg, Jülich in Nordrhein-Westfalen und Rossendorf in Sachsen – in der Vergangenheit wesentliche Basis für die wissenschaftliche Weiterentwicklung der Kerntechnik – muss die Beschränkung auf Themen wie ‚Anlagensicherheit' und ‚Umgang mit nuklearen Abfällen' aufgehoben werden. Statt weiterer Kürzungen der Budgets muss es zu Aufstockungen kommen. **Ziel muss die Entwicklung eines Hochtemperaturreaktors (HTR) als Lieferant von Prozesswärme zur Wasserstofferzeugung sein.** Interesse an der Entwicklung eines VHTR (Very High Temperature Reactor) besteht insbesondere in den USA. **Deutschland war in der Vergangenheit in der HTR-Entwicklung weltweit führend, wobei das Forschungszentrum Jülich bis heute ein Kompetenzzentrum ist. Das**

Wissen in diesem Technologiebereich muss in Wissenschaft und Industrie wieder aufgestockt und offensiv für Wertschöpfung in Deutschland und zur Lösung globaler Energieprobleme genutzt werden.

2.3.22 zum Kugelbett-Reaktor – Auszug aus Wikipedia

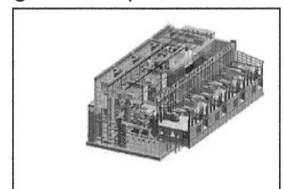

Graphite Pebble for Reactor

A rendered diagram of a pebble bed reactor plant layout

.The **pebble bed reactor** (**PBR**) is a graphite-moderated, gas-cooled, nuclear reactor. It is a type of Very high temperature reactor (VHTR) [formally known as the high temperature gas reactor (HTGR)], one of the six classes of nuclear reactors in the Generation IV initiative. Like other VHTR designs, the PBR uses TRISO fuel particles, which allows for high outlet temperatures and passive safety.

The base of the PBR's unique design is the spherical fuel elements called „pebbles". These tennis ball-sized pebbles are made of pyrolytic graphite (which acts as the moderator), and they contain thousands of micro fuel particles called TRISO particles. These TRISO fuel particles consist of a fissile material (such as U^{235}) surrounded by a coated ceramic layer of SiC for structural integrity. In the PBR, 360,000 pebbles are placed together to create a reactor, and is cooled by an inert or semi-inert gas such as helium, nitrogen or carbon dioxide.

This type of reactor is also unique because its passive safety removes the need for redundant, active safety systems. Because the reactor is designed to handle high temperatures, it can cool by natural circulation and still remain intact in accident scenarios, which may raise the temperature of the reactor to 1600°C. Because of its design, its high temperatures allow higher thermal efficiencies than possible in traditional nuclear power plants (up to 50%) and has the additional advantage that the gases do not dissolve contaminants or absorb neutrons as water does, so the core has less in the way of radioactive fluids.

A number of prototypes have been built. Active development is ongoing in South Africa as the PBMR design, and in China whose HTR-10 is the only prototype currently operating.

The technology was first developed in Germany[1] but political and economic decisions were made to abandon the technology.[2] In various forms, it is currently under development by MIT, the South African company PBMR, General Atomics (U.S.), the Dutch company Romawa B.V., Adams Atomic Engines [1], Idaho National Laboratory, and the Chinese company Huaneng [3]. In June 2004, it was announced that a new PBMR would be built at Koeberg, South Africa by Eskom, the government-owned electrical utility.[4] There is opposition to the PBMR from groups such as Koeberg Alert and Earthlife Africa, the latter of which has sued Eskom to stop development of the project.[5]

One proposed design of nuclear thermal rocket uses pebble-like fuel containers in a fluidized bed to achieve extremely high temperatures.

Pebble bed design

A pebble bed power plant combines a gas-cooled core[6] and a novel packaging of the fuel that dramatically reduces complexity while improving safety.[7]

The uranium, thorium or plutonium nuclear fuels are in the form of a ceramic (usually oxides or carbides) contained within spherical pebbles a little smaller than the size of a tennis ball and made of pyrolytic graphite, which acts as the primary neutron moderator. The pebble design is relatively simple, with each sphere consisting of the nuclear fuel, fission product barrier, and moderator (which in a traditional water reactor would all be different parts). Simply piling enough pebbles together in a critical geometry will allow for criticality.

The pebbles are held in a bin or can. An inert gas, helium, nitrogen or carbon dioxide, circulates through the spaces between the fuel pebbles to carry heat away from the reactor. If helium is used, because it is lighter than air, air can displace the helium if the reactor wall is breached. Pebble bed reactors need fire-prevention features to keep the graphite of the pebbles from burning in the presence of air although the flammability of the pebbles is disputed. Ideally, the heated gas is run directly through a turbine. However, if the gas from the primary coolant can be made radioactive by the neutrons in the reactor, or a fuel defect could still contaminate the power production equipment, it may be brought instead to a heat exchanger where it heats another gas or produces steam. The exhaust of the turbine is quite warm and may be used to warm buildings or chemical plants, or even run another heat engine.

Much of the cost of a conventional, water-cooled nuclear power plant is due to cooling system complexity. These are part of the safety of the overall design, and thus require extensive safety systems and redundant backups. A water-cooled reactor is generally dwarfed by the cooling systems attached to it. Additional issues are that the core irradiates the water with neutrons causing the water and impurities dissolved in it become radioactive and that the high pressure piping in the primary side becomes embrittled and requires continual inspection and eventual replacement.

In contrast, a pebble bed reactor is gas cooled, sometimes at low pressures. The spaces between the pebbles form the „piping" in the core. Since there is no piping in the core and the coolant contains no hydrogen, embrittlement is not a failure concern. The preferred gas, Helium, does not easily absorb neutrons or impurities. Therefore, compared to water, it is both more efficient and less likely to become radioactive.

A large advantage of the pebble bed reactor over a conventional lightwater reactor is that it operates at higher temperatures. The reactor can directly heat fluids for low pressure gas turbines. The high temperatures allow a turbine to extract more mechanical energy from the same amount of thermal energy; therefore, the power system uses less fuel per kilowatt-hour.

A significant technical advantage is that some designs are throttled by temperature, not by control rods. The reactor can be simpler because it does not need to operate well at the varying neutron profiles caused by partially-withdrawn control rods. For maintenance, many designs include control rods, called „absorbers" that are inserted through tubes in a neutron reflector around the reactor core. A reactor can change power quickly just by changing the coolant flow rate and can also change power more efficiently (say, for utility power) by changing the coolant density or heat capacity. The reactor design is such that it is power-limited or inherently self controlling due to Doppler broadening.

Pebble bed reactors are also capable of using fuel pebbles made from different fuels in the same basic design of reactor (though perhaps not at the same time). Proponents claim that some kinds of pebble-bed reactors should be able to use thorium, plutonium and natural unenriched uranium, as well as the customary enriched uranium. There is a project in progress to develop pebbles and reactors that use MOX fuel, that mixes uranium with plutonium from either reprocessed fuel rods or decommissioned nuclear weapons.

In most stationary pebble-bed reactor designs, fuel replacement is continuous. Instead of shutting down for weeks to replace fuel rods, pebbles are placed in a bin-shaped reactor. A pebble is recycled from the bottom to the top about ten times over a few years, and tested each time it is removed.

When it is expended, it is removed to the nuclear waste area, and a new pebble inserted.

The core generates less power as its temperature rises, and therefore cannot have a criticality excursion when the machinery fails, it is power-limited or inherently self controlling due to Doppler broadening. At such low power densities, the reactor can be designed to lose more heat through its walls than it would generate. In order to generate much power it has to be cooled, and then the power is extracted from the coolant.

2.3.22.1 Safety features

When the nuclear fuel increases in temperature, the rapid motion of the atoms in the fuel causes an effect known as Doppler broadening. The fuel then sees a wider range of relative neutron speeds. [[U^{238}]], which forms the bulk of the uranium in the reactor, is much more likely to absorb fast or epithermal neutrons at higher temperatures. [2] This reduces the number of neutrons available to cause fission, and reduces the power of the reactor. Doppler broadening therefore creates a negative feedback because as fuel temperature increases, reactor power decreases. All reactors have reactivity feedback mechanisms, but the pebble bed reactor is designed so that this effect is very strong. Because of this, its passive cooling, and because the pebble bed reactor is designed for higher temperatures, the pebble bed reactor can passively reduce to a safe power level in an accident scenario. This is the main passive safety feature of the pebble bed reactor, and it makes the pebble bed design (as well as other very high temperature reactors) unique from conventional light water reactors which require active safety controls.

The reactor is cooled by an inert, fireproof gas, so it cannot have a steam explosion as a light-water reactor can. The coolant has no phase transitions—it starts as a gas and remains a gas. Similarly, the moderator is solid carbon, it does not act as a coolant, move, or have phase transitions (i.e. between liquid and gas) as the light water in conventional reactors does.

A pebble-bed reactor thus can have all of its supporting machinery fail, and the reactor will not crack, melt, explode or spew hazardous wastes. It simply goes up to a designed „idle" temperature, and stays there. In that state, the reactor vessel radiates heat, but the vessel and fuel spheres remain intact and undamaged. The machinery can be repaired or the fuel can be removed. These safety features were tested (and filmed) with the German AVR reactor.[8]. All the control rods were removed, and the coolant flow was halted. Afterward, the fuel balls were sampled and examined for damage and there was none.

PBRs are intentionally operated above the 250 °C annealing temperature of graphite, so that Wigner energy is not accumulated. This solves a problem discovered in an infamous accident, the Windscale fire. One of the reactors at the Windscale site in England (not a PBR) caught fire because of the release of energy stored as crystalline dislocations (Wigner energy) in the graphite. The dislocations are caused by neutron passage through the graphite. At Windscale, a program of regular annealing was put in place to release accumulated Wigner energy, but since the effect was not anticipated during the construction of the reactor, the process could not be reliably controlled, and led to a fire.

The continuous refueling means that there is no excess reactivity in the core. Continuous refueling also permits continuous inspection of the fuel elements.

The design and reliability of the pebbles is crucial to the reactor's simplicity and safety, because they contain the nuclear fuel. The pebbles are the size of tennis balls. Each has a mass of 210 g, 9 g of which is uranium. It takes 380,000 to fuel a reactor of 120 MW_e. The pebbles are mostly high density graphite and keeps its structural stability at the maximum equilibrium temperature of the reactor. The graphite is the moderator for the reactor, and are strong containment vessels. In fact, most waste disposal plans for pebble-bed reactors plan to store the waste within the spent pebbles.

The pebbles contain about fifteen thousand TRISO particles. Each TRISO particle is the size of a grain of sand (0.5 mm), and contain a kernel of fissile material.

2.3.22.2 Containment

Most pebble-bed reactors contain many reinforcing levels of containment to prevent contact between the radioactive materials and the biosphere.

- Most reactor systems are enclosed in a containment building designed to resist aircraft crashes and earthquakes.
- The reactor itself is usually in a two-meter-thick-walled room with doors that can be closed, and cooling plenums that can be filled from any water source.
- The reactor vessel is usually sealed, as well.
- Each pebble, within the vessel, is a 60 mm (2.6") hollow sphere of pyrolytic graphite.
- A wrapping of fireproof silicon carbide
- Low density porous pyrolytic carbon, high density nonporous pyrolytic carbon

- The fission fuel is in the form of metal oxides or carbides

Pyrolytic graphite is the main structural material in these pebbles. It sublimes at 4000 °C, more than twice the design temperature of most reactors. It slows neutrons very effectively, is strong, inexpensive, and has a long history of use in reactors. Its strength and hardness come from anisotropic crystals of carbon. Pyrolytic graphite is also used, unreinforced, to construct missile reentry nose-cones and large solid rocket nozzles. It is nothing like the powdered mixture of flakes and waxes in pencil leads or lubricants.

Pyrolytic carbon can burn in air when the reaction is catalyzed by a hydroxyl radical (e.g. from water). Infamous examples include the accidents at Windscale and Chernobyl—both graphite-moderated reactors. Some engineers insist that pyrolytic carbon cannot burn in air, and cite engineering studies of high-density pyrolytic carbon in which water is excluded from the test. However, all pebble-bed reactors are cooled by inert gases to prevent fire. All pebble designs also have at least one layer of silicon carbide that serves as a fire break, as well as a seal.

The fissionables are also stable oxides or carbides of uranium, plutonium or thorium which have higher melting points than the metals. The oxides cannot burn in oxygen, but have some potential to react via diffusion with graphite at sufficiently high temperatures; the carbides might burn in oxygen but cannot react with graphite. The fission materials are about the size of a sand grain, so they are too heavy to be dispersed in the smoke of a fire.

The layer of porous pyrolytic graphite right next to the fissionable ceramic absorbs the radioactive gases (mostly xenon) emitted when the heavy elements split. Most reaction products remain metals, and reoxidize. A secondary benefit is that the gaseous fission products remain in the reactor to contribute their energy. The low density layer of graphite is surrounded by a higher-density nonporous layer of pyrolytic graphite. This is another mechanical containment. The outer layer of each seed is surrounded by silicon carbide. The silicon carbide is nonporous, mechanically strong, very hard, and also cannot burn.

Many authorities consider that pebbled radioactive waste is stable enough that it can be safely disposed of in geological storage thus used fuel pebbles could just be transported to disposal.

2.3.22.3   Production of fuel

Most authorities agree (2002) that German fuel-pebbles release about three orders of magnitude (1000 times) less radioactive gas than the U.S. equivalents. [9] [10]

All kernels are precipitated from a sol-gel, then washed, dried and calcined. U.S. kernels use uranium carbide, while German (AVR) kernels use uranium dioxide.

The precipitation of the pyrolytic graphite is by a mixture of argon, propylene and acetylene in a fluidized-bed coater at about 1275 °C. The fluidized bed moves gas up through the bed of particles, „floating" them against gravity. The high-density pyrolytic carbon uses less propylene than the porous gas-absorbing carbon. German particles are produced in a continuous process, from ultra-pure ingredients at higher temperatures and concentrations. U.S. coatings are produced in a batch process. Although the German carbon coatings are more porous, they are also more isotropic (same properties in all directions), and resist cracking better than the denser U.S. coatings.

The silicon carbide coating is precipitated from a mixture of hydrogen and methyltrichlorosilane. Again, the German process is continuous, while the U.S. process is batch-oriented. The more porous German pyrolytic carbon actually causes stronger bonding with the silicon carbide coat. The faster German coating process causes smaller, equiaxial grains in the silicon carbide. Therefore, it may be both less porous and less brittle.

Some experimental fuels plan to replace the silicon carbide with zirconium carbide to run at higher temperatures.

2.3.22.4   Criticisms of the reactor design

The most common criticism of pebble bed reactors is that encasing the fuel in potentially combustible graphite poses a hazard. Were the graphite to burn, fuel material could potentially be carried away in smoke from the fire. Since burning graphite requires oxygen, the fuel pebbles are coated with an impermeable layer of silicon carbide, and the reaction vessel is purged of oxygen. While silicon carbide is strong in abrasion and compression applications, it does not have the same strength against expansion and shear forces. Some fission products such as xenon-133 have a limited absorbance in carbon, and some fuel pebbles could accumulate enough gas to rupture the silicon carbide layer. Even a cracked pebble will not burn without oxygen, but the fuel pebble may not be rotated out and inspected for months, leaving a window of vulnerability.

Some designs for pebble bed reactors lack a containment building, potentially making such reactors more vulnerable to outside attack and allowing radioactive material to spread in the case of an explosion. However, the current emphasis on reactor safety means that any new design will likely have a strong reinforced concrete containment structure [11]. Also, any explosion would most likely be caused by an external factor, as the design does not suffer from the steam explosion-vulnerability of some water-cooled reactors.

Since the fuel is contained in graphite pebbles, the volume of radioactive waste is much greater, but contains about the same radioactivity when measured in becquerels per kilowatt-hour. The waste tends to be less hazardous and simpler to handle. Current US legislation requires all waste to be safely contained, therefore pebble bed reactors would increase existing storage problems. Defects in the production of pebbles may also cause problems. The radioactive waste must either be safely stored for many human generations, typically in a deep geological repository, reprocessed, transmuted in a different type of reactor, or disposed of by some other alternative method yet to be devised. The graphite pebbles are more difficult to reprocess due to their construction, which is not true of the fuel from other types of reactors. Proponents point out that this is a plus, as it is difficult to re-use pebble bed reactor waste for nuclear weapons[who?].

Critics also often point out an accident in Germany in 1986, which involved a jammed pebble damaged by the reactor operators when they were attempting to dislodge it from a feeder tube. This accident released radiation into the surrounding area, and led to a shutdown of the research program by the West German government.

Recently a report[12] about safety aspects of the AVR reactor in Germany and some general features of pebble bed reactor has drawn attention. Mains point of discussion are

- Contamination of the cooling circuit with metallic fission products (Sr-90, Cs-137)
- improper temperatures in the core (200 °C above calculated values)
- necessity of a containment

There is significantly less experience with production scale Pebble Bed Reactors than Light Water Reactors. As such, claims made by both proponents and detractors are more theory-based than based on practical experience.

2.3.22.5 History

The concept of a very simple, very safe reactor, with a commoditized nuclear fuel was invented by Professor Dr. Rudolf Schulten in the 1950s. The crucial breakthrough was the idea of combining fuel, structure, containment, and neutron moderator in a small, strong sphere. The concept was enabled by the realization that engineered forms of silicon carbide and pyrolytic carbon were quite strong, even at temperatures as high as 2000 °C (3600 °F). The natural geometry of close-packed spheres then provides the ducting (the spaces between the spheres) and spacing for the reactor core. To make the safety simple, the core has a low power density, about 1/30 the power density of a light water reactor.

2.3.22.6 Germany

2.3.22.6.1 AVR

A 15 MW$_e$ demonstration reactor, Arbeitsgemeinschaft Versuchsreaktor (AVR—roughly translated to *working-group research reactor* or *working-group experimental reactor*), was built at the Jülich Research Centre in Jülich, West Germany. The goal was to gain operational experience with a high-temperature gas-cooled reactor. The unit's first criticality was on August 26, 1966. The facility ran successfully for 21 years, and was decommissioned on December 1, 1988, in the wake of the Chernobyl disaster and operational problems.

The AVR was originally designed to breed ^{233}Uranium from ^{232}Thorium. ^{232}Thorium is about 400 times as abundant in the Earth's crust as ^{235}Uranium, and an effective thorium breeder reactor is therefore considered valuable technology. However, the fuel design of the AVR contained the fuel so well that the transmuted fuels were uneconomic to extract—it was cheaper to simply use natural uranium isotopes.

The AVR used helium coolant. Helium has a low neutron cross-section. Since few neutrons are absorbed, the coolant remains less radioactive. In fact, it is practical to route the primary coolant directly to power generation turbines. Even though the power generation used primary coolant, it is reported that the AVR exposed its personnel to less than 1/5 as much radiation as a typical light water reactor.

2.3.22.6.2 Thorium High Temperature Reactor

Following the experience with AVR, a full scale power station (the Thorium High Temperature Reactor or **THTR-300** rated at 300 MW) was constructed, dedicated to using thorium as fuel. THTR-300 suffered a number of technical difficulties and owing to these and political events in Germany was closed after only three years of operation. From 1985 to 1989 the THTR-300 registered 16,410 operation hours and generated 2,891,000 MWh electrical power.

2.3.22.7 China

China has licensed the German technology and is actively developing a pebble bed reactor for power generation [13]. The 10 megawatt prototype is called the **HTR-10**. It is a conventional helium-cooled, helium-turbine design. The program is at Tsinghua University in Beijing. The first 200 megawatt production plant is planned for 2007. There are firm plans for thirty such plants by 2020 (6 gigawatts). By 2050, China plans to deploy as much as 300 gigawatts of reactors of which PBMRs will be a major component. If PBMRs are successful, there may be a substantial number of reactors deployed. This may be the largest planned nuclear power deployment in history.

Tsinghua's program for Nuclear and New Energy technology also plans in 2006 to begin developing a system to use the high temperature gas of a pebble bed reactor to crack steam to produce hydrogen. The hydrogen could serve as fuel for hydrogen vehicles, reducing China's dependence on imported oil. Hydrogen can also be stored, and distribution by pipelines may be more efficient than conventional power lines. See hydrogen economy.

2.3.22.8 South Africa

This article **needs additional citations for verification.** Please help improve this article by adding reliable references. Unsourced material may be challenged and removed. *(February 2009)*

Pebble Bed Modular Reactor Pty. Ltd. (PBMR) in South Africa is developing a modular pebble-bed reactor with a rated capacity of 165 MW_e. On June 25, 2003, the South African Republic's Department of Environmental Affairs and Tourism approved a prototype 110 MW pebble-bed modular reactor for Eskom at Koeberg, South Africa. On 30 January 2007 it was reported that the South African government had approved the manufacture of PBMR fuel at Nuclear Energy Corporation of South Africa's Pelindaba Beva complex in the North West Province, and transporting of the raw materials to this site and manufactured fuel from it to Koeberg.

PBMR's primary coolant is helium. The helium directly turns low-pressure turbo-machinery, without intervening losses from heat-exchangers. Helium is favoured because it is chemically inert, and neutrons do not transmute it to a radioactive element which means that the turbo-machinery should not become radioactive, even though it operates on primary coolant. The use of helium does require that the turbine must be somewhat larger, and therefore more expensive. The prototype test of the closed-cycle helium system including compressors, turbine and recuperator has been developed in the engineering lab at the Potchefstroom Campus of the North-West University. The turbine's compressors are decoupled from the turbine, which permits the turbine's pressurization to be decoupled from the generator speed. Utility generators must be synchronized to the power grid.

The „modular" concept of the pebble bed reactor uses several small reactors in a large power plant. This is convenient because new investment can be gradual, and tuned to the actual demand for electric power. Sites that require larger generation capacity can simply install more reactors. Depending on the design, there also can be economies of scale and better reliability when several reactors share equipment, and can switch sets of equipment when some part fails.

The modular design also allows a small reactor to be mass-produced, reducing the life-cycle costs of safety-certification and design qualification. In modular systems, the equipment to cool the turbine's exhaust must be adapted to the site. The cooling equipment adaptable to the most sites is a cooling tower. However, near water, water cooling is far less expensive because the larger heat capacity of water permits the equipment to be much smaller.

The pebble bed reactor's design can be throttled in real time to meet peak electric power loads just like conventional reactors, where power follows steam demand in seconds. The modular design also supports the speculation that it will be useful in building peak load plants. South Africa lacks natural gas for the gas turbines that normally power peak loads, but it exports uranium and thorium.

PBMR's web site has also said that the reactor was designed to desalinate seawater, to help with South Africa's continuing lack of fresh water.

If the trial is successful, PBMR says it will build up to ten local plants on South Africa's coast. PBMR also wants to export up to 20 plants per year. The estimated export revenue is 8 billion rand (roughly US$ 1.1 billion) per year, and could employ about 57,000 people.

The program's total cost is about US$ 1 billion, and the developers estimate that about 30 plants will need to be produced to break even.

In 2005, environmental group Earthlife Africa won a court challenge requiring further hearings on the Koeberg reactors (which were originally approved in September 2003) [3]. The Cape Town city government and other civic and environmental groups also say they oppose the plant. In July 2003, following the approval of the environmental impact assessment, there were public demonstrations against the project in both Johannesburg and Cape Town. Earthlife Africa also opposed the Pelindaba fuel plant.

In December 2005, South Africa's PBMR company awarded a contract for engineering, procurement and construction management to SLMR - a Canadian-South African joint venture made up of Montreal-based engineering firm SNC-Lavalin and South-African construction and engineering firm Murray & Roberts - for its demonstration Pebble Bed Modular Reactor at Koeberg. Construction is envisaged starting 2007, and a second round of environmental hearings is under way at present. Meanwhile the BNFL share in PBMR has been passed to Westinghouse Electric Company and negotiations are under way with other possible investors to enable Eskom (the South African Power Utility) to reduce its stake from 30% to 5%.

This followed the dismissal by Environment Minister Marthinus van Schalkwyk of appeals brought by Earthlife Africa including opposition to the de-linking of the fuel plant and the PBMR. The appeal claimed that „neither process should be viewed in isolation". The appellants also registered concern about the long-term storage of high-level radioactive waste and contaminated materials, and alleged inadequate consideration of alternatives to the fuel plant.

In dismissing the appeals, van Schalkwyk noted that the two projects would be established in different places, were of different natures and came with „vastly different" environmental risks. He added that „negative environmental impacts ... can be sufficiently mitigated, provided the conditions contained in this record of decision are implemented and adhered to."

2.3.22.9   Mobile power systems

Pebble-bed reactors can theoretically power vehicles. There is no need for a heavy pressure vessel. The pebble bed produces gas hot enough that it could directly drive a lightweight gas turbine.

2.3.22.9.1   Romawa

Romawa B.V., the Netherlands, promotes a design called **Nereus**. This is a 24 MW_{th} reactor designed to fit in a container, and provide either a ship's power plant, isolated utilities, backup or peaking power. Romawa has neither produced nor is licensed to produce a nuclear reactor at this time.

It is basically a replacement for large diesel generators and gas turbines, but without fuel transportation expenses or air pollution. Because it requires external air, Romawa's design limits itself only to environments in which diesel engines can already be used.

Romawa's reactor heats helium, which in turn heats air that drives a conventional gas turbine that are well-developed for the aircraft and stationary power industries.. The Romawa design reduces the size and expense of heat exchangers by operating at very high temperatures, and should therefore be small, inexpensive and efficient. The design exhausts the air from the turbine, avoiding the large, inefficient, expensive low-temperature heat exchanger that would otherwise be necessary to cool the turbine's exhaust.

The air passing through the turbine never passes through the reactor, and is therefore never exposed to neutron flux, and therefore particles and gasses cannot become radioactive. The turbine is likewise not part of the primary loop, and uses air as its working fluid. The technology is therefore very standard. Most moving parts do not touch the primary loop, and therefore service should be relatively easy and safe. Romawa proposes two types of throttling. For vehicular power, they advocate a valve between the turbine and reactor while for efficient utility-style throttling, they advocate a system that reduces the pressure of helium in the coolant loop that connects the reactor to the turbine.

Romawa proposes a refueling and maintenance plan, based on „pool service." Users of large gas turbines customarily pool their repair resources to minimize expensive equipment, spares and training. By shipping entire reactors, Romawa plans to eliminate on-site service, and provide all service in one or a few centralized, specialized workshops.

Romawa has a business agreement with Adams Atomic Engines in the U.S., which promotes a similar reactor system.

2.3.22.9.2   *Adams Atomic Engines*

AAE's engine is completely self-contained, and therefore adapts to dusty, space, polar and underwater environments. The primary coolant loop uses nitrogen, and passes it directly though a conventional low-pressure gas turbine. Nitrogen and air are almost identical, so a turbine designed for air should work well almost without changes. Though AAE's design seems to require a larger secondary heat exchanger to cool the turbine's output gas, a sea-water-cooled heat exchanger might be small enough to be inexpensive, or a stationary installation might afford a small cooling tower.

AAE holds the U.S. patent on direct throttling of a turbine heated by a pebble-bed reactor. Adams Atomic Engines has neither produced nor is licensed to produce a nuclear reactor at this time.

2.3.22.9.3   *Other issues*

Both Romawa and AAE plan to use neutron reflectors (graphite) and radiation shields (heavy metals) that are bins of balls. This means that the shielding need not have complex ducting to cool it.

2.3.22.10 See also

- Next Generation Nuclear Plant
- Very high temperature reactor
- Generation IV reactor
- Nuclear fuel and Nuclear safety

External links
General

- „Nuclear China" - watch Australian science documentary about China's pebble-bed reactor, Feb 2007
- IAEA HTGR Knowledge Base
- Let a Thousand Reactors Bloom - article by Spencer Reiss in *Wired* magazine about China's pebble bed technology
- „'Pebble-bed' cracker to begin construction", China Daily, Feb 2006
- Nuclear Now! - article by Peter Schwartz (futurist) and Spencer Reiss in *Wired* magazine about „How clean, green atomic energy can stop global warming"
- „Nuclear activists radiate with anger", 2002
- AVR, experimental high-temperature reactor : 21 years of successful operation for a future energy technology ISBN 3-18-401015-5
- NPR's Living on Earth (February 24, 2004) Living on Earth: Pebble Bed Technology -- Nuclear promise or peril?
- High Temperature Reactor 2006 Conference, Sandton, South Africa

Idaho National Laboratory

- Modular Pebble Bed Reactor Project, University Research Consortium Annual Report 2000
- A Preliminary Study of the Effect of Shifts in Packing Fraction on k-effective in Pebble-Bed Reactors 2001
- Modular Pebble-Bed Reactor Project: Laboratory-Directed Research and Development Program FY 2002 Annual Report
- Matrix Formulation of Pebble Circulation in the PEBBED Code 2002
- Conceptual Design of a Very High Temperature Pebble-Bed Reactor 2003
- NGNP Point Design - Results of the Initial Neutronics and Thermal-Hydraulic Assessments During FY-03, Rev. 1
- New Generation Nuclear Plant (NGNP) Project, Preliminary Point Design 2003

- The Next Generation Nuclear Plant - Insights Gained from the INEEL Point Design Studies 2004
- Computation of Dancoff Factors for Fuel Elements Incorporating Randomly Packed TRISO Particles 2005

Companies/reactors

- MIT page on Modular Pebble Bed Reactor
- Research on innovative reactors in Jülich
- General Atomics' Gas Turbine Modular Helium Reactor
- Romawa — Diesel replacement
- Adam's Atomic Engines — Diesel replacement, non-airbreathing engines
- Differences in American and German TRISO-coated fuels

2.3.22.11 South Africa

- Coalition Against Nuclear Energy South Africa
- Eskom
- PBMR (Pty.) Ltd.
- Pebble Bed Modular Reactor - PBMR - Home
- Atomic Energy in South Africa
- Earthlife Africa: Nuclear Energy Costs the Earth campaign
- *Science in South Africa*, June 2003, „South Africa's nuclear programme"
- EIA, December 2003, Nuclear Power in South Africa
- *Christian Science Monitor*, 23 September 2003, „South Africa Looks to Next-Generation Nuclear Power: But last week, opponents filed papers against a new pebble-bed reactor near Cape Town"
- Steve Thomas (2005), „The Economic Impact of the Proposed Demonstration Plant for the Pebble Bed Modular Reactor Design", PSIRU, University of Greenwich, UK
- NPR (April 17, 2006) NPR: South Africa Invests in Nuclear Power

References

- *AVR - Experimental High-Temperature Reactor, 21 Years of Successful Operation for A Future Energy Technology.* Association of German Engineers (VDI), The Society for Energy Technologies. 1990. pp. 9–23. ISBN 3-18-401015-5. http://www.nea.fr/abs/html/nea-1739.html.
- [http://www.inl.gov/technicalpublications/Search/Results.asp?ID=I NEEL/EXT-03-00870 NGNP Point Design – Results of the Initial Neutronics and Thermal-Hydraulic Assessments During FY-03] pg 20
- Pebble-bed' cracker to begin construction
- http://www.eia.doe.gov/cabs/safrenv.html
- „Earthlife Africa Sues for Public Power Giant's Nuclear Plans". *Environment News Service.* 2005-07-04. http://www.ens-newswire.com/ens/jul2005/2005-07-04-03.asp. Retrieved on 2006-10-18.
- Pebble Bed Modular Reactor - What is PBMR?
- How the PBMR Fueling System Works
- http://www.fz-juelich.de/isr/2/tint-a_e.html
- Key Differences in the Fabrication of US and German TRISO-COATED Particle Fuel, and their Implications on Fuel Performance Free, accessed 4/10/2008
- D. A. Petti, J. Buongiorno, J. T. Maki, R. R. Hobbins, G. K. Miller (2003). „Key differences in the fabrication, irradiation and high temperature accident testing of US and German TRISO-coated particle fuel, and their implications on fuel performance". *Nuclear Engineering and Design* **222**: 281-297. doi:10.1016/S0029-5493(03)00033-5.
- NRC: Speech - 027 - „Regulatory Perspectives on the Deployment of High Temperature Gas-Cooled Reactors in Electric and Non-Electric Energy Sectors"
- [http://hdl.handle.net/2128/3136 Moormann, R. (2008): A safety re-evaluation of the AVR pebble bed reactor operation and its consequences for future HTR concepts. Berichte des Forschungszentrums Jülich JUEL-4275, Forschungszentrum Jülich (Hrsg.) (PDF-file, english)
- „China leading world in next generation of nuclear plants". *South China Morning Post.* 2004-10-05.
- http://daga.dhs.org/daga/readingroom/newsclips/2004/wto/41005scmp03.htm. Retrieved on 2006-10-18.

2.3.23 Zum Laufwellen Reaktor

Mitte März 2010 wurde öffentlich, dass sich Bill Gates (TerraPower) mit Toshiba (Westinghouse) verstärkt um die Umsetzung der bisher theoretischen Konzepte zum TWR in marktfähige Produkte zusammentun. Ein Erfolg wäre zu wünschen, wenn man die folgende Darstellung aus Wikipedia würdigt.

– aus Wikipedia:

Ein **Laufwellen-Reaktor** (engl.: *Traveling wave reactor*, TWR) ist ein Kernreaktortyp, der Brutmaterial in spaltbares Material umwandelt (Transmutation). Der TWR unterscheidet sich vom schnellen Brüter dadurch, dass er mit wenig oder gar keinem angereichertem Uran auskommt. Stattdessen verwendet er abgereichertes Uran, Roh-Uran, Thorium oder abgebrannte Brennelemente aus Leichtwasserreaktoren sowie Kombinationen aus vorgenannten Stoffen. Der Name leitet sich daraus ab, dass die Kernspaltung nicht im gesamten Reaktor stattfindet, sondern nur in einer bestimmten Zone des Reaktors, welche sich mit der Zeit durch den Kern ausbreitet. Zur Zeit (2010) ist der TWR ein theoretisches Konzept, bisher wurde kein TWR konstruiert.

Inhaltsverzeichnis

1 Geschichte

2 Reaktorphysik

3 Brennstoff

4 Einzelnachweise

Die Idee eines Laufwellenreaktors stammt aus den 1950er Jahren und wurde seit dem immer wieder aufgegriffen und weiter entwickelt. Das Konzept eines Reaktors der seinen eigenen Brennstoff *erbrüten* kann, wurde erstmals 1958 von Saveli Feinberg erforscht. Feinberg sprach dabei vom Prinzip *breed-and-burn*[1] (zu Deutsch *erbrüten und verbrennen*). Das Konzept wurde seither immer wieder aufgenommen. Zunächst 1979 von Michael Driscoll[2], 1988 von Lev Feoktistov[3], 1995 von Edward Teller & Lowell Wood[4], 2000 von Hugo van Dam[5], 2001 von Hiroshi Sekimotore[6] und zuletzt 2006 von der Firma Intellectual Ventures.

Bisher gelang es noch keinem der vorgenannten Wissenschaftler und Institutionen einen lauffähigen Laufwellenreaktor zu konstruieren, jedoch gründete Intellectual Ventures, eine Schwestergesellschaft namens Terra-Power, LLC mit dem Ziel einen kommerziell einsatzfähigen TWR zu konzipieren und zu erbauen. TerraPower hat verschiedene Designs mit Ausgangsleistungen zwischen 300 MW und ~1000 MW ausgearbeitet. 2010 bekam die Forschung am TWR erneuten Schwung, nachdem Bill Gates und auch die Firma Toshiba[7] Interesse an dieser Technologie ankündigten.

Reaktorphysik

Artikel und Präsentationen zum TerraPower TWR[8][9][10] beschreiben einen Schwimmbadreaktor ähnlichen Reaktor, der mit flüssigem Natrium gekühlt wird. Der Reaktor wird hauptsächlich mit abgereichertem Uran betrieben, benötigt aber eine geringe Menge von angereichtem Uran oder anderer spaltbarer Stoffe, um die Kernspaltung einzuleiten. Einige der schnellen Neutronen, die bei der Kernspaltung erzeugt werden, werden durch Neutroneneinfang im benachbartem Brutmaterial (z.b. nicht spaltbares abgereichertes Uran) durch folgende Kernreaktion in Plutonium umgewandelt:

$$^{238}_{92}U + ^{1}_{0}n \rightarrow ^{239}_{92}U \rightarrow ^{239}_{93}Np + \beta \rightarrow ^{239}_{94}Pu + \beta$$

Zu Anfang wird der Kern mit Brutmaterial befüllt. An einem Ende des Reaktorkerns wird eine geringe Menge von Spaltmaterial hinzugefügt. Sobald der Reaktor in Betrieb genommen wurde, wird der Kern in vier Zonen unterteilt:

- Die aufgebrauchte Zone, welche hauptsächlich Spaltprodukte und übriggebliebenen Brennstoff enthält.
- Die Spaltungszone, an der die Kernspaltung des erbrüteten Materials stattfindet.
- Die Brutzone, wo durch Neutroneneinfang neues spaltbares Material entsteht.
- Die „frische" Zone, welche das unverbrauchte Brutmaterial enthält.

Die energieerzeugende Spaltungszone wandert mit der Zeit durch den Kern. Dabei wird das Brutmaterial auf der einen Seite verbraucht und auf der anderen Seite verbrauchter Brennstoff zurückgelassen. Die Wärme, die bei der Spaltung und der Brutreaktion entsteht, wird mit herkömmlichen Dampfturbinen in Elektrizität umgewandelt.

Brennstoff

anders als Leichtwasserreaktoren (LWR), können TWRs beim Bau mit genug abgereichertem Uran befüllt werden, um bei voller Leistung für über 60 Jahre oder länger Energie zu produzieren.[10] TWRs verbrauchen bezogen auf die elektrischen Leistung, wesentlich weniger Uran als LRWs, da TWRs den Brennstoff effizienter abbrennen und einen besseren thermischen Wirkungsgrad aufweisen. Der TWR erreicht eine Wiederaufarbeitung im laufenden Betrieb, ohne dass für andere Brüterarten typische chemische Trennung stattfinden muss. Diese Eigenschaften reduzieren die Brennstoff- und Abfallmengen erheblich und erschweren Proliferation.[9]

Abgereichertes Uran ist als Ausgangsbrennstoff reichlich verfügbar. Die Lagerbestände an abgereichertem Uran der Vereinigten Staaten bestehen gegenwärtig aus ca. 700.000 Tonnen. Es ist ein Abfallprodukt des Anreicherungsprozesses.[11] TerraPower schätzt den Wert der damit erzeugbaren Elektrizität auf 100 Billionen USD.[10] Wissenschaftler des Unternehmens haben außerdem errechnet, dass mit TWRs mit dem weltweit gelagerten abgereichertem Uran 80% der Weltbevölkerung mit einem Pro-Kopf-Stromverbrauch auf dem Niveau eines durchschnittlichen US-Bürgers über ein Jahrtausend lang versorgt werden könnten.[12] Hinzu kommen noch ca. 5 Milliarden Tonnen Uran, welches sich in gelöster Form in Meerwasser befindet.

Prinzipiell könnten TWRs abgebrannte Brennelemente aus LWR verwenden. Dies ist möglich, da diese verbrauchten Brennelemente hauptsächlich aus abgereichertem Uran bestehen und der Adsorptions-Wirkungsquerschnitt der schnellen Neutronen mit den Spaltprodukten in TWRs um einige Größenordnungen kleiner ist, als die der thermischen Neutronen in LWR.

TWRs sind außerdem im Prinzip in der Lage ihren eigenen Brennstoff wiederzuverwerten. Das abgebrannte Material aus dem TWR enthält immer noch spaltbares Material. Durch Umformung und Neuverkapselung in neue Pellets kann der Brennstoff ohne chemische Wiederaufarbeitung wiederverwendet werden, um die Spaltung in weiteren TWRs einzuleiten. Damit entfällt die Notwendigkeit der Urananreicherung.

1. ↑ S.M. Feinberg, „Discussion Comment", Rec. of Proc. Session B-10, ICPUAE, United Nations, Geneva, Switzerland (1958).
2. ↑ M.J. Driscoll, B. Atefi, D. D. Lanning, „An Evaluation of the Breed/Burn Fast Reactor Concept", MITNE-229 (Dec. 1979).
3. ↑ L.P. Feoktistov, „An analysis of a concept of a physically safe reactor", Preprint IAE-4605/4, in Russian, (1988).
4. ↑ E. Teller, M. Ishikawa, and L. Wood, „Completely Automated Nuclear Power Reactors for Long-Term Operation", Proc. Of the Frontiers in Physics Symposium, American Physical Society and the American Association of Physics Teachers Texas Meeting, Lubbock, Texas, United States (1995).

5. ↑ H. van Dam, „The Self-stabilizing Criticality Wave Reactor", Proc. Of the Tenth International Conference on Emerging Nuclear Energy Systems (ICENES 2000), p. 188, NRG, Petten, Netherlands (2000).
6. ↑ H. Sekimoto, K. Ryu, and Y. Yoshimura, „CANDLE: The New Burnup Strategy", Nuclear Science and Engineering, 139, 1–12 (2001).
7. ↑ http://www.spiegel.de/wissenschaft/technik/0,1518,685289,00.html
8. ↑ R. Michal and E. M. Blake, „John Gilleland: On the traveling-wave reactor", Nuclear News, p. 30–32, September (2009).
9. ↑ [a] [b] M. Wald: 10 Emerging Technologies of 2009: Traveling-Wave Reactor, MIT Technology Review 2009-March/April
10. ↑ [a] [b] [c] Gilleland, John: *TerraPower, LLC Nuclear Initiative*. In: *Spring Colloquium; 20. April 2009*. University of California at Berkeley, abgerufen am Oktober 2009 (engl.).
11. ↑ United States Department of Energy, „Depleted UF6 Inventory and Storage Locations". Accessed October 2009.
12. ↑ L. Wood, T. Ellis, N. Myhrvold and R. Petroski, „Exploring The Italian Navigator's New World: Toward Economic, Full-Scale, Low Carbon, Conveniently-Available, Proliferation-Robust, Renewable Energy Resources", 42nd Session of the Erice International Seminars on Planetary Emergencies, Erice, Italy, 19024 August (2009).

2.3.24 Zur Areva Gruppe – aus Wikipedia

Die **A r e v a** -Gruppe ist ein französischer Nuklear-Konzern und war bis Anfang 2007 Weltmarktführer für Nukleartechnik. Heutiger Marktführer ist Toshiba. Den Namen Areva hat die Gründerin Anne Lauvergeon zufällig aus einer Liste spanischer Klöster gewählt. Das Unternehmen entstand 2001 aus einem Firmenzusammenschluss; bereits am 30. November 2000 hatte man den Zusammenschluss der CEA-Industrie, COGEMA, Framatome ANP und FCI verkündet. Zur Areva gehört unter anderem das Unternehmen COGEMA, das die Wiederaufarbeitungsanlage La Hague, Frankreich, betreibt und im nuklearen Brennstoffkreislauf in den Bereichen Herstellung, Transport, Wiederaufarbeitung und Entsorgung tätig ist. Die COGEMA besitzt zudem Anteile an Goldbergwerken in Australien und der Elfenbeinküste.

2.3.24.1 Konzernstruktur

Außerdem ist die AREVA durch ihre Tochter *Technicatome* im Zuliefergeschäft für Kernkraftwerke sowie in den Bereichen Steuerungs-, Regel-, Mess- und Sicherheitseinrichtungen und dem Bau von nuklear angetriebenen

Wasserfahrzeugen engagiert. Mit der Übernahme eines Teils des Kernkraftgeschäftes von Siemens ist die Areva zum größten integrierten Lieferanten für Kernkrafttechnik und -dienstleistungen avanciert. Die französische Regierung plante schon zweimal, das Unternehmen zu privatisieren. Das Vorhaben wurde aber beide Male zurückgezogen.

Weiter gehört zur AREVA Gruppe der Bereich T&D (Transmission and Distribution), so dass die Kette von der Stromerzeugung bis zum Endverbraucher geschlossen ist. Im T&D Bereich arbeiten weltweit 22.000 Personen.

2.3.24.2 Geschichte

Im Zuge der weiteren Fokussierung auf das Nukleargeschäft wurde der Verkauf der Tochter FCI am 3. November 2005 an den Finanzinvestor Bain Capital bekannt gegeben.

Im Sinne der Fokussierung auf CO_2-freie Energieerzeugung hat Areva im September 2005 den Hauptanteil am Windanlagenhersteller REpower Systems erworben [1] und ist dadurch zu dessen größtem Aktionär geworden. Mittlerweile hält die Areva-Gruppe 30,14 % an REpower Systems und gab am 22. Januar 2007 bekannt, dem Windanlagenhersteller ein Übernahmeangebot unterbreitet zu haben, um in Besitz von mindestens 50 % der Aktien zu kommen. Das ursprüngliche Areva Angebot in Höhe von 105 Euro pro Aktie wurde von der indischen Suzlon Gruppe mit 126 Euro überboten. Areva legte auf 140 Euro nach - woraufhin Suzlon wiederum auf 150 Euro erhöhte. Dieser Bieterkampf endete am 24. Mai 2007 durch die Bekanntgabe des französischen Konzerns, den Aktionären keine weiteren Angebote mehr zu offerieren. Statt dessen erklärte Areva, REpower weiter unterstützen zu wollen und seinen Anteil zunächst zu behalten. Diese Verzichtserklärung kam auch aus einem Angebot vom Gegner zustande, Areva zu seinem bevorzugter Anbieter im Bereich Stromverteilung und -übertragung zu machen. Seit dem 16. Juli 2008 ist das Unternehmen Hauptsponsor des Fußballbundesligavereins 1. FC Nürnberg. [2]

2.3.24.3 Kritik

Kritiker werfen Areva vor, bei der Urangewinnung in Arlit im westafrikanischen Niger die Gesundheit der Minenarbeiter zu gefährden und die Umgebung radioaktiv zu verseuchen. Die wahren Gesundheitszustände der Minenarbeiter würden verschwiegen und die Bevölkerung zu wenig über die Gesundheitsrisiken aufgeklärt. Deshalb wurde Areva 2008 der Negativpreis Public Eye Award in den Kategorien „People" (Internetwahl) und „Global" verliehen.[3] Areva weist einige der Vorwürfe zurück.[4]

2.3.24.4 Weblinks
- Areva (englisch)
- Areva Energy Transmission & Distribution
- Areva Energy Transmission & Distribution, deutsch
- Areva Nuclear Power, deutsch

2.3.25 Rohstoff-Sicherung erfordert immer Energie, oft Hochtemperatur

Im folgenden Beitrag legen die Autoren Steinbach und Wellmer die Zusammenhänge dar, die zwischen der Verfügbarkeit von Rohstoffen – insbesondere Metallen – und dem Energie-Aufwand bestehen, diese zu gewinnen.

Als Möglichkeit steht dabei vor Augen, möglichst viele der von der Menschheit verwendeten Rohstoffe nach Gebrauch nicht einfach zu „entsorgen", sondern ggf. aufzubereiten, dass sie für eine neue Verwendung zur Verfügung stehen. Klar ist, dass die meisten Rohstoffe zu ihrer Verwendung mit anderen (Roh-)stoffen vermischt werden. Es kann sich um chemische Verbindungen, Legierungen, mechanische Vereinigungen, (Oberflächen-)Beschichtungen und viele andere Kombinationen handeln.

Sie alle bewirken, dass die Rohstoffe weniger dicht verteilt sind und manchmal nur noch in Spurenform vorliegen oder als Katalysator zur Anwesenheit dienen. Oft führt der Gebrauch der aus Rohstoffen erzeugten Produkte zu einer Konzentration oder anderen Form der Anreicherung.

Um sie aufzubereiten muss also ihre gebrauchsbedingte Verteilung rückgängig gemacht, entfeinert werden. Dies geht oft mit hohen Energieeinsatz vonstatten. Dabei ist es ganz gleich, ob man mechanische Verdichtung (z. B. Flotation, Siebung), Erschmelzung von Metallen, Trennung von Legierungen, chemische Prozesse, Hydrierung, Wasserstoff-Gewinnung aus Wasser oder Luft, Transmutation oder andere Prozesse betrachtet.

Die Autoren legen nun dar, dass – will die Menschheit weiter in gewohnten Verbrauchstrukturen leben – die dazu notwendigen Rohstoffe nur mit Energieeinsatz gewonnen werden können. Gleich ob es sich um das Recyclen gebrauchter Produkte oder die Neugewinnung aus der Natur handelt, die Rohstoffe können nur unter Energieeinsatz wieder bereitgestellt werden. Häufig sind dazu vor allem hohe Temperaturen für die Prozesse und elektrischer Strom geeignet.

Erst recht gilt dies für noch steigende Ansprüche der Menschen an die Versorgung mit hochentwickelten Techniken zur Mobilität (Batterien, die seltene Erden benötigen) oder Informationstechnik (Silikon, Edelmetalle).

Kugelbett-Reaktor oder –Ofen?

Insbesondere auf Seite 1416 ihres Beitrages legen sie diese Zusammenhänge schlüssig dar und geben damit eine weitere eineuchtende Begründung für den Nutzen von Hochtemperatur- Energie für die viele Prozesse.

Sustainability **2010**, *2*, 1408-1430; doi:10.3390/su2051408

sustainability
ISSN 2071-1050
www.mdpi.com/journal/sustainability

Review

Consumption and Use of Non-Renewable Mineral and Energy Raw Materials from an Economic Geology Point of View

Volker Steinbach [1] **and Friedrich-W. Wellmer** [2,*]

[1] Bundesanstalt für Geowissenschaften und Rohstoffe, Stilleweg 2, D-30655 Hannover, Germany; E-Mail: volker.steinbach@bgr.de

[2] Neue Sachlichkeit 32, D-30655 Hannover, Germany

* Author to whom correspondence should be addressed; E-Mail: fwellmer@t-online.de; Tel.: +49-162-2163448; Fax: +49-511-6960843.

Received: 30 March 2010; in revised form: 5 May 2010 / Accepted: 12 May 2010 / Published: 20 May 2010

Abstract: We outline a path to sustainable development that would give future generations the chance to be as well-off as their predecessors without running out of natural resources, especially metals. To this end, we have to consider three key resources: (1) the geosphere or primary resources, (2) the technosphere or secondary resources, which can be recycled and (3) human ingenuity and creativity. We have two resource extremes: natural resources which are completely consumed (fossil fuels) *versus* natural resources (metals) which are wholly recyclable and can be used again. Metals survive use and are merely transferred from the geosphere to the technosphere. There will, however, always be a need for contributions from the geosphere to offset inevitable metal losses in the technosphere. But we do have a choice. We do not need raw materials as such, only the intrinsic property of a material that enables it to fulfil a function. At the time when consumption starts to level off, chances improve of obtaining most of the material for our industrial requirements from the technosphere. Then a favorable supply equilibrium can emerge. Essential conditions for taking advantage of this opportunity: affordable energy and ingenuity to find new solutions for functions, to optimize processes and to minimize losses in the technosphere.

Keywords: non-renewable resources; metals; fulfillment of functions; technosphere; geosphere; ingenuity; renewable energy

1. Introduction

Most of the 94 naturally-occurring elements are metals or metalloids, only half of which are industrially used in significant quantities. The raw materials used and consumed in the world are mostly fossil fuels and non-metallics, such as building materials, clays, salts or phosphate. Many metals or metalloids in the periodic system of elements are of significant economic importance mostly in their non-metallic compounds, rather than as pure metals or metalloids. Examples are the elements potassium, sodium, and calcium which are of great importance as salt (NaCl), potash (KCl or $KCl \cdot MgCl_2 \cdot 6H_2O$), and limestone ($CaCO_3$). Silicon (Si) is used as a metalloid in relatively small quantities in the electronic industry, but its dominant use is as the non-metallic oxide compound quartz (SiO_2) in gravel and stone in the building industry.

Here we will only consider the classical non-agrarian, non-renewable mineral and energy resources, and exclude water and soils which, although the most important non-agrarian natural resources, fall in a separate category.

Using 2003 statistics obtained before the recent extreme price fluctuations in the commodity markets, it had been estimated that the population of the world annually consumed about 35 billion tonnes of mineral resources having a value of about € 800 billion [1].

By far the dominant quantities are construction materials like gravel, stone, *etc.*, followed by the fossil energy commodities natural oil, hard coal, natural gas and lignite. The majority of the next most-used commodities are non-metallic raw materials, like rock salt, potash, phosphate, various clays, *etc.* Only nine metals are consumed in annual amounts of more than one million tonnes: iron (the most important metal by far), aluminium, copper, manganese, zinc, chromium, lead, titanium, and, since 1999, nickel.

Our raw material consumption can be illustrated by two analogies:

a. In industrialized countries like Germany, the per capita daily use of raw materials is about 40 kg, corresponding to the baggage allowance for two persons on a commercial flight. As stated above, the lion's share of this consumption is made up of construction materials and energy raw materials. Next in magnitude come non-metallic raw materials and metals; but there are also minute quantities—grams or milligrams—of high-tech-materials in the suitcases, like tantalum, platinum group metals, indium or germanium, without which high-tech-industries and high-tech products like electronic parts are unthinkable.

b. To visualize the energy consumption we have to choose a unit that measures the combined use of all energy raw materials. The international standard unit (SI-unit) for energy is the joule, but there are other energy units directly derived from standardized fuels, like tonnes of coal equivalent or tonnes of oil equivalent (*toe*). As a unit of energy, the *toe* includes other energy commodities, such as hard coal, lignite and natural gas, which are converted into oil tonnes. Based on this energy unit, humankind consumes about 10 billion tonnes of oil equivalent per year. To make this big number more comprehensible, if the 10 billion tonnes of oil equivalent per year were put end-to-end into the railway tank cars used by the European railway systems (with each railway tank car having a length of 15 m and holding 60 tonnes), a train with a length of about 7,200 km which is approximately the distance as the crow flies between Berlin, Germany, and Chicago, USA (including the distance across the Atlantic Ocean) would be laden every single day of the year.

The question then arises, how long can this consumption be sustained? Is there a chance to fulfil the requirement of inter-generational fairness, a "development that meets the needs of the present without compromising the ability of future generations to meet their own needs", the internationally most widely accepted definition of sustainable development as defined in the United Nations (UN) Report "Our Common Future" (the "Brundtland Report", p. 8) [2]? Or, as defined by Solow [3]: "a sustainable path is one that allows every future generation the option of being as well off as its predecessors"? Although not explicitly stated, embodied in the concept of sustainability is that it be achieved over a duration of time measured in centuries or millennia, not just decades. True sustainability means "practically forever," or at least as long as humans exist [4].

As a first step to investigating how to achieve sustainable use of non-renewable mineral and energy natural resources, we have to clarify two key issues:

a. Why do we need natural resources?
b. Are we consuming, or are we using natural resources?

2. Why Do We Need Natural Resources?

Humankind has always depended on the use of energy and mineral resources for its technological and cultural evolution. As far back as the Bronze Age metal was used for tool-making, but the large-scale exploitation of non-renewable energy resources only emerged much later with the invention of the steam engine at the beginning of the 18th century. At that time, the dominant energy and raw material for heating, smelting and ship-building was wood, a renewable biomass. Due to the technological development and increased demand of energy it was replaced first by coal and subsequently by other fossil fuels. Maintaining today's standard of living in both industrialized and developing nations depends entirely on the use of non-renewable energy and mineral resources [5].

If we analyze in detail why we need a specific natural resource, we have to conclude that with a few notable exceptions (such as nitrogen, potassium, and phosphate, all used as fertilizers in agriculture and to be discussed below), it is not the metal or raw material as such that is important, but a function that is intrinsic to the material properties of the commodity [6]. Thus, taking copper as an example, the electrical conductivity of copper is the function intrinsic to its material properties. However, other commodities can perform these functions just as well, often in conjunction with fundamentally different technologies. To continue the example, copper telephone wires were until recently extensively used for transmitting information but have now been largely replaced by glass fibre cables made of silica, which is virtually inexhaustible. Another method of information transfer that does not depend on copper wire is wireless transmission using directional antennae or satellites. Each solution requires different materials. In the field of photography, not so long ago silver was needed for the capture of pictures, but today digital cameras with a completely different raw material requirement have largely replaced the use of film. In the printing industry, lead was formerly used as type metal but it has been replaced today by offset or computer printing.

However, as stated above, the concept of finding different solutions does not work for the essential agricultural fertilizers nitrogen, potassium, and phosphate since plants need these elements as such for their metabolism. Therefore, they are as indispensable as clean air or water, and there is no replacement for them. For nitrogen and potassium this is not a problem because the atmosphere is an inexhaustible source of nitrogen and oceans are full of potassium. However, phosphate is different because there is no unlimited reservoir. A solution will be discussed later.

3. Consumption *versus* Usage

Consumption and usage represent opposite ends of resource utilization (Figure 1): (1) at one extreme are natural resources which are totally consumed and cannot be recycled; (2) at the other, natural resources which can be recycled and used again. The non-recyclable resources include fossil fuels as energy raw materials which are irretrievably consumed in the process of power, light, and heat generation. The entropy is increased and the fossil fuels can never be recycled. Although according to the first law of thermodynamics energy cannot be lost, the usable portion used for human requirements, the so-called exergy, is irrevocably consumed and thus irretrievable. At the other extreme, usage without consumption is illustrated by water which can always be recycled if enough energy is available, and by metals in general. Metals survive use. All resources that are not irrevocably consumed are only transferred from one resource sphere to the other in one form or the other: from the geosphere with its primary resources to the technosphere with its secondary resources. Hereby, technosphere is defined as the man-made world, such as surface and subsurface engineering constructions, machines, or waste dumps. Theoretically, all these secondary resources can be recycled completely. In practice, however, there are practical limitations to what can be salvaged. Moreover various intermediate stages exist between usage without consumption and total consumption, as shown in Figure 1.

There are raw materials which during usage are converted to another chemical compound and therefore cannot be recycled to their original state. The best examples are clay used for making bricks or limestone, marl or clay for making cement and then concrete. Bricks and concrete can be recycled only as lower value products, for example as bulk fill in road works.

The substances that are to all intents and purposes lost to the environment without any chance of recovery are those which find their application in a highly dispersed state. This is typically the case with fertilizers containing potassium, nitrogen and phosphate, as well as with metals added as supplements to fertilizers, like zinc as an essential trace element for plant growth or magnesium as a supplement. Other metals that are similarly used in a highly dispersed form in various chemicals, e.g., zinc in skin creams or titanium in paint, also belong to this category. One could therefore state, they also are consumed.

We want to take a closer look at metals because they have the best chance to become a "renewable resource" [7]. We can make a material balance for a time interval ΔT: the amount of any metal extracted from the geosphere, $M_{geosphere}$, and transferred to and absorbed in the technosphere, must equal $M_{technosphere}$:

$$M_{geosphere} = M_{technosphere} \quad (1)$$

There are, however, certain losses to be taken into account. We will call the quantity of metal which is available for reuse after recycling, M_{scrap}, and the mass of the metal loss, M_{loss}, so that:

$$M_{technosphere} = M_{scrap} + M_{loss} \quad (2)$$

Figure 1. Recycling of materials from the geosphere and technosphere (modified from [5]).

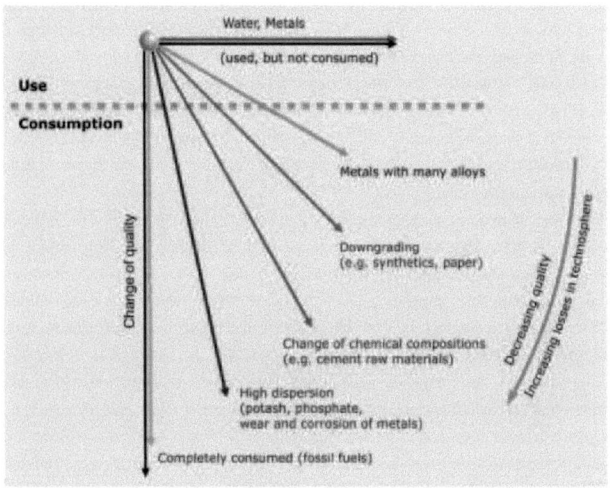

These losses can be divided into four categories:

M_{loss}-1: It is thermodynamically impossible to have a 100 percent perfectly closed cycle. Every technical process is subject to losses. There will always be a certain amount of material lost in flue gases, for example zinc in the recycling process of steel scrap, or lost in slag or other residues. These metal losses reach the environment and normally cannot be or are not recovered. Certainly, always new and better processes are being developed. In old mining districts for instance it can be observed that old mine tailings are reprocessed over and over again. Also some flue dust recycling plants for zinc exist. A recovery of 100% is nevertheless unachievable.

M_{loss}-2: There are losses, which are due to the different redox potential of the metals (noble and less noble metals). For example, if precious metals end up in the iron or aluminium smelting circuits, they are lost [8]. This also applies to copper or tin in the iron smelting circuit. Such losses are not necessarily unavoidable, but they can be prevented by proper material flow management.

M_{loss}-3: These losses occur because the scrap value is too low and/or the technology is not developed far enough to enable the recovery of the metals. In market economies recycling has to pay for itself. This applies for example to platinum group metals in galvanic processes [9] or, so far, indium in flat television screens [10]. This frontier issue will be discussed later.

M_{loss}-4: These are losses already referred to above under dispersal effects and incorporated here for completeness' sake to account for metals in a highly dispersed form that reach the environment. They include metals in chemicals like zinc as essential trace element in fertilizers or zinc in skin ointment. Also the losses due to corrosion and wear fall into this category.

There are other incidental losses due to lack of efficient recycling or any kind of recycling at all, and other losses in the technosphere, as elaborated by Hagelüken and Meskers [11]. One example is the export of cars to developing countries with bad roads where the chances are high that catalytic converters are destroyed and the platinum contained in them is lost forever and cannot be recovered. Another more general example is the export of cars or consumer goods to developing nations with very limited recycling systems. In these countries, recycling rates are normally high for simple, but low for complex products. For example, the highest recycling rates for simple aluminium cans are achieved in Brazil [12]. However, such losses for complex products can be overcome in future or at least reduced, by improving material flow management.

Besides the loss of material substance quality loss needs to be considered too. Precious metals and copper can be recycled unlimited times with no loss of quality and only minor losses to the environment, defined above as M_{loss}-1 (so precious metals or copper in the technosphere can be described as truly renewable resources). There are other metals which being less noble have certain practical limits to their recycling. This is mainly due to the higher rate of oxidation during remelting and the thermodynamically limited metal refining. Aluminium and nickel, for instance, are less recyclable, because they are frequently used in the form of various alloys rather than as pure metals. The secondary metals will therefore either have to be blended with primary material to maintain quality or nearly closed loop recycling systems have to be applied. Even the latter will only have limited success since material development happens faster than long life applications are in use. Subsequently, an accumulation of alloying-elements and so-called trace elements in very low concentration takes place in every life cycle of the material. This kind of quality decrease, called downgrading, is generally also the fate for recycled carbon-based synthetic materials or for paper.

We want to have a closer look at other limitations for reusing the fraction M_{scrap} in the technosphere.

4. Metals in the Technosphere

Before we look at the metals in the technosphere in more detail, we briefly have to consider the geosphere. In nature we can distinguish two types of mineral resources, those of practically unlimited size and those which occur in deposits created by enrichment processes.

To the first type belong deposits of gravel, limestones, and other non-metallics. Limits to their exploitation are mostly man-made, for example by regional planning, or by infrastructure connecting deposits to markets. Although enrichment deposits also include some non-metallic raw materials, like barite, fluorspar or phosphate, the typical enrichment deposits are metals and fossil fuel deposits. Frequently, the average content of useful metals in the Earth's crust is in the order of ppm (parts per million) and has to be enriched by orders of magnitude into the range measured by percent of content in order to become an economically exploitable deposit. To create a zinc deposit, the enrichment factor needed is close to 600 and for lead it is even at about 4,000 [13]. Consequently, as far as future supply goes, metals are the principal concern to the world economy besides energy, which we will deal with later.

As said above, humankind has always depended on the use of energy and mineral resources for its technological and cultural advance. This technological progress went hand in hand with combining more and more metals and metalloids in innovative ways to produce better and better properties of products. The first innovation of the Bronze Age that followed the Copper Age was combining first copper with arsenic, then with tin to produce bronze; an alloy which was harder than its two components individually and could be used for tool making. In the Bronze Age and the following Iron Age, alloys were invented mostly by trial and error. In the famous tomb near the city of Xi'an of the Chinese emperor Ch'in, who founded the first dynasty to rule a unified China in 221 BC, bronze weapons were found containing up to 15 different metals. The surface of swords and arrow heads was coated with an chromium alloy to provide extra hardness and durability [14,15]. When in the Harz Mountains in Germany, an old silver mining district, the wire rope was invented in 1834, later analyses showed that the iron used came from a local manganese-rich iron ore deposit in limestone, resulting in a bendable and drawable wire product [16]. A car 100 years ago consisted of only a few metals like mainly iron/steel, copper for cables, tin for soldering, and lead for batteries. Today a car contains in addition a greater variety of steel alloy metals to produce steel plates of high strength but lower weight, aluminium parts, zinc as corrosion protection and many electronic components with a wide variety of technology metals [11] and precious metals. A computer in 1998 consisted of 31 different metals and metalloids [17], a mobile phone today incorporates nearly half of all the naturally occurring elements [18]. This does not only apply to whole systems like cars or electronic equipment but also to component parts.

The consequence of technological advance is that humans are creating "deposits" in the technosphere that are far more complex than nature-created deposits in the geosphere and they combine elements which do not normally occur together in nature. Typical examples are lithium, tantalum, or rare earth elements that occur in nature in pegmatites or in the case of lithium in brines in combination with other high technology metals like indium, germanium or gallium that occur in nature jointly in base metal deposits. Lithium-ion-batteries contain cobalt. In nature cobalt is not associated with lithium deposits but with nickel deposits. Thin film solar panels contain the component CIGS/CIS (copper-indium/gallium selenide = $Cu(In,Ga)Se_2$) on a thin film of molybdenum. Molybdenum occurs together with copper in porphyry copper deposits. After mining it is metallurgically separated from copper during beneficiation and goes mainly into steel making. Indium occurs with zinc in volcanogenic massive sulphide deposits, whereas gallium occurs in bauxite deposits, the raw material for the production of aluminium. Thus, trying to reuse the products of our modern world by "urban mining" is technologically far more challenging than mining the geosphere.

The standard technologies for metallurgical treatment of metal associations from the geosphere have been summarized by Reuter *et al.* [19] and Verhoef *et al.* [20]. They introduced the "metal wheel" (Figure 2) for the main metallurgical processes for iron, manganese, chromium, aluminium, magnesium, titanium, tin, nickel, copper, lead and zinc. The concentric rings show the interconnectivity between the main metals as carrier metals and the co- and by-product metals: the inner ring shows the carrier metals, which are the bulk metals in present-day use, the three outer rings show the impurities and minor metals present in the ores of the bulk metals with which they are associated. The two middle rings show those elements which are or can be recovered to maximize economic benefits and minimize environmental impact. The outermost ring contains the elements lost to process residues and emissions. As Figure 2 shows, in the outer ring III for example the pegmatite metals lithium or tantalum are lost in residues in these standard processes.

As said above we want to recover as much as possible of the metal substance transferred into the technosphere for additional life cycles of use. In terms of the equation

$$M_{technosphere} = M_{scrap} + M_{loss} \qquad (3)$$

we want to maximize M_{scrap} and to minimize M_{loss}.

The absolute amount of resources in the technosphere increases continuously with consumption, *i.e.*, with the amount of spent primary resources [21]. This offers the possibility for increased replacement of primary resources from the geosphere through recycling from the technosphere. Aluminium is a good example of this process. Figure 3 shows how the increased use of secondary, recycled aluminium replaces primary material. Using resources from the technosphere by recycling not only makes sense because it saves finite resources from the geosphere, but also because it offers the possibility of energy savings.

Figure 2. The metal wheel. Ring I: Co-elements with considerable own production infrastructure. Valuable to high economic value; some used in high tech applications. Ring II: Co-elements that have no, or limited, own production infrastructure. Mostly highly valuable, high-tech metals, e.g., essential in electronics. Ring III: Co-elements that end up in residues or as emissions. Costly because of waste management or end-of-pipe measures. (From [19] and [20] with permission of A.M. Reuter).

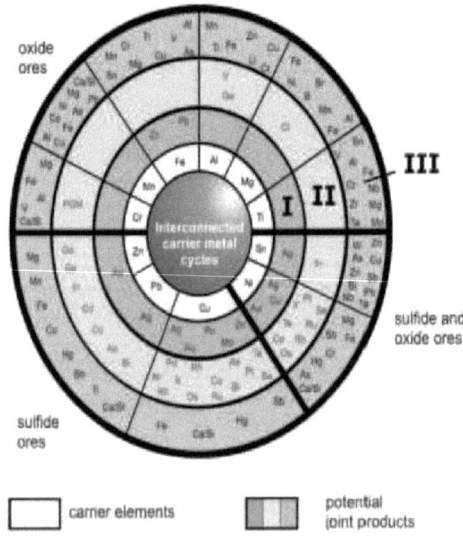

Figure 3. Total production, and primary and secondary production of aluminium [22].

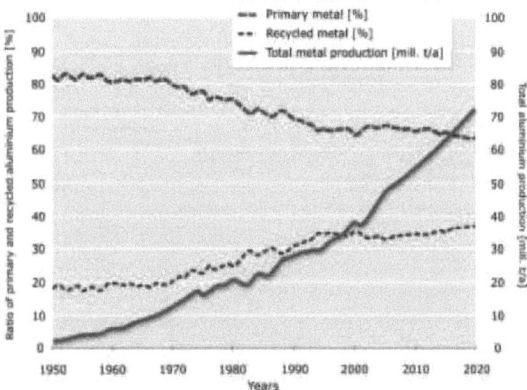

Pure metal scrap is the ideal raw material because for producing new metal by recycling, the process is the least energy intensive (Table 1). This source, however, is limited and cannot supply the new metal demanded by the market. Some countries try, therefore, to attract to their own internal markets, good quality scrap from the international markets by offering very favorable treatment charges. Such beggar-your-neighbor activities are, however, frequently opposed as unfair trading practices [23].

Energy requirements for recycling increase with lower and lower grade scrap and rise exponentially to prohibitive levels for highly dispersed metals in chemicals, or, as in the example mentioned above, of platinum group metals in galvanic processes [9].

The question is what is the optimum strategy? One could take a purely strategic view concerning security of supply: for example, local recycling with many recycling plants instead of dependency on few international suppliers of primary material. One could consider a production cost minimum as the optimum taking into account all internal and external costs. The authors decided not to use an approach that uses costs as a common denominator for all input elements but chose an energy concept: the optimum is a mixture of primary and secondary material which minimizes energy consumption and at the same time minimizes CO_2-emissions. The reason is the following: As will be elaborated on later in Chapter 6, one of the critical elements for achieving sustainability with regard to non-renewable resources is the availability of enough energy at affordable prices. If enough affordable energy is available most problems pertaining to natural resources can be solved: any sewage can be treated and reused; saline water desalinated; or soil erosion by deforestation reduced if cutting down forests for biofuel is stopped; air pollution can be drastically reduced, so can the CO_2-input into air by carbon capture and storage. Depending on energy prices lower grade deposits can be brought into production [5].

Table 1. Energy savings by recycling pure secondary material [22,24].

Metal	Energy savings
Steel	74%
Aluminium	95%
Copper	85%
Lead	65%

To find this energy optimum we want to do a thought experiment:

We group the available secondary material into numerous small increments. Each increment has a different energy requirement for recycling and remelting. We then rank the increments according to their energy requirements (the dashed line in Figure 4a). On the left side we have pure scrap requiring the minimum amount of energy for resmelting, to the right we add the increments with increasing energy requirements, meaning scrap with lower and lower quality. Finally we include the material with dispersed metals or the example of platinum group metals in galvanic processes that together comprise the M_{loss}-3, and finally the highly dispersed M_{loss}-4 metals that end up in the environment, for which the energy requirements rise exponentially (Figure 4a). The sum of all increments represents 100% of the metal pool in the technosphere which is not irrevocably lost due to laws of nature outlined above (impossibility of 100% recovery, losses due to differences in redox potential, *i.e.*, M_{loss}-1 and M_{loss}-2).

We now carry out a similar compilation with the available primary resources and create a pool which is as large as the M_{scrap}-pool in the technosphere (solid line in Figure 4a). The highest grade deposits have the lowest energy requirements for producing marketable metal, but contributions from lower grade deposits will still be needed. This means more ore has to be mined, *i.e.*, a larger amount of energy input is necessary, in order to produce the same amount of metal. Again we group the available primary material into numerous small increments, each with different energy requirements and rank them accordingly. As a consequence, the energy requirement line for primary use rises slowly to the right in inverse proportion to the metal grade of the primary source (and other ore properties requiring higher energy input like more fine-grained ores, more intricate intergrowth of ore with waste minerals or ore from greater depth requiring more hoisting energy for underground deposits and more waste stripping for opencut deposits) (Figure 4a).

If we overlay both lines, we find that they intersect. We can, therefore, conclude that it is possible to minimize energy requirements and CO_2-emissions by optimizing the mix of primary and secondary resources. The line for the energy requirement of the mix of primary and secondary sources is shown in Figure 4b and starts at the right (100% primary material, 0% secondary material) at point A which is the average energy requirement of all primary materials in Figure 4a. Moving to the right, *i.e.*, adding secondary material with lower energy requirements, the curve for the energy requirements of the mix in Figure 4b decreases and reaches a minimum. In the theoretical case of Figure 4a and b, the optimum mix is about 35% primary and 65% secondary material. In reality this comes close to the situation in Germany where the recycling rate for copper and lead is between 50 and 60%. A very detailed study about the recycling rate of aluminium in light-weight packaging material, one simple product, showed that the optimum recycling rate was 90%, not 100% [25].

374

Figure 4. Energy requirements for producing metals from a mixture of primary raw materials and of secondary raw materials [26]. (4a) The energy requirements for producing metals either from primary or secondary raw materials. (4b) The energy requirements for producing metal from a mixture of primary and secondary materials.

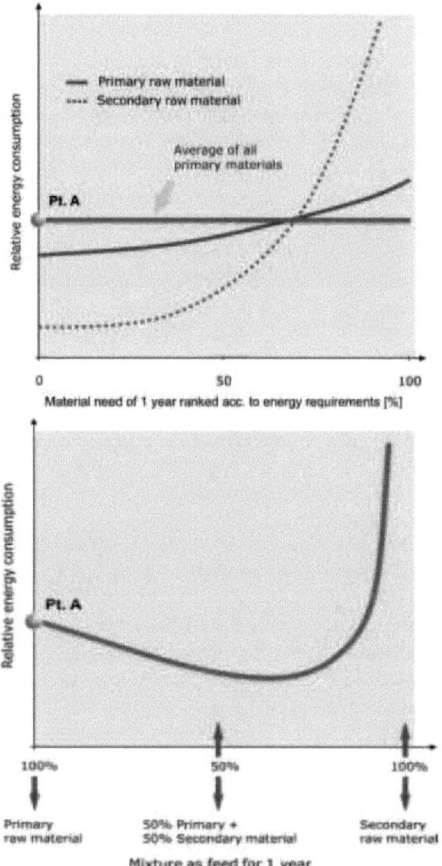

A final comment concerning Figure 4a: It can be expected that the intersection of the energy requirement lines for primary and secondary material will move to the right in future, i.e., in future years the optimum will be obtained with more secondary and less primary materials. It can be envisioned that the energy requirement line for secondary material is unlikely to change very much in future, but the line for primary material will move up, because deeper and more difficult to beneficiate deposits will have be mined and one day lower grade deposits as well; although at the moment the tendency is the opposite for many commodities, very pronounced among others for iron [27].

Besides energy minimization, there is another aspect of mixing primary material and secondary metals that plays a role in recycling: Industry needs metals with minimum quality standards which for base metals in international trade are specified by the metal exchanges, for example the London Metal Exchange LME [28]. The tendency in our modern society to combine more and more elements to produce ever more sophisticated products, referred to above, produces far more complex *"deposits"* in the technosphere than those found in the geosphere. These combinations become even more complex at the successive recycling stages. As Verhoef *et al.* [20] pointed out, the physical combinations and chemical compositions introduced in products and materials cause carry-over of impurities during recycling which results in off-specification in some secondary metals and alloys. Therefore, it is current practice to mix low-quality secondary metals with primary metals to prevent considerable losses and achieve optimized recycling rates. An example would be the recycling of many aluminium alloys which usually contain various amounts of silicon, zinc and copper. To bring such mixtures of alloys back to required specifications, they are either blended or diluted with wrought aluminium alloys with a lower and different alloying element level. Metallurgists use the term "solution by dilution" for this procedure [29].

To better understand the contribution the technosphere can make towards satisfying market demand, we want to take a closer look at the relationship between market demand and the possibilities of supply from the technosphere.

5. Market Demand and Supply from the Technosphere

The market demands raw materials with minimum tight specifications and in the past it normally did not care whether the original material came directly from the geosphere or from the technosphere. Today more and more customers demand so-called "green materials" with a high recycled content to reduce the carbon footprint of the final product. But in the process of smelting and refining, material flows from the geosphere and from the technosphere frequently mix. Therefore, in a free market system recycled materials always compete with primary materials, which is why governments endeavor to set framework legislation to encourage recycling. All industrialized nations have programs trying to optimize the waste streams. The Japanese "3R"initiative (reduction, re-use, recycling) is an example [30]. In Germany there is the "Waste Avoidance, Recovery, and Disposal Act" [31]. This waste management act maximizes the rate of recycling within a framework of high energy prices and strict control of dangerous residues. Residues for disposal are penalized, thus creating an incentive either to find alternatives or to avoid or to re-use the residues.

Basically there is competition between secondary and primary materials. If there were enough scrap with lower energy requirements than primary ore, pure scrap would always be the preferred source. This availability of scrap is, however, limited and Figure 5 shows one major reason why. We are living in a world with ever increasing raw material use, even in highly industrialized countries. Let us take as an example use of copper in Germany. The used scrap—not fabrication scrap such as metal shavings produced in machine shops that has not seen a life cycle and goes back directly into the process chain—has gone through a life cycle. The life cycle for copper products lasts normally between 30 and 50 years. Let us assume a life cycle of 40 years. Today, copper use in Germany is 1.4 million tonnes, double of what it used to be 40 years ago at almost 700 thousand tonnes. If we assume an optimistic collection rate of 80% and also optimistically assume nothing is lost in chemicals *etc.* there would be only 560 thousand tonnes available as scrap today, i.e., the technosphere could only cover 40% of demand.

The consequence is that as long as we have growing consumption rates, we will always be short of secondary material.

But one can envisage a different future. Consumption patterns for all raw materials follow a learning, or experience, curve respectively [5]: A slow start, a period of high growth and then a levelling off. This can very well be seen with zinc and is even more pronounced with steel (see Figure 5). The flattening of steel and zinc consumption in the nineties of the last century has now been overtaken by a new surge in growth rates due to high growth rates, mainly in China, followed by India and Brazil. One can envisage a future world in which about 80% of the world would have caught up with the level of development of the industrialized nations as at the turn of the millennia. It is conceivable that in such a future, the world economy may reach a stage at which total demand and secondary material supply from historical consumption are in balance as a result of levelling-off of growth rates of consumption (see Figure 6).

Figure 5. Worldwide production of steel and consumption of zinc 1900 to 2005 [5].

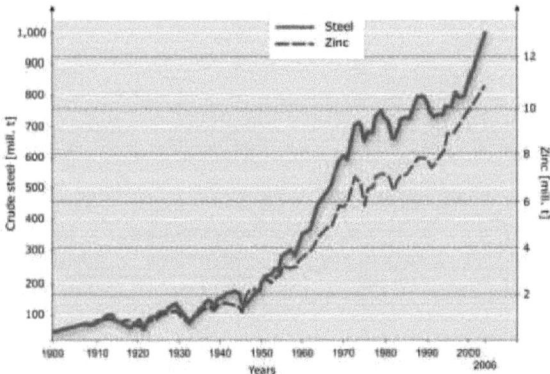

Here, the lead market can be a model [32]. Most lead is used for lead-acid batteries in which the lead is not diluted or dispersed but concentrated as elemental lead in the electrode plates and is easily recyclable. By far the biggest source of lead scrap is the battery market. In industrialized countries the lead market is more or less stagnant and fluctuates with the demand of the car industry. The life time of lead batteries normally lies between five and seven years. The recycling rates in industrialized countries approach 100%. A recent study for the USA, for example, showed a recycling rate of 99.2% for the period 1999 to 2003 and 96% for the period 2004 to 2008 [33]. So we have a model for the flat part of the idealized growth curve in Figure 6. No growth, short life cycle. Table 2 compares the total German consumption of lead in batteries with the amount of lead available from recycling. It becomes obvious that during the period from 1998 to 2003, for which satisfactory recycling figures are available, practically the total demand for lead in batteries could be supplied by recycled lead. Over the seven years from 1998 to 2003, the balance between demand for lead in batteries and supply from recycled lead practically evens out.

Figure 6. Idealized growth curve of commodities illustrating constraints of possible quantities for recycling. Case 1: Times of growing consumption mean a deficit of theoretically available secondary material at a later date. Case 2: Times of constant consumption mean that at a later date there is theoretically the same amount of secondary material available as at the beginning of the life time of the products.

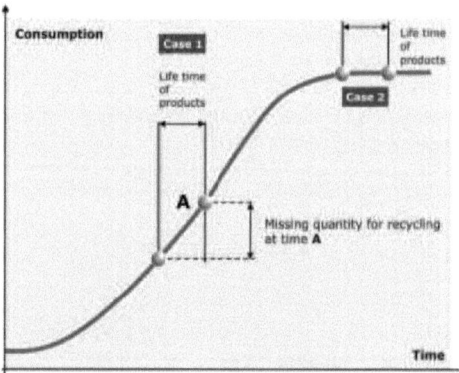

Table 2. German consumption of lead in batteries and supply of recycled lead [34,35].

Year	Supply Lead in batteries (in 1000 t)	Demand Recycled lead (in 1000 t)	Difference in percent (relative to need for batteries)
1998	182	200	+9.0%
1999	198	201	+1.5%
2000	214	227	+6.1%
2001	244	226	−7.4%
2002	232	247	+6.5%
2003	247	230	−6.9%
Balance over 6 years	1,317	1,331	+1.1%

6. Outlook—What Is Critical for Achieving Sustainability with Regard to Non-Renewable Resources?

By using metal resources from the geosphere, humans create an ever increasing pool of metals in the technosphere as a source of "renewable resources". When the consumption rate stagnates (see Figure 6), equilibrium is possible. In such an equilibrium the majority of metals can be sourced in the technosphere. However, production from the geosphere will always be necessary in order to compensate for losses, to deliver high grade quality for applications which cannot be supplied by secondary downgraded material or as a base load supply with minimum impurities e.g., in the case of aluminium or magnesium to blend with diluted secondary material in order to maximize recovery rates in the technosphere.

When the world reaches this stage of dynamic adjustment between geosphere and technosphere and we further take into account that humans have a choice because they do not need a raw material as such, but rather an intrinsic property of that material to fulfil a function, a scenario can be envisaged that metals as so-called non-renewable resources can satisfy the condition of sustainability and intergenerational fairness of Brundtland [2], Solow [3] and Ernst [4] as defined above. However, there are two essential conditions:

a. Enough energy must be available at affordable prices;
b. Ingenuity is required to find innovative solutions for functions, to optimize processes, to minimize losses in the technosphere and to avoid dissipation.

As explained above, energy from fossil fuels is irrevocably consumed and thus irretrievable. Wagner and Wellmer [5], therefore, proposed a hierarchy of natural resources with respect to sustainable development as a basis for a natural resources efficiency indicator (Figure 7). According to this concept, sustainable development implies substituting materials at a higher level of the hierarchy, either by material from a lower level, or by resources from the technosphere that replace resources from the same level in the geosphere. Energy resources occupy the highest level of the four-level hierarchy. The next hierarchy level is represented by non-energy raw materials that are derived from occurrences that developed over geological time and were formed by natural enrichment (e.g., all metal deposits and some non-metallic deposits such as phosphate). This level also includes those deposits of the technosphere which can be recycled. The third level comprises materials available in almost unlimited amounts on Earth, such as granite, sandstone and clay, but also those raw materials which can be produced from air (e.g., nitrogen fertilizer), or from sea water (e.g., boron, potassium or magnesium). Wood used for construction purposes is included in this third level because it is a renewable resource. It has to be pointed out, however, that wood can become a limited resource as well if demand rises. The lowest level represents waste and residue materials from the technosphere that are potential raw materials for secondary use.

Included under energy resources at the top of the hierarchy are all fossil fuels of enrichment deposits: Oil, natural gas, and coal, as well as uranium as fuel for nuclear power stations. All sources of energy can produce directly or indirectly light, heat, and power by generating electricity and are therefore in principle interchangeable. They, therefore, have the highest potential of "substitutionability" Of course, for attaining sustainability we have to work towards the ultimate goal of exclusive use of renewable energies as fossil fuels and nuclear power can only be bridging technologies. The potential exists everywhere in the world to progress on the path towards a world of renewable energy. The potential is huge, exceeding by far our needs. Even in Germany, with its low-enthalpy geological environment lacking active volcanism and concomitant natural steam generation, the renewable energy potential of geothermal energy alone is 500-times greater than the actual demand of heat and electricity [36]. For the USA, a recent study concluded that in crystalline basement rock formations at depths between 3 and 10 km, the energy potential that can theoretically be exploited by "Enhanced Geothermal Systems" is 13,000-times greater than the annual energy consumption of primary energy for the entire country was in 2005 [37]. Even if we have to accept that according to the second law of thermodynamics only a fraction of the *in situ* energy can be won by deep drilling and hydrofracturing of large volumes of rock, a vast energy potential remains. In addition, solar power is available in every corner of the world. Solar insulation is three-to-four orders of magnitude larger than terrestrial heat flow.

Figure 7. Four-level hierarchy of natural resources with respect to sustainable development.

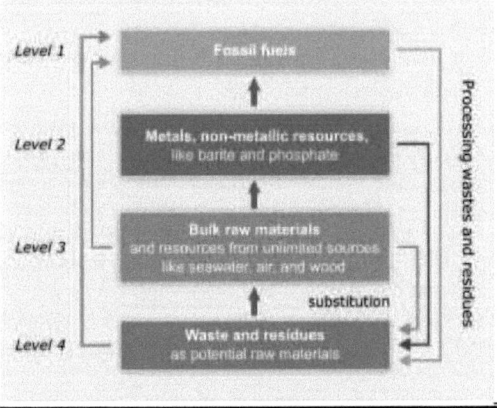

Human ingenuity and creativity is the second prerequisite to reach sustainability for natural resources. In general, we have to rely predominantly on the geosphere for our raw material supply until a recycling equilibrium is reached at a level at which "renewable resources" of the technosphere can supply the bulk of the market requirements (see Figure 6). As outlined above, the mineral resources—with the exception of the agricultural fertilizer mineral resources—are not needed as such, but for the fulfilment of functions. So the task is to find solutions to functions. The stimulus to find new solutions comes from two main sources. On the one hand, human curiosity about the unknown and ingenuity urges man to develop new methods, instruments, technologies, and processes. Such creativity for finding solutions can also be prompted by changes in government regulations, for example in the environmental field new regulations for reducing emissions or requiring higher efficiencies. On the other hand, the profit incentive motivates innovation. When there is a shortage of a commodity in a market economy, prices will rise, triggering the feed-back control system of raw materials supply [38]. The expectation of high returns will encourage inventiveness and creativity to find new solutions. On the supply side this will include the discovery of and production from new deposits, and improvement of recycling rates, leading to a reduction of losses of M_{loss}-3. M_{loss}-3 was defined above as covering losses which occur because the scrap value is too low and/or the technology is not available or not efficient enough to recover the metals under market economy conditions. Innovation can also mitigate downgrading and thereby optimize gains from the technosphere. On the demand side this is supported by the initiation of new and more efficient manufacturing processes, development of substitution technologies, material savings, and the invention of entirely new technologies that provide the same functions without the need of using scarce materials, thereby improving the natural resources efficiency. The effectiveness of the price feed-back control cycle has been illustrated by Wellmer and Becker-Platen [39] and Wellmer [6], using as examples the molybdenum and cobalt price peaks of 1978, and by ETH-NSSI [40] using the tantalum peak of 1980. In many cases the price mechanism works so well that prices may even fall back below the former level, after the control mechanism is triggered by a price peak. This happened with molybdenum after its price peaked at the end of the 1970's [5]. This corresponds to the opportunity cost concept taking into account the inherent dynamics of market forces and technological developments towards changing and continuous demand [41,42]. The interplay of prices and costs has recently been investigated for lithium [43] which is considered a high technology element used in lithium-ion-batteries, and a candidate for possible future mass applications in electric cars [44].

The above examples demonstrate that finding new deposits is one—but not the only—way to alleviate scarcities. The price mechanism driving the feed-back control system of raw material supply also drives the exploration process. This is the reason why the reserve/consumption (R/C) ratio, the so-called lifetime of reserves so often quoted, is a misleading figure. These R/C-numbers are only a snapshot of a dynamic development in the ongoing process of exploration [6,45]. Reserves, which is the share of total resources that can be economically extracted with current technology, and resources, known but not economically extractable at present, are dynamic quantities. Through active exploration and improved technology geo-potentials and resources are transferred into reserves. Reserves are known to grow in step with increasing consumption. Therefore, the reserve/consumption (R/C)-ratio is not the "lifetime of reserves", but an equilibrium value, typical for each commodity. For crude oil, for example, the R/C-ratio has a value of about 40, for zinc and lead of between 20 and 25. Both are ratios which have either improved in favor of reserves within the last 50 years or stayed constant without leading to shortages despite a significant growth in consumption. As an example, this is shown for oil in Table 3.

Table 3. Growth of reserves—the example of crude oil.

	Production	Reserves	R/C-ratio
1950	543 Mio t	11,277 Mio t	20
2008	3,900 Mio t	159,870 Mio t	41

The feed-back control system of raw material supply driven by price incentives is also the mechanism that in the end leads to state of equilibrium when the bulk of metals will be obtained out of the technosphere rather than from the geosphere. In a market economy those raw materials will be taken as sources for new metals which minimize costs. In times of high energy prices and under normal circumstances this will mean minimizing energy input. As shown above metals from the technosphere offer such opportunity.

Human creativity is also the solution for the future availability of the agricultural fertilizer phosphate. As mentioned above, the concept of finding different solutions does not work for the essential agricultural fertilizers nitrogen, potassium, and phosphate. The plants need these elements as such for their metabolism and substitution is not an option. For nitrogen and potassium this is not a problem because the atmosphere is an inexhaustible source of nitrogen and oceans are full of potassium. Phosphate is different since there is no unlimited reservoir. However, phosphate has one major advantage that can be exploited to achieve more efficient use. Unlike potassium, the solubility and therefore mobility of phosphates is very low. Therefore, with improved fertilizing technology sustainability can be attained for phosphates also: by adding just the right amount the plants need through computerized precision farming, by improving the phosphate uptake of animals (for example via the enzyme phytase), and by improved recycling of waste and manure. The utilization of phosphate could theoretically develop into a complete and nearly closed cycle as far as thermodynamics allow [46].

It has been argued that the price feed-back control cycle does not work for many electronic and technology by-product metals, such as indium, germanium, selenium, gallium, iridium or ruthenium which frequently are very important raw materials for harnessing renewable energies like for solar energy the above mentioned component CIGS/CIS (copper-indium/gallium selenide = $Cu(In,Ga)Se_2$). If substitution is possible, the substitute mostly is also a by-product element. Because of their by-product character the supply of these metals is price-inelastic to a large degree [11]. The supply is controlled by the production of the main carrier elements. This could be zinc in the case of indium and germanium or platinum and palladium, or even nickel in the case of the platinum-group metals iridium and ruthenium. This is certainly true in the short run. In the long run, however, if prices will rise high enough, markets will reorient to obtain the maximum return. This can well be seen, for example, in the market development of rare earth elements (REE). REE are a group of 15 elements that occur together in ratios specific for each deposit. They are "coupled" elements with their typical balance problems [6]. Due to deposit-specific fixed ratios the quantities produced are not in agreement with market demand. In consequence, there is one element which is the "driver" for the production. Today it is neodymium, but it used to be europium, then later samarium or cerium; *i.e.*, market requirements can cause reorientation of production of technology metals also. [47]. In the case of the platinum group metal (PGM) ruthenium, Wellmer [6] pointed out that PGM deposits exist which are ruthenium dominated and could be brought into production if prices are satisfactory for an investment decision.

In applying human ingenuity and creativity to finding new solutions for functions and to satisfying raw materials requirements we have to allow time for the learning process. The authors are not of the opinion that an ingenuity gap (in the sense of Homer-Dixon [48]) exists. However, on the way to discovering new solutions, time may be the scarcest commodity to climb these learning curves. Frequently, a period of 20 years is needed for finding new industrially feasible solutions. An example from renewable energies may illustrate the gradient of learning curves in this regard:

In 1983 the German Federal Ministry of Research and Technology hoped to make a quantum jump in renewable energy generation and developed a large 3-megawatt wind turbine, the Growian-project, constructed by a consortium of large German aerospace companies. It never worked satisfactorily for any period of time and the project had to be abandoned. This unsuccessful attempt was followed by new small- to medium-sized enterprises which initially developed smaller wind turbines that worked well. It took 20 years to learn from the mistakes and climbing up the learning curve before 3-megawatt-sized units became a success [46]. Today, 5-megawatt wind turbines are operating and about 7% of electricity consumption was generated by wind power in 2007 in Germany.

It should be pointed out, that a recent study listed other elements that are expected to become critical for the metal supply in the future: not only energy, but also water and land requirements [49]. The two latter factors apply mostly to primary resources, especially when in competition with a growing population which is discussed in the following chapter. The authors of this paper, however, are of the opinion that as far as water for mining and beneficiation is concerned a combination of energy (e.g., desalination) and innovation can find new and better solutions. In arid and semiarid regions there are examples of saline or brackish water that is mostly available in these places being used for beneficiation or of pipelines bringing water over long distances from surplus areas to mining areas. Water from the Perth area in Western Australia, for instance, is piped to the Eastern Goldfields around Kalgoorlie.

7. Conclusions

To wind up, we believe we can say with confidence that human ingenuity in finding solutions combined with optimal utilization of available resources from both the geosphere and the technosphere, prudence to plan ahead and enough time to learn from experience puts at our disposal all the necessary means that should enable us to overcome the conflict between use and consumption of non-renewable natural resources and face the intergeneration challenge of sustainability. As to energy, the path to be pursued is a rapid transition to the exclusive use of renewable energy. Turning to metals, which are, next to fuels, our most important resource in enrichment deposits, we are creating an ever increasing pool of metals in the technosphere, a pool of renewable resources that can replace limited resources of metals from enrichment deposits in the geosphere. When the growth in metal consumption levels off, we get a unique chance to create a state of equilibrium in which major proportion of the metals needed are recovered from the technosphere and only the excess demand needs to be produced from the geosphere. At this stage, keeping in mind that for industrial use not a raw material as such is needed but its intrinsic property to fulfil a function, a scenario can be envisaged in which supposedly non-renewable metal resources are effectively transformed into renewable resources thereby achieving the ultimate goal of full sustainability. Before this goal can be achieved, two essential conditions have to be satisfied:

1 Enough energy at affordable prices must be available.
2 Ingenuity is required to find new solutions for functions, to optimize processes, and to minimize losses in the technosphere. The feed-back control system of raw material supply, the incentive being the market price, will ensure in a free economy that the required solutions are found.

We should like to return to an issue raised in the Introduction (Chapter 1). There we point out that water and the soil are the most important non-agrarian natural resources. Humankind's impact is far more critical when it comes to water and soil than for the classical non-renewable resources. Salination, the "mining" of fossil water in arid and semiarid areas for drinking and irrigation, and increased soil erosion due to deforestation and population growth are all critical elements for the renewable resource food. Providing food to a growing world population is a far more pressing problem than any non-renewable resource.

Acknowledgements

The authors thank B. Bognar, C. Hagelüken, J.C. von Maltzahn and G. Rombach who critically read the manuscript and made numerous suggestions for improvements. Shortcomings, of course, are only the fault of the authors.

References

1. Wagner, M.; Wellmer, F.W. Global mineral resources, occurrence and distribution. In *Engineering Geology, Environmental Geology & Mineral Economics, Encyclopedia of Life Support Systems (EOLSS)*; Hasan, S.E., Qureshy, M.N, Eds.; Eolss Publishers: Oxford, UK, 2009; Available online: http://www.eolss.net (accessed on 1 December 2009).
2. Brundtland, G.H. *Our Common Future—Report of the World Commission on Environment and Development*; Oxford University Press: Oxford, UK, 1987.
3. Solow, R. An almost practical step towards sustainability. *Resour. Policy* **1993**, *19*, 162-172.
4. Ernst, W.G. Global equity and sustainable earth resource consumption requires super-efficient extraction-conservation-recycling and ubiquitous, inexpensive energy. *Int. Geol. Rev.* **2002**, *44*, 1072-1091.
5. Wagner, M.; Wellmer, F.W. A hierarchy of natural resources with respect to sustainable development—A basis for a natural resources efficiency indicator. In *Mining, Society and a Sustainable World*; Richards, J.P., Ed.; Springer: Heidelberg, Germany, 2009; pp. 91-121.
6. Wellmer, F.W. Reserves and resources of the geosphere, terms so often misunderstood. Is the life index of reserves of natural resources a guide to the future? *Zeitschr. Deutsche Ges. Geowissenschaften* **2008**, *159*, 575-590.
7. Von Gleich, A. Outlines of a sustainable metals industry. In *Sustainable Metals Management*; von Gleich, A., Ayres, A.U., Gößling-Reisemann, S., Eds.; Springer: Dordrecht, The Netherlands, 2006; pp. 3-39.
8. Meskers, C.E.M.; Hagelüken, C.; Salhofer, S. Impact of pre-processing routes on precious metal recovery from PCs. In *Proceedings of EMC 2009*, Innsbruck, Austria, 28 June–1 July 2009; GDMB-Medienverlag: Clausthal-Zellerfeld, Germany, 2009.

9. Hagelüken, C.; Buchert M.; Stahl, H. *Stoffströme der Platingruppenmetalle*; GDMB-Medienverlag: Clausthal-Zellerfeld, Germany, 2005.
10. Hagenlüken, C. *Schließung Von Stoffkreisläufen—Vom Frommen Wunsch Zur Dringenden Notwendigkeit*; EMPA Akademie: Dübendorf, Switzerland, 12 April 2007.
11. Hagelüken, C.; Meskers, C.E.M. Complex lifecycles of precious and special metals. In *Linkages of Sustainability, Strüngmann Forum Report*; Graedel, T., van der Voet, E., Eds.; MIT Press: Cambridge, MA, USA, 2010; Volume 4, pp. 163-197.
12. Rombach, G. Hydro Aluminium Deutschland GmbH, Bonn, Germany. Personal communication, 2010.
13. Evans, A.M. *Ore Geology and Industrial Minerals—An Introduction*; Blackwell: Oxford, UK, 1993.
14. Capon, E. *Qin Shihuang—Terracotta Warriors and Horses. Catalogue to the "Exhibition of the Terracotta Figures of Warriors and Horses of the Qin Dynasty of China"*; International Cultural Corporation of Australia: Sydney, Australia, 1982.
15. Raymond, R. *Out of the Fiery Furnace—The Impact of Metals on the History of Mankind*; Macmillan: Melbourne, Australia, 1984.
16. Lampe, W.; Langefeld, O. *"es kiht su racht hibsch"—175 Jahre Drahtseil (175 Years Wire Rope)—Congress 22. 07 2009 Clausthal-Zellerfeld*; Papierflieger-Verlag: Clausthal-Zellerfeld, Germany, 2009.
17. Jefferey,W.G. *A World of Metals: Finding, Making and Using Metals*; The International Council on Metals and the Environment: Ottawa, ON, Canada, 1998.
18. Wagner, L.; Holnsteiner, R.; Reichl, C.; Heinrich, M.; Pfleiderer, S.; Untersweg, T. Der Österreichische Rohstoffplan. In *Proceedings of the Congress on Energie und Rohstoffe 2009—Sicherung der Energie—und Rohstoffversorgung (Energy and Raw Materials 2009—Securing the Supply with Energy and Raw Materials)*, Goslar, Germany, 9–12 Semptember 2009.
19. Reuter, M.A.; Boin, U.M.J.; van Schaik, A.; Verhoef, E.V.; Heiskanen, K.; Yang, Y.; Georgalli, G. *The Metrics of Material and Metal Ecology, Harmonizing the Resource, Technology and Environmental Cycles*; Elsevier: Amsterdam, The Netherlands, 2005.
20. Verhoef, E.V.; Gerard, P.J.; Reuter, M.A. Process knowledge, system dynamics and metal ecology. *J. Ind. Ecol.* **2004**, *8*, 23-43.
21. Rombach, G. Time consideration in mass flow analysis—A contradiction? In *Proceedings of the 3rd International Seminar on Society and Materials, SAM3*, Freiberg, Germany, 29–30 April 2009.
22. Gerber, J. Strategy towards the red list from a business perspective. In *Proceedings of the ETH Workshop on Scarce Raw Materials*, Davos, Switzerland, 1–2 September 2007.
23. Kirchner, G. Nonferrous metals recycling in Europe—Present status and future developments. *World Metall.* **2007**, *6*, 327-331.
24. *Environmental Profile Report for the European Aluminium Industry—Life Cycle Inventory Data for Aluminium Production and Transformation Processes in Europe*; European Aluminium Association: Brussels, Belgium, April 2008.

25. Rombach, G. Limits of metal recycling. In *Sustainable Metals Management*; von Gleich, A., Ayres, A.U., Gößling-Reisemann, S., Eds.; Springer: Dordrecht, The Netherlands, 2006; pp. 295-312.
26. Wellmer, F.W.; Becker-Platen, J.D. World natural resources policy—Focusing on mineral resources. In *Our Fragile World—Challenges and Opportunities for Sustainable Development*; Encyclopedia for Life Support Systems Publishers: Oxford, UK, 2001; Volume 1, pp. 183-207.
27. Wellmer, F.W. Die Rohstoffsituation der Welt. *Erzmetall* **2003**, *12*, 705-717.
28. *Contract Specification. Example Aluminium*; London Metal Exchange (LME): London, UK, 2010; Available online: http://www.lme.com/aluminium_contractspec.asp (accessed on 20 February 2010).
29. Boin, U. Oberursel, Germany. Personal communication, 2008.
30. Bleischwitz, R.; Bringezu, S. *Global Resource Management—Conflict Potential and Characteristics of a Global Governance Regime*; Policy Paper 27; Development and Peace Foundation: Bonn, Germany, 2007.
31. Bundesministerium für Umwelt, Naturschutz und Reaktorsicherheit (BMU). Gesetz zur Vermeidung, Verwertung und Beseitigung von Abfällen. *Bundesgesetzblatt* **1994**, *1*, 2705-2728.
32. Wellmer, F.W.; Wagner, M. Metallic raw materials—Constituents of our economy. From the early beginnings to the concept of sustainable development. In *Sustainable Metals Management*; von Gleich, A., Ayres, A.U., Gößling-Reisemann, S., Eds.; Springer: Dordrecht, The Netherlands, 2006; pp. 41-68.
33. Savage, J. North American core collection and aftermarket. In *Proceedings of the Meeting of International Lead and Zinc Study Group*, Lisbon, Portugal, 19 October 2009; Available online: http://www.ilzsg.org/generic/pages/list.aspx?table=document&ff_aa_document_type=P&from=1 (accessed on 12 March 2010).
34. Wirtschaftsvereinigung Metalle = German Metals Industry Association (WVM). *Various Annual Reports*; Available online: http://www.wvmetalle.de/welcome.asp?page_id=172&sessionid (accessed on 9 March 2010).
35. *Metall-Statistik/Metal Statistics*, 1996th ed.; World Bureau of Metal Statistics (WBMS): Ware, UK, 2009.
36. Paschen, H.; Oertel, D.; Grünewald, R. *Möglichkeiten Geothermischer Stromerzeugung in Deutschland-Sachstandsbericht*; TAB Arbeitsbericht No. 84; Büro für Technikfolgen-Abschätzung beim Deutschen Bundestag (TAB): Berlin, Germany, 2003.
37. *The Future of Geothermal Energy*; Massachusetts Institute of Technology: Boston, MA, USA, 2007.
38. Dalheimer, M. Regelkreis zur Rohstoffversorgung. In *Mit der Erde leben*; Wellmer, F.W., Becker-Platen, J.D., Eds.; Springer Berlin-Heidelberg: New York, NY, USA, 1999; pp. 116-118.
39. Wellmer, F.W.; Becker-Platen, J.D. Sustainable development and the exploitation of mineral and energy resources: A review. *Int. J. Earth Sci. (Geol. Rdschau)* **2002**, *91*, 723-745.
40. *Workshop Scarce Raw Materials*; Natural and Social Science Interface (ETH-NSSI): Davos, Switzerland, 31 August 2007.
41. Tilton, J.E. *On Borrowed Time? Assessing the Threat of Mineral Depletion*; Resources of the Future: Washington, DC, USA, 2003.

42. Tilton, J.E.; Lagos, G. Assessing the long-run availability of copper. *Resour. Policy* **2007**, *32*, 19-23.
43. Yaksic, A.; Tilton, J.E. Using the cumulative availability curve to assess the threat of mineral depletion: The case of lithium. *Resour. Policy* **2009**, *34*, 185-194.
44. Fraunhofer Institut für System- und Innovationsforschung (Fraunhofer ISI); Institut für Zukunftsstudien und Technologiebewertung (IZT gGmbH). *Rohstoffe für Zukunftstechnologien (Raw Materials for Emerging Technologies)*; Fraunhofer IRB Verlag: Stuttgart, Germany, 2009; Available online: http://www.bmwi.de/BMWi/Redaktion/PDF/P-R/raw-materials-for-emerging-technologies.property=pdf,bereich=bmwi,sprache=de,rwb=true.pdf (accessed on 23 November 2009).
45. Wellmer, F.W. Natural resources: Discoveries and sustainability. In *The International Year of the Planet Earth, the Official Publication*; Boston Hannah International: London, UK, 2008; pp. 64-66.
46. Wellmer, F.W.; Kosinowski, M. Sustainable development and the use of nonrenewable resources. *Geotimes* **2003**, *December*, 14-17.
47. Liedtke, M.; Elsner, H. Seltene Erden. *BGR Commodity Top News*, 20 November 2009, No. 31, pp. 1-6.
48. Homer-Dixon, T. *The Ingenuity Gap*; Knopf: New York, NY, USA, 2000; p.485.
49. MacLean, H.L.; Duchin, F.; Hagelüken, C.; Halada, K.; Kesler, S.E.; Moriguchi, Y.; Mueller, D.; Norgate, T.E.; Reuter, M.E.; van der Voet, E. Stocks, flows, and prospects of mineral resources. In *Linkages of Sustainability, Strüngmann Forum Report*; Graedel, T., van der Voet, E., Eds.; MIT Press: Cambridge, MA, USA, 2010; Volume 4, pp. 199-218.

© 2010 by the authors; licensee MDPI, Basel, Switzerland. This article is an Open Access article distributed under the terms and conditions of the Creative Commons Attribution license (http://creativecommons.org/licenses/by/3.0/).

2.3.26 Stellungnahme von Greenpeace

Am 9. September 2010 telefonierte ich mit Herrn Heinz Smital, dem Atomexperten von Greenpeace, der mir benannt worden war:

„Sie erreichen unseren Atomexperten, Heinz Smital, unter der Telefonnummer 040/30618-311 oder per E-Mail unter Heinz.Smital@greenpeace.de.
Freundliche Grüße
Angela Schadt
Team Information und Förderservice / Public Service Information Team"

Als wesentliches Ergebnis ist festzuhalten: Greenpeace beruft sich auf die in den Jahren ständig verschärften Vorschriften der deutschen Strahlenschutzverordnung und verlangt, dass jedwede Strahlung zu vermeiden sei.

Eine NULL-Strahlung sei zu fordern. Der Hinweis auf natürliche und heilende Strahlung (wie z.b. in Bad Gastein/Böckstein) und in der Medizin wurde mit dem Hinweis auf „andere Effekte" abgetan.
Ein Hinweis, dass es auf die Dosis ankomme, wurde ebenfalls abgelehnt und damit das Gespräch beendet.
Eine weitere Diskussion oder gar ein Hinweis auf den HTR erscheint daher nicht zweckmäßig.

2.3.27 Literatur zum Hochtemperatur-Reaktor

Diese findet sich unter dem Link http://www.thtr.de/und-lit.htm

Verfasser	Titel	Jahr	Erscheinungsort
K. Knizia	The High Temperature Reactor - an important tool in meeting the challenge of world energy supply	1987	Tagung „Small and medium size reactors",Lausanne, Aug. 1987
J. Wohler, J. Rautenberg	Ergebnisse des THTR 300 - Leistungsversuchbetriebes	1987	Kerntechnik 51 (1987), No 3
K. Knizia, M. Simon	Betriebserfahrungen mit dem THTR-300 und Zukunftsaussichten für Hochtemperaturreaktoren	1988	atomwirtschaft-atomtechnik, 1988 S. 435-441,
J. Schöning, R. Bäumer	Ein Prototyp wird erwachsen, Betriebserfahrungen mit dem THTR 300	1988	Energiewirtschaftliche Tagesfragen 38 Jg. (1988), Heft 10, S. 785-787
K. Knizia, M. Simon	Kohlegefeuerte Kombikraftwerke und Hochtemperaturreaktoren für die Energieversorgung von morgen	1989	Beitrag zur 14. Weltenergiekonferenz; Montreal 1989 VGB-Kraftwerkstechnik, 1989, S. 158-164

K. Kugeler, R. Schulten	Hochtemperaturreaktortechnik	1989	Springer Verlag Berlin, Heidelberg, New York, 1989
W. Jacobsen, F.-B. Serries, H. Handel	Einsatz fernbedienter Geräte am THTR 300	1989	KTG-Fachtagung Fernhantierungstechnik, 27. + 28.6.89, Würzburg
R. Bäumer	Die Situation des THTR im Oktober 1989	1990	VGB-Kraftwerkstechnik, 70. Jg., Heft 1, Jan. 1990, S. 8-14
R. Bäumer, G. Dietrich	Decommissioning concept for the high temperature reactor THTR 300	1991	Kerntechnik 56 (1991), Page 362-366, No 6
R. Bäumer, G. Dietrich	Decommissioning of the THTR 300, Procedure and Safety Aspects	1992	IAEA, Oarai, Japan, Okt. 1992
K. Kugeler, W. Fröhling	Investitionskosten von HTR-Modul-Reaktoren	1993	atomwirtschaft-atomtechnik, 1993, S. 68-70
G. Dietrich, N. Röhl	Decommissioning of the Thorium High Temperature Reactor (THTR 300)	1996	ANS/ENS Meeting Nov. 1996 Washington D.C. Tansao 751-490 (1996) Volume 75

N. Röhl, D. Ridder, D. Haferkamp	Die Herstellung der sicher eingeschlossenen Anlage für den THTR 300	1997	Jahrestagung Kerntechnik 97, Aachen, Proceedings S. 519-522, 13.-15. Mai 1997
G. Dietrich, W. Neumann, N. Röhl	Decommissioning of the Thorium High Temperature Reactor (THTR 300)	1997	IAEA-TECDOC-1043 p. 9-15
M. Franken	Rundum versiegelt und fest verschweisst	1999	VDI-Nachrichten 3, 29 Okt. 1999, Nr. 43
K. Knizia	Der THTR-300 - Eine vertane Chance?	2002	atw 47. Jg., Heft 2 Februar S. 110-117
VDI-GET	AVR – 20 Jahre Betrieb. Ein deutscher Beitrag zu einer zukunftsweisenden Energietechnik	1989	VDI Bericht Nr. 729, 1989
K. Kugeler, H. Bonnenberg	Der Hochtemperatur-Reaktor	1999	VDI-Bericht Nr. 1493, 1999, S. 147
HKG	Die andere Art, Kernenergie zu nutzen	1986	Hamm-Uentrop, Mai 1986

2.4 Energieversorgung: zentral oder dezentral

Zweifellos ist die Frage nach der Verteilung von Energie als zentral für Wirtschaft und Gesellschaft anzusehen. In Deutschland hat sich in den letzten 150 Jahren unter aller Staatsformen und Regierungen die Oligopole aus ganz wenigen Strom- und Gas-Erzeugern und -Verteilern gebildet.

Vor allem Ende des 20 Jahrhunderts schlossen sich viele frühere Erzeuger zu den beiden ganz Grossen zusammen. Viele Stadtwerke und Regionalversorger gaben ihre Selbständigkeit auf und wurden in die Konzerne aufgenommen. Nach der Wiedervereinigung wurde im Osten der Skandinavische Konzern zum Sammelpunkt vieler dortiger Versorger. Im Südwesten hat der grosse französische Konzern EdF mit EnBW einen bedeutendes Versorgungsgebiet unter Vertrag.

Unter dem Einfluß der EU mehren sich um 2010 die Anzeichen, dass es zu einer **teilweisen Dezentralisierung** kommt. Stadtwerke versuchen, sich wieder aus den Verbünden zu lösen. Die Netze werden verselbständigt.

Wie es weitergeht, ist noch nicht klar abzusehen, wird aber wohl entscheidend auch von den Energiequellen abhängen, die künftig an Bedeutung gewinnen.

Da ist es interessant, die Argumente zu wägen, die schon vor 80 Jahren in Berlin aufkamen, aber – vor allem durch den damaligen Einbruch des Nazismus – nie realisiert wurden.

2.4.1 Neue Versorgungungstechnik, der Schlüssel

für Stadtauflockerung, Kurzschichtsiedlung und ländliche Siedlung

von Dipl.-Ing. FRANZ FERRARI, Berlin

1933, im Selbstverlag des Verfassers

Unter Abkehr von dem System der zentralen Versorgungen ist die neuzeitliche Technik imstande, Wohnkomplexe, aus Mietshäusern, Reihenhäusern oder Einzelhäusern bestehend, sowie ländliche Siedlungen selbständig billiger und vollkommener als bisher zu versorgen. Der Standort ist dann nur noch durch Wasservorkommen oder dessen Nähe vorgeschrieben, womit billiges Land „baureif" ist. Für Kochen, Heizen und Spülen wird Dampf und für Licht und Kraft Elektrizität aus einer Universal-Blockstation geliefert, der zugleich die Wasserförderung und die Abwässerbeseitigung angeschlossen sind. Den Zubringerverkehr zu Schnellbahnstationen übernehmen gleislose Elektrofahrzeuge, die ebenfalls von der Universal-Blockstation aus gespeist werden. Diese neue Versorgungstechnik beseitigt die Knappheit an „baureifem" Gelände, so dass sich die Bodenspekulation in Wohngebieten nicht mehr wie bisher betätigen kann. Die Universal-Blockstation ermöglicht die weit aufgelockerte Bebauung der Umgebung der Großstädte, die Verwirklichung der Kurzschicht-Siedlung auf billigem Boden und eine wirtschaftliche Versorgung der ländlichen Siedlung. Die Befreiung neuer Wohngebiete von Bodenmehrwerten, wie sie sich bisher aus der Knappheit baureifen Geländes ergaben, drückt auf die übrigen Bodenpreise und bleibt nicht ohne Rückwirkungen auf die übersteigerten Bodenwerte der Innenstadt.

1. Die Neubautätigkeit am Rande der Großstädte hat zu teure Wohnungen ergeben; der Plan, mit dem „wachsenden Haus" die Großstädter auszusiedeln, ist in seinen Anfängen steckengeblieben; die vorstädtische Kleinsiedlung beansprucht große Opfer von der öffentlichen Hand; die Kurzschicht-Siedlung steht vor unüberwindlichen Hindernissen; die ländliche Siedlung leidet unter der Schwierigkeit, dass sie entweder schlecht versorgt ist oder dass die Versorgung untragbar teuer wird.
2. Man hat schon die verschiedensten Gründe für alle diese enttäuschenden Erkenntnisse der neueren Zeit angegeben. Übersehen wurde jedoch — insbesondere in Bezug auf die Großstadt-Auflockerung — der ganz entscheidende Einfluss des Versorgungs-Problems, das aufs engste mit der Bodenfrage verknüpft ist.
3. Im Städtebau und in der Siedlung ist die Technik im Laufe der Entwicklung immer nur nachträglich eingesetzt worden. Ein typisches Beispiel bildet die elektrische Straßenbahn. Ihr Erscheinen hätte schon vor 40 Jahren vor der mit der Industrialisierung verbundenen Zusammenballung der Menschenmassen bewahren und zu einem lockeren Ausbau der Städte führen können, wenn man seinerzeit die Möglichkeiten des beschleunigten Stadtverkehrs voll erfasst und ausgenutzt hätte.
4. Dem Wachstum und dem Bedarf nachfolgend wurden von der Technik die Aufgaben der Versorgung mit Wasser, Elektrizität, Gas, Kanalisation und Verkehr gelöst. Das heutige Gebilde der Großstadt erweist sich aber als wirtschaftlich, technisch und sozial unhaltbar. Die Reaktion offenbart sich in einem unbändigen Drang nach Auflockerung.

5. Das Kernproblem der Großstadt-Auflockerung ist die Bodenfrage. Die Überspannung der Bodenpreise am Stadtrand ist das Ergebnis der neuzeitlichen Bauordnungen und des Systems der zentralen Versorgungen. Das Herauswachsen der zentralen Versorgungen aus dem Stadtkern heraus erfolgte wegen der hohen Investierungen für die Ausläufer immer nur auf kurze Strecken. In jedem Stadium der Stadterweiterung war nur ein geringes Angebot an baureifem Gelände vorhanden. Die zentralen Versorgungen machten durch ihre Investitionen das anliegende Gelände hochwertig, „baureif". Der Grundstückskäufer war gezwungen, dem Bodenbesitzer jeden Preis zu bezahlen. Die zentralen Versorgungen hielten sich aber für ihre Investierungen an dem Käufer des Grundstücks schadlos, sobald er sein Bauvorhaben ausführte. Er musste anteilmäßig Anschlußgebühren als verlorenen Kostenbetrag entrichten.

6. Die neuzeitlichen Bauordnungen verlangten immer mehr Boden je Wohnung. Durch die Beschränkung der Bebauung auf einen kleinen Teil des Grundstücks (20 bis 60 %) und durch die Beschränkung der Zahl der Geschosse (2 bis 3) ist im äußeren Stadtgürtel für einen bestimmten Bedarf an Wohnungen bei unverändert knappem Angebot eine vervielfachte Nachfrage entstanden. Das Mißverhältnis drückt sich in den überhöhten Bodenpreisen aus, die um so schwerer zu tragen sind, als die einzelne Wohnung für mehr m^2 als bisher Bodenrente zu tragen hat.

7. (7) Die Anschlußgebühren mussten naturgemäß ebenfalls steigen. Die Auflockerung führt die zentralen Versorgungen zwangläufig zu wesentlich höheren spezifischen Investierungen je Anschluss als in den horizontal und vertikal dichten Verbrauchsgebieten der Innenstadt. Wenn die Ökonomie der Glühlampen weiter verbessert wird, werden die Verhältnisse noch ungünstiger. Je weiter die Auflockerung fortschreitet, umso mehr verzetteln die zentralen Versorgungen ihre Mittel.

8. (8) Städtebau und Siedlung stehen heute vor ganz neuen Aufgaben. Aus dem Ergebnis der industriellen Rationalisierung, die absolut als Fortschritt zu werten ist, muss mit der Zeit die Konsequenz gezogen werden, dass der verringerte Arbeitsbedarf auf mehr Menschen mit geringerer Arbeitszeit zu verteilen ist. Im Zusammenhang damit muss die Kurzschicht-Siedlung kommen, damit der Industriearbeiter in seiner Freizeit für sich selbst arbeiten kann und krisenfester wird. Es handelt sich darum, die Großstadt-Bevölkerung in möglichst großem Umfang bodenständig zu machen, um soziale Spannungen zu beheben

und ein gesundes Geschlecht zu erhalten. Die Kurzschicht-Siedlung wird vielfach verkannt. Auf Arbeitnehmerseite lehnt man die Kürzung der Arbeitszeit ab, auf Arbeitgeberseite befürchtet man die Erhöhung der festen Kosten für die größere Belegschaft und eine Beeinträchtigung der Produktion durch den Belegschaftswechsel. Die Opfer, die zu bringen sind, werden aber durch mancherlei Vorteile aufgewogen. Bei der Sechstage-Woche sind die Spesen für Fahrt, Verpflegung und dergleichen doppelt so hoch wie bei der Dreitage-Woche, Die heute Arbeitenden müssen den Unterhalt für die Feiernden mitverdienen. Es würde also eine doppelte Entlastung eintreten. Die Industrie dagegen darf eine erhöhte Kaufkraft und besseren Absatz erwarten. Abgesehen davon ergibt sich eine bisher unbekannte Elastizität des Produktions-Apparates. Wenn nämlich die Schichten täglich wechseln, so kann der Arbeitstag nach Bedarf verlängert werden, weil jedes Mal ein Ruhetag folgt. Ersparnisse, die der Arbeitnehmer durch derartige Mehrarbeit gewinnt, machen ihn neben der teilweisen Eigenversorgung ebenfalls krisenfester. Der Produktions-Apparat kann also unverzüglich der Marktlage folgen und optimal ausgenutzt werden. Ein hoher Reallohn wird dadurch sichergestellt. Es versteht sich von selbst, dass für die Zwecke der Kurzschicht-Siedlung auf keinen Fall das teure nach den bisherigen Begriffen „baureife" Gelände an den Auslegern der zentralen Versorgungen in Betracht gezogen werden kann, vielmehr muss **billiges Gelände** bereitgestellt und für eine **billige Versorgung** und gute **Verkehrsverbindungen** gesorgt werden. Für die neuen Aufgaben können nur neue Mittel zum Ziele führen. Der neue Weg besteht in der **Abkehr von dem System der zentralen Versorgungen. Jede andere Lösung würde Eingriffe in das Privateigentum, wie Enteignung oder andere unnatürliche Reglungen, wie etwa Verschleuderung von Gelände aus dem Besitz der öffentlichen Hand erfordern.**

9. **Bei einer dezentralisierten Versorgung kann die Technik ihre Mittel planmäßiger als bisher in den Dienst der menschlichen Bedürfnisse stellen. In einer U n i -versal-Blockstation werden für einen bestimmten Siedlungs-Komplex alle Versorgungen so zusammengefasst, dass eine viel vollkommenere und trotzdem billigere Bedürfnisbefriedigung erreicht wird. Dieser Fortschritt kommt auch der ländlichen Siedlung zugute.**

10. Es darf vorausgesetzt werden, dass neuerdings Neubauten von Mietswohnungen und auch von Eigenheim-Siedlungen fast durchweg in kollektiver Bauweise entstehen, Mietshäuser werden in Komplexen von fünfzig bis zu mehreren tausend Wohnungen errichtet, Eigenheim-Siedlungen in Einheiten von fünfzig bis zu mehreren hundert.
11. Den Standort der Ansiedlung bestimmt die einzige einschränkende Beziehung, welche die Universal-Blockstation noch zum Boden hat, nämlich das Wasservorkommen, Im übrigen ist man völlig frei in der Wahl des Standortes. Bevor die Lösung der Verkehrsfrage behandelt wird, sollen zunächst die Einzelheiten der Universal-Blockstation erläutert werden.
12. Die Universal-Blockstation dient zur autarken Versorgung eines unveränderlichen Baukomplexes, Dieser kann aus Mietshäusern oder Einzelhäusern bestehen. Wegen der Zuleitungskosten und Uebertragungsverluste ist eine gedrängte Anordnung da zu bevorzugen, wo es auf billigste Ausführung ankommt. Wenn auch das Eigenheim auf eigener Scholle in jedem Falle anzustreben ist, so dürfte doch das Mietshaus vorerst seine Daseinsberechtigung beibehalten. Es kann ohne Beeinträchtigung der Hygiene in der freien Umgebung als vielstöckiges Hochhaus mit Balkons außerordentlich billig gebaut werden. Die Umgebung kann parzelliert und an die geeigneten Mieter verkauft oder verpachtet werden. Der Einbau von Personenaufzügen bedeutet in derartigen Häusern keine nennenswerte Mehrbelastung des Einzelnen.
13. Bei der Anwendung der Reihenhaus- oder Einzelhaus-Bauweise kann auf die bisherige verschwenderische Bauart der Straßen verzichtet werden. Es genügen Einbahnstraßen leichter Bauweise, die für die Höchstbreite von Möbelwagen oder Feuerwehrfahrzeugen zu bemessen sind-
14. Man könnte die Universal-Blockstation in Einheitsgrößen für 200, 300, 500, 750, 1000, 1500 und 2000 Wohnungen normen und käme auf diesem Wege zu einer sehr billigen Herstellung. Ein besonderer Vorzug ist es auch, dass die Universal-Blockstation von vornherein eindeutig und endgültig ausgebaut wird. Ihr Versorgungsgebiet wird nicht erweitert, sondern jeder neue Komplex entsteht als Ganzes mit eigener Station. Im Gegensatz dazu müssen bei allen zentralen Versorgungen kostspielige Vorkehrungen für Erzeugung und Verteilung getroffen werden, damit man dem nicht zu übersehenden Bedarfszuwachs gerecht werden kann.

15. Die wichtigste Aufgabe der Universal-Blockstation ist die Lieferung von Dampf. Er dient zum Heizen und zum Kochen. Das bedeutet, dass an die Stelle unzähliger, unwirtschaftlicher Einzel-Feuerstellen eine Zentralkesselanlage tritt, die mit hohem Wirkungsgrad arbeitet. Die Wärmetechnik hat für die in Frage kommenden Größenordnungen sehr günstige Bauarten mit geringem Raumbedarf geschaffen und verfügt über die Möglichkeit der Speicherung. Diese ist für eine gute Ausnutzung der Anlage sehr wichtig.

16. Die Heranziehung des Dampfes auch zum Kochen hat gute Gründe. Gas und Elektrizität streiten sich zur Zeit um dieses Absatzfeld. Sie verteuern sich gegenseitig, indem jeweils die eine Energieform die Rentabilität der anderen schmälert. Aus Kostengründen ist es aussichtslos, allgemein eine der beiden „veredelten" Energieformen für den Hauptwärmekonsum, d. h. die Raumheizung, einzusetzen. Bei den geringen Entfernungen, die eine Universal-Blockstation zu überbrücken hat, ist es daher angebracht, die ganze Wärmeversorgung für Winter und Sommer auf den viel billigeren Dampf einzustellen. Gas verschwindet damit ganz aus der Wohnung, womit ihre Hygiene verbessert wird und die Kosten der entsprechenden Installation entfallen.

17. Dampfkochherde bieten in der Herstellung keine Schwierigkeiten. Für Sonderzwecke, etwa Grillen u. dgl. können elektrische Zusatzheizungen in den Herd eingebaut oder elektrische Hilfsgeräte getrennt vorgesehen werden. Der Dampf bildet auch das ideale Mittel zum Spülen, ohne dass komplizierte Maschinen erforderlich werden. Nebenbei sei erwähnt, dass für die Bewohner des Komplexes, wie schon heute üblich, eine Gemeinschafts-Wäscherei eingerichtet werden kann.

18. Die Darbietung von Wärme in Form billigen Dampfes ist bequem und an Wirtschaftlichkeit den vergleichbaren Mitteln der heutigen Technik weit überlegen. Sie dürfte zu einem erhöhten Wärmeverbrauch führen, der z. T. in dem höheren Wirkungsgrad der Gewinnung wieder aufgewogen wird, im übrigen aber bei Anwendung von Wärmezählern nicht in Vergeudung ausarten kann. Im Vergleich zu Hausbrandlieferungen sind die Kohlen für die Universal-Blockstation naturgemäß billiger.

19. Eine namhafte Ersparnis bringt der völlige Verzicht auf Feuerstellen und Kamine für das Gebäude. Die Kamine sind spezifisch sehr teure Rohbauteile. Außerdem erfordern sie ständige Unterhaltungskosten,
20. Die Elektrizität ist unentbehrlich für Licht und Kleinkraft. Sie wird in der Universal-Blockstation durch einen Turbogenerator gewonnen. Im Winter, d. h, bei großem Dampfbedarf, kann der Betrieb so eingerichtet werden, dass der Strom als Abfallenergie mitgewonnen wird. Um einen wirtschaftlichen Betrieb sicherzustellen, ist der Einbau von Akkumulatoren zweckmäßig.
21. Das Wasser wird in der Universal-Blockstation durch eine Pumpe gefördert und nötigenfalls gereinigt. Unter Umständen muss auf einen sparsamen Haushalt Wert gelegt werden. Hierzu sei bemerkt, dass die Wasservergeudung in den Spülvorrichtungen der Aborte vermieden werden kann, indem mit Dampf oder mit Wasser hohen Druckes gespült wird. Da auch in der Küche wenig Wasser verbraucht wird (Spülen mit Dampf) bilden Badewasser und Waschwasser den Hauptbedarf. Sind die Wasserverhältnisse besonders ungünstig, so kann gegebenenfalls auch Regenwasser gesammelt und aufbereitet werden,
22. Die Abwässerbeseitigung kann durch eine an die Universal-Blockstation angeschlossene Pumpanlage mit längerer Ableitung zu einer abgelegenen Kleinkläranlage im Freigelände vorgenommen werden. In den Gartenanlagen können die aus ihr entnommenen Fäkalien nutzbringend verwertet werden, wodurch die kostspielige Dungbeschaffung entfällt. So wird der natürliche Nährstoff-Kreislauf geschlossen und es bleiben Millionenwerte des Naturhaushalts erhalten,
23. Bei den bisherigen zentralen Versorgungen waren die einzelnen Werke getrennt und es hatte jedes für sich entsprechende Verwaltungskosten, Bei der Universal-Blockstation lässt sich die Verwaltungsarbeit sehr vereinfachen und verbilligen. Der Wassermesser, der Elektrizitätszähler und der Wärmezähler arbeiten gemeinsam auf einen Mechanismus mit Münzeinwurf derart, dass man nach Münzeinwurf dem Betrag entsprechend Wasser, Dampf und Strom im beliebigen Verhältnis zueinander abnehmen kann. Die Abrechnung und der Hebedienst bestehen also für sämtliche Lieferungen nur noch darin, dass die Münzbehälter etwa monatlich geleert weiden,
24. Die Verkehrsfrage ist für die Reichweite der Stadtauflockerung und damit für die Größe des Bodenangebotes sehr entscheidend. Man kann zunächst, von den geringen Reisegeschwindigkeiten der

Straßenbahnen und Autobusse ausgehend, feststellen, dass die Niveaulinien gleicher Fahrtdauer zum Stadtkern schon durch Schnellbahnen und Vorortbahnen ein großes Stück hinausgezogen worden sind. Wenige Minuten Fahrzeit in radialer Richtung erschließen ein sehr großes zusätzliches Gelände. Schlägt man nämlich um die Vorortbahnhöfe und Schnellbahn-Bahnhöfe als Mittelpunkt Kreise mit 5 bis 15 km Radius, d. h. Entfernungen, für die z. B. der von der Universal-Blockstation gespeiste e l e k t r i s c h e O b e r l e i t u n g s o m n i b u s erfolgreich eingesetzt werden kann, so umfassen die Linien gleicher Fahrtdauer zum Stadtkern Riesenflächen. Die Stadtverkehrsnähe dieser Außengebiete wird gleichwertig der von Gelände, das, auf Straßenbahnverkehr allein angewiesen noch im engeren Weichbild der Stadt liegt.

25. Wenn man die Linien gleicher Großstadt-Bodenwerte betrachtet, so findet man sternförmige Gebilde vor, deren Spitzen durch die Ausfallinien des Verkehrs gebildet werden. Das große Gebiet zwischen den Spitzen ist von den zentralen Versorgungen vernachlässigt und deshalb billig. Es kann günstig durch die Anwendung der Universal-Blockstation der Bebauung zugeführt werden. Die Zubringerlinien führen dann zu den Haltestellen von Straßenbahnen oder zu den Stadtbahn- und Schnellbahnstationen. In diesen Gebieten wird auch das Privatauto mit gutem Nutzen angewandt werden können.

26. **Durch den Einsatz der Universal-Blockstation ist gewissermaßen jegliches Gelände baureif. Da die Einrichtungen für die Versorgung gleichzeitig mit dem Bau der Wohnungen entstehen, entfällt der Schwebezustand zwischen Rohland und Baureife, in dem sich die Bodenspekulation betätigen konnte. Das Angebot an Bauland wird im Vergleich zum Bedarf unendlich groß.**

27. **Hiermit sind also die Vorbedingungen für eine weitgehende Auflockerung der Städte geschaffen. Stadt und Siedlung können sich gesund und frei entfalten, das Land bleibt billig genug, so dass der Erwerb eines Grundstücks im Rahmen einer Versorgungsgemeinschaft den weitesten Bevölkerungskreisen möglich wird. Um die Großstadt herum entstehen billige Mietshäuser und Eigenheime, die einen ungewöhnlich hohen Komfort bei geringeren Miets- und Betriebskosten**

bieten und bequem zu erreichen sind. Der Wohnungsmarkt in der Innenstadt wird entlastet, so dass die Bodenpreise sinken und zu erwarten ist, dass die unwürdigen Mietskasernen aus der früheren Zeit bald für den Abbruch reif werden, um den Platz für andere Zwecke zu räumen. Die Großstadt wird von außen her saniert.

28. Man wird einwenden, dass die durch die billigen Außenwohnungen herbeigeführte Entwertung der bestehenden Wohnhäuser unerwünscht sei. Ebenso wird gesagt werden, es gebe zur Zeit ausreichend Wohnungen. Beide Einwände sind nicht haltbar. Die leerstehenden Wohnungen sind keineswegs Beweis für genügende Befriedigung des Wohnbedürfnisses, vielmehr tritt ein sehr großer Teil des Bedarfs als solcher nicht in Erscheinung, weil sich weite Kreise der Bevölkerung mit Kellern, Lauben u. dgl. abfinden. Gesunde innerstädtische Wohnungen werden sicher bewohnt bleiben, allerdings nur unter entsprechender Senkung der Miete.

29. Wenn sich auch die Aussiedlung aus dem Innern der Großstadt nicht von beute auf morgen vollziehen wird, so muss sie doch als Ziel festgehalten werden, Sie ist nämlich nicht nur für die seelische und körperliche Gesundung der Großstadt-Bevölkerung notwendig, sondern auch zur technischen und wirtschaftlichen Sanierung der Großstadt selbst. Ihre Verengung bedingte enorme Kapitalfehlleitungen; Hunderte von Millionen mussten ohne entsprechende Rentabilität z. B. in Untergrundbahnbauten investiert werden.

30. Auf einen wichtigen Gesichtspunkt für die Auflockerung sei auch noch hingewiesen: In früheren Jahrhunderten erstrebten die Städtebauer die enge Bebauung, um im Kriegsfall für die Verteidigung ein festgeschlossenes Ganze zu erhalten. Die Flugwaffe des modernen Krieges zwingt aber heute und für die Zukunft zum Gegenteil. Die Wohngebiete der Zukunftstadt müssen möglichst weit auseinandergezogen und von Industriewerken und Fernbahnhöfen ferngehalten werden,

31. Es ist schon vorgeschlagen worden, bei der Auflockerung der Großstädte Industriebetriebe mittleren Umfangs mit hinauszuverlegen. Neben dem Luftschutz sind dagegen verschiedene Gründe ins Feld zu führen: Es besteht die Gefahr, dass die Luft verschlechtert und die Ruhe der Wohngegend gestört wird. Abgesehen davon wäre es unausbleiblich, dass eine sehr unwirtschaftliche Verzettelung des Güter-

verkehrs und der dann für den großen Bedarf unentbehrlichen zentralen Versorgungen eintreten würde.

32. Es ist zweifellos richtiger, die Industrie im äußeren Kern der Stadt zu belassen und für ihre Ausdehnung dort freiwerdendes Wohngelände zu verwenden. Dann hat die Industrie auch verkehrstechnisch die erwünschte breite Basis für die Auswahl ihrer Arbeitskräfte. Zugleich wird damit die Rentabilität der bestehenden zentralen Versorgungen — auch der Gaswerke — erhalten, Bei der Entlastung der Bodenwerte in der Innenstadt dürften sich mit der Zeit auch viele Baulücken durch neue Industriebauten schließen, womit ebenfalls die Ausnutzung der vorhandenen zentralen Versorgungen verbessert wird.

33. Auch für den V e r k e h r ist die Entlastung der Bodenwerte in der Innenstadt von Vorteil, denn der Boden wird für Straßendurchbrüche erschwinglich.

34. Der innere Kern der Zukunftstadt behält sein heutiges Gesicht. Er enthält Fernbahnhöfe, Museen, Theater und Vergnügungsstätten, Bürohäuser und Läden. In den neuen Wohnkomplexen erhalten die Bewohner ihren täglichen Bedarf durch ansässige Läden oder durch fahrende Läden. Kirchen, Schulen, Kinos, Behörden u, dgl. werden an den Brennpunkten der aufgelockerten Gebiete, d. h. an den Vorortbahnhöfen den besten Platz haben. Dort können auch gewisse Handwerkerbetriebe gedeihen,

35. **Die Bedeutung der Universal-Blockstation für die ländliche Siedlung liegt darin, dass sie es ermöglicht, Dorfsiedlungen mit komfortabler und wirtschaftlicher Versorgung zu versehen. Der Großstädter ist an den Komfort gewöhnt. Bei der Rücksiedlung aufs Land muss dem Rechnung getragen werden. Als Standorte dürften Torfvorkommen und Wasserläufe bevorzugt werden. Unter diesem Gesichtspunkt erhalten Kanalbauten eine erhöhte Bedeutung für die Kolonisation. Es ist auch ohne weiteres möglich, Villenkolonien für Pensionäre und Geistesarbeiter in landschaftlich schöner Gegend entstehen zu lassen.**

36. Für die ländliche Siedlung ist es auch von hohem Wert, dass im Anschluss an die Universal-Blockstation Futterdämpfer, Warmbeetanlagen u. dgl, mit vorzüglicher Wirtschaftlichkeit betrieben werden können.

Energieversorgung: zentral oder dezentral

37. Es ist anzunehmen, dass die Universal-Blockstation überhaupt die Entscheidung für die Dorfsiedlung gegenüber der Streusiedlung herbeiführen wird, denn bei der Streusiedlung ist die Versorgung stets unvollkommen oder unerträglich teuer. Man muss in beiden Fällen befürchten, dass der Siedler in besseren Zeiten seine Stelle wieder aufgibt, um bequemer oder wieder sorgenfrei zu leben. Damit ist der Bestand der Reagrarisierung gefährdet.

38. Bei der Dorfsiedlung muss allerdings der Transportfrage besondere Aufmerksamkeit geschenkt werden. Haben 100 oder 200 Siedler je 30 bis 60 Morgen, so ist das bearbeitete Areal schon so groß, dass sich der Leerlauf langer Transportwege sehr nachteilig bemerkbar macht. Von der Universal-Blockstation aus sollte daher eine Oberleitungsanlage, etwa in weitem Kreise auf Feldwegen durch das Gelände geführt werden. Ein elektrischer Oberleitungsschlepper zieht als Anhänger kippbare Ackerwagen mit Luftbereifung, die sich bereits bewährt haben. Der Betrieb ist leistungsfähig genug, um einen raschen Güterumschlag und damit eine hohe Rentabilität dieser Fahrzeuge herbeizuführen. Zum Rangieren der Anhänger kann der Schlepper eine elektrisch angetriebene Seilwinde erhalten.

39. Um für den elektrischen Teil der Universal-Blockstation eine hohe Benutzungsdauer zu erhalten, muss danach getrachtet werden, die Mechanisierung im Haushalt und in der Landwirtschaft möglichst weit zu treiben. Zu diesem Zweck dient die Kleinkrafttransmission, In den Boden oder in die Wand wird eine erschütterungsfreie und geräuschlose mechanische Transmission verlegt, die von einem etwa in der Küche angeordneten zentralen Motor angetrieben wird und an verschiedenen Stellen mit Drehkraftdosen versehen ist. An diese kann eine biegsame Welle mit eingebauter, mehrstufiger Übersetzung angesetzt werden, so dass man in der Lage ist, die verschiedensten motorlosen Arbeitsgeräte in Bewegung zu setzen. Auf diese Weise ist die Mechanisierung von Geräten verwirklicht, die im Zusammenbau mit einem eigenen Motor bisher zu kostspielig waren, um allgemeiner verwandt zu werden.

40. Zu der Kostenfrage ist folgendes zu bemerken: In den Häusern bleiben unverändert die Kosten für die elektrische Installation, die Wasserleitungen und die Abflussrohre. Die Kosten der Dampfkochherde und der Heizkörper dürften den Kosten der bisher gebräuchlichen Apparate ebenfalls die Waage halten. Ein wenig teurer werden dagegen die Dampfleitungen, verglichen mit denen der bisherigen Zentralheizungen,

Es fallen dagegen fort die Kessel der Zentralheizungen, die Gasinstallationen, die Kamine und Gasabzugkanäle.

Die Kosten der Kleinkrafttransmission, die naturgemäß keinen integrierenden Bestandteil der Universal-Blockstation darstellt, werden dadurch aufgewogen, dass die vielen nun zu betreibenden Arbeitsgeräte ohne Motor nicht mehr kosten als etwa in der Ausführung mit Handkurbel.

41. Für die Kosten der Universal-Blockstation und der Zuleitungen zu den Häusern ist das Vergleichsgegenstück die Summe der Kosten aller zentralen Versorgungen. Hierzu gehören;
42. die einmaligen Anschlußgebühren,
43. die Grundgebühren und „Zählermieten",
44. der Betrag, der in den Verbrauchsgebühren über die eigentlichen Erzeugungskosten hinausgeht.

45. Es sei davon abgesehen, nähere Angaben über die Beträge nach 2. und 3. hier zu machen, sondern nur bemerkt, dass allein die Ersparnisse an Bau- und Installationskosten in den Wohnungen und die Beträge für Anschlußgebühren zusammengenommen schon bei 200 bis 300 Abnehmern einen Betrag ergeben, der für die Errichtung einer entsprechenden Universal-Blockstation ausreicht.
46. Das Schwergewicht der Ersparnisse an festen Kosten ergibt sich naturgemäß aus dem niedrigen Bodenpreis.
47. Die Betriebskosten der Universal-Blockstationen können durch die Zusammenfassung der Versorgungen sehr niedrig gehalten werden. Die Aufwendungen des einzelnen Haushalts werden trotz größeren „Komforts wesentlich geringer werden als bisher.
48. Man hat in den letzten Jahren häufig den Vorwurf gehört, die Ansprüche der Bevölkerung an die Wohnungen seien zu hoch geschraubt worden. Dazu ist zu bemerken, dass die hohen festen und beweglichen Kosten der Neubauwohnungen nicht etwa auf die eingebaute Badewanne, den Gasherd und die elektrische Installation zurückzuführen sind. Sie sind vielmehr durch die gestiegenen Anteile der Bodenrente an der Miete, die hohen Anschlußkosten und die Tarife der zentralen Versorgungen zustande gekommen. Insbesondere die Tarife haben mit der durch den technischen Fortschritt erzielten Verbilligung nicht Schritt gehalten, weil diese durch die immer weitergehende Verzettelung in der Verteilung immer wieder aufgehoben wurde. Bei der Rationalisierung der Erzeugung hat man z. B. in der Elektrizitätswirtschaft fast die letzten Möglichkeiten ausgeschöpft. Wer die weitere Zukunft

vor sich sieht, muss zu dem Schluss kommen, dass die dezentralisierte Versorgung überhaupt nicht zu umgehen ist. Bei dieser ergeben sich durch geschickte Kombination ganz neue Möglichkeiten.

49. Die weite Auflockerung der Städte wird auf jeden Fall kommen. Sollte man versuchen, die Fessel der zentralen Versorgungen beizubehalten, so ist damit zu rechnen, dass immer größere Schichten der Bevölkerung auf ihren Gebrauch verzichten, weil er zu teuer wird. Laubenkolonien und Zeltstädte sind hierfür offenkundige Beweise. Die Technik muss eine derartige Entwicklung verhüten oder sie hat ihren Zweck verfehlt. Man kann der Technik den Vorwurf nicht ersparen, dass sie in der Vergangenheit vielfach einseitige Ziele verfolgt und sich dabei zu sehr auf Spitzenleistungen eingestellt hat. Bei sinnvollerer und planmäßigerer Anwendung der heutigen Mittel der Technik kann ihr Segen in viel breiterem Umfange als bisher der Menschheit nutzbar gemacht werden.

50. Die zentralen Versorgungen hatten einst durchaus ihre Berechtigung. Mit der Änderung der Struktur der Großstadt — durch Trennung in Geschäftsbezirke, Industriebezirke und Wohnbezirke — haben sich die Voraussetzungen grundlegend geändert. Die elektrische Zentralstation z. B. gründete ihre Berechtigung gerade auf die Mannigfaltigkeit ihrer zusammenliegenden Abnehmer. Heute ist der abgelegene Wohnbezirk mit der ihm eigentümlichen Belastung kein guter Konsument der Mammut-Zentrale, es sei denn, dass durchweg elektrisch gekocht wird. Er wird besser getrennt behandelt, weil hierbei den besonderen und bekannten Verhältnissen leichter Rechnung getragen werden kann.

51. In diesem Zusammenhange möge auch auf die elektrische Hochspannungs-Kraftübertragung eingegangen werden. Ihre Aufgabe war ursprünglich, abgelegene Naturkräfte, die mechanisch nicht transportierbar oder nicht transportwürdig waren, auf elektrischem Wege nach Stätten intensiven Energieverbrauchs zu übertragen. Diese Aufgabe wird sie auch beibehalten, d. h. zur Versorgung von Industriezentralen dienen. Durchaus berechtigt ist auch die Kupplung großer Werke, um eine optimale Energiewirtschaft sicherzustellen. Großkraftwerke und Überlandzentralen dürften aber in Zukunft mit größerem Nutzen arbeiten, wenn sie ihren Absatz auf die Kerne der Städte und auf industriell durchsetzte Landbezirke konzentrieren.

52. Die dezentralisierte Versorgung ist schon mit den jetzt vorhandenen Mitteln der Technik wirtschaftlich überlegen. Darüber hinaus darf ebenso, wie die zentralen Versorgungen zu immer höherer technischer Vollkommenheit gebracht worden sind, damit gerechnet werden, dass

die Technik auch bei der neuen Aufgabenstellung noch bedeutende Verbesserungen hervorbringen wird.
53. Die Krise ist eine Zeit der Besinnung, Man hat die Notwendigkeit eingesehen, die Technik in engere Beziehung zum Menschen zu bringen. Aus der stürmischen Entwicklung der Vergangenheit hat sich eine gewisse Verfeindung herausgebildet. Auch hier ist eine Umstellung vonnöten. Eine gesunde Technik muss jeder Mensch bejahen, Sie muss nicht nur ihre Aufgabe, den Menschen zu entlasten, erfüllen, sondern auch in möglichst engen Kontakt mit ihm treten. Unter diesem Gesichtspunkt bildet die Universal-Blockstation etwas Neues. Wird sie von einer Gemeinschaft in eigener Regie betrieben, so ist der Einzelne an der Schöpfung und dem Wirken der Technik ganzpersönlich interessiert. Es ist auch bemerkenswert, dass hierbei der spezifisch deutsche Begriff des Gemeinschafts-Eigentums, der einst in der Allmende verkörpert war, in einer modernen Form Gestalt erhält. Die Gemeinschaft zusammenwohnender Menschen erschließt auch neue Wege der Selbstverwaltung, Leerlauf und Fehlleitungen, wie sie heute bei der Zentralisierung z, B, auf dem Gebiete der Wohlfahrtspflege beklagt werden, können dabei wesentlich eingeschränkt werden.
54. Die ideellen Zusammenhänge sind nicht nur für den Soziologen, sondern auch für den Techniker und Wirtschaftler wichtig. Willkürliche Spitzenbeanspruchungen sind z, B, für die zentralen Versorgungen betriebstechnisch und -wirtschaftlich eine ewige Sorge, Die dezentralisierte Anlage mit Eigentümer-Konsumenten hat den unschätzbaren Vorteil, dass gütliche Regelungen viel leichter erzielbar sind als bei dem unpersönlichen Verhältnis, das zwischen Konsument und Werk der zentralen Versorgung bestehen muss,
55. Die dezentralisierte Versorgung wäre sogar dann vorzuziehen, wenn sie für sich allein betrachtet teurer wäre als das bisherige System. Das wird jedem einleuchten, der die innige Verflechtung der bisher als unvermeidlich hingenommenen übersteigerten Bodenwerte mit der ganzen Wirtschaft kennt. Bilden sie doch einen entscheidenden Faktor fast aller festen Kosten. Eine Entlastung hiervon ist die Voraussetzung zur Senkung der Selbstkosten und zur Hebung der Kaufkraft, Erst wenn das erreicht ist, kann sich der Segen der Arbeit und der Fortschritt der Technik für den Wohlstand der Menschheit bemerkbar machen.

NACHWORT

Es ist in einer kämpferischen Zeit wie der heutigen ein Wagnis, mit Vorschlägen an die Öffentlichkeit zu treten, die Umwälzungen in Technik und Wirtschaft mit sich bringen können. Man läuft umso mehr Gefahr, zu den Utopisten oder zu den falschen Propheten gezählt zu werden, je tiefer die vorgetragenen Reformen in das Bestehende eingreifen und je mehr Wirtschaftsgruppen eine Beeinträchtigung von Sonderinteressen vor sich sehen.

Schon Ende 1931 hatte ich die „ketzerischen" Überlegungen niedergeschrieben. Jetzt scheint mir die Zeit reif dafür zu sein, nachdem die Kurzschicht-Siedlung zur brennenden Tagesfrage geworden ist. Wenn ich nun auf diesem Wege die Vorschläge berufenen Persönlichkeiten vertraulich zur Kenntnis bringe, so verfolge ich damit den Zweck, eine *private* Erörterung herbeizuführen. Dabei bitte ich um eine sachliche Kritik, bei der allerdings das Ganze als Einheit unter dem Gesichtspunkt des *Allgemeinwohls* und der näheren und *ferneren* Zukunft beurteilt werden möge.

Es mag manches verfrüht erscheinen; solange aber kein ebenso vollständiger Vorschlag für die technische und wirtschaftliche Gesundung der Großstadt und der Siedlung entgegengehalten wird, halte ich daran fest, dass es nötig ist, schon jetzt auf weite Sicht zu handeln.

Wer *macht* mit?

Berlin-Marienfelde, Welterpfad 24

im Februar 1933.

Franz Ferrari

Erst-Druck: Franz Weber, Berlin W8

Sprit mit Kernwärme aus Biomasse und Kohle

}

3 Tabellen-Anhang

In diesem Anhang sind Tabellen und Dokumente enthalten, die aus Darstellungsgründen Querformat erfordern.

die beiden Wirtschaftlichkeitsrechnungen für das Hydrierwerk und den zugehörigen Kugelbett-Ofen

Treibstoff Historie und –Prognose des Mineralöl Wirtschaftsverbandes und des UPI

Der volle Durchblick in Sachen Bio-Energie der Bundes-Fachagentur Nachwachsende Rohstoffe

Basisdaten Bio-Kraftstoffe der Bundesagentur.

Tabelle wesentlicher Kraftwerke mit verschiedenen Energiequellen – Kosten je MW

3.1 Wirtschaftlichkeitsrechnung für Hydrierwerk

Wirtschaftlichkeitrechnung Hydrierwerk (Fischer-Tropsch)
für 0,7 Mrd. Liter Benzin-Äquivalen = 1 Mrd. Liter Ethanol pro Jahr

Investition		Euro	wenn nicht anders vermerkt
Bauphase ca 5 Jahre		133.333.333	Bau-Vor-Finanzierung, Zinseszins
Baukosten komplett		400.000.000	geschätzter Betrag
Nutzungsdauer (Jahre)		30	
Abschreibung pro Jahr		17.777.778	Bau- und Vorfinanzierung ca. 533 Mio.
Zinsen pro Jahr	6%	16.000.000	6 % p.a. auf die halbe Investsumme
Betriebskosten			
Personal	100 70.000	7.000.000	100 Personen à du 70.000 Brutto-Personalkosten
Material- und Energie-Einsatz			
Jahresproduktion in Liter Ethanol		*1.000.000.000*	*mit 6 kWh / je Liter Energieinhalt*
ergibt einen Gesamten Energie-Inhalt von		*6.000.000.000*	*kWh, zu decken durch Holz mit 4.400 kWh je to*
erfordert Einsatzmaterial, hier am Beispiel Holz		*1.363.636*	*benötigte Tonnen Holz und ausserdem*
50 % zusätzliche Energie für Fischer-Tropsch.		*3.000.000.000*	*kWh Hochtemperatur-Prozessenergie*
das Holz kostet pro Jahr insgesamt		109.090.909	bei einem Preis von 80 Euro je Tonne
HT-Energie vom Kugelbett-Ofen à 0,031		93.117.929	Kosten je kWh von Euro 0,031
Wasserstoff für Biomasse-Hydrierung		100.000.000	Annahme: 5 Mio. Liter à 2,- Euro
Sonstige Kosten		5.000.000	
Wartung	10%	40.000.000	jährlich 10 % der Investitionssumme
Jahrensgesamtkosten		**387.986.616**	Euro pro Jahr

Wirtschaftlichkeitsrechnung für Hydrierwerk

Leistung

Produktion pro Jahr	1.000.000.000	1 Mio. Liter Ethanol entspr. ca. 700.000.000 Liter Benzin
davon Abfall, Schwund in Prozent	5,00%	
verbleibt nutzbare Menge (Liter Ethanol)	950.000.000	Für diese betragen die Herstellkosten ab Fabrik: ca. Euro 390 Mio.
Preis pro Liter Ethanol ab Werk	**0,4084**	
Preis pro Liter Benzin-Äquivaltent	**0,6126**	50 % mehr, weil 50 Prozent mehr Liter nötig sind

Hier legen wir die ungünstige Ethanol-Hydrierung aus Holz zugrunde. Es kostet frei Hydrierwerk etwa 80 Euro je Tonne. Bei Einsatz von Kohle, Raffinerieabfall, Gichtgas ist der Prozess günstiger, weil bei gleichem Aufwand deren Energie-Inhalt viel höher ist und der Transport wegen Nähe weitgehend entfällt.

In jedem Fall wird die benötigte Prozess-Wärme aus dem Hochtemperatur-Kugelbett-Ofen zugeführt, der weiter unten beschrieben ist. Dabei wird heißes Gas oder Dampf aus dem Kühlkreislauf des Reaktors zwischen etwa 950 °C abwärts bis 550 °C genutzt.

Diese Wärme wird mit rund 0,031 Euro je kWh$_{th}$ entsprechend der weiter unten gezeigten Berechnung angesetzt. Die benötigte Menge ist mit 50 % des Ethanol-Ausstoßes anzusetzen, wie es z. B. von „Well-to-Wheel" angegeben wird. - Siehe auch Dokumentation 2.1.62.1.62.1.62.1.6Well – to – Wheel 2.1.6.

Da gegenüber Fischer-Tropsch die gesamte Biomasse ausgenutzt wird, muss ausserdem Wasserstoff zugeführt werden, den wir mit Euro 2,- je Liter bei einer Menge von 5 Mio. Liter p.a. ansetzen.

Das Ethanol kostet dann etwa Euro 0,41 je Liter. Man braucht 1,5 Liter anstelle eines Liters Benzin. Damit kostet die gleiche Menge Energie etwa 50 % mehr, also 61 Cent.

Da es eine importarme, umweltfreundliche, sichere Erzeugung ist, kann auf die hohe Steuerlast verzichtet werden, so dass an der Tankstelle mit ungeähr einem Euro für 1,5 Liter Ethanol zu rechnen ist.

3.2 Wirtschaftlichkeitsrechnung für Hochtemperatur-Kugelbett-Reaktor

Wirtschaftlichkeitrechnung Kugelbettofen mit 750 Megawatt thermisch
(entspricht 300 MW elektrisch) werden erzeugt zum Beispiel in 3 Reaktor-Cores à 250 MW

Investition

Bauphase ca 5 Jahre		200.400.000	Euro	Bauphasen-Finanzierung, Zinseszins
Baukosten komplett		600.000.000	Euro	d. h. 2 Mio. Euro je MW el
Rückstellungen für Stilllegung, Endlager, Rückbau		200.000.000	Euro	30 % der Baukosten
Nutzungsdauer		30	Jahre	
Abschreibung pro Jahr		33.346.667	Euro	Bauphase und Baukosten auf 30 Jahre verteilt
Zinsen	6%	24.012.000	Euro	6 % p.a. auf die halbe Investsumme von 0,8 Mrd

Betriebskosten

Personal

	100	70.000	7.000.000	Euro	100 Personen à du 70.000 Brutto-Personalkosten

Sachkosten

Brennstoff Uran/Thorium			15.000.000	Euro	75 to à 200.000 Euro
Herstellugn der Kugeln / Körner			15.000.000	Euro	Annahme
Aufbereitugn und Entsorgung der Elemente			15.000.000	Euro	Annahme
Sonstige Kosten			5.000.000	Euro	
Wartung		10%	60.000.000	Euro	jährlich 10 % der reinen Bausumme
Summe pro Jahr			**174.358.667**	**Euro**	**Gesamte Jahreskosten**	26%

Wirtschaftlichkeitsrechnung für Hochtemperatur-Kugelbett-Reaktor

Leistung	**Nutzung je zur Hälfte etwa für Strom und Hydriewärme,**			
Nennleistung in Kilowatt th	750.000	kW th	entspricht 300 Megawatt thermisch bei 40 % Wirkungsgrad	
Jahres-Stunden	8.760	Stunden	(365 Tage *24 Stunden)	
Abzug für Wartung, Störung etc.	10,00%		Wartung, Störung etc.	
verbleibt nutzbare Betriebszeit	7.884	Stunden		

Wärme-Stufe		Gesamt-Energie-Erzeugung (Nutzstd. mal 750 MW)	5.913.000.000	kWh th	zu durchschnittl. Kosten von	0,02949	Euro/kWh th
4.		Abwärme unter 50 Grad ungenutzt (= ca. 5 %)	295.650.000	kWh th	ca 5 % der maximal Temp v. 1.000 Grad		
		Nutzbare Wärmemenge p.a. insgesamt	**5.617.350.000**	kWh th	wird in drei Stufen genutzt	**0,03104**	Euro/kWh th Euro Hochwärme-
1.		Temperaturdifferenz von 1.000 bis 650 Grad (ca. 35%)	2.069.550.000	kWh th	an die Hydrieranlage	64.237.404	Kosten Euro Stromwär-
2.		Temperaturdifferenz von 650 bis 250 Grad (ca. 40 %)	2.365.200.000	kWh th	wird zur Stromerzeugung genutzt	73.414.175	me-Kosten
		Diese Wärme ergibt bei Wirkungsgrad 40 %	946.080.000	kWh el	Strom à Euro	**0,07760**	je kWh el Euro Vor-
3.		Temperaturdifferenz von 250 bis 50 Grad C (ca. 20 %)	1.182.600.000	kWh th	für Hydrier-Vorwärme	36.707.088	wärme- Kosten
		Kontrolle: gesamte nutzbare Wärmemenge	5.617.350.000	kWh th	ergibt Gesamterlös	**174.358.667**	**Euro**
		Insgesamt geht an die Hydrieranlage	3.252.150.000	kWh th	Hoch-Wärme plus Vorwärme	100.944.491	Euro

Beide Berechnungen sind überschlägig und zeigen, dass genügend Sicherheiten für Verschlechterungen in Details eingepreist sind. Korrekturen und Erfahrungswerten sind jederzeit willkommen.

3.3 MWV Prognose Treibstoff-Verbrauch in Deutschland bis 2025

Prognose des Mineralölverbrauchs in Deutschland bis 2025
(in Mio t)

Mineralölprodukte	2004	2005	2006	2007	2008	2009	2010	2015	2020	2025	05/04	06/05	07/05	Veränderungsraten in v.H. 08/05	09/05	10/05	15/05	20/05	25/05
+ Ottokraftstoffe	25,0	23,4	22,6	22,0	21,5	21,0	20,5	17,9	15,6	13,6	-6,4	-3,4	-5,9	-8,2	-10,5	-12,3	-23,5	-33,5	-42,0
+ Dieselkraftstoff	29,9	29,7	30,2	30,6	30,8	31,2	31,3	30,5	28,6	26,0	-0,6	1,6	2,8	3,7	4,8	5,1	2,5	-3,9	-12,4
+ Heizöl, leicht	25,4	24,5	25,9	24,6	24,5	24,0	23,4	21,1	19,2	17,6	-3,8	5,9	0,5	0,3	-1,9	-4,4	-13,6	-21,3	-28,1
+ Heizöl, schwer / Rückst.	6,3	6,0	5,9	5,7	5,5	5,4	5,3	4,8	4,7	4,5	-3,5	-2,2	-5,1	-8,3	-10,9	-12,9	-19,8	-22,7	-25,0
+ Schmierstoffe	1,0	1,0	1,0	1,0	1,0	1,0	1,0	1,0	1,0	1,0	-1,6	-0,7	-1,0	-1,7	-2,0	-2,5	-4,9	-6,3	-7,0
+ Rohbenzin	17,9	18,0	18,2	18,3	18,4	18,5	18,7	19,2	19,7	20,0	0,7	0,7	1,5	2,2	2,8	3,5	6,5	9,4	10,7
+ Flüssiggas	2,7	2,8	2,8	2,8	2,8	2,8	2,8	2,9	3,0	3,0	3,7	-0,2	0,5	1,1	1,7	2,3	5,9	7,9	10,6
+ Flugturbinenkraftstoff	7,5	8,1	8,5	8,9	9,3	9,7	10,1	11,1	11,7	12,3	7,6	4,5	10,1	15,0	20,0	24,9	37,5	44,8	52,4
+ Bitumen	2,7	2,9	3,0	3,0	3,0	3,0	3,0	3,0	3,0	3,0	7,5	3,2	3,8	4,2	4,8	4,6	4,6	4,3	4,0
+ Sonstige Produkte	2,3	2,2	2,2	2,2	2,1	2,2	2,2	2,1	2,1	2,1	-1,6	0,2	0,3	-4,8	-1,0	-1,2	-3,8	-5,0	-7,0
= Zwischensumme	120,7	118,7	120,3	119,2	119,1	118,8	118,3	113,8	108,6	103,1	-1,7	1,3	0,4	0,3	0,1	-0,4	-4,1	-8,5	-13,1
- Recycling	6,1	6,5	6,3	6,3	6,3	6,2	6,2	6,2	6,2	6,2	5,8	-3,0	-3,1	-3,2	-3,3	-3,4	-3,3	-3,7	-4,2
= Inlandsabsatz	114,6	112,2	114,0	112,9	112,8	112,6	112,0	107,5	102,4	97,0	-2,1	1,6	0,6	0,5	0,3	-0,2	-4,2	-8,8	-13,6
+ Raffinerie EV	7,3	7,4	7,3	7,2	7,1	7,0	7,0	6,9	6,8	6,8	2,6	-2,4	-3,9	-4,0	-5,4	-5,5	-7,3	-8,3	-9,1
= Inlandsbedarf	121,9	119,7	121,3	120,1	120,0	119,6	119,0	114,4	109,2	103,7	-1,8	1,3	0,3	0,2	-0,1	-0,5	-4,4	-8,8	-13,3

3.4 Treibstoff-Verbrauch bis 2005 nach UPI - Umwelt- und Prognose-Institut e.V

Quelle: UPI - gemeinnütziges Forschungsinstitut - Handschuhsheimer Landstraße 118a D - 69121 Heidelberg
Telefon: 06221 - 45 50 55 Fax: 06221 - 45 50 56 D1 - Telefon: 0160 - 40 60 455

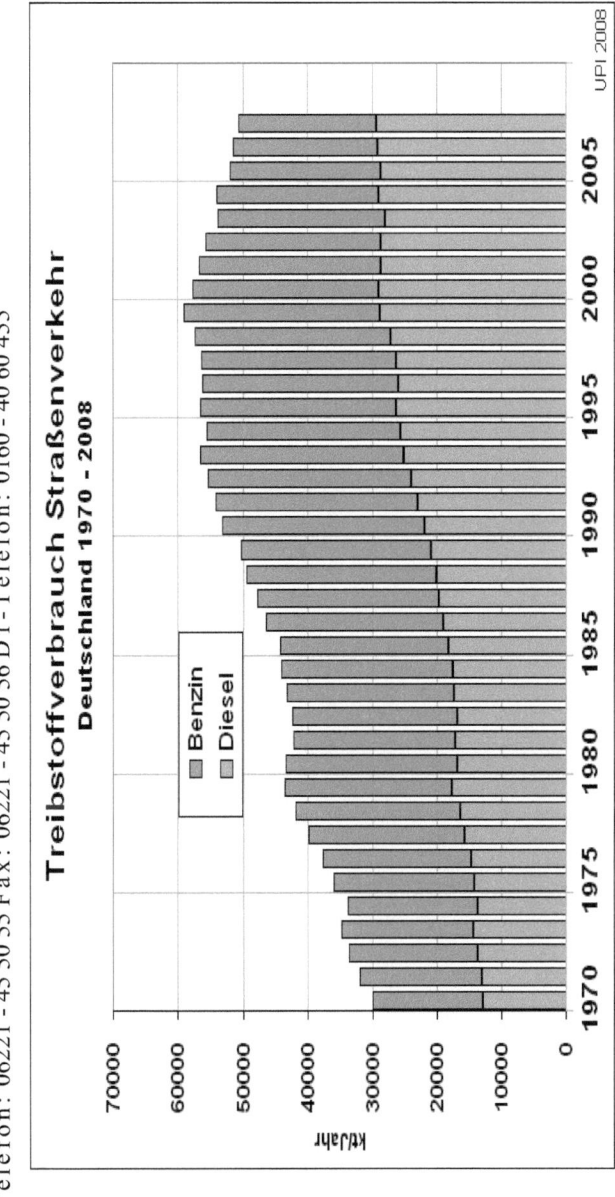

3.5 Durchblick

Die folgend auszugsweise wiedergegebene Broschüre zeigt wie es um einige verbreitete Vorurteile wirklich bestellt ist.

Danach können die Bio-Materialien gut zu unserer Energieversorgung beitragen, ohne die Nahrungsbasis zu beeinträchtigen, die CO_2-Bilanz zu verschlechtern oder andere schädliche Nebenwirkungen zu verstärken.

Ausserdem sind von dieser Bundes-Agentur wichtige Rahmendaten angeführt, die das Projekt „BioKernSprit" zusätzlich bestätigen.

Sprit mit Kernwärme aus Biomasse und Kohle

Den Preis macht nicht das Korn allein.

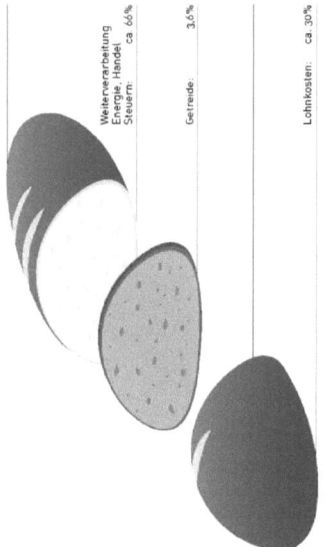

Weiterverarbeitung
Energie, Handel
Steuern: ca. 66%

Getreide: 3,6%

Lohnkosten: ca. 30%

Nur ein Bruchteil der weltweit produzierten Agrargüter wird bisher als Bioenergie genutzt. Trotzdem sind die Weltpreise für Getreide wie z.B. Weizen und Mais in die Höhe geschnellt. Der Grund: Ernten sind wegen extremer Dürren ausgefallen. Die Lagerbestände der großen Agrarhändler sind gleichzeitig sehr niedrig. Außerdem: Immer mehr Menschen, vor allem in den asiatischen Wachstumsregionen, wollen mehr Fleisch- und Milchprodukte konsumieren. Das führt zu einem überproportional starken Verbrauch von Getreide und Ölsaaten als Futtermittel. Ergebnis: Die Preise steigen. Weltweit lohnt es sich für Landwirte damit wieder, in den Anbau zu investieren und brachliegende Flächen zu bestellen. Da die Landwirte in den vergangenen Jahren oft nur sehr niedrige Erlöse für ihre Produkte erhielten, wurde in vielen Regionen der Erde die landwirtschaftliche Produktion aufgegeben und nicht ausreichend investiert. Die Getreidepreise auf den Weltmärkten sollten allerdings nicht mit dem Brotpreis beim Bäcker nebenan verwechselt werden. Der Kostenanteil des Rohstoffs Getreide am Preis für das Endprodukt Brot ist sehr gering (3,6%). Das Getreide macht bei einem Brotpreis von 2 Euro weniger als 10 Cent aus. Wichtiger sind andere Kosten wie z.B. Löhne, Weiterverarbeitung und Steuern.

Der Brotpreis steigt stärker als der Preis für das Getreide

Nur ein Bruchteil der Weltgetreideernte wird für Biokraftstoffe genutzt

für Kraftstoffe 5%

für Nahrungs- und Futtermittel 95%

Die europäische Getreideernte wird überwiegend als Tierfutter verwertet

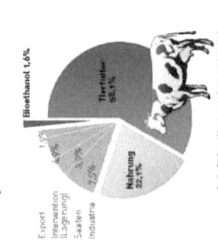

Durchblick

Unsere Landwirtschaft kann neben Nahrung auch 25% unserer Energie bereitstellen.

Strom, Wärme oder Kraftstoffe können aus Energiepflanzen (z.B. Raps, Mais, Getreide), aus Holz sowie - in vergleichbarem Umfang - aus Reststoffen (z.B. Gülle und Biomüll) gewonnen werden. 2007 wuchsen in Deutschland auf 2 Mio. Hektar Energiepflanzen, das sind 12 % der landwirtschaftlichen Nutzfläche.

Die Fläche könnte nach einer Studie des Bundesumweltministeriums bis 2030 auf 4,4 Mio. Hektar mehr als verdoppelt werden - ohne dabei die Versorgung mit Nahrungsmitteln in Frage zu stellen. Für deren Anbau werden in Zukunft nämlich weniger Flächen benötigt: Demographischer Wandel, sinkende Exporte und steigende Erträge machen es möglich.

Die Ackerfläche kann natürlich nur einmal verplant werden - aber Biomasse steht auch in Form von Reststoffen aus der Futter- und Nahrungsmittelproduktion zur Verfügung, z.B. Rübenblätter, Gülle, Mist und Nebenprodukte wie z.B. Kartoffelschalen.

Landwirtschaft und Bioenergie müssen sich also keine Konkurrenz machen - sondern gehen längst Hand in Hand. Addiert man zu den eigens angebauten Energiepflanzen die vielen verschiedenen Qualitäten von Reststoffen, so reicht dieses Potenzial, um bis 2050 Deutschland zu 25 % mit Bioenergie zu versorgen.

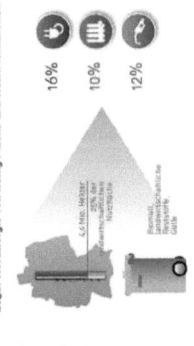

2030: Viel Energie von wenig Fläche und vielen Reststoffen

16%
10%
12%

Sprit mit Kernwärme aus Biomasse und Kohle

Unser Biodiesel lässt den Regenwald in Ruhe.

Palmöl aus Indonesien spielt auf dem deutschen Biokraftstoffmarkt keine Rolle. Bei niedrigen Temperaturen wird Biodiesel aus Palmöl nämlich fest und scheidet als Kraftstoff in Mittel- und Nordeuropa aus. Die Arbeitsgemeinschaft Qualitätsmanagement Biodiesel (AGQM) hat seit Beginn ihrer umfangreichen Proben bei deutschen Biodieselproduzenten 2004 kein Palmöl gefunden.

Verantwortlich für die Regenwaldzerstörung ist der steigende Bedarf im Bereich Nahrungsmittel und stofflicher Nutzung: 95% des weltweiten Palmölverbrauchs fliessen als Rohstoff in diese Bereiche. Egal, wo es verwendet wird, Palmöl, das von gerodeten Urwaldflächen stammt, muss durch internationale strenge Nachhaltigkeitskriterien ausgeschlossen werden.

Es hilft darum nur wenig, wenn nur die anteilsmässig kleine Nutzung von Palmöl im Energiebereich kontrolliert wird - alle importierten Agrarrohstoffe sollten hinsichtlich ökologischer Kriterien überprüft werden. Nachhaltigkeitskriterien müssen für alle Nutzungspfade von Agrargütern gelten - sonst geht der nicht nachhaltige Anbau für Nahrungs- und Futtermittel auf andauernden Flächen einfach weiter.

Bilaterale Verträge der Bundesregierung mit Anbauländern sowie unabhängige lokale Kontrollsysteme sollten darum zusätzlich garantieren, dass keine ökologisch besonders wertvollen Flächen mehr für den Anbau von Biomasse in Beschlag genommen werden. Um Importe aus nachhaltigem Biomasse-Anbau möglich zu machen wird seit Februar 2007 ein Zertifizierungssystem entwickelt. Auch auf EU-Ebene werden entsprechende Standards vorbereitet. Die Zertifizierung von Biokraftstoffen nach strengen Nachhaltigkeitsstandards kann ein wichtiger Anreiz sein, den Verlust von ökologisch besonders wertvollen Flächen zu stoppen. Sie ist aber auch kein Allheilmittel für die komplexen Probleme, die zu Abholzungen und zum Verlust von Biodiversität führen.

Nur 5% des weltweiten Palmölverbrauchs fliesst in Strom, Wärme und Kraftstoffe

- **Energetische Nutzung** Strom, Wärme und Kraftstoffe 5%
- **Konsumartikel** Seifen, Kosmetik, Kerzen 21,5%
- **Nahrungsmittel** Salat- und Kochöl, Margarine 73,5%

Quelle: US Dep. of Agriculture 2007

Biokraftstoffe werden in Deutschland hauptsächlich mit heimischer Biomasse erzeugt, nämlich Pflanzenöl aus Raps. Importe von Biomasse für die Biokraftstoffproduktion sind im Vergleich zu den Importen von z.B. Futtermitteln noch marginal nehmen allerdings zu. US-amerikanische und argentinische Dumping-Exporte von Biodiesel und Basis von Soja allerdings bereits verstärkt auf den deutschen Kraftstoffmarkt. Kleine und mittelständische deutsche Biodieselhersteller, die auf kurze, regional verankerte Produktionsketten setzen, sind damit gefährdet.

Importe von zerstörten Urwaldflächen: Unerwünscht in Deutschland und Europa

Die Bundesregierung hat mit der Biomasse-Nachhaltigkeitsverordnung vom Dezember 2007 Bedingungen für die zukünftige Nutzung von Biomasse für Biokraftstoffe vorgelegt. Importe von Biomasse für Biokraftstoffe können nur dann auf den deutschen Kraftstoffmarkt gelangen und zur Erfüllung der CO2-Einsparziele verwendet werden, wenn sie vor 2011 bzw. (ab 2011) um 40% unter den Emissionen konventioneller Kraftstoffe liegen. Biokraftstoffe, deren Biomasse durch Zerstörung von Regenwäldern oder Mooren gewonnen wurden, würden aufgrund ihrer deutlich schlechteren Klimabilanz nicht mehr für Importe nach Deutschland in Frage kommen.

Durchblick

Bioenergie ist für Entwicklungsländer eine Chance zur wirtschaftlichen Entwicklung

Trotz einer um 5% höheren Weltgetreideernte in 2007 stiegen die Preise auf das Agrarmarkten massiv an. Mehrere Faktoren sind dafür verantwortlich:
- Ernteausfälle aufgrund von Klimaextremen in wichtigen Anbauländern (Australien, Nordamerika, Osteuropa)
- weltweit historisch niedrige Lagerbestände
- gestiegene Nachfrage nach Getreide als Futtermittel aufgrund des zunehmenden Fleischkonsums insbesondere in China und Indien
- trotz steigender Preise kein Rückgang der Nachfrage der Wachstumsregionen (China, Indien) aufgrund gestiegener Kaufkraft

Aufgrund der in den vergangenen Jahren verhältnismäßig niedrigen Erzeugerpreise liegen weiterhin weltweit Flächen brach. Auch Neuinvestitionen in die Steigerung der landwirtschaftlichen Produktion sind bisher nicht erfolgt – weshalb es jetzt zu Engpässen kommt. Marktfremde Anbieter drängen vor diesem Hintergrund verstärkt in spekulativer Absicht auf die Märkte für Agrarrohstoffe. Die Preisentwicklung wird zunehmend volatil und koppelt sich vom realen Verhältnis von Angebot und Nachfrage ab.

Die steigende Nachfrage nach Biokraftstoffen trägt auf den derzeit angespannten Weltagrarmärkten direkt oder indirekt auch zur Verknappung des Angebotes von Nahrungs- und Futtermitteln bei. Im Zweifel muss die Nahrungsproduktion dabei immer Vorrang haben – Food first!

Tank und Teller sind möglich

Mit rund 100 Mio. Tonnen flossen 2007 nur knapp 5% der Weltgetreideernte (2,1 Mrd. Tonnen) in die Produktion von Biokraftstoffen. Angesichts ausreichender Flächen und Produktionspotenziale muss es keine Konkurrenz zwischen Nahrungsmittelproduktion und energetischer Nutzung von Biomasse geben. Wir müssen uns nicht zwischen „Tank oder Teller" entscheiden. Wir können beides haben – wenn vorhandene Potenziale gezielt erschlossen und nachhaltig genutzt werden. Hunger dagegen ist vor allem ein Armutsproblem. Es hat mit Verteilungsgerechtigkeit zu tun und bedeutet nicht, dass grundsätzlich zu wenig Nahrungsmittel produziert würden.

Chance Bioenergie

Viele Kleinbauern in Entwicklungsländern haben unter dem Druck niedriger Weltmarktpreise und mangelnder Rentabilität in den vergangenen Jahren aufgegeben, sind in die Metropolen abgewandert. Der Einstieg in die nachhaltige Nutzung der Bioenergie bietet die Chance einer Trendwende:
- Die Produktion von Strom, Wärme und Treibstoffen schafft ein zweites wirtschaftliches Standbein für Landwirte.
- Die Abhängigkeit von teuren fossilen Energieträgern wird reduziert.
- In Entwicklungsländern bietet Bioenergie die kostengünstige, dezentrale Energieversorgung, die für alle weiteren gesellschaftlichen und ökonomischen Aktivitäten unerlässlich ist.
- In den ärmsten Ländern, die traditionelle Biomasse (z.B. Dung, Holz) ineffizient nutzen, kann die Versorgung modernisiert und der Raubbau (Brennholz) gebremst werden.

Bioenergie führt aus der Erdölfalle und hält die Devisen im Land

Anteil fossiler Brennstoffe an allen Importen

Indien: 29,3%
Entwicklungsländer: 24,8%
Indonesien: 22,9%
Brasilien: 19,3%

Quelle: WTO World Trade Statistics 2007

Die hohe Abhängigkeit vieler Schwellen- und Entwicklungsländer von importierten fossilen Brennstoffe hat mit dem Preisanstieg für Erdöl seit den 1970er Jahren maßgeblich in die Verschuldung geführt. Die Entwicklungsländer mussten ja weiterhin bei immer schwächerer Kaufkraft die steigenden Weltmarktpreise zahlen. Der Anteil der Ausgaben für den Import fossiler Energieträger stieg im Verhältnis zu den Exporteinnahmen damit in vielen Entwicklungsländern auf über 50% bis 75%, d.h. die geringen Einnahmen durch heimische Produkte auf dem Weltmarkt werden umgehend von der Ölrechnung wieder aufgefressen.

Ein Anstieg des Rohölpreises um 10 US$ je Barrel und Jahr führt zu einem Rückgang des Bruttosozialprodukts um durchschnittlich...

3,0% in den Entwicklungsländern Subsahara-Afrikas
1,6% in den Nichtenergie-Entwicklungsländern Südostasiens
0,8% in den Entwicklungsländern Südamerikas
0,4% in den verschiedenen Industrienationen (OECD)

Quelle: IEA World Energy Outlook 2006

Gülle stinkt. Biogasanlagen nicht.

Korrekt betriebene Biogasanlagen stinken nicht. Eine Geruchsbelästigung durch Biogasanlagen kann es nur dann geben, wenn die Biomasse vor oder nach dem Prozess nicht sachgerecht gelagert wird, wenn die biologische Prozess aus dem Gleichgewicht kommt oder wenn schlecht vergorenes Material weder auf den Acker ausgebracht wird.

Die Sorge vor Geruchsbelästigungen durch Biogasanlagen ist damit heute weitgehend unbegründet. Mehr noch: Gülle aus der landwirtschaftlichen Tierhaltung, die vor ihrer Ausbringung auf die Ackerflächen zunächst in einer Biogasanlage vergoren und energetisch genutzt wurde, verursacht wesentlich geringere Geruchsbelästigungen als unvergorene Gülle. Das in der Gülle enthaltene Methan wird in der Biogasanlage zur Strom- und Wärmeerzeugung genutzt. Deshalb kann dieses extrem klimaschädliche Gas bei der Ausbringung der Gärreste, d.h. von vergorener Gülle, nicht mehr in die Atmosphäre entweichen.

Darüber hinaus sind die Nährstoffe in vergorener Gülle für Pflanzen besser verfügbar. Durch die Rückführung des Gärrestes auf die Ackerflächen kann daher mit diesem wertvollen Dünger der Einsatz von synthetischen Düngemitteln reduziert werden. So schließt sich der regionale Nährstoffkreislauf über die Biogasanlage. Für benachbarte Wohngebäude ist eine Biogasanlage oft ein Zugewinn, da von ihr die Wärme zur Beheizung des Wohnhauses günstiger bezogen werden kann als über die eigene Erdgas- oder Ölheizung.
Eine Landwirtschaft, die man überhaupt nicht riecht, wird es aber wohl nie geben.

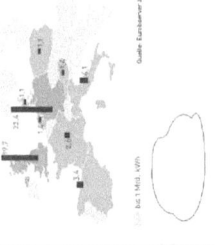

Biogas wird in geschlossenen Kreisläufen erzeugt.

Biogas in Deutschland 2007

Anlagenzahl
3 700 Biogasanlagen

Neuinvestitionen der deutschen Biogasbranche
ca. 950 Mio. EURO

davon im Ausland
ca. 150 Mio. EURO

Beschäftigung
10 000 Arbeitsplätze

Installierte Gesamtleistung:
1 270 Megawatt

Stromproduktion:
7,5 Mrd. kWh

Anteil am gesamten Stromverbrauch
1,5 %

Damit wird der Stromverbrauch von über 2,5 Mio. Haushalten abgedeckt. Das entspricht etwa der Stromproduktion eines durchschnittlichen Atomreaktors.

Deutschland ist Biogas-Europameister
Biogas-Primärenergie 2006 in Mrd. kWh
(mit Klär- und Deponiegas)

bis 1 Mrd. kWh

Quelle: Eurobserver 2007

Durchblick

Biodiesel spart bis zu 66% CO2 ein.

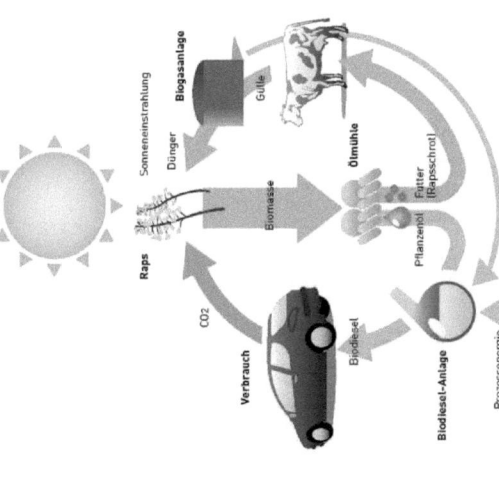

Das bei der Verbrennung von Biomasse freigesetzte CO2 entspricht der Menge, die die Pflanze während ihres Wachstums aufgenommen hat. Nachwachsende Biomasse absorbiert wiederum die freigesetzte Menge CO2. Es handelt sich somit um einen geschlossenen CO2-Kreislauf.

Die Klimabilanz der verschiedenen Biokraftstoffe hängt davon ab, wie energieintensiv der Anbau ist (z.B. Düngen, Pflügen) und wie aufwändig sich Transport und Umwandlung gestalten (Effizienz z.B. einer Bioraffinerie). Aus Sicht der Klimabilanz sind daher geschlossene, dezentrale Kreisläufe optimal, bei denen heimische Energiepflanzen effizient genutzt werden. Neue Verfahren der Biokraftstoffproduktion (BtL) können die Energie- und Klimabilanz weiter verbessern.

Aus Raps wird in der Ölmühle Pflanzenöl und Rapsschrot gewonnen. In der Biodiesel-Anlage wird das Pflanzenöl zu Biodiesel aufbereitet, der als Biokraftstoff in Autos, Lkw, Flugzeugen oder Schiffen verbraucht werden kann. Nachwachsender Raps absorbiert das ausgestoßene CO2 wieder. Dies in der Ölmühle anfallende Rapsschrot dient als proteinhaltiges Futter in der Viehzucht. Dort anfallende Gülle kann wiederum in Biogasanlagen energetisch verwertet werden. Gärreste aus der Biogasanlage können schließlich als Dünger für den Rapsanbau dienen. Für den Rapsanbau und den Betrieb der Biodiesel-Anlage muss allerdings zusätzlich von außen Prozessenergie zugeführt werden – z.B. Bioenergie.

Klimabilanz von fossilen und Biokraftstoffen
Kilogramm CO2-Äquivalent pro Liter Kraftstoffäquivalent*

Die Nutzung von Nebenprodukten und ein effizienter Anbau verbessern die Energiebilanz und senken den CO2-Ausstoß von Biokraftstoffen erheblich. Der Kreislauf der Bioethanol-Produktion ist vergleichbar.

Bioenergie ist sinnvoller Teil der Fruchtfolgen.

An jedem Standort können Fruchtfolgen angepasst werden, die mit Energiepflanzen z.B. Raps optimale Erträge und Bodenschutz erreichen. Raps kann nur mit drei- bis vierjährigem Abstand wieder auf derselben Fläche angebaut werden – eine Monokultur ist damit ausgeschlossen.

Beim Anbau von Energiepflanzen für Biogas und Biokraftstoffe müssen auch die Cross Compliance-Vorgaben der EU eingehalten werden. Diese schreiben eine Reihe von Nachhaltigkeitskriterien vor, die jeder Landwirt einhalten muss, der EU-Gelder erhält. Damit wird schon heute z.B. ein zu hoher Anteil von Mais in der Fruchtfolge verhindert. Nach deutschen Vorgaben müssen im Rahmen der „Guten fachlichen Praxis" (GfP) eine Reihe von Bestimmungen aus dem landwirtschaftlichen Fachrecht eingehalten werden, so z.B. das Pflanzenschutzgesetz, das Bundesbodenschutzgesetz und die Düngeverordnung.

Diese Vorgaben und die notwendige Fruchtfolge verbieten den dauerhaften Anbau derselben Kulturpflanzensorte. Bereits aus eigenem ökonomischem und ökologischem Interesse heraus würde ein Landwirt sein kostbarstes Gut – einen ertragsstarken Boden – nicht durch unsachgemäße Bewirtschaftung gefährden.

Mit zunehmendem Interesse am Anbau für die Bioenergie breiten sich auch innovative, ökologisch besonders sinnvolle Anbausysteme aus, z.B.

- Mischfruchtanbau: Energiepflanzen wie Mais und Sonnenblumen werden gleichzeitig auf einer Fläche zur Nutzung in der Biogasanlage angebaut.
- Zweikulturensysteme: Während eines Jahres wird eine Winter- und eine Sommerkultur angebaut, z.B. Wintertriticale und Zuckerhirse, womit ein maximaler Biomasse-Ertrag erzielt wird. Gleichzeitig können Herbizide und Bodenerosion vermieden werden.

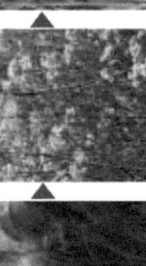

Mischfruchtanbau: Sonnenblume und Mais vereint auf einem Acker

Zuckerhirse als Sommerzwischenfrucht

Beispiel für getreidebetonte Fruchtfolge in Norddeutschland mit je einjährigen Anbaukulturen

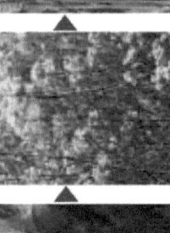

2007 Gerste
- Brot- und Braugetreide
- Futtermittel
- Biogaserzeugung

2008 Raps
- Pflanzenöl
- Biodiesel
- Futtermittel

fördert den Humusaufbau, verbessert die Bodenstruktur (Tragfähigkeit, Sauerstoffgehalt), bindet Stickstoff, unterbindet Pflanzenkrankheiten beim Getreide

2009 Weizen
- Futtermittel
- Brotgetreide
- Bioethanol

Durchblick

Bioenergie:
Vorteile
statt Vorurteile

Bioenergie – die Energie der kurzen Wege

Die Bioenergie ist unter den Erneuerbaren Energien der Alleskönner: Sowohl Strom, Wärme als auch Treibstoffe können aus fester, flüssiger und gasförmiger Biomasse gewonnen werden. Die Vielfalt der Nutzungsmöglichkeiten wird in Deutschland gerade erst entdeckt.

Mit Bioenergie gewinnen die Regionen

Ein dezentraler Ausbau der Bioenergienutzung kann insbesondere die regionale Wertschöpfung stärken: Die Bioenergie bietet der Landwirtschaft ein zusätzliches Standbein. Statt die Energierechnung bei russischen Erdgas-Konzernen und arabischen Ölscheichs zu bezahlen, bleiben die Ausgaben für Energie dann in der Region. Werden lokale Synergien erschlossen und Kreisläufe geschlossen, kann die Nutzung von Bioenergie zum Motor der ländlichen Entwicklung werden und können gleichzeitig Energiekosten deutlich gesenkt werden. Immer mehr Bioenergie-Dörfer und -Regionen machen es vor.

Der zuverlässige Teamplayer

Als grundlastfähige und optimal speicherfähige Quelle Erneuerbarer Energien übernimmt die Bioenergie eine zentrale Rolle in der zukünftigen Energieversorgung, die überwiegend auf Erneuerbaren Energien basieren wird. Im Zusammenspiel mit Wind und Sonne schafft Bioenergie zuverlässig und sicher eine ausschließliche Versorgung mit Erneuerbaren Energien.

Klimaschützer Bioenergie

Bioenergie – einschließlich der verschiedenen Formen von Biokraftstoffen – macht heute fast die Hälfte des Klimaschutz-Beitrags der Erneuerbaren Energien in Deutschland aus. Bioenergie hat 2007 bei uns 53,7 Mio. Tonnen CO_2 vermieden – das ist soviel wie alle Treibhausgas-Emissionen der Schweiz zusammen. Biokraftstoffe allein reduzierten 2007 die CO_2-Emissionen um 14,3 Mio. Tonnen – soviel wie alle Berliner Privathaushalte jährlich ausstoßen. Wer die Kyoto-Ziele erreichen will, muss auch die Nutzung der Bioenergie massiv voranbringen.

Die Bioenergie im Konzert der Erneuerbaren Energien
Anteil am deutschen Energieverbrauch 2007

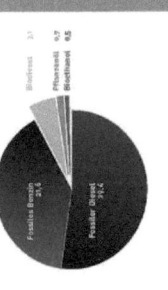

Biogas – effiziente Strom-, Wärme- und Kraftstofferzeugung

Biogas wird in Deutschland dezentral in landwirtschaftlichen Biogasanlagen erzeugt. Importe von Biomasse spielen dabei keine Rolle. Die Biogaserzeugung stärkt so die regionale Wertschöpfung, schließt Stoffkreisläufe und nutzt Synergien vor Ort. Biogas bietet der Landwirtschaft ein zusätzliches Standbein zur Diversifizierung ihrer wirtschaftlichen Tätigkeiten.

Blockheizkraftwerke (BHKWs) nutzen Biogas für die Strom- und Wärmeerzeugung. Diese gekoppelte Strom- und Wärmeerzeugung (KWK) ist besonders effizient. Die Entfernung zu den Verbrauchern überbrücken Strom-, Erdgas-, Mikrogas- oder auch Nahwärmenetze. Dass besonders große Biogaspotenziale vor allem in dünn besiedelten ländlichen Raum erschlossen werden können, stellt keine Hürde für eine effiziente Biogasnutzung dar. Ort bringt eine gezielte Standortwahl die landwirtschaftlichen Erzeuger und die Wärmeabnehmer zusammen. Ab einer bestimmten Siedlungsdichte und Abnahmemenge lohnt sich auch die Errichtung kleiner, lokal begrenzter Nahwärme- und Mikrogasnetze.

Primärkraftstoffverbrauch in Deutschland 2007 (ohne Luft- und Bahnverkehr; in Millionen Tonnen)

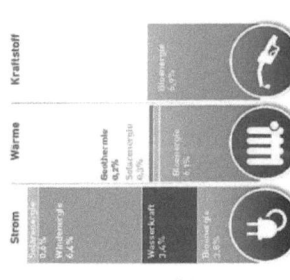

Energie vor Ort mit Biogas

Biogasanlage mit Mikrogas- und Nahwärmenetz; Das Beispiel Steinfurt

Direkteinspeisung von aufbereitetem Biogas: Das Beispiel Straelen

Biogas als Kraftstoff. Das Beispiel Jameln/Wendland

Sprit mit Kernwärme aus Biomasse und Kohle

Holzenergie – Vom Lagerfeuer zur Pelletheizung

Mit dem urzeitlichen Lagerfeuer beginnt die Geschichte der Holzenergie. Heute stehen deutlich effizientere Technologien zur Verfügung, um mit Holz Wärme und Strom zu erzeugen. Knapp 6 Prozent des deutschen Wärmeverbrauchs wurden 2007 durch Holzenergie gedeckt. Angesichts steigender Preise für fossile Energieträger bietet sich unerschlossenes Potenzial von Wald- und Restholz für die Wärmeerzeugung an.

Holz dient traditionell vor allem als Wärmelieferant – für Raumwärme, Warmwasser oder Prozesswärme in der industriellen Nutzung. Ein- und Mehrfamilienhäuser lassen sich heute sauber und effizient mit Holzpellet-Heizungen beheizen. Die moderne und vollautomatische Technologie der Pelletöfen sorgt dafür, dass der Ausstoß von Feinstaub und CO_2 deutlich unter den gesetzlich festgelegten Grenzwerten liegt. Problematisch sind falsch gehandhabte ältere Scheitholzöfen und Kamine. Deswegen ist der Austausch alter Holzöfen durch moderne Holzheizungen (Pelletheizungen, Hackschnitzel-Heizungen, Scheitholzvergaser) der optimale Weg, sowohl Feinstaubemissionen zu reduzieren und Holz effizienter zu nutzen.

Mit größeren Holzheizkraftwerken können durch Kraft-Wärme-Kopplung gleichzeitig Strom und Wärme für Siedlungen und Stadtteile erzeugt werden. Eine weitere Technologie ist die Gewinnung von besonders energiereichem Holzgas. Dieses entsteht beim Erhitzen von Holz unter Luftabschluss. Die Nutzung in Blockheizkraftwerken bleibt aber mit technischen und wirtschaftlichen Risiken verbunden.

Biokraftstoffproduktion in Deutschland 2007

	Produktionsanlagen	Produktionskapazität	Verbrauch in Deutschland	Tankstellennetz
Biodiesel	ca. 40 Raffinerien	4,8 Mio. t	3,1 Mio. t	ca. 1.900 für reinen Biodiesel (B100)
Pflanzenöl	ca. 600 dezentrale Ölmühlen		0,7 Mio. t	ca. 250
Bioethanol	5 Raffinerien	2007: 0,6 Mio. t	0,5 Mio. t	ca. 100 für reines Bioethanol (E85)

Quelle: UFOP/FNR

Biokraftstoffe – Klimaschützer aus deutschem Anbau

Zu Land, zu Wasser und in der Luft: Biokraftstoffe können für den Antrieb von Verbrennungsmotoren in Autos, Lkw, Schiffen oder Flugzeugen eingesetzt werden. Biokraftstoffe sind neben erneuerbarer Elektromobilität unverzichtbar für energieeffiziente Verkehrsstrukturen der Zukunft – denn auch der sparsamste Motor muss betankt werden. Aus Kosten- und Klimagründen sind mittelfristig weder der Einsatz von Wasserstoff noch ein Zurück zum Erdöl realistisch.

Im Jahr 2007 deckten Biokraftstoffe rund 7% des deutschen Kraftstoffverbrauchs ab. Mit einem Jahresverbrauch von 3,1 Mio. Tonnen machte Biodiesel 2007 den Großteil des deutschen Biokraftstoffmarktes aus, während 0,7 Mio. Tonnen reines Pflanzenöl und 0,5 Mio. Tonnen Bioethanol abgesetzt wurden. Biogas kann uneingeschränkt als Kraftstoff in Erdgasautos eingesetzt werden. Synthetische Biokraftstoffe (Biomass to Liquid, BtL), die so genannte „Zweite Generation", sind noch in der Forschungs- bzw. Pilotphase und werden bisher nicht frei am Markt angeboten. Je nach Herkunft, Anbau- und Produktionsverfahren bieten Biokraftstoffe unterschiedliche Potenziale.

Impressum

Herausgeber:

Agentur für Erneuerbare Energien e. V.

Reinhardtstr. 18
10117 Berlin
www.unendlich-viel-energie.de
Tel.: 030-200535-3
Fax: 030-200535-51
info@unendlich-viel-energie.de

Die Agentur für Erneuerbare Energien wird getragen von Unternehmen und Verbänden der Erneuerbaren Energien und unterstützt durch die Bundesministerien für Umwelt und für Landwirtschaft. Sie betreibt die bundesweite Informationskampagne „deutschland hat unendlich viel energie", die unter der Schirmherrschaft von Prof. Dr. Klaus Töpfer steht.

Aufgabe ist es, über die Chancen und Vorteile einer nachhaltigen Energieversorgung auf Basis Erneuerbarer Energien aufzuklären - vom Klimaschutz über eine sichere Energieversorgung bis zu Arbeitsplätzen, wirtschaftlicher Entwicklung und Innovationen. Die Agentur für Erneuerbare Energien arbeitet partei- und gesellschaftsübergreifend

Aktuelle Informationsangebote im Internet:
www.unendlich-viel-energie.de
www.kommunal-erneuerbar.de
www.kombikraftwerk.de

Fotos
S.5 Stock Exchange sxc
S.11 Stock Exchange sxc (9);
       Stock Expert fi)
S.13 dpa Picture-Alliance
S.15 Stock Exchange sxc
S.17 Stock Exchange sxc
S.21 Stock Exchange sxc
S.29 Stock Exchange sxc
S.30 Fachagentur Nachwachsende Rohstoffe (FNR; 2)
       WikiMedia (2)
S.31 Stock Exchange sxc

Grafiken, Illustrationen, Gestaltung
BBGK Berliner Botschaft
Druck: DMP-Druck Berlin

3.6 Basisdaten Biokraftstoff

Ansprechpartner und Links

Fachagentur Nachwachsende Rohstoffe e. V. (FNR)
Bioenergieberatung
Hofplatz 1 · 18276 Gülzow
Tel: 03843 / 6930-199 · Fax: 03843 / 6930-102
www.bio-energie.de · www.bio-kraftstoffe.info
www.btl-plattform.de · info@bio-energie.de

Arbeitsgemeinschaft Qualitätsmanagement Biodiesel e.V. (AGQM)
www.agqm-biodiesel.de · info@agqm-biodiesel.de

Beratung zu Biokraftstoffen in der Landwirtschaft
www.biokraftstoff-portal.de

Landwirtschaftliche Biokraftstoffe e.V. (LAB)
www.lab-biokraftstoffe.de · mail@lab-biokraftstoffe.de

Technologie- und Förderzentrum (TFZ)
www.tfz.bayern.de · poststelle@tfz.bayern.de

Union zur Förderung von Öl- und Proteinpflanzen (UFOP)
www.ufop.de · info@ufop.de

Verband der Deutschen Biokraftstoffindustrie e.V. (VDB)
www.biokraftstoffverband.de · info@biokraftstoffverband.de

Herausgeber:
Fachagentur Nachwachsende
Rohstoffe e.V. (FNR)
Hofplatz 1 · 18276 Gülzow
www.fnr.de · info@fnr.de

Gestaltung, Herstellung:
nova-Institut GmbH, Hürth
www.nova-institut.de/nr

Biokraftstoffe
Basisdaten Deutschland

Stand: Januar 2008

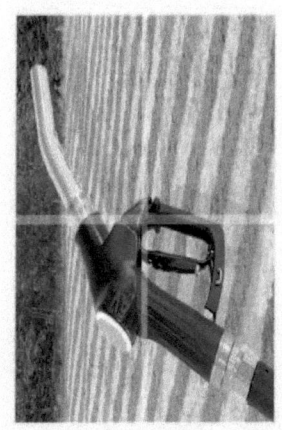

Bundesministerium für
Ernährung, Landwirtschaft
und Verbraucherschutz

Sprit mit Kernwärme aus Biomasse und Kohle

In Deutschland wurden im Jahr 2006 ca. 54 Mio. Tonnen Kraftstoff verbraucht. Neben Dieselkraftstoff mit 52 % und Ottokraftstoff mit 42 %, stieg der Anteil biogener Kraftstoffe auf 6,3 %.

Primärkraftstoffverbrauch in Deutschland 2006
[in 1.000 Tonnen | Gesamtverbrauch: 54 Mio. t; Biokraftstoffanteil: 6,3 %]

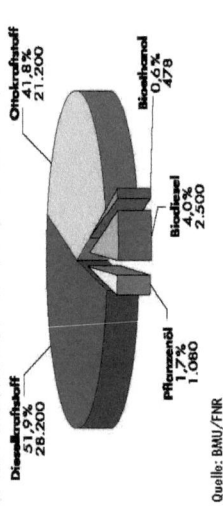

- Dieselkraftstoff 51,9 % 28.200
- Ottokraftstoff 41,8 % 21.200
- Bioethanol 0,6 % 478
- Biodiesel 4,0 % 2.500
- Pflanzenöl 1,7 % 1.080

Quelle: BMU/FNR

Kraftstoffbedarf Deutschland bis 2025
[in Mio. Tonnen]

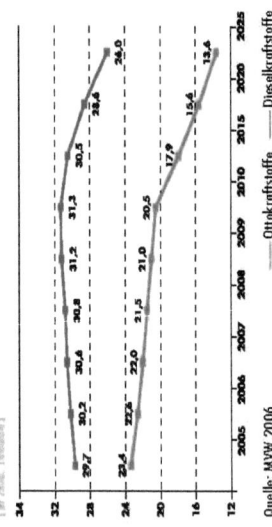

Ottokraftstoffe — Dieselkraftstoffe

Quelle: MWV 2006

Rohstoffe für Biokraftstoffe in Deutschland

	Pflanzenöl	Biodiesel	Biomethan	Bioethanol	DME	Wasserstoff	BtL
Raps	x	x			x	x	x
Sonnenblume	x	x			x	x	x
Getreide			x	x	x	x	x
Stroh			x	x	x	x	x
Mais			x	x	x	x	x
Kartoffeln			x	x	x	x	x
Zuckerrüben			x	x	x	x	x
Waldholz				x	x	x	x
sonst. Biomasse			x	x	x	x	x

DME = Dimetylether; BtL = Biomass-to-Liquid

Biokraftstofferträge pro Fläche in [ha]

Biokraftstoff	Rapsöl	Biodiesel (RME)	BtL	Bioethanol	Biomethan
Rohstoff	Rapssaat	Rapssaat	Energiepflanzen	Getreide	Silomais
Ertrag [t/ha x a]	3,4	3,4	15–20	6,6	45
Ölgehalt [%]	40–43	40–43	25–50[1]	–	–
erforderl. Biomasse [kg/l]	2,3	2,2	3,7	2,6	13[2]
Kraftstoffertrag [l/ha x a]	1.480	1.550	bis 4.030	2.560	3.540[3]
Diesel-/Ottokraftstoffäquivalent [l/ha x a]	1.420	1.410	bis 3.910	1.660	4.950

[1] Konversionsgrad [2] [kg/kg] [3] [Diesel/ha×a] 1 ha = 10.000 m²

Quelle: meo/FNR

BIOMASS-TO-LIQUID (BtL) KRAFTSTOFFE

BtL steht für Biomass-to-Liquid und gehört wie GtL (Gas-to-liquid)- und CtL (Coal-to-liquid)-Kraftstoffe zu den synthetischen Kraftstoffen, deren Bestandteile genau auf die Anforderungen moderner Motorenkonzepte zugeschnitten, also maßgeschneidert werden.

Für die Herstellung von BtL-Kraftstoffen können verschiedenste Biorohstoffe genutzt werden. Die Palette erstreckt sich von ohnehin anfallenden Reststoffen wie Stroh und Restholz auch auf Energiepflanzen, die eigens für die Kraftstofferzeugung angebaut und vollständig verwertet werden.

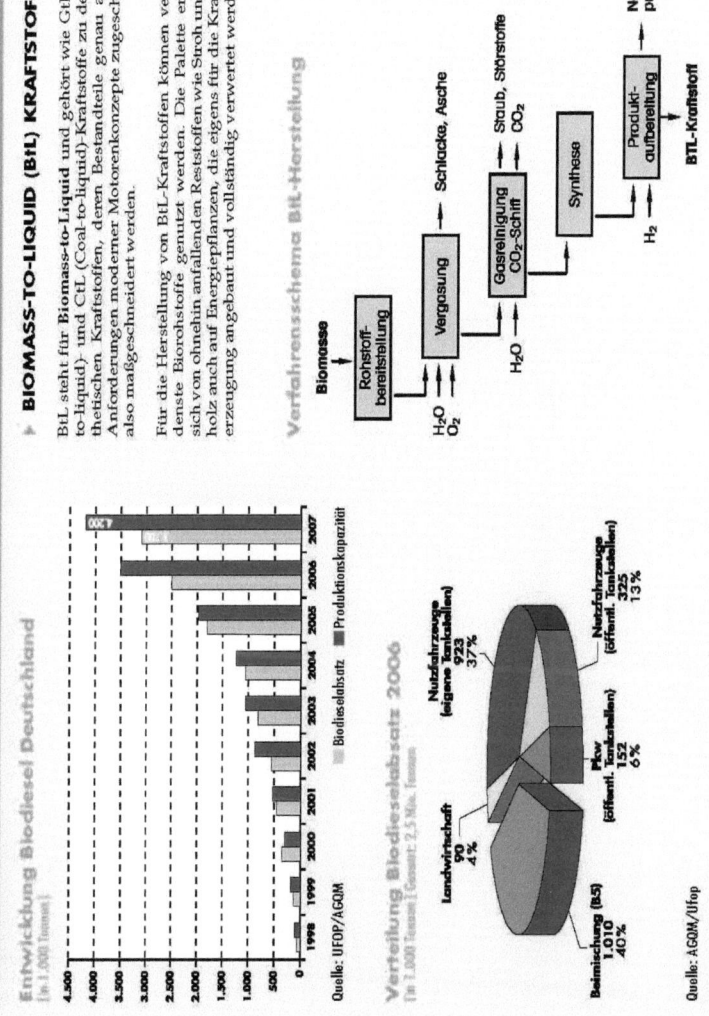

▶ PFLANZENÖL

Eigenschaften verschiedener Pflanzenöle

Pflanzenöl	Dichte (15° C) [kg/dm³]	Heizwert MJ/kg	kin. Viskosität (20° C) [mm²/s]	Cetanzahl	Stockpunkt [°C]	Flammpunkt [°C]	Jodzahl
Rapsöl	0,92	37,6	72,3	40	0 bis -15	317	94 bis 113
Sonnenblumenöl	0,93	37,1	68,9	36	-16 bis -18	316	118 bis 144
Sojaöl	0,93	37,1	63,5	39	-8 bis -18	350	114 bis 138
Leinöl	0,93	37,0	51,0	52	-18 bis -27	-	169 bis 192
Olivenöl	0,92	37,8	83,8	37	-5 bis -9	-	76 bis 90
Baumwollsaatöl	0,93	36,8	89,4	41	-6 bis -18	320	90 bis 117
Jatrophaöl	0,91	40,7	71,0	51	2 bis -3	240	103
Kokosöl	0,87	35,3	21,7*	-	14 bis 25	-	7 bis 10
Palmöl	-	37,0	29,4*	42	27 bis 43	267	34 bis 61
Palmkernöl	0,92	35,5	21,5*	-	20 bis 24	-	14 bis 22

*kinematische Viskosität bei 50° C

Quelle: FNR

▶ BIOETHANOL

Rohstofferträge zur Herstellung von Bioethanol

Rohstoffe	Ertrag (FM) [t/ha]	Kraftstoffertrag [l/ha]	erforderliche Biomasse pro Liter Kraftstoff [kg/l]
Körnermais	9,2	3.520	2,6
Weizen	7,2	2.760	2,6
Roggen	4,9	2.030	2,4
Triticale	5,6	2.230	2,5
Kartoffel	43,0	3.550	12,1
Zuckerrüben	58,0	6.240	9,3
Zuckerrohr	73,8	6.460	11,4

Quelle: Bioethanol in Deutschland, Hrsg. N. Schmitz/FNR   FM = Frischmasse

Entwicklung Bioethanol Deutschland

	2004	2005	2006
Absatz in t	65.000	226.000	478.000
erf. Biomasse Getreide in t	212.550	739.000	1.563.000

Alkoholische Gärung:

$$C_6H_{12}O_6 \longrightarrow 2\,C_2H_5OH + 2\,CO_2$$
(Glucose)   (Ethanol)   (Kohlendioxid)

Basisdaten Biokraftstoff

▶ BIOMETHAN

Für die Nutzung von Bio-Methan als Kraftstoff, ist seine Aufbereitung auf Erdgasqualität erforderlich. In Deutschland fahren etwa 55.000 Erdgasfahrzeuge. Die Anzahl der Erdgastankstellen in Deutschland wird von derzeit 750 auf 1.000 Tankstellen bis zum Jahr 2007 erweitert.

Rohstofferträge z. Herstellung von Biomethan

Rohstoffertrag [t/ha] FM	Biogasausbeute [m³/t]	Methangehalt [%]	Methanausbeute	
			[m³/ha]	[kg/ha]
ca. 45*	ca. 202*	54	4.910	3.535

Quelle: FNR/KTBL   *auf Basis von Silomais; FM = Frischmasse
Dichte Biomethan: 0,72 [kg/m³]

Preisspanne für biogene Kraftstoffe [€/l]

	0,60	0,70	0,80	0,90	1,00
Biomethan*			0,80 – 0,90		
Bioethanol (E85)				0,85 – 1,05	
Biodiesel				0,80 – 1,05	
Pflanzenöl (Rapsöl)	0,60 – 0,80				

Preis
Quelle: FNR 2007 *€/kg

▶ KRAFTSTOFFVERGLEICH

Eigenschaften von Biokraftstoffen

	Dichte [kg/l]	Heizwert [MJ/kg]	Heizwert [MJ/l]	Viskosität bei 20°C [mm²/s]	Cetanzahl	Oktanzahl (ROZ)	Flammpunkt [°C]	Kraftstoffäquivalenz [l]
Dieselkraftstoff	0,83	43,1	35,87	5,0	50	-	80	1
Rapsöl	0,92	37,6	34,59	74,0	40	-	317	0,96
Biodiesel	0,88	37,1	32,65	7,5	56	-	120	0,91
Biomass-to-Liquid (BtL)[1]	0,76	43,9	33,45	4,0	> 70	-	88	0,97
Ottokraftstoff	0,74	43,9	32,48	0,6	-	92	< 21	1
Bioethanol	0,79	26,7	21,06	1,5	8	> 100	< 21	0,65
Etyl-Tertiär-Butyl-Ether (ETBE)	0,74	36,4	26,93	1,5	-	102	< 22	0,83
Biomethanol	0,79	19,7	15,56	-	3	> 110	-	0,48
Methyl-Tertiär-Butyl-Ether (MTBE)	0,74	35,0	25,90	0,7	-	102	- 28	0,80
Dimetylether (DME)	0,67[2]	28,4	19,03	-	60	-	-	0,59
Biomethan	0,72[5]	50,0	36,00[3]	-	-	130	-	1,4[4]
Wasserstoff GH2	0,016	120,0	1,92	-	-	< 88	-	2,8

[1]Werte auf Grundlage von FT-Kraftstoffen, [2]bei 20°C, [3][MJ/m³], [4]Biomethan in [kg], [5][kg/m³]

Quelle: FNR

Sprit mit Kernwärme aus Biomasse und Kohle

Einsparung CO₂-Emissionen [kg/l]

Biodiesel	2,42
Rapsöl	2,29
Bioethanol Zuckerrohr	3,69
Bioethanol Lignozellulose	2,40
Bioethanol Getreide	1,77
Bioethanol Zuckerrüben	1,77
Biomethan	1,61
BtL	2,61

Quelle: meó/FNR

Politische Rahmenbedingungen für Biogene Kraftstoffe

In der Richtlinie 2003/30/EG des Europäischen Parlaments und des Rates vom 8. Mai 2003 zur Förderung der Verwendung von Biokraftstoffen oder anderen erneuerbaren Kraftstoffen im Verkehrssektor ist folgendes Ziel definiert:

- 5,75 % aller Otto- und Dieselkraftstoffe sollen bis zum 31. Dezember 2010 Biokraftstoffe sein."

Energiesteuergesetz (EnergieStG)

Jahr	Biodiesel	Pflanzenöl
	(Energiesteuer in Cent/l)	
Aug. 2006	9	0
2007	9	2,15
2008	15	10
2009	21	18
2010	27	26
2011	33	33
2012	45	45

Der Einsatz von Biokraftstoffen in der Landwirtschaft ist steuerbefreit.

Als besonders förderwürdig eingestufte Biokraftstoffe sind:

- Ethanolkraftstoffe mit einem Ethanolanteil von 70–90 % steuerbegünstigt, z.B. E85 (hinsichtlich des Ethanolanteils)
- BtL und Ethanol aus Zellulose bis 2015 steuerbefreit

* bezogen auf den Energiegehalt (RÖE)

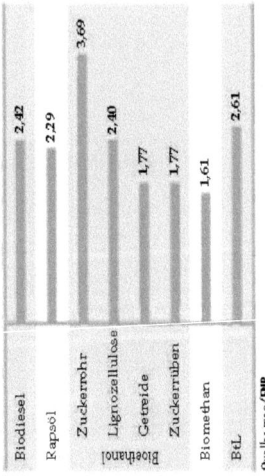

Biokraftstoffe im Vergleich

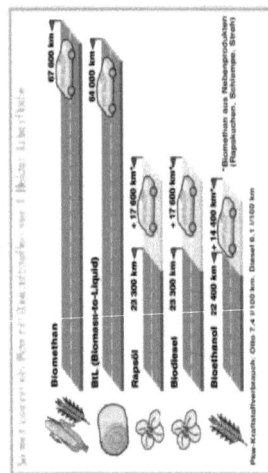

Quelle: FNR

Basisdaten Biokraftstoff

Biokraftstoffquotengesetz (BioKraftQuG) ab 2007

Jahr	Quote Dieselkraftstoff	Quote Ottokraftstoff	Gesamtquote
2007	4,4 %	1,2 %	–
2008		2,0 %	–
2009		2,8 %	6,25 %
2010		3,6 %	6,75 %
2011			7,00 %
2012			7,25 %
2013			7,50 %
2014			7,75 %
2015	4,4 %	3,6 %	8,00 %

Für beigemischte und auf die Quote angerechnete Biokraftstoffe gibt es keine Steuerentlastung:

- Energiesteuer Dieselkraftstoff: 47,04 Cent/l
- Energiesteuer Ottokraftstoff: 65,45 Cent/l

Die Qualitäts-Norm für Dieselkraftstoff DIN EN 590 begrenzt die Zumischung von Biodiesel[1] auf 5 %.

Für Ottokraftstoffe ist laut DIN EN 228 die Beimischung von bis zu 5 % **Bioethanol**[2] bzw. 15 % ETBE erlaubt.

[1] Biodiesel/FAME nach DIN EN 14214
[2] unvergällt > 99 % (Bioethanol nach Entwurf DIN EN 15376)

Umrechnung von Energieeinheiten

	MJ	kcal	kWh	kg RÖE
1 MJ	1	238,80	0,28	0,024
1 kcal	0,00419	1	0,001163	0,0001
1 kWh	3,60	860	1	0,086
1 kg RÖE	41,87	10.000	11,63	1

Umrechnung von Einheiten

	m³	l	barrel
1 m³	1	1.000	6,3
1 l	0,001	1	0,0063
1 barrel	0,159	159	1

Vorzeichen für Energieeinheiten

Vorsatz	Vorsatzzeichen	Faktor	Zahlwort
Nano	n	10^{-9}	Milliardstel
Micro	μ	10^{-6}	Millionstel
Milli	m	10^{-3}	Tausendstel
Centi	c	10^{-2}	Hundertstel
Dezi	d	10^{-1}	Zehntel
Deka	Da	10	Zehn
Hekto	h	10^{2}	Hundert
Kilo	k	10^{3}	Tausend
Mega	M	10^{6}	Million
Giga	G	10^{9}	Milliarde
Tera	T	10^{12}	Billion
Peta	P	10^{15}	Billiarde
Exa	E	10^{18}	Trillion

3.7 Investitions-Kosten von Kraftwerken.

Ein Teilnehmer stellte eine Liste der Baukosten wichtiger Stromerzeuger zur Verfügung, die Sie hier auszugsweise finden:

Ort, Projekt	Energie-Quelle	Groesse(MWe)	Mio. € pro MWe
Datteln - EON	Kohle	800	1,000
Neurath (BoA 2+3)	Braunkohle	??	1,047
USA - Hyperion	Kern	25	1,200
Berlin -Vattenfall (Plan)	Steinkohle	??	1,250
Buetzfleth - Elektrabel	Kohle	800	1,250
Neue KKW in Russland	Kern	2.340	1,300
Moorburg - Vattenfall	Kohle	1.650	1,300
Hamm Uentrop RWE	Kohle	1600	1,375
Schwarze Pumpe		??	1,400
Windraeder an Land	Wind	??	1,500
Neue KKW in Russland	Kern	??	1,730
Olkiluoto	Kern	1.600	1,875
Neurath (BoA)	Braunkohle	??	2,000
Windraeder in See	Wind	??	2,600
Ruedersdorf b. Berlin	Muell	32	3,000
Olkiluoto	Kern	1.600	3,190

Investitions-Kosten von Kraftwerken.

Neue KKW in USA	Kern	??	3,200
Trier Duennschichtmodule	Sonne	8	3,570
Rheinfelden		??	3,800
Meck.-Vorp. Biostrom	Guelle	??	4,000
Las Vegas Parabolrinnenkraftwerk	Sonne	??	4,000
USA - EUCI	Kern	50	4,100
Borkum - alpha-ventus	Wind	??	4,200
Espenhain	Sonne	??	4,600
Solarstromanlagen	Sonne	??	6,000
Spanien Andasol 1	Sonne	??	6,000
Doebeln		??	6,400
Erlasee		12	6,670
Conradkatalog	Sonne	??	6,900
Hamm-Uentrop - Kugelbett	Kern	300	7,000
Spanien, mit Speicher	Sonne	??	7,500
Bundeskanzleramt	Sonne	??	8,000
Juelich Solarturmkraftwerk	Sonne	??	13,500

Wir wollen eine Relation herstellen zwischen Kapazität, Energie-Quelle und Kosten. Wenn Sie mir die fehlenden Angaben liefern koennen oder Korrekturen mitteilen moechten, danke ich Ihnen bereits im Voraus.

I want morebooks!

Buy your books fast and straightforward online - at one of world's fastest growing online book stores! Environmentally sound due to Print-on-Demand technologies.

Buy your books online at
www.morebooks.shop

Kaufen Sie Ihre Bücher schnell und unkompliziert online – auf einer der am schnellsten wachsenden Buchhandelsplattformen weltweit! Dank Print-On-Demand umwelt- und ressourcenschonend produziert.

Bücher schneller online kaufen
www.morebooks.shop

KS OmniScriptum Publishing
Brivibas gatve 197
LV-1039 Riga, Latvia
Telefax: +371 686 204 55

info@omniscriptum.com
www.omniscriptum.com

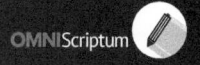

Printed by Books on Demand GmbH, Norderstedt / Germany